국도의 노선계획 · 설계지침

국토교통부/자료
편 집 부 /엮음

圓技術

<총 목 차>

- 국도의 노선계획설계지침 ··· 9
- 국도 실시설계 체크리스트 ··· 27
- 국도 현장조사 업무 ·· 53
- 환경영향평가 업무 ··· 65
- 구 국도관리에 관한 업무처리 지침 ····························· 77
- 국도 대체우회도로 및 국가지원 지방도사업 시행지침 ······ 85
- 고속도로 표지제작·설치지침(안) ································ 93
- 국도대체 우회도로 및 사업시행청 및 유지관리청 지정에 관한 지침 145
- 공사구간내 기존국도의 유지보수 책임한계지침 ············· 159
- 체비용지 보상지침 ··· 163
- 자동차 전용도로 지정에 관한 지침 ····························· 165
- 도로공사 노천발파 설계·시공지침 ······························ 177
- 콘크리트교량 가설용 동바리 설치지침 ························· 179
- 환경친화적인 도로건설지침 ······································· 181
- 건설공사 사후평가 지침 ·· 183
- 암반구간 포장설계 잠정지침 ····································· 189
- 동상방지층 생략 및 기준 ··· 191
- 스크리닝스 활용기준 ·· 195
- 국도준공 행사 매뉴얼 ··· 197
- 국도설계 업무매뉴얼 ·· 201
- 산악지 도로설계 매뉴얼 ·· 203
- 교면포장 품질관리 매뉴얼 ·· 205
- 국도사업계획 및 건설절차 ·· 207

4 목 차

- ◉ 국가지원 지방도 사업계획 및 건설절차 ·················· 239
- ◉ 행정지시 사항 ······································· 247
  - 1. 지방청 설계팀 운영지시 ························· 249
  - 2. 도로공사 단가협의율 워크샵 개최결과 알림 ········ 253
  - 3. 설계변경 최소화 방안 ··························· 259
- ◉ 기타업무 ·· 263
  - 1. 총사업비 관리지침, 기준 및 절차 등 ·············· 265
  - 2. 현장안전사고 처리절차 ·························· 279
  - 3. 한국형 포장설계법과 포장성능개선추진현황 ······· 291
  - 4. 지방도 노선번호 체계개선 ······················· 293
- ◉ 도로의 구조·시설기준에 관한 규칙 ····················· 297
- ◉ 국가지원지방도 노선 지정령 ·························· 327
- ◉ 일반국도 노선 지정령 ································ 351
- ◉ 도로의 유지·보수등에 관한 규칙 ······················ 387
- ◉ 보도설치 및 관리지침 ································ 393
- ◉ 농어촌 도로의 구조·시설기준에 관한 규칙 ············· 399
- ◉ 도로와 다른 도로등과의 연결에 관한 규칙 ·············· 415
- ◉ 도로표지 규칙 ······································· 441
- ◉ 국도유지·보수운영에 관한 규정 ······················· 547
- ◉ 사설안내표지·설치 및 관리지침 ······················· 591
- ◉ 도시·군계획시설의 결정·구조 및 설치기준에 관한 규칙 ······ 601
- ◉ 지하공공 보도시설의 결정·구조 및 설치기준에 관한 규칙 ··· 699

국도의 노선계획 · 설계지침

<목 차>

제1조(목적) ··· 9

제2조(적용기준) ·· 9

제3조(국도의 구분) ··· 9

제4조(노선계획) ·· 9

제5조(교차 방법) ··· 13

제6조(기하구조) ·· 15

제7조(횡단구성 요소의 폭) ··· 16

제8조(기타 시설) ·· 16

제9조(자동차전용도로) ··· 22

제10조(차로수) ·· 22

제11조(환경영향평가 및 교통영향분석·개선대책수립 등) ········ 23

제12조(설계방침 승인 및 시기) ··· 23

부   칙 ·· 25

국도의 노선계획·설계지침

2012.2 국토해양부

제1조(목적) 이 지침은 국도의 노선을 계획함에 있어 국도가 적정한 간선기능을 갖도록 노선선정 기준과 그에 따른 도로의 기하구조, 교차형식 등 세부 시설기준에 관한 사항을 정함을 목적으로 한다.

제2조(적용기준) 이 지침은 국도의 신설 및 확장, 읍·면급우회도로, 국도대체우회도로 등 국도 건설에 대한 일반적인 설계에 적용하며, 「도로의 구조·시설기준에 관한 규칙」 등 다른 법령에 규정된 것을 제외하고는 이 지침이 정하는 바에 따라야 한다.

제3조(국도의 구분) 국도의 노선을 계획할 때에는 그 노선의 교통특성, 교통축과 도로의 역할, 기능을 우선 고려하고, 교통량에 따른 경제성 등을 검토하여 다음과 같이 국도Ⅰ, 국도Ⅱ, 국도Ⅲ, 국도Ⅳ로 구분한다.
  1. 국도Ⅰ : 지역간 간선기능을 갖는 국도로서 자동차전용도로로 지정 되었거나 지정 예정인 국도
  2. 국도Ⅱ : 지역간 간선기능을 가지며 자동차전용도로를 제외 국도
  3. 국도Ⅲ : 지역간 간선기능이 약하며 국도Ⅰ과 국도Ⅱ를 보조하는 국도
  4. 국도Ⅳ : 계획교통량이 적어 시설개량을 통해 계획목표연도에 2차로 운영으로 도로의 기능 및 용량을 확보할 수 있는 국도

제4조(노선계획) 국도의 노선을 계획할 때에는 다음 각 호의 사항을 충분히 고려한다.

1. 계획노선은 도로정비기본계획 등 국가 및 지역차원의 도로사업계획과의 연계성, 교통용량, 교통특성, 도로간 간격 등을 면밀히 분석하여 그 노선의 기능을 먼저 설정한 다음 지역 및 지형여건 등을 고려하여 선정한다.
2. 계획노선은 가능한 장거리 축에 대해 제3조에 따라 국도를 구분하고 기본설계 등을 실시하여 노선을 선정한 다음 그에 따라 설계구간을 설정하여 실시설계를 시행한다.
3. 계획노선은 현지여건과 노선이 통과하게 될 지역의 도시계획, 토지이용계획 등 각종 관련 계획을 종합적으로 검토하여 우선 2~3개의 비교노선을 선정하고 선정된 각 노선에 대한 사회적, 경제적, 기술적 타당성과 교통 및 환경적 고려사항 등을 종합적으로 비교하여 검토한 후 최적 노선을 선정한다.
4. 비교노선을 검토할 때에는 각 노선에 대한 현지답사를 실시하여 도상에서 알기 어려운 종단경사·주변여건 등의 조사를 면밀히 실시하고, 도면에 표시되어 있지 않은 밀집가옥, 공장 등 대형시설물, 기타 지장물 등을 도면에 표기하여 이를 충분히 고려한다.
5. 도시지역에서 간선기능의 도로노선계획이 필요한 경우, 도시계획구역 밖으로 우회하는 노선과 구역 내로 통과하는 노선을 비교 분석하여 노선을 계획하되 도시계획 구역 내로 노선을 계획할 경우에는 다음 각 목을 검토하여 계획한다.
   가. 장래 도시발전 여건이 취약하고 도시 성장속도가 느리며 교통량 증가 추이도 완만하여 우회노선 계획의 타당성이 없는 경우에는 기존도로를 확장하는 노선으로 계획한다.
   나. 장래 도시발전 축을 판단하여 도시발전에 지장을 초래하지 않는 노선으로 계획한다.
   다. 통과교통과 지역내 교통을 원활히 처리하여 교통소통 및 교통안전이 확보 되도록 한다.
6. 국도의 간선기능 확보를 위하여 시가지를 우회하는 경우의

시점부와 종점부는 기존 시가지 통과 도로와의 직접 연결을 피하여 계획한다.
7. 국도와 국도, 국도와 교통량이 많은 주요 지방도로가 시가지나 취락지역내에서 교차되는 경우에는 제5호와 다음 각 목의 기준에 따라 우회도로를 계획한다.
   가. 장기적으로 환상형 순환도로 건설이 바람직한 계획노선의 시점부와 종점부 선형은 우선 전체적인 환상형 순환도로 계획노선을 구상한 다음 동 계획노선과 일치하는 선형으로 실시설계의 도로선형을 결정
   나. 우회도로는 국도간 연결을 원칙으로 하되 국도가 아닌 지방도로의 통과 교통량이 많을 경우에는 그 도로까지 연결한다. 다만 국도와 국도가 아닌 도로와의 간격이 너무 길어 건설비가 지나치게 소요되는 경우에는 우회도로 전체계획을 고려하여 국도간의 우회도로만을 계획
   다. 4지교차시

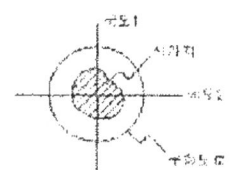

   라. 3지교차시

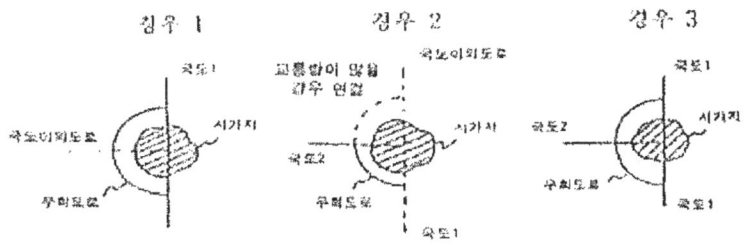

※ 국도1의 통과교통량이 많은 경우에는 전구간 우회도로 건설
※ 국도1과 2에 통과교통량이 많은 경우에는 교통량이 많은 국도에 우선 우회도로를 건설하되, 장래 전구간 우회도로 건설을 고려하여 노선 선정

8. 지방부의 국도 4차로 확장은 관련 도로정비계획, 지역 및 지형여건, 기존도로 주변여건 등을 면밀히 검토하여 가능한 한 기존도로를 일방향 또는 양방향으로 활용하여 경제적인 설계가 되도록 한다. 다만, 장래 계획교통량이 2차로 기준을 초과하지만 지역개발계획 등에 비추어 단순히 4차로로 확장하기에는 경제성이 부족한 도로구간은 "2+1차로 돌 설계지침"에 의한 2+1차로 도로로 확장하는 것을 검토함으로써 경제적인 설계가 되도록 한다.

9. 계획노선 주변지역의 중요한 유적, 문화재 등에 대한 현황을 면밀히 조사하여 이들이 훼손되지 않도록 노선을 계획하여야 하며, 도로에 편입이 불가피한 경우에는 관계기관과 미리 충분한 협의를 거쳐야 한다.

10. 계획노선은 "환경친화적인 도로건설 지침"에 따라 자연환경과 조화되며 환경훼손이 최소화 되도록 선정하고, 땅깎기량 및 흙쌓기량이 지나치게 많은 구간은 평면 또는 종단선형을 분리하거나 교량 및 터널 등으로 처리하는 등 환경을 고려한 도로를 계획한다. 다만, 보조기능을 갖는 국도 III·IV등급은 현지 자연지형을 최대한 이용하여 노선을 선정함으로써 높은 흙쌓기, 높은 땅깎기를 최소화하는 환경친화적인 설계가 되도록 하여야 한다.

11. 계획노선은 "경관법" 등 관계법령에 따라 주변 경관자원이 최대한 보존될 수 있도록 설계되어야 한다.

12. 계획노선은 상수원 보호구역을 가급적 우회토록 하고, 상수원 보호구역 통과가 불가피한 경우에는 방호울타리 보강 등 차량 추락방지를 위한 별도의 안전조치와 수질오염 방지대책을 강구해야 한다.

13. 계획노선은 높은 흙쌓기부 등으로 주민 생활권의 분리가 발생되지 않도록 선정하되 부득이한 경우 악영향이 최소화 되도록 한다. 다만, 되시근교지역이나 마을 밀집지역의 경우 현지지형을 최대한 이용하되, 교차되는 구간의 경우 단

순 입체교차로 통과하는 방안을 강구하는 등 주민 생활권 분리가 최소화될 수 있도록 계획한다.
14. 계획노선은 가급적 농업진흥지역 및 경지정리가 완료된 우량 농경지를 지나지 않도록 하되 불가피한 경우 농경지 편입 및 자투리 농경지 발생이 최소화 되도록 계획한다.
15. 계획노선은 과거 홍수이력 등을 면밀히 조사하여 홍수 발생의 경우 도로침수를 예방할 수 있는 노선으로 계획한다.
16. 노선선정 과정에서 지역주민, 지자체, 관계기관 등의 의견을 수렴하고, 그 의견이 타당하다고 인정될 경우에는 이를 반영하여 공사시행 중 노선이 변경되는 일이 없도록 한다. 다만, 도로의 기능 유지와 지형 및 교통특성 등에 따라 의견반영이 곤란한 경우에는 미리 이러한 내용을 충분히 설명하여 공사 시행과정에서 불필요한 민원 등이 다시 발생되지 않도록 한다.

제5조(교차 방법) 국도와 국도, 국도와 국도 이외의 도로와의 교차 방법은 다음 각 호에 의하되 "평면교차로 설계지침" 및 "입체교차로 설계지침"에 따라 계획한다.
1. 국도Ⅰ : 입체교차를 원칙으로 하며, 지방도급 미만의 도로와의 연결은 가급적 피하여 교차로 수를 최소화한다. 다만, 시점부 및 종점부는 단계건설 등을 고려하여 평면교차로 계획할 수 있다.
2. 국도Ⅱ : 입체교차와 평면교차를 교통량, 교통용량, 교차로 서비스 수준 등의 교통조건과 지역여건을 검토하여 결정하며, 평면교차 밀도는 0.7개/km를 초과하지 않도록 하되 부득이한 경우 교통여건 및 지역여건을 고려하여 조정할 수 있다.
3. 국도Ⅲ : 평면교차를 원칙으로 하며, 평면교차밀도는 1개/km를 초과하지 않도록 하되 부득이한 경우 교통여건 및 지역여건을 고려하여 조정할 수 있다.

4. 국도Ⅳ : 기존 교차형식을 원칙으로 하며, 교통안전 및 교차로 용량증대 방안 등을 검토하여 계획한다.

5. 도시 인접부 및 계획노선의 시점부와 종점부가 잦은 신호교차로에 의한 교차로로 형성되어 있는 노선과 연결되는 경우에는 제2호 및 제3호에 불구하고 평면교차로로 계획할 수 있다.

6. 평면교차로의 형태와 구조 등은 본선 교통의 흐름에 지장이 최소화 되도록 하고, 보행자를 보호할 수 있도록 계획하여야 하며 좌회전 및 우회전차로, 가속 및 감속차로를 충분한 길이로 계획한다. 단 좌회전 교통처리가 필요한 구간에서 평면교차의 좌회전 교통으로 교통흐름에 지장이 있을 경우에는 좌회전을 제한하고 주변 도로망 및 교차로 등을 이용하여 교통처리가 가능하도록 계획한다.

7. 도로법 제8조(도로의 종류와 등급)에 규정된 도로중 설계속도가 70km/h 이하인 도로에서 교통지체, 잦은 사고발생 등의 문제점이 예상되는 평면교차부의 경우 효과적인 도로운영을 위해 "회전교차로 설계지침"에 따른 회전교차로 설치를 검토한다. 특히 다이아몬드형 입체교차 구조에서 규격이 낮은 다른 도로와 평면교차부에 회전교차로의 설치를 검토한다.

8. 계획노선에 주변 가로망, 마을 및 시설물 진입로 등이 빈번하게 접속 및 교차되는 경우에는 집산로를 설치하여 수개의 가로망, 진입로 등을 집산 및 접속 처리함으로써 교차를 최소화 한다.

9. 교차부에 설치되는 구조물(암거, 교량, 지하차도 등)의 폭과 경간장은 교차노선의 장래 확장계획 및 도시계획 등 관련계획을 고려하여 계획한다.

10. 국도와 교차되는 도로에 대하여는 국도 또는 교차되는 도로의 규격 및 장래 교통수요를 비교·검토하여 입체화 방안을 검토하되, 높은 흙쌓기 등으로 인한 주민 생활권의

분리나 자연환경 훼손 등의 부정적인 영향이 최소화되도록 한다. 다만, 도시지역을 통과하는 국도에서 부득이하게 입체교차가 필요할 경우 지하화를 통한 주민 피해 해소방안을 적극 강구하는 등 필요한 검토를 하여야 한다.

제6조(기하구조) 계획노선의 기하구조는 현지 지형여건과 계획 교통량의 특성 등을 종합적으로 고려하여 다음 각 호와 같이 계획한다.
　1. 설계속도 : 계획노선의 기능, 지형 및 교통특성에 따라 다음과 같이 적용한다.
　　가. 국도Ⅰ : 80km/시 이상으로 "자동차전용도로 지정에 관한 지침"에 따라 적용한다.
　　나. 국도Ⅱ : 평지부 80km/시, 구릉지 70km/시, 산지부 60km/시
　　다. 국도Ⅲ : 평지부 70km/시, 구릉지 60km/시, 산지부 50km/시
　　라. 국도Ⅵ : 평지부 60km/시, 구릉지 50km/시, 산지부 40km/시로 하되 교통축의 연계성과 교통안전성 등을 고려하여 연결국도의 설계속도를 적용 할 수 있다.
　2. 설계구간 : 지방지역 국도의 최소 설계구간 길이는 2km 이상으로 하되, 교통흐름과 교통안전성을 충분히 고려하여 결정한다.
　3. 종단과 횡단경사, 선형 등 : 계획노선의 지형여건과 교통특성을 고려하여 "환경친화적인 도로건설 지침"에 따라 환경친화적인 도로로 계획한다.
　4. 오르막차로 : 자동차의 오르막 성능을 검토하여 필요한 경우에 계획하되, 차량의 성능향상을 감안하여 저속 및 고속 차량의 구성비, 설계서비스수준, 경제성 등을 종합적으로 검토하여 계획한다.
　5. 양보차로 : 국도Ⅳ에서 용량증대 방안으로 교통량과 중차

량 구성비 등을 검토하여 양보차로를 계획할 수 있다.

제7조(횡단구성 요소의 폭) 차로, 차로의 분리, 길어깨, 측대 등의 폭은 "도로의 구조·시설기준에 관한 규칙" 및 관련 기준에 따라 적용함을 원칙으로 하되 다음 각 호에서 제시하는 폭원을 표준으로 도로와의 연계성, 교통여건, 지형여건 및 경제성 등을 검토하여 계획한다.

1. 차로의 폭 : 차로의 폭은 3.5m를 표준으로 하며, 회전차로의 폭은 관련기준에 의한다.
2. 차로의 분리 폭 : 차로의 분리 폭은 국도의 구분, 분리방식 및 분리대의 형식과 지역여건을 고려하여 다음과 같이 계획한다.
   가. 국도Ⅰ,Ⅱ : 측대의 폭을 포함여 2.0m를 표준으로 하며, 분리대 형식에 따라 그 이상으로 계획할 수 있다.
   나. 국도Ⅲ : 측대의 폭을 포함하여 1.5m를 표준으로 하며, 분리대 형식에 따라 그 이상으로 계획할 수 있다.
   다. 국도Ⅳ : 노면표시로 분리하고 그 폭은 0.5m를 표준으로 하며, 교통안전 등을 위해 여유폭을 둘 수 있다.
3. 길어깨의 폭 : 길어깨의 폭은 측대의 폭을 포함하여 2.0m를 표준으로 하며, 긴급 상황(차량고장, 제설작업 등), 저속차량(농기계, 이륜자동차 등), 보행자 등의 공간 확보 및 교통안전을 고려하여 여유폭을 둘 수 있다.(단, 국도Ⅳ의 산지부에서는 환경성, 경제성 등을 고려하여 측대의 폭을 포함한 길어깨의 폭을 1.5m까지 축소할 수 있음)

제8조(기타 시설) 기타 시설은 다음 각 호의 내용을 참조하여 계획 노선의 기능유지가 가능하며 안전하고 경제적인 도로로 계획한다.

1. 차로의 분리시설 : 4차로 이상 구간에는 중앙분리대를 설치하되 폭은 제7조 2호를 표준으로 방호울타리 또는 녹지대 등의 형식으로 하고 2차로는 노면표시로 다음과 같이

계획한다.
  가. 국도Ⅰ : 전구간에 설치하는 것을 원칙으로 한다.
  나. 국도Ⅱ, Ⅲ : 설치가 가능한 구간에는 설치함을 원칙으로 하되, 신호교차로의 간격이 짧아 단부처리가 어려운 구간 등의 불가피한 경우에는 설치하지 않는다.
  다. 국도Ⅳ : 전구간에 노면표시를 원칙으로 하며, 교통안전을 고려하여 산악지 급경사, 시거불량, 급커브 등의 구간에는 교통안전시설을 설치할 수 있다.
  라. 일부구간에만 중앙분리대가 설치되는 경우에는 전후 구간에 시선유도봉, 안내표지, 충격흡수시설 등 교통안전을 위한 필요한 시설의 설치를 계획한다.
2. 보도 : 시가지 및 취락지구간과 계획노선의 공용개시년도 이전에 시가지 또는 취락지 형성이 예상되는 구간에는 보도설치를 원칙으로 하며, "보도설치 및 관리지침"에 따라 보도와 차도사이에 차단시설(방호울타리 등)을 계획하여 무질서한 도로횡단 또는 가로망 접속을 방지하여야 하고, 장대교량 등에 보도를 설치할 경우에는 차도와 보도 사이에 차량 방호울타리를 설치하며, 횡단보도와 접속부는 장애인·노약자·임산부 등의 통행에 불편이 없도록 한다.
3. 측도 : 측도의 설치 및 구조는 관련기준에 따라 적용하며 저속농기계(경운기, 트랙터, 콤바인) 등의 빈번한 통행에 의해 본선 차량과의 충돌 우려 등 교통사고 위험이 예상되는 구간은 가급적 본선 접속을 피할 수 있도록 계획한다.
4. 버스정류장 : 본선과 분리되도록 분리시설과 소요길이 이상의 가속 및 감속차로를 계획하고, 진입과 진출시설은 장애인·노약자·임산부 등의 이용에 불편이 없도록 계획하며, 지형 및 지역여건, 교차로 계획 등을 고려하여 이용에 불편이 없도록 위치를 선정하되 2차로의 국도에서 마주하는 위치에 양방향 동시 버스정차로 인한 교통용량이 저하되는 경우가 발생하지 않도록 계획한다.

5. 통로암거
    가. 자동차용 통로암거의 규격은 농어촌 현대화에 따른 이용 차량의 대형화 추세를 감안하여 대형차량이 통과할 수 있는 크기로 계획하되, 짧은 구간에서 여러 개의 통로암거 설치가 필요한 곳은 측도를 설치하여 차량을 한곳으로 집산처리 하도록 함으로써 통로암거 설치 개소를 최소화 한다.
    나. 기타 통로암거는 가능한 한 설치 개소를 줄이고 최소규격으로 한다.
    다. 통로암거에는 이용자 안전, 지역여건, 경제성 등을 검토하여 조명시설 등을 계획한다.
6. 토공계획 : 다음 각 목의 내용을 면밀히 검토하여 재해에 안전한 도로가 되도록 계획한다.
    가. "건설공사 비탈면 설계기준"에 따라 땅깎기 높이가 높고 비탈면의 지반조건이 불량하며 절리, 단층대, 용출수의 출현 등으로 인해 비탈면의 불안정이 우려되는 구간은 장기적인 안전성이 확보 되도록 비탈면 안전 검토를 거쳐 비탈면 기울기를 결정한다.
        (1) 시추조사는 2개소 이상 시행한다.
        (2) 시추조사는 지층의 구성 상태(두께의 변화, 기하구조 등)와 각 지층별 공학적 특성을 파악할 수 있는 조사를 실시하며, 시험용 시료를 채취한다.
        (3) 암반 구간은 비탈면의 안전성에 영향을 미치는 절리면의 분포와 공학적인 특성을 파악할 수 있는 시험을 실시한다.
        (4) 설계시 지반조사를 수행하지 못한 구간은 그 사유를 설계도서에 기술하고 조사비를 공사비에 반영하여 공사 시행시에 보완조사를 할 수 있도록 한다.
    나. 한쪽 땅깎기부와 한쪽 흙쌓기부로 구성되는 도로단면에 대해서는 땅깎기부엣 흘러내린 우수가 도로를 월류하여

흙쌓기부 비탈면을 침식시키지 않도록 월류 방지대책을 수립한다.
다. 곡선부 내측, 종단경사가 급한 구간, 높은 흙쌓기부, 한쪽 땅깎기부, 한쪽 흙쌓기부 등에는 길어깨 측구와 적정 규모의 도수로를 계획한다.
라. 연약지반에 대하여는 사전에 지반조사와 현장 및 실내시험을 실시하여 연약지반에 대한 정확한 설계정수를 얻도록 한다. 특히 시공성과 경제성이 확보될 수 있도록 다음사항을 검토하고 대책을 수립한다.
 (1) 도로체의 상재하중에 의한 연약지반의 파괴발생 방지
 (2) 과도한 횡방향 변위 발생억제
 (3) 과도한 잔류침하에 의한 부등침하발생 억제
 (4) 흙쌓기부 관리방안과 현장계측계획
7. 배수시설 : 수문조사(유역면적, 최고홍수위, 강우강도, 계획홍수량, 강우도달시간, 설계발생빈도 등)내용과 기존 배수구조물에 대한 조사자료를 기초로 "도로배수시설 설계 및 유지관리 지침"에 따라 집중호우에 대비한 충분한 통수단면을 확보하며 홍수시에도 안전한 규격으로 계획한다.
가. 계획노선과 연관되는 타 사업(철도, 도로, 단지조성, 경지정리 등)과 연계하여 통수단면을 검토한다.
나. 높은 땅깎기부와 높은 흙쌓기부에는 우수 유도시설(산마루 측구, 도수로 등)을 설치하고 유수 및 토석류에 의해 도로가 유실 또는 손궤 될 우려가 있는 곳은 감세공 등을 검토하여 설치한다.
다. 시가지구간 통과노선에 대한 배수계획은 노면수 및 인접 주거지 등에서 발생될 우수까지를 고려하여 계획한다.
라. 산지 계곡부를 관통하는 구간에서 유송잡물이나 토석류 피해가 예상되는 지점은 유송잡물 차단시설 및 암거의 교량화 등 도로유실 방지와 통수단면 확보를 위한 대책을 마련한다.

8. 포장공 : 계획노선의 지반 및 지형조건, 교통특성, 경제성 (유지관리비포함), 시공성, 환경조건, 기상조건, 재료구득여건 등을 종합적으로 고려하여 결정한다.
   가. 국도의 포장설계는 "2011 도로포장 구조 설계요령" 등 관련 기준에 따라 계획한다.
   나. 중차량 통행비율이 많은 노선, 산업지원 노선, 4차로 신설노선 등은 경제성 평가를 통해 콘크리트 포장공법 적용을 적극 검토하며, 공동주택 등과 접한 경우에는 지역여건 등을 감안하여 도로교통소음을 저감할 있는 포장공법 적용을 적극 검토한다.

9. 교량공 : 교량의 구조 및 형식 등은 다음 각 목의 내용을 참조하여 계획한다.
   가. 교량의 내진설계는 "도로교설계기준"에 따른다.
   나. 구조와 형식은 초기건설비, 유지관리비, 시공성, 미관, 안전성 등을 종합적으로 고려하여 경제적이며 유지관리가 용이한 안전한 구조와 형식으로 계획한다.
   다. 받침장치부는 400mm이상의 형하공간을 확보하여 받침의 이상 유무를 용이하게 관찰할 수 있도록 계획한다.
   라. 신축이음장치 및 받침장치에는 누수침투 방지공을 설치한다.
   마. 하부공 기초는 충분한 지지층에 근입시키고, "하천설계기준"에 의해 세굴영향을 분석하고 하천정비기본계획을 검토하여 세굴방지 대책을 마련하고 기초위치, 기초깊이 세굴반경 등을 계획한다.
   바. 강교 등 강재구조물에 대하여는 설계도면에 구조상 취약부위(FCM)와 인장·압축부재를 명기하고, 주요 용접부에 대한 상세도와 품질관리 항목 등 시공시준을 제시한다.
   사. 유지관리용 접근시설을 설치하며, 설치대상과 구조에 대하여는 "교량점검시설 설치지침"에 의한다.

아. 발파에 의한 우물통 침하공법은 가능한 배제하되, 발파가 불가피할 경우에는 다음 사항에 대한 검토와 대책을 수립한다.
  (1) 발파에 의한 날끝(슈) 및 우물통의 파손 방지대책
  (2) 암질에 따른 1회 굴진장 및 장약량
  (3) 발파패턴도
  (4) 우물통 손사유무 확인절차 및 방법
  (5) 손상시 보완방안
자. 수해에 대비하여 수자원분야 전문가를 설계에 참여시키고 "하천설계기준" 및 "도로배수시설 설계 및 유지관리지침"에 따라 하천 횡단교량은 하천기본계획 등 관련계획과 계획홍수량 및 지역여건 등을 고려하여 유수소통에 지장이 없도록 경간장 및 교각형태 등을 결정한다.
차. 곡선교는 부반력에 대한 안정성을 검토하여 구조 계산서에 첨부한다.
카. 하천의 만곡부에는 "하천설계기준"에 따라 수충력, 홍수위와 세굴을 검토하여 홍수에 의한 도로 침식, 세굴, 월류 등을 방지할 수 있는 방호시설, 도로 계획고를 계획한다.
타. 경관이 수려한 지역에 설치되는 교량용 방호울타리는 가급적 경관 조망이 가능한 형식으로 설치하되, 실물충돌시험에 합격한 제품을 사용한다.

10. 터널공 : 터널계획은 다음 각 목의 내용을 참조하여 계획한다.
  가. 터널구간 노선계획은 터널안정에 영향을 주는 단층대, 절리면 등을 따라 노선이 위치하지 않도록 하며 대규모 공동, 과다용출수지역 등을 피하여 계획하되 불가피한 경우 영향을 분석하여 대책을 수립한다.
  나. 단층대, 파쇄대 등 연약한 지반을 피할 수가 없는 터널구간의 노선은 연약지반대와 직각에 가깝게 교차하도록

계획하여 이 구간에 놓이는 터널의 길이가 최소가 되도록 한다.
다. 갱구위치는 지형 및 지질적으로 환경훼손이 최소화 되는 곳에 계획하고 갱구비탈면의 불안정요인이 예상되는 곳은 가급적 피하여 계획하되 불가피한 경우 영향을 분석하여 대책을 수립한다.
라. 터널계획으로 주변 식생, 우물 등의 환경영향 피해발생이 최소화 되도록 검토하여 대책을 수립한다.
마. 터널의 종단경사는 「도로의 구조·시설기준에 관한 규칙」 및 관련기준에 따라 적용하되, 배수, 환기, 안전성, 경제성 등을 고려하여 계획한다.
바. 터널의 굴착은 원지반의 공학적 특성의 손상이 적고 인근시설물이나 자연생태 등에 미치는 영향이 최소화 되도록 계획한다.
사. 조명설비는 입구부(경계부, 이행부, 완화부), 기본부 및 출입부로 구분하여 요구하는 기준에 맞도록 계획하며 입구부와 출구부에는 운전자의 조도순응을 감안하여 안전운전에 지장이 없도록 계획하고 조명등은 유지관리상 경제적이고 내구성이 좋은 재질의 제품을 선정한다.
아. 환기방식은 터널의 길이, 종단경사 및 교통량에 따라 강제 환기방식과 자연환기방식을 검토하여 최적의 방식을 선정한다.
자. 소화시설, 경보시설, 피난설비, 소화활동설비, 비상전원설비등에 대하여는 "도로터널 방재시설 설치지침"에 따라 계획한다.

제9조(자동차전용도로) 자동차전용도로는 "자동차전용도로지정에 관한 지침"에 따른다.

제10조(차로수) 차로수는 다음 각 호에 따라 결정한다.
 1. 국도의 차로수는 도로용량편람에 따라 계획목표년도의 설

계서비스 수준에 의해 계획한다.

제11조(환경영향평가 및 교통영향분석·개선대책수립 등) 기본 또는 실시설계 착수와 동시에 계획구간이 환경영향평가 또는 교통영향분석·개선대책수립 대상인지의 여부를 면밀히 검토하여 해당되는 경우에는 환경경향평가법 및 도시교통정비 촉진법 등 관계법령에 따라 실시한다.

제12조(설계방침 승인 및 시기) 설계방침의 승인 및 시기는 다음 각 호와 같다.
1. 설계방침은 주민설명회를 거쳐 현지 조사측량 실시 전 비교안에 대한 설계자문결과 및 최적안 선정사유 등 지방국토관리청의 종합적인 검토의견을 첨부하여 요청한다.
2. 설계방침 승인 요청시에는 전체 노선계획을 1/50,000 지형도에 표시하고, 주변지형 및 지장물 현황을 1/5,000~1/10,000 지형도에 상세히 표시하여 비교대안에 대한 도상검토가 가능하도록 한다.
3. 설계방침서의 추정 소요사업비는 당해 사업의 경제성 평가와 사업 우선순위 결정에 기준이 되므로 지형 및 지역여건, 도로 기하구조, 교차로 및 주요구조물의 구조·형식 등을 면밀히 검토하여 산정한다.
4. 설계방침 후 설계과정에서 다음과 같은 경우가 발생하면 본부와 재협의하여야 한다.
   가. 사업비(물가인상분 및 공익사업의 시행에 필요한 토지 등의 손실보상비 증가분을 제외)가 당초 설계방침서 사업비보다 증액되어 기획재정부장관과 협의를 거쳐 확정된 총사업비 대비 100분의 20이상 증가한 경우
   나. 교차형식을 평면에서 입체로 변경이 필요한 경우(교통사고 발생빈도가 높거나 교통소통 등의 문제가 있어 입체 교차로 설치 불가피하여 지방청의 설계자문위원회 심의를 받은 경우는 제외)

다. 노선 연장이 전체 연장 중 100분의 30이상이 변경 또는 증가 된 경우
라. 당초 설계방침서와 국도등급이 달라진 경우
5. 대안 및 턴키발주 예정공사는 발주지침서의 다음 내용에 대하여 본부와 사전 협의를 거친 후 추진하여야 한다.
가. 계획노선의 기능 설정
나. 소요 차로수, 설계속도, 도로의 횡단구성 등

부 칙 (1999. 3)

① (시행일) 이 지침은 1999년 3월 1일부터 시행한다.
② (경과조치) 이 지침은 시행일 이후 설계분(시행중 포함)에 대하여 적용한다.
③ (기존지침의 폐지) 다음 지침은 이 지침 시행일부터 폐지한다.
"도로노선계획수립지침"(도건58710-1154, '95.10.23)
"4차선국도건설설계지침"(도건58710-304, '95. 5.16)
"읍면급우회도로 차선수 결정기준"(도건58710-367, '94. 6.10)
"국도의 기능별 노선계획 및 설계기준"(도건58710-64, '98. 1.21)

부 칙 (2000. 1)

① (시행일) 이 지침은 2000년 1월 28일부터 시행한다.
② (경과조치) 이 지침은 시행일 이후 설계분(준공기한에 임박하여 적용이 곤란할 경우를 제외하고는 시행중인 설계분도 포함)에 대하여 적용한다.

부 칙 (2002. 7)

① (시행일) 이 지침은 2002년 7월 1일부터 시행한다.
② (경과조치) 이 지침은 시행일 이후 설계분(준공기한에 임박하여 적용이 곤란할 경우를 제외하고는 시행중인 설계분도 포함)에 대하여 적용한다.

부 칙 (2006.12)

① (시행일) 이 지침은 2007년 1월 1일부터 시행한다.
② (경과조치) 이 지침은 시행일 이후 설계분(준공기한에 임박하여 적용이 곤란할 경우를 제외하고는 시행중인 설계분도 포함)에 대하여 적용한다.

부 칙 (2008.12)

① (시행일) 이 지침은 2009년 1월 1일부터 시행한다.
② (경과조치) 이 지침은 시행일 이후 설계분(준공기한에 임박하여 적용이 곤란할 경우를 제외하고는 시행중인 설계분도 포함)에 대하여 적용한다.

부 칙 (2012. 3)

① (시행일) 이 지침은 2012년 3월 1일부터 시행한다.
② (경과조치) 이 지침은 시행일 이후 설계분(준공기한에 임박하여 적용이 곤란할 경우를 제외하고는 시행중인 설계분도 포함)에 대하여 적용한다.

국도 실시설계 Check List

1. 개 요
가. 과업의 목적
국도의 실시설계 시 과업의 단계별 추진사항 및 검토에 필요한 Check List를 작성함으로 설계의 지연 및 오류, 기타 설계변경을 최소화하고 단계별 과업내용을 명확히 하여 과업준공 시 용역성과의 품질을 높이는데 그 목적이 있다.

나. 실시설계의 흐름도
일반국도 설계 시 도로설계의 흐름도는 다음과 같다.

실시설계 단계별 추진사항(흐름도)

1단계	과업착수 → 관련계획 검토 및 현황조사
2단계	·사전 환경성 검토 · 문화재 지표조사 · 사전재해 영향성 검토 → 노선대안 검토 → 관련기관 노선협의 ← 노선설정 주민설명회 → 노선선정 및 결정 ← 착수단계 자문 및 법정 → 측량 및 용역조사 → 구조물 및 출입시설 검토 ← 주민설명회(확정평가초안) ← 중간답계자문
3단계	·측량 및 용역조사 보완 · 과종평가 보고서 제출 → 실시설계
4단계	설계 성과물 검토 및 보완 ← ·마무리단계 자문 · 예비준공검사 → 인허가 서류작성 제출 → 준 공

다. 실시설계의 단계별 추진사항

공정	단계	주요공정계획	단계별 추진사항	비고
1. 관련계획 검토 및 현황조사	1-1	·착수보고	·착수계 및 과업수행계획서 제출	
	1-2	·노선대 현장답사 및 각종 조사	·분야별 노선특성 및 주요 지장물 조사 ·본 과업과 관련된 조사	
2. 노선검토 및 선정단계 (기본계획)	2-1	·설계기준검토	·도로의 구분(역할, 기능) 및 설계기준 검토	
	2-2	·교통수요예측 및 분석	·장래 도로용량 및 서비스수준 분석 ·교차로 시설규모 산정 ·경제성 분석	
	2-3	·노선계획검토 및 관련 기관협의(1차) ·문화재지표조사	·비교노선검토 (지자체의견 수렴) ·비교노선의 문화재 지표조사 시행	
	2-4	·주민설명회	·주민의견수렴 및 노선의 타당성 설명	
	2-5	·설계자문회의(착수단계)	·자문내용 검토 및 최적노선 선정	
	2-6	·설계방침 삼정	·방침사항 검토 및 최적노선결정	
	2-7	·환경영향평가 초안접수 ·측량, 토질조사시행	·최적노선에 대한 환경영향 검토 ·측량 및 토질조사계획서 작성 및 승인	
	2-8	·공법 및 형식검토	·구조물형식 검토(교량, 터널 등) ·포장공법 검토 ·교차로 형식 검토 등 ·신기술, 신공법 적용여부 검토 ·설계VE 시행적용(설계의 경제성 등 검토)	
	2-9	·설계자문회의(중간단계)	·교차로 및 구조물계획에 대한 적정성 검토 ·높은 쌓기의 적정성 검토	
3. 실시설계 단계	3-1	·주민 합동 구조물 조사	·지역주민의 민원 및 의견 반영	
	3-2	·설계기준 확정 ·선형 및 토공설계 ·교량 및 터널설계 ·배수 및 포장설계 ·교차로 설계 ·부대시설 및 가도	·각종 설계기준 확정(도로규모, 기하구조, 교차로, 구조물 등) ·공종별 계획의 적정성 검토 ·구조물 생애주기 비용(LCC)을 고려한 계획 ·공사중 교통처리 계획 ·환경·교통·재해 악영향 저감방안 수립	
		·관련기관협의(2차)	·1차 협의내용 미 반영사항 재협의	
4. 설계도서 작성 및 인허가도서 작성	4-1	·보고서 및 설계도 작성 ·시방서 및 구조계산서 작성	·도면의 General Note 내용보완 ·산출기준 작성 및 확인	
	4-2	·설계자문회의(마무리단계)	·설계 보완사항 및 예상문제점 대책 수립 ·신기술 적용시 자문내용 포함하여 별도의 심의	
	4-3	·환경영향평가 최종본 접수 ·교통영향평가 심의	·환경 및 교통영향평가 심의결과 반영	
	4-4	·수량, 단가산출서 ·예산서작성	·산출기준 작성 및 확인 ·최종 설계도서 작성	
	4-5	·예비 준공 검사	·설계 성과품 최종검토	
	4-6	·인허가 서류작성	·도로구역 결정고시 요청 서류 작성 등	
	4-7	·준공		

2. 실시설계 단계별 Check List

단계	항목 및 검토사항		비고
1-1 착수보고	·과업수행계획서	·과업참여 인원은 착공계 참여인원 계획표와 일치하며 공종별로 적정인원을 투입하고 있는가 ·공정추진은 착공계의 예정공정표와 일치하며 공정보고는 규정된 일시에 시행하고 있는가 ·과업지시서의 내용을 충분히 숙지하고 있는가 ·타당성 및 기본설계에 관한 사항을 충분히 검토 하였는가	
1-2 노선대 현장답사 및 각종 조사	·관련계획 조사 및 현장조사	·관련계획의 주요내용을 파악하고 있는가 ·과업구간 내 제반 지장물, 군사시설, 도시계획 등 사업저해 요인은 파악하고 있는가 ·노선대 주변의 지장물은 상세히 파악하고 있는가 ·지형, 지질, 기상 등 주변현황은 파악하고 있는가 ·주변 교통현황은 파악하고 있는가 ·주변 하천현황은 파악하고 있는가 ·기존도로의 용배수 현황은 파악하고 있는가 ·환경현황은 파악하고 있는가 ·주변의 주요구조물 현황은 파악하고 있는가 ·토취장, 골재원, 사토장 등은 파악하고 있는가 ·대표적인 문화재가 포함되어 있는가	
2-1 설계기준 검토	·도로의 기본적 요소	·도로의 구분은 적절 한가 ·설계속도는 적절하게 선정 되었는가 ·표준횡단면 구성은 적절한가 ·전후구간 설계기준 및 표준단면을 검토하였으며, 설계기준 설정은 적절 한가	
	·공종별 설계기준	·각 공종별 설계기준은 적절한가	
2-2 교통분석	·교통조사	·교통조사 및 교통시설조사는 적절한가	
	·교통량 및 용량분석	·시설규모 산정을 위한 계획목표년도 및 공용년도의 적용은 적정한가 ·교통량분석 및 추정방법은 적절한가 ·교통용량 산정방법 및 적용은 적절한가	
	·소요 차로수산정	·설계서비스수준 적용은 적절한가 ·설계시간 교통량 및 차로수 산정에 오류는 없는가 ·단계건설에 대한 검토는 하였는가	

단계		항목 및 검토사항	비고

2-3 노선계획 검토 및 관련기관협의	·노선 비교안 작성	·기존도로 현황 및 선형분석 되었는가
		·상위계획과의 연관성 검토가 적정한가
		·주변 관련계획이 반영되었는가
		·농어촌 도로망도(지자체 발생)계획과의 적 정성 검토
		·기존 취락지와의 근접문제 및 농경지 점유, 묘지 등 지장물로 인한 예상민원에 대하여 충분히 고려한 노선인가
		·도시계획현황 및 도시계획 도로를 감안하 였는가
		·비교안 선정이 적정한가
		  - 장단점 분석
		  - 공사비 분석
		  - 시공시 교통처리 계획을 감안한 노선인가
		  - 전후구간 노선대를 감안한 노선인가
		·노선선정을 위해 기본설계 등의 노선에 대한 비교노선을 충분히 검토 하였는가	

	·추천노선에 대한 평면 및 종단선형계획	·평균선형 및 종단선형(1:5,000 지형도를 기초로 작성)계획이 도로기능 및 설계기준에 부합 되는가 ·깎기 쌓기량을 추정하여 토공균형 계획을 감안한 평면 및 종단선형 계획인가 ·구조물(특히 장대교 및 터널)구간에는 가능한 평면은 직선으로 하고, 종곡선이 배제되도록 계획 하였는가 ·교차로 계획, 기존도로 단절여부 및 측도 개념을 감안한 노선계획인가	
	·환경친화적인 노선계획	·환경기준을 초과하지 않도록 정온시설, 마을등과의 이격거리는 확보 하였는가 ·수환경상 보전가치가 있는 지역은 우회하는 방안을 고려하였는가 ·노선이 산지부 통과시는 대규모 계곡부 배수구역의 영향은 고려하였는가 ·보전할 가치가 있는 자연경관의 보전을 고려하였는가 ·대규모 깎기 쌓기로 인한 경관적 영향(주거지역의 조망권 침해 등)의 최소화를 고려하였는가 ·계획노선 통과구간에 자연경관보전지구, 국립공원등 경관적으로 중요지역을 관통하지 않도록 고려하였는가 ·문화재 또는 역사·문화적으로 보전가치가 있는 건조물·유적에 미치는 영향을 고려하였는가?	

국도 실시설계 Check List 31

단계	항목 및 검토사항		비고
2-3 노선계획 검토 및 관련기관협의	·주요 및 구조물 위치 및 계획	·도로선형은 구조물 계획을 고려하여 결정하였고, 다리 밑 공간에 대한 검토를 하였는가 ·지역여건 및 지역주민을 고려한 구조물 계획을 하였는가 ·사전지형조사 및 지장물조사, 관계기관 자료입수 등을 실시하여 교구조물 가능한 위치인지 확인 하였는가	
	·문화재지표조사	·관계기관에 협의할 수 있도록 문화재 지표조사 보고서를 제출 하였는가 ·노선대 선정시 문화재 지표조사 결과를 반영하여 최적노선을 선정 하였는가	
	·관련기관 노선협의	·농지전용 협의를 하였는가 ·임야편입 협의를 하였는가 ·하천관계 협의를 하였는가 ·환경영향 협의를 하였는가 ·사전재해영향 협의를 하였는가 ·도시계획 협의를 하였는가 ·철도과선교 협의를 하였는가 ·주요지장물(한전, KT, 광케이블, 송유관 등) 협의를 하였는가 ·기타(상,하수도, 군사시설, 공유수면, 국립 도립 시립공원 등) 협의를 하였는가	
2-4 주민설명회	·주민설명회 개최	·노선선정 시 민원사항에 대한 검토가 충분 하였는가 ·노선에 대한 타당성을 주민들에게 충분히 설명 하였는가 ·주요 민원사항에 대한 검토를 시행 하였는가 ·관련지자체 및 주민들의 의견을 반영 하였는가	
2-5 설계자문회의 (착수단계)	·설계자문회의 자료 작성	·설계기준의 설정은 적절한가 ·관련계획 및 현장조사는 철저히 하였는가 ·교통수요예측 및 분석은 정확히 수행하였는가 ·노선선정은 비교안의 장단점을 분석하여 최적노선을 선정하였으며 환경을 고려한 노선계획인가 ·교차로계획은 형식, 위치가 설계기준에 적합한가 ·사전환경성 검토를 하였는가 ·관계기관 협의내용이 반영 되었는가	
2-6 설계방침 상정	·설계방침서 작성 및 설명	·설계방침 자료는 설계자문결과를 반영 하였는가 ·교통수요예측 및 비교안별 공사비는 적정한가 ·설계방침 시 필요한 설명자료는 제출되었는가 ·설계방침시 지적사항에 대한 검토결과를 반영하였는가	

단 계	항목 및 검토사항		비 고
2-7 환경영향평가 초안접수	・지형, 지질	・보전가치가 있는 지형, 지질유산은 우회하는 방안이나 훼손이 최소화되도록 검토 하였는가 ・터널화가 가능한 지역은 터널화를 검토 하였는가 ・장대비탈면의 최소화를 위한 방안을 검토 하였는가 ・노선이 계곡부나 흙쌓기로 주거지역 통과시 주거단위, 마을과 이격거리, 조망권 가시각도 등을 고려하여 통과방법 및 구조물 설치연장을 검토 하였는가 ・비탈면 안정대책 및 친환경적인 녹화방안은 수립하였는가 ・연약지반 처리공법은 토질조사에 따른 적절한 공법이 선정 되었는가 ・대규모 깎기 및 쌓기 발생의 최소화를 위해 검토 하였는가	
	・동, 식물	・야생 동식물 이동로 단절지역에 생태통로, 침입방지휀스, 탈출로 등을 검토 하였는가 ・대규모 깎기 발생구간의 생태축을 검토 하였는가	
	・수리, 수문	・상수원보호구역, 수변구역 등의 지역은 우회하는 방안이나 피해를 최소화하는 방안을 검토 하였는가 ・노면배수는 적절하게 계획 되었는가 ・터널통과구간의 경우 지하수위 등의 영향을 검토 하였는가	
	・토지이용	・기존지형의 변화, 이동로, 농・수로 등의 단절을 최소화하도록 검토 하였는가 ・농경지 편입 최소화, 깎기 쌓기량의 균형을 검토 하였는가 ・확장 설계시 기존도로의 활용의 최대화를 검토 하였는가 ・주민 이동로 확보위해 보도, 통로암거 및 부채도로 등의 계획은 적절하게 하였는가 ・폐도발생시 적절한 활용처리방안은 수립 되었는가	
	・대 기 질	・취약시설(정온시설 등)과 마을은 이격거리 확보하고 저감대책수립을 검토 하였는가 ・도로계획으로 인한 대기오염 예상으로 과수, 농가 등의 피해여부에 대한 검토는 시행 하였는가 ・공사시 및 운영시 저감시설의 설치계획은 검토되었으며, 설계에 반영 되었는가	
	・수 질	・교량 계획시 교각 세굴 및 하천수 소통에 대해 검토 하였는가 ・보전가치가 있는 지역은 교량 계획시 초기우수 처리방안과 비점오염원 유출저감시설을 검토 하였는가	

단계	항목 및 검토사항		비고
2-7 측량 및 토질조사	· 소음, 진동	· 방음벽 설치위치, 규격, 형식 등은 설계기준 및 주변과의 조화 등을 고려하여 설치 되었는가 · 소음, 진동 발생을 최소화할 수 있는 다각적인 방안을 검토 적용 하였는가	
	· 위락, 경관	· 지역의 특성있는 경관의 훼손이나 경관자원이 손실되지 않도록 노선선정 시 검토 하였는가 · 도로입지에 따라 주변 주거지역에서의 경관상 이질화 또는 조망권이 침해되지 않았는지를 검토 하였는가 · 사면녹화, 조경 등 경관훼손 저감방안은 검토 되었으며, 설계에 반영 되었는가	
	· 측량조사	· 국립지리원에 측량 실시 이전에 공공측량의 작업규정에 의하여 작업규정 승인을 득 하였는가 · 골조측량은 2개이상의 삼각점에 대한 국토지리정보원의 성과를 이용 하였는가 · 도근점은 공사완료 시까지 보존될 수 있도록 견고한 지반위에 설치 하였는가 · 공사 준공시까지 보존할 수 있는 위치에 200m 내의 간격으로 T.B.M을 설치 하였는가 · 중심선 및 종 횡단 측량은 기존 현황 지형을 정확하고 세밀하게 측량 하였는가 · 시후 도로 유지관리를 위해 각 CP, IP, TBM의 위치를 종 평면도 상에 나타나도록 하고 이들 점에 대한 성과를 첨부 하였는가	
	· 토질조사	· 토질조사 계획은 적정한가 · 조사 개소당 사진을 촬영 하였는가 · 조사 시행시 도면 등의 보안관리에 유의하는가 · 계획 평면도에 표시된 적절한 위치에 조사를 시행하는가 · 감독의 사전 승인을 득한 조사책임자가 현장에 상주 하는가 · 조사 후 현장 마무리 정리를 잘 하였는가 · 조사지점은 차후 필요시 찾을 수 있도록 표시 말뚝 등을 설치하고 사진을 촬영 하였는가 · 조사책임자는 작업자들에게 안전교육을 매일 실시하여 안전사고 방지에 힘 쓰는가	

단계	항목 및 검토사항	비고
2-8 공법 및 형식검토	·교량계획 　·토공과 교량과의 경제성은 비교 분석하였는가 　·교량계획이 필요한 곳에 Box로 대체하지 않았는가 　·교량 시점 및 종점 위치(교량연장) 선정이 적절한가 　·토공구간과 교량구간으로 분기되는 위치는 적정하며 교대높이는 적정한가 　·지형, 지질조건 등을 고려하였으며 시공성은 적절한가 　·도로나 철도횡단 교량을 계획하였으며 또 교량일 경우 장래계획 및 시거를 감안하여 다리 밑 공간을 확보 하였는가 　·하천횡단 교량일 경우 하천 개수계획, 계획홍수량, 계획홍수위에 대하여 충분히 고려하였으며, 교량의 SKEW는 유수방향과 일치하도록 계획 되었는가 　·상.하부 구조형식은 적정한가 　　- 하천횡단교일 때 유수량과 경간장 기준에 적합한가 　　- 도로횡단 교량일때 도로폭원과 경간장 확보가 적정한가 　　- 상부구조 높이(거더 또는 슬래브 높이)로 인한 교량전후 구간 토공량 증가량이 계획에 반영 되었는가 　　- 경제적인 교량 형식 선정은 검토 하였는가 　　- 경간 배분은 적절한가 　　- 미관을 고려한 교량형식 선정인가 　　- 시공중 교통처리 및 동바리 설치 등 시공성을 감안한 구조형식인가 　·상부 및 하부에 대한 가설공법은 타당한가 　·교량폭원 구성은 타당한가 　·기초의 위치결정시 지하매설물 현황을 조사하였는가 　·시공중 교통처리는 가능한가 　·기초형식 선정과정은 적절한가	
	·터널계획 　·터널 위치, 연장, 시공난이도, 부대설비, 환경보전 등에 대해 종합적으로 검토하여 결정 하였는가 　·터널설계는 최근에 활성화된 신기술 및 신공법을 검토하여 반영 하였는가	

단 계		항목 및 검토사항	비 고
2-8 공법 및 형식검토	·터널계획	·터널계획시 교통량, 연장, 방재등급에 따른 시설물 계획을 반영 하였는가	
		·터널 굴착 및 지보형식 선정이 지질, 터널 규모 등에 부합되는가	
		·터널건설에 영향을 미치는 주변환경이나 관련 법규 등에 대한 조사는 충분히 하였는가	
		·피토고가 적은 경우 절토처리 혹은 Open Cut 와 시공성, 경제성을 비교 검토 하였는가	
		·입 출구측의 종단개량으로 터널 연장을 축소 하거나 절토처리는 방안을 검토 하였는가	
		·터널과 I.C 혹은 B.S 등과의 이격거리는 기준에 맞는가	
		·병설터널의 상호 중심간격에 대해서는 현지 여건, 토질조건 등을 감안하여 충분히 검토 하였는가	
		·터널 내의 평면선형은 지형 및 지질조건, 시공성, 경제성 등을 충분히 고려하여 결정 하였는가	
		·터널의 평면선형은 가급적 직선 혹은 큰반경의 곡선으로 계획 되었는가	
		·평면선형이 곡선이 구간은 편경사를 고려하여 건축한계를 설정 하였는가	
		·터널의 종단선형은 주행의 안정성, 환기, 방재설비, 배수 및 시공성을 고려하여 계획 하였는가	
		·터널 내의 종단경사는 제반 기준을 준수하고 연계구간을 포함한 경제적인 계획이 되도록 하였는가	
		·터널의 내공단면은 도로규격에 다른 요소의 도로폭원과 건축한계를 만족하고, 환기, 방재, 내장 등 시설대 공간을 확보하도록 계획 하였는가	
		·소요환기량 및 환기방식에 대해 검토하였으며 적정 환기방식을 채택하였는가	
		·전기설계는 적정한가	
		·공동구 규격 산정 및 설치계획은 적정한가	
		·터널내 배수에 대해서는 충분히 검토하였으며 배수구 단면은 적절한가.	

단계	항목 및 검토사항		비고
2-8 공법 및 형식검토	· 토질조사 (1) 기초분야	· 강도정수의 결정과정 근거가 타당한가 · 변형계수, 지반반력계수 등의 결정과정이 타당한가 · 기초의 깊이는 Boring 조사결과에 맞도록 계획하였는가 · 현장조건, 시공성, 경제성을 고려한 말뚝공법의 선정이 타당한가 · 기초형식 선정과정에서 적절하게 지층분포상태, 지지력 등을 감안하여 검토하였는가 · 시공시 소음, 진동 등 환경조건을 검토 하였는가 · 인접구조물에 대한 영향을 검토 하였는가	
	· 토질조사 (2) 연약지반	· 연약지반에 대한 판정은 적정한가 · 연약지반에 발생할 수 있는 문제점을 검토 하였는가 · 연약지반의 정규압밀 점토, 과압밀점토판정이 적절한가. · 연약지반의 처리대책 선정시 경제성 및 시공성을 현장조건, 하중조건 등을 고려하여 적용 가능성 공법을 비교 검토 하였는가	
	· 토질조사 (3) 사면안정	· 사면의 안정성에 영향을 미치는 현장상황(사면경사, Geological maping, 토층상태, 지하수상태 등)이 상세하게 파악 되었는가 · 비탈사면에 대하여 지표지질조사 결과 절리방향, 주향각 등을 검토하여 사면경사를 결정 하였는가 · 안정해석에 필요한 시험 및 조사가 적절히 시행 되었는가	
	· 포장계획	· 포장형식은 교통조건, 토질조건(지형, 지질) 및 환경조건(기상, 기후, 동결, 융해)등을 감안하여 선정 하였는가 · 콘크리트 포장의 경우 무근과 연속철근 콘크리트에 대한 제반사항을 비교 검토 하였는가 · 기존도로 포장 활용방안을 검토 하였으며 대책은 적절 한가 · 연약지반의 포장공법에 대하여 검토 하였는가 · 포장두께 설계법은 충분히 비교 분석하여 적용 하였는가	

단계	항목 및 검토사항		비고

2-8 공법 및 형식검토	· 교차로계획	· 위치 선정시 다음 기본사항들이 고려 되었는 가
		  - 입지조건(기술적, 사회적 자연적 조건검토)
		  - 접속도로 조건
		  - 타 시설과의 관계
		· 불완전입체, 평면교차 등을 검토 후 적정교차 로를 계획 하였는가
		· 교차로 간격은 적절 한가
		· 계획도로로 인하여 마을 진입도로, 농로 등의 차단시 연결 대책은 적절 한가	

2-9 설계자문 회의 (중간단계)	· 설계자문회의 자료작성	· 착수단계 설계자문 조치결과를 어떻게 수용 하였는가 · 주민설명회 결과 주민요구사항 및 조치계획이 적절한가 · 설계방침(본부)사항에 대한 조치결과는 적절 하였는가 · 교량 및 터널 등 주요구조물 형식 및 공법 검 토는 적정 한가 · 교차로 계획은 교차로 계획기준에 적절 한가 · 토질조사 및 시험결과에 따른 기초공법, 연약 지반처리공법, 사면안정공법은 적절 한가 · 주요 교차로의 교통량 분석 및 용량분석은 정 확하게 실시하였는가 · 환경영향예측 및 저감방안은 적절 한가 · 기존도로 확장 시 공사중 교통처리계획은 적 절 한가	
3-1 주민 합동 구조물 조사	· 배수구조물 합동조사	· 배수구조물에 대하여 주민들에게 충분히 설명 하였는가 · 배수구조물 합동조사 시 관련지자체 및 마을 대표, 주민들이 참석 하였는가 · 배수구조물 합동조사 시 민원사항에 대한 검 토가 충분 하였는가	
3-2 실시설계	· 선형설계	· 선형의 연속성을 확보 하였는가 · 연계노선과 시점 및 종점의 좌표는 일치 하는 가 · 인접도로와 접속부 좌표는 일치 하는가 · 설계속도에 따른 최소곡선반경 및 최대 편경 사적용은 적정한가 · 평면곡선반경은 지형조건 및 경제성을 비교하 여 제기준에 맞도록 계획 하였는가	

단계	항목 및 검토사항	비고

3-2 실시설계	· 선형설계	· 구조물(특히 장대교, 터널 등)구간에는 가능한 평면선형은 직선으로 종곡선은 배제 되도록 계획 하였는가
		· 편경사는 곡선반경에 따라 적절하게 계획 하였는가
		· 편경사 변화구간에서 완화구간의 연장 및 편경사 값은 적절하게 계획 되었는가
		· 곡선길이는 기준치 이상으로서 안전성이 확보 되는가
		· 설계속도에 따른 크로소이드 최소 파라메터는 규정값 이상 확보 하였는가
		· 완화구간 길이는 적정한가
		· 종단곡선은 기준에 적합한가
		· 종단경사 및 종단경사 제한길이는 기준을 만족 하는가
		· 종단곡선장 및 종단곡선 변화비율은 적정한가
		· 깎기부 및 주요구조물 구간에 오목곡선(sag) 설치시 배수 및 교통안전에는 문제가 없는가
		· 오르막차로 필요구간에 대해 터널 설치, 우회방안, 종단조정 등 다각도로 검토 하였는가
		· 종단경사의 완화 및 오르막차로의 설치에 대한 경제성을 비교검토 하였는가(교통량 및 교통용량 고려)
		· 오르막차로 설치는 기준에 부합되고 합리적인가
		  - 편경사는 기준과 일치 하는가
		  - 시점부 및 종점부 변이구간의 연장은 적합한가
		  - 차선폭 및 측대폭은 기준에 적합한가
		· 평면 및 종단선형의 입체적 조합은 적절한가
		· 분리도로 계획시 선형계획은 적절한가	

	· 토공설계	· 토공 균형을 맞추도록 노력 하였는가 · 사면경사는 기준과 일치 하는가 · 소단계획은 적절한가 · 암반의 절리방향을 고려하여 사면경사를 설정 하였는가 · 대규모 깎기 및 쌓기부 사면에 대하여 사면안정 검토를 수행하고 그 결과에 따라서 사면경사를 결정하였는가 · 높은 흙쌓기부에 대하여 토공계획과 시설물 계획(옹벽, 보강토, GABION 등)을 비교검토 후 최적공법을 선정 하였는가 · 깎기부 흙은 노체 및 노상재료의 기준에 적합한지 여부를 시험한 후 결정 하였는가	

국도 실시설계 Check List 39

단계	항목 및 검토사항		비고

3-2 실시설계	·토공설계	·암 분류는 적절하게 계획 하였는가
		·암 발파시 교통처리계획은 수립 하였는가
		·주변환경을 고려한 암발파 공법을 선정 하였는가
		·입체교차로 계획시 녹지조성 및 절토, 성토사면 녹지 계획은 적절한가
		·식생공은 보호공법 선정 기준에 적합하게 선정 되었는가
		·연약지반
		  - 연약지반의 처리공법 선정을 위한 조사 및 시험에 필요한 자연 시료는 적절하게 채취 하였는가
		  - 조사 및 시험결과를 이용하여 적절한 처리공법을 선정 하였는가
		  - 시공관리 및 침하관리를 위한 계획은 적절한가
		  - 공법선정을 위한 현장시험 및 실내시험을 적절히 시행 하였는가
		  - 안정성 검토를 시행 하였는가
		  - 한계 쌓기고는 적절하게 검토 하였는가
		·Mass Curve는 운반거리가 최소가 되도록 계획 하였는가
		·토공 운반거리 산출(운반거리 산출시 장대교 및 터널이 있는 경우 우회도로 운반거리 산출) 은 적정하게 이루어 졌는가
		·인근공사 현장과 협조 토사유용 등의 방안을 고려하였는가
		·사토 발생시 사토장 위치가 보고서에 수목되어 있는가
		·순성 발생시 토취장 위치는 선정되었는가. 선정되었으면 관계기관과의 협의여부, 개발가능여부, 지목을 확인 하였는가
		·토취장 재료에 대하여 시험성과를 검토하여 적정성 여부를 판단 하였는가
		·골재원 및 토취장의 사용 가능량 및 재료의 적합성 여부는 검토 하였는가	

단 계		항목 및 검토사항	비 고
3-2 실시설계	· 배수공 설계	가. 계 획 · 유출량 산출을 위한 유역면적의 적용은 적절한가 · 계획 강우강도 및 홍수량 산정은 적합한가 · 수리계산은 적절하며 계산 결과치와 기존 수로단면과 비교 하였는가 · 배수계획은 주변 농경지 및 가옥 등에 피해가 없도록 최종적으로 큰 수로 까지 연결되도록 계획 하였는가 · 기존수로가 형성된 곳에 가배수 계획은 수립하였는가 · 유속에 따른 수로단부의 처리는 설계기준에 맞도록 계획 하였는가 나. 통수로BOX · 통수로 BOX는 충분한 현장조사 및 관련계획 등을 고려하여 계획 하였는가 · 통로 BOX의 위치 및 규격은 현장여건, 지역계획 등에 부합되도록 계획 하였는가 · 통로 BOX 유·출입로는 최소 곡선반경 15m 이상 연결부체도로는 통로BOX 폭원 이상으로 계획 되었는가 · BOX 전개도 및 상세도를 작성 하였는가 · 구조도에는 설계방법이 명시 되었는가 · 날개벽 설치계획 및 입·출구 저판 설치계획은 적합한가 · 우회가 가능한 소로 등에 불필요한 통로 BOX용 강재동바리를 계획하지 않았는가 · 수로 BOX의 단면은 배수관과 비교한 후 결정하였으며 기존 수로단면과 비교하여 적정하게 계획 하였는가 · 수로 BOX의 배수구배 및 유속은 적정하게 계획 되었는가 · 수로 BOX일 경우 세굴검토 및 방지대책은 적절한가 다. 배수시설물 · 배수구조물의 설치방향은 적절하게 계획 되었는가 · 본 계획도로로 인하여 횡단배수시설이 단절되거나 배수처리가 불량하지는 않는가	

단계	항목 및 검토사항	비고
3-2 실시설계	・배수공 설계	・산마루 측구의 규격결정을 위한 유역면적 산출은 적정한가 ・산마루측구는 지형조건, 유수방향, 집수면적 등을 종합적으로 고려하여 불필요한 곳의 설치를 배제 하였는가 ・깍기 및 쌓기부의 비탈면 배수시설과 노면배수시설은 연속성이 있게 계획 되었는가 ・깍기부 구간에서 부분적으로 쌓기가 되는 구간의 배수처리 계획은 수립하였는가 ・집수정의 위치, 간격, 규격은 적절한가 ・L형 측구의 형식은 절토법면의 지질조건과 경제성 등을 감안하여 계획 하였는가 ・중분대 배수처리 및 횡단 배수관의 간격 및 구배는 적절하며, 쌓기부 도수로 등 연결 배수시설과의 접속은 원활한가 ・맹암거 설치 위치 및 Type은 적절하게 계획 되었는가 ・종배수관의 설치위치는 포장두께, 연결 집수정의 규격 등을 감안하여 계획하였으며 터파기 수량은 적정하게 산출 하였는가 ・종 PIPE 및 횡 PIPE의 배수구배 및 유속은 적정하게 계획 되었는가 ・PIPE 내부 유속 및 유출부 유속으로 인한 세굴검토 및 방지 대책은 적절한가 ・토공 횡단면도를 연속적으로 검토하여 양측변 배수 및 용수처리가 단절되지는 않았는가	
	・포장공 설계	・포장형식은 교통조건, 토질조건(지형, 지질) 및 환경조건(기상, 기후, 동결, 융해) 등을 감안하여 선정 하였는가 ・연약지반의 포장공법에 대하여 검토 하였는가 ・콘크리트 포장공법의 적용시 무근과 연속철근콘크리트포장공법에 대한 비교검토 후 선정하였는가 ・AASHTO 설계법의 적용시 '82. '86 개정 지침서의 적용계수들은 우리나라 실정에 맞도록 검토되었는가 ・포장두께 설계법은 충분히 비교 분석하여 적용하였는가 ・포장단면 결정시 공용년도에 대하여 고려하였는가 ・포장단면 결정을 위한 노상토의 조사는 충분히 시행하였는가	

단계	항목 및 검토사항	비고
3-2 실시설계	· 포장공 설계 · 설계교통량에 대한 축환산교통량은 정확하게 계획하였는가 · 시멘트 콘크리트 포장의 경우 줄눈 배치는 적절한가 · 포장재료에 대하여 검토하고 적정 포장재료를 사용하였는가 · 동결심도에 대한 설계법의 채택은 적절한가 · 동결심도에 대한 검토시 계획도로의 최고 종단고 및 동결지수의 산정은 적정한가 · 노상토의 품질기준에 따라 쌓기부(2m이상 구간) 동상방지층의 생략구간을 적용하였는가 · 보조기층 등 골재 생산시 스크리닝스를 활용하였는가 · 18KIPS 단축하중 환산계수(자동차 축하중 조사연구 보고서 참조)의 적용은 적절한가 · 축환산계수 산정시 차선수에 대한 고려를 하였는가 · 각 포장층의 상대 강도 계수의 적용은 적절한가 · 기층 및 보조기층 재료의 선택은 적절한가 · 포장 각층 재료의 재질 및 수급 등에 대한 충분한 검토를 하였는가 · 아스팔트콘크리트포장의 경우 단계 건설에 대하여 검토를 하였는가 · 접속도로 및 부체도로 포장계획 및 포장구조 계산은 적절한가 · 기존도로 포장유지관리계획을 반영 하였는가 · 포장계획도를 작성하였으며 적정하게 계획되었는가 · 구조물 뒷채움부 접속슬라브를 설치 하였는가	

	· 교차로 설계
	· 교차로의 형식은 지형조건 및 교통량에 따른 영향을 검토하였는가
	· 교차로의 배치는 기준에 적합한가
	· 평면 교차시 좌회전 대기차선장은 회전 교통량을 감안하여 차선장을 확보 하였는가
	· 교차로 연결속도는 적절한가
	· 교차로에 대한 기하구조 적용이 적절한가
	· 교차로의 형식은 지형조건 및 교통량에 따른 영향을 검토하였는가
	· 입체교차시 본선의 기하구조는 조건을 충족하는가
	  - 본선 평면곡선반경
	  - 종단경사 및 변화비율
	  - 시거확보	

단 계		항목 및 검토사항	비 고
3-2 실시설계	·교차로 설계	·입체교차시 분.합류에 대한 차로수 균형은 확보 되었는가 ·가감속차로 및 변이구간 연장은 설계기준에 부합 되는가 ·입체교차시 Nose부의 선형(접속각, 곡선반경)은 기준에 적합한가 ·입체교차 연결로의 설계속도는 적절하게 계획 되었는가 ·입체교차 연결로 선형은 본선의 선형과 잘 접속되는가 ·입체교차 연결로의 교통용량 분석 및 차선수 산정은 적절하게 계획 되었는가 ·입체교차 연결로의 횡단구성은 적절한가	

	·부대공 설계	·표지판 설치는 「도로표지 관련 규정」에 적합한가
		  - 설치간격 및 위치는 적절한가
		  - 표지판 규격은 적절한가
		  - 방향표지 및 표지내용은 적절한가
		  - 인접도로에 설치할 안내표지판은 계획하였는가
		·노면표시에 대한 설계는 적절한가
		·노즈부에 대한 노면표시 계획을 수립하였는가
		·교차로 및 연결도로에 대한 노면표시 계획은 적절한가
		·시선유도시설 설치위치 및 간격은 적절한가
		·가드레일 설치위치 및 단부처리는 적절한가
		·중앙분리대 형식과 차광망 설치계획은 적절한가
		·중앙분리대 OPEN구간의 위치, 연장 및 간격은 적절한가
		·가드휀스의 설치위치는 적절한가
		·낙석방지울타리의 설치위치 및 높이는 적절한가
		·낙석방지망의 설치가 적정한가
		·충격흡수시설의 위치가 적정한가
		·미끄럼방지시설의 형식 및 설치장소의 선정은 적절한가
		·방음시설의 형식 및 설치위치는 적절한가	

단계	항목 및 검토사항	비고
3-2 실시설계	· 부대공 설계	

· 버스정류장 설계가 적절한가
  - 노선버스의 유무 및 운행간격, 이용인구조사 등 설치목적에 부합되는 기본조사는 실시 하였는가
  - 배치계획 위치 및 간격은 적합한가
  - 이용주민의 접근도로는 적합하게 계획 되었는가
  - 좌, 우측을 동시에 이용할 수 있도록 횡단보도 또는 통로BOX가 계획되어 있는가
  - 가 감속 차선장 및 정류장 계획이 기준에 적합한가
  - 횡단구성은 기준에 적합한가
· 비상주차대 설치를 고려하였는가
· 긴급제동시설은 설치 필요한가
· 공사중 우회도로 계획은 적합한가
  - 우회도로 선형은 기준에 적합한가
  - 시공순서는 적합한가
  - 시공중 임시 차선도색은 계획되어 있는가
  - 사용후 처리대책은 수립되어 있는가
  - 우회도로의 연장 및 폭원 등의 계획은 적합한가
  - 가배수관 등의 배수처리계획은 수립하였는가
· 교차로 교통처리 대책은 적합한가
  - 회전반경은 적합한가
  - 대기차선은 확보되어 있는가
  - 보행자 처리대책은 수립되어 있는가
  - 속도 계획은 적절한가
  - 기존도로가 차단된 것은 없는가
  - 인접 농경지 및 주거지 접근로는 계획되어 있는가
  - 폭원구성 및 포장계획은 적합한가
· 휴게소 및 기존 주유소 유·출입이 용이하게 설계되었는가
  - 가, 감속 차선장이 확보 되었는가
  - 민원에 대한 문제 및 대책은 수립되어 있는가
· 음지도로 및 상습안개지역의 도로안전시설을 설치하였는가

단 계		항목 및 검토사항	비 고
3-2 실시설계	·교량 설계	가. 상부구조설계 · 하부 공사비와 연계하여 경제성을 검토 하였는가 · 시공성에 대하여 충분히 검토 하였는가 · 적절한 모델링이 이루어 졌는가 · 주변환경과 조화되는 구조형식인가 · 설계방법 (강도설계법, 허용응력 설계법)선택은 적절한가 · 사용재료 및 물리상수는 기준과 일치하는가 · 전산 입력자료에 대하여 충분히 검토 하였는가 · 전산출력 결과는 적절한가 · 구조계산과 도면이 일치 하는가 · 하중조건은 충분히 고려 하였는가 · 철근조립이 시공성을 고려하여 설계 하였는가 · 받침장치 및 신축이음 장치는 계산값과 비교하여 적절한가 · 우각부 보강 철근의 배치는 적절한가 · 균열, 피로, 처짐검토 등이 적절하게 이루어 졌는가 · 특수교량(MSI, ILH, FCH등) 교량에서 제하중 조건에 대한 검토는 되었는가 · 고정단의 위치 설정은 적절한가 · 해사 사용시 사용가능 여부에 대한 검토는 충분히 하였는가 · 교량 배수구 간격 및 규격은 차로수와 지역여건 등을 감안하여 계획 하였는가 나. 하부구조 설계 · 하부구조는 상부구조 형식 및 가설공법에 대하여 안전한가 · 하부구조 형식은 교량의 전체적인 미관과 조화되는가 · 가설공법 선정과정은 적절한가 · 연약지반의 경우 대책공법이 적절한가 · 교대 및 교각부에 점검로 설치를 하였는가 · 구조물의 좌표. EL. 구조물 치수 등이 정확히 표현 되었는가 · 가시설은 충분히 반영 되었는가 · 교각 보호시설에 대하여 검토 하였는가 · 교각 형식과 시거에 대하여 검토 하였는가	

단 계	항목 및 검토사항		비 고
3-2 실시설계	· 교량 설계	다. 설계상세도의 작성 · 교량 Shoe의 이동량 및 내하력(Ton)을 검토 후 도면에 표기 하였는가 · 설계법(W.S.D, U.S.D)을 구조물 도면 우측상단에 표기 하였는가 · 연속 Slab 콘크리트 타설 시공순서 및 시공법 등을 도면상에 명기 하였는가 · 시공이음, 신·수축이음부의 위치, 간격, 설치방법 및 사용재료(채움재)등에 대한 상세도면과 시공법을 작성, 표기 하였는가 · 철근 겹이음 길이는 시방규정에 따라 충분한 이음길이를 두었으며 동일 단면에 집중되지 않도록 겹이음 길이, 겹이음 위치 등의 도면을 작성 하였는가 · 철근의 이음부는 구조상 약점이 되는 곳이므로 최대응력이 작용하는 곳에서 이음이 되지 않도록 하였는가 · 철근 배근도에는 정·부 철근 등의 유효간격 유지 및 철근 피복두께(측저면)유지용 스페이서 및 Chair-Bar의 위치, 설치방법, 재료 및 가공을 위한 상세도면을 작성 하였는가 · 철근의 수량이 정확히 산출 되었는가 · S.T BOX GIRDER 교량은 유지관리를 위한 전기시설 및 통로시설이 반영 되었는가	
	· 터널 설계	가. 단면해석 · 단면해석시 암석의 공학적 특성치는 적절하게 적용하였는가 · 단면해석은 적절한 위치를 산정하여 수행 하였는가 · 단면해석 프로그램은 공인을 득한 것인가 · 단면해석시 요소망 배열의 요소수는 적정한가 · 단면해석 결과와 설계도서 적용은 일치 하는가 나. 굴착 및 지 보 · 굴착방법 및 발파패턴은 적정한가 · 발파패턴은 여굴을 줄일 수 있도록 저항선 등의 발파요소가 적정하게 설계되었는지 검토하였는가 · 굴착공법의 선정은 시공성, 경제성, 민원 발생 여부 등을 충분히 검토 하였는가	

단계	항목 및 검토사항	비고
3-2 실시설계	· 터널 설계	· 터널의 시공방법은 발파굴착과 기계굴착 공법 등을 지반조건, 시공성, 안전성 및 경제성 측면에서 충분히 고려하여 계획 하였는가 · 표준 지보패턴의 적용은 토질조사 결과와 비교하여 적절한가 · 1차 지보재(숏크리트, 강지보, 록볼트 등)는 기준에 맞게 설치 하였는가 · 숏크리트 시공은 습식과 건식을 비교하여 적정공법으로 설계 되었는가 · 보강공법(Pre-Grouting, Fore-Poling, Pipe-Roof 등)을 검토하여 설계에 반영 하였는가 다. 갱문 및 기타 · 터널의 갱구는 지반조건에 영향을 받지 않는 안정지반에 위치하도록 계획 하였는가 · 갱구의 형식은 지형과 잘 조화되도록 계획 하였는가 · 터널의 갱구부 배수처리 계획은 적절히 되었는가 · 장대터널의 비상주차대 지점의 라이닝 두께는 구조검토 후 적정하게 설계 되었는가 · 터널내 계측은 현장의 특성을 감안하여 계획 하였는가 · 여굴 및 리바운드량의 기준은 적절한가 · 임시 환기 및 전기시설은 검토하였으며 설계에 반영하였는가 · 전구간 타일붙임과 입·출구부 도장 면적은 기준에 맞도록 설치 하였는가	
	· 토질조사 및 분석	가. 기초분야 · 구조계산서상의 말뚝길이와 도면에 표시된 말뚝길이와 일치하는가 · 종평면도와 일반도에 표시된 말뚝배열이 일치하는가 · 시방서 규정에 의한 말뚝의 최소간격이 허용범위 내에 있는가 · 말뚝의 축방향 허용지지력, 수평지지력을 검토하고 연약지반에 말뚝이 설치되는 경우 부마찰력을 고려하였는가 · 말뚝지지력 산정시 부식, 용접이음 개소 등에 의한 지지력 감소효과를 고려하였는가	

단 계	항목 및 검토사항	비 고
3-2 실시설계	· 토질조사 및 분석	· 말뚝머리 Footing부의 근입깊이와 결함상세도가 도면에 표기 되었는가 · 하천에 설치되는 교각기초에 대한 세굴심도가 계산되었는가 · 세굴이 예상되는 교각 기초부에 대한 세굴 방지공이 도면에 표기되었는가 · 하천의 경우 시공방법, 시공가능기간, 수질오염 방지대책등을 검토하였는가 · 설계도면의 종, 평면도상에 표기된 시추주상도와 토질조사 보고서의 시추주상도가 일치하는가 · 교량 종, 평면도 상에 시추주상도가 표기 되었는가 · 종단면도상의 지하수위 표기 여부를 확인하고 시추 주상도와 일치하는가 · 구조계산시 사용한 지하수위와 토질조사 보고서의 지하수위와 일치하는가 · 기초지반의 반력이 지반의 허용지지력 범위내에 있는가 · 암반상에 놓이는 기초는 N치에 의하여 지반의 지지력을 산정할 수 없으므로 지지력 계산시 적용한 공식이 타당한가 · 연약지반에 놓이는 기초에 대한 즉시 침하량 및 압밀 침하량 산정은 적절한가 · 안정성 검토시 사용된 기초면과 지반의 마찰각이 적정한가 · 직접기초가 위치하는 지반의 지지력이 시추 주상도에서 가능한가 · 구조계산시 사용된 N치는 토질에 따른 N치 보정방법에 의하여 보정하였는가 · 토질조사 보고서에서 추천한 토질정수와 구조계산시 사용된 토질정수가 일치하는가 · 배수공의 간격 및 설치방법 등이 도면에서 시방규정에 적합한가 나. 연약지반 · 연약지반위에 놓이는 성토 및 기초에 대한 지지력 침하량 및 활동에 대한 검토를 하였는가	

단계	항목 및 검토사항	비고
3-2 실시설계	・토질조사 및 분석	・연약지반의 압밀 침하량 산정시 적용공식이 타당한가 ・압밀침하량공식 : e-log p법, 압축지수Cc법, 체적압축계수 mv법을 검토하였는가 ・연약지반의 침하량 계산시 허용잔류 침하량이 적절히 산정되었는가 ・Preloading공법에 대한 침하량 및 활동에 대한 검토시 Preloading에 의한 강도증가를 고려하였는가 ・Preloading공법 설계시 단계별 성토에 따른 안정성 검토를 수행하였는가 ・배수공법(Sand Drain공법, Paper Drain법, Peck Drain공법) 설계시 Sand Mat두께 및 재질이 적정한가 ・배수공법 설계시 지반조건을 고려한 장비조합에 대한 검토를 수행하였는가 ・전단강도 증가율 계산시 적용공식을 비교 검토 후 적용하였는가 ・압밀시험에 따른 압밀정수를 적절히 선정하였는가 ・연약지반 안정성 검토시 적용한 토질정수 산정근거 및 산정결과가 타당한가 ・연약지반 설계시 개량 깊이 결정근거가 타당한가 ・연약지반에 교대 등 설치시 측방유동에 대한 검토를 수행하였는가 ・연약지반 설계시 공사기간, 설계하중, 토질정수 등의 설계조건이 타당한가 ・연약지반의 치환공법 적용시 지지력 및 사면안정을 검토하였는가 ・연약지반 설계시 설계방법 및 시공관리 기준, 시방서등을 보고서에 수록 하였는가 ・연약지반 시공관리를 위한 계측기 선정, 계측기 위치, 계측관리 기준치 설정 등에 관한 사항이 타당한가 ・연약지반 설계시 사용된 흙쌓기 속도가 적정한가 다. 사면안정 ・해석방법 및 안전율 적용은 적정한가 ・입력치 및 결과치는 상세히 정리 되었는가	

단 계	항목 및 검토사항		비 고
3-2 관련기관 협의 (2차)	・관련기관협의 완료	・노선에 대한 관계기관 협의는 완료되었는가 ・각종 개발계획 및 지장물 등에 따른 협의사항은 완료되었는가	
4-1 설계도서 작성	・보고서 작성	・위치도가 올바르게 표기되었는가 ・제출문은 작성되었는가 ・참여기술자는 확인되었는가 ・보고서는 과업목적 내용과 일치하는가 ・보고서는 합리적으로 작성되어 있는가 ・과업의 목적은 명확히 작성되어 있는가 ・조사 및 계획업무의 수행에 있어 그 방법 및 성과가 상세히 기록되었는가 ・상세설계에서 빠진 항목은 없는가 ・자문 및 업무협의 사항은 부록에 수록되어 있는가	
	・설계도 작성	・위치도는 적절한가 ・축척은 도면의 이해에 효과적인가 ・도면의 각종표기사항은 표준화, 동일화되어있는가 ・주요구조물의 구조계산된 B.M.D, S.F.D 등은 기재되어 있는가 ・과업책임기술자 및 분야별 책임기술자의 서명은 되어 있는가 ・종평면도는 전체적인 구조를 파악할 수 있도록 작성되었는가 ・구조계산을 실시한 작성자와 검토자의 서명이 정확히 기록되었는가 ・기본계획사항 및 조사의 주요사항은 적절히 표기되어 있는가 ・설계도면의 시공시 유의사항, 설계주요사항 등 시공자의 이해를 돕기 위한 주석(Note), Key Plan 등이 효과적으로 작성되었는가 ・구조계산 결과치가 정확히 설계도면에 반영되었는가 ・기능공, 초급기술자가 쉽게 이해할 수 있도록 도면이 작성되어 있는가 ・제일 앞에 설계도면의 List가 빠짐없이 작성되었는가	

국도 실시설계 Check List 51

단계		항목 및 검토사항	비고
4-1 설계도서 작성	·구조계산서 작성	·사용프로그램의 설명은 되어있는가 ·설계조건은 명확한가 ·가시설에 대한 구조계산은 되어있는가 ·단면응력검토 및 안정검토는 되어있는가 ·협의사항은 반영되어 있는가 ·구조계산을 실시한 작성자와 검토자의 서명이 정확히 기록되었는가	
	·수리계산서 작성	·유역도는 작성되어있는가 ·설계조건은 명확한가 ·수리계산상의 문제는 없는가 ·배수의 유출량과 통수량은 조사되었는가 ·협의사항은 반영되어 있는가 ·수리계산서에서 시산법에 의한 것들의 과정이 정확히 수록되었는가	
	·시방서 작성	·보고서, 구조계산서, 설계도면 등에 설계 및 공사사항이 적정히 반영되어 있는가 ·공사시방서에는 공사에 필요한 각종 공종에 대한 규정 사항이 있는가	
4-2 환경영향 평가 최종 본 접수 및 교통영향평 가심의	·환경영향평가	·환경영향평가 초안의 보완사항은 수정되었는가 ·환경부와의 협의는 적절한가 ·환경영향평가서의 설계내용은 본 설계 내용과 일치하는가	
	·교통영향평가	·교통영향평가 심의 시 질의내용에 대하여 적절히 설명되었는가 ·교통영향평가 심의 시 지적사항은 수정되었는가	
4-3 설계자문 회의 (마무리 단계)	·설계자문회의 자료작성	·착수 및 중간단계 자문결과에 대한 조치결과는 적절한가 ·착수 및 중간단계 자문내용 및 설계방침 사항과 최종설계 도서에 수록된 사항 및 최종 설계 현황과 일치하는가 ·설계방침 내용, 자문내용, 민원사항 처리과정, 관계기관 협의사항, 최종 노선선정 과정 등 과업수행시 주요사항이 종합보고서에 수록되어 있는가 ·설계도면은 설계내용을 충실히 표현하였는가 ·구조 및 수리계산서는 정확히 작성되었는가 ·공사시방서는 공사시 필요한 시방내용을 누락없이 작성하였는가	

단 계	항목 및 검토사항		비 고
4-4 수량산출서 및 단가산출서 예산서작성	·수량산출서 작성	·총괄 자재집계표는 작성되어 있는가 ·공종별 수량 집계표는 작성되어 있는가 ·단위는 적정한가 ·오기는 없는가	
	·단가산출서 및 예산서 작성	·설계설명서의 구성은 적정한가 ·노임기준은 타당한가 ·각종재료, 중기단가는 타당한가 ·단가산출서의 작성은 적절한가 ·품셈기준은 적정한가 ·관급자재 및 기타 관급사항은 적정히 포함되어 있는가 ·운반비 산출은 적정한가 ·설계내역서의 작성은 적절한가 ·설계내역서, 단가산출서, 수량산출서의 공종별 항목들이 일치하는가	
4-5 예비준공검사	·예비준공검사	·마무리 자문의 지적사항이 완벽하게 수정 되었는가 ·각 공종별 설계오류는 없는가 ·최종 성과품은 완벽하게 작성 되었는가	
4-6 인허가서류 작성	·인허가 자료 작성	·도로구역(변경) 결정고시 요청에 필요한 자료는 준비하였는가 -도로구역(변경) 결정고시 자료 -농지전용 협의자료 -하천관련 협의자료 -산림관계 협의자료 -도시계획 시설(변경)결정 고시 자료 -사업실시계획 인가자료 -사전재해영향성검토 협의자료 -토지형질 변경허가 자료 등 ·인허가 서류에 첨부되는 각종 도면의 정확도는 확인하였는가 ·인허가에 필요한 관계기관 협의는 충분하게 수행하고 있는가	
4-7 준공	·준공검사	·준공검사에 필요한 제반서류 및 설계도서는 제출 되었는가	

국도 현장조사 업무

1. 설계자료 조사
   가. 설계자료조사
      설계용역사 책임기술자는 다음사항을 조사, 검토하여(첨부1) 의 서식에 따라 기재하여야 한다.
      (1) 토공 기존자료 수집을 위한 사전조사로서 토질의 상태 및 토취장 후보지 등 조사
      (2) 계획노선에 관련되는 현존 구조물 현황 조사, 자연조건, 관련시설물, 장래계획 등을 고려한 구조물의 설치필요성 여부, 위치 및 규모 등의 조사
      (3) 배수시설 및 교량을 계획하기 위한 하천, 관련시설, 기존 배수시설물 등의 조사 및 관계기관 협의
      (4) 현장조사 결과에 의한 출입시설 상호 교통의 흐름, 지역여건, 도시 교통변화, 교통량 등을 참조하여 위치, 규모 등을 최종 확정하고 화물 및 여객터미널 계획 등과도 연관성을 검토
      (5) 이용차량의 편의를 위해 휴게소 및 버스정류장 설치계획에 대한 위치 및 규모 등을 조사
      (6) 도시계획 관련사항은 관할 지방자치단체 협의
      (7) 재료원(하상골재, 석산, 토취장, 사토장 등) 사용계획 수립을 위한 사전 조사
      (8) 계획노선 주변의 하천 및 댐에 대해서는 최고, 최저 홍수수위선 등 수문통계 자료를 조사하여 수리계산에 명기하고 필요시 하천관리청등 관계기관과 협의
      (9) 계획노선과 직·간접적인 영향관계에 있는 다음 사업계획을 포괄적으로 조사·검토
         (가) 산업기지 및 군사시설
         (나) 지방공단

(다) 교통망
(라) 수자원계획
(마) 상·하수도, 통신자원, 관광문화 및 각종공단
(바) 택지개발 계획

2. 도로조사
  가. 도로측량
    설계용역사 사업책임자는 도로 측량시 다음 사항을 준수, 측량 작업을 시행하여야 하며 기준점 성과표(첨부2)에 의거 측량결과를 기록하여야 한다.
    (1) 각종측량은 측량법 및 기타관계 규정에 의거 실시하고 별도의 측량 현황도(1:1,200)를 이용하여 중심선 및 종 횡단 측량을 실시
    (2) 노선변경에 의해 현황이 없는 부분은 별도의 현황측량을 실시
    (3) 중심선 말목은 20m간격으로 현장에 설치하고 종·횡단의 변화가 있는 지점, 구조물 설치점, 곡선의 시점 및 종점 등 필요한 지점에 중간 말목을 설치
    (4) 노선측량 중 곡선설치를 요할 시는 Clothoid 곡선 설치를 원칙으로 함.
    (5) 거리의 측정은 광파측거를 사용하여 정밀하게 실시
    (6) 종단측량은 중심선을 따라 매 측점의 지반고를 측정하여야 하며 반드시 왕복 실시하여 오차의 한계를 넘지 않아야 함.
    (7) 횡단측량은 중심선을 따른 측점을 포함한 각 측점과 지형이 급변하는 지점 등을 포함하여 중심선에서 직각방향의 좌우 충분한 폭으로 세밀히 측정하여야 함.
    (8) 구조물의 위치는 상세히 조사하여야 함.

3. 토질측량
  가. 토질조사 위치 및 시험항목
    (1) 조사위치 및 조사빈도에 대한 세부사항의 토질조사빈도(첨부

3)에 따른다.
(2) 시험항목은 조사항목별 실내시험 항목(첨부4)에 따르며, 모든 시험방법은 한국산업규격(KS)에 의해 공인기관에서 실시.
나. 토질조사 및 시험의 점검
(1) 토질조사 및 시험의 점검내용은 토질조사 Check List(첨부5)에 의한 점검 항목을 따른다.

4. 지장물 조사
가. 지장물 조사
(1) 설계용역담당자 또는 설계용역사 사업책임기술자는 도로중심선 확정시 도로부지 내에 설치되어 있는 지하 매설물 현황을 조사 하여야 하며, 굴착이 수반되는 조사 및 보링시는 굴착공사 관련 규정을 준수해야 한다.
(2) 세부 지장물 조사는 다음 사항에 의거 시행되어야 한다.
(가) 지상 지장물별(가옥, 분묘 등)로 지번과 소유자를 조사하여 용지도를 작성하며 편입된 용지에 대한 등본 및 토지대장, 지장물에 대한 지장물 현황조사를 작성.
(나) 지장물 조사는 현황도(1:1,200)를 이용하여 세밀한 현지 조사를 통하여 가옥, 분묘, 전주, 유실수, 기타 지장물 등을 조사하여 작성.
(다) 토지조사는 중심선을 따라 지적도에 의거 지번을 추출하여 토지 현황조사를 하고 지적공부 및 등기부를 대조 확인하여 소유자 및 관계인을 조사.
(3) 도로에 편입되어 보상 대상이 되는 지장물 현황조사는 다음사항에 대하여 실시하며 해당서식에 기록 하여야 한다.
(가) 건물조사
(나) 임목조사
(다) 분묘조사
(라) 농작물조사
(마) 전주조사

(바) 지하매설물 조사
(사) 축사조사
(아) 영업권조사
(자) 세입자조사

(4) 설계 용지도 작성시 지적기사 자격소지자가 확인 및 날인하여야 하며, 도로부지 경계선과 중심선을 표시하고 행정구역 지번, 지목, 축척 등을 기입하고 중요 물건을 표시한다.

(5) 용지도는 공인기관인 해당 지적공사에 측량이 될 수 있도록 과업지시서에 명기된 필요한 자료를 발주청에 제출하여야 한다.

(첨부 1)

관련계획 조사현황

관련계획	검토내용	본 과업 활용	비고

(첨부 2)

기준점 성과표

◦ 표석점 성과

측점	X-좌표	Y-좌표	Z-좌표	비고

◦ 평면기준점 성과

측점	X-좌표	Y-좌표	비고

◦ 표고기준점 성과

측 점	H-좌표	비 고

(첨부 3)
∘ 토질조사빈도

조사위치		조사항목	조사빈도	조사심도	비고
쌓기부	일반구간	핸드오거	300m	1~3m	전답토 통과 구간
	연약지반	시추조사	100m	지지층(풍화암)확인	넷(1.5m 간격)
		자연시료	공당 2개소	2~3m	
		핸드오거	100~250m	3~5m	
		베인시험	100~250m	최대 5m	
		콘관입시험	100~250m 당 1회	연약지반 표층	
깎기부		지표지질조사	-	-	암노두분포시 및 시공중
		시추조사	개소당 2공	계획고하 1m	
		시험굴조사	200m	1~2m	
		탄성파탐사	대깎기부	-	전기비저항탐사 (필요시)
		화상정보시험	정밀조사시		Bips(필요시)
구조물부	교량부	시추조사	교대 및 교각마다 1개소	풍화암 7m, 연암 2m, 경암 1m 중 택일	암노두분포시 및 시공중
	터널부	지표지질조사	-	-	SPT(1.5m 간격), 수압 및 공내재하시험
		시추조사	개소당 2공, 500m 당 1공	계획고하 2m	
		탄성파탐사	터널시, 종점부	-	
		전기비저항탐사	전연장	-	
		화상정보시험	정밀조사시	-	Bips(필요시)
석산		시추조사	2개소 이상	필요깊이	SPT(1.0m 간격)
토취장		시추조사	2개소 이상	경암 1m	SPT(1.0m 간격)
		시험굴조사	5개소 이상	1~2m	

※ 1. 상기 내용은 「구조물기초 설계기준」의 지반조사을 참조하였으며, 조사빈도 및 심도의 변경시 현장상태를 면밀히 사전조사한후 발주처의 승인을 득하여야 한다.
   2. 비탈면조사의 상세사항은 「건설공사 비탈면 설계기준」건설교통부 2006. 4를 참조한다.

(첨부 4)
· 조사사항별 실내시험 항목

조사내용		실내시험 항목
시추조사	절토부	함수비시험, 비중시험, 체분석시험, 입도분석시험, 액·소성한계시험, 암석시험(대절토부)
	연약지반	함수비시험, 비중시험, 체분석시험, 입도분석시험, 액·소성한계시험, 일축압축시험, 직접전단시험, 압밀시험, 삼축압축시험
	터널부	암석시험
	교량부	함수비시험, 비중시험, 체분석시험, 입도분석시험, 액·소성한계시험,
시험굴조사 (Test pit)		함수비시험, 비중시험, 체분석시험, 입도분석시험, 액·소성한계시험, 다짐시험, 실내C.B.R시험
Hand Auger-Boring		함수비시험, 비중시험, 체분석시험, 입도분석시험, 액 소성한계시험
골재원 조사		비중시험, 흡수율시험, 체가름시험, 입도시험, 안정성시험, #200체통과량시험

(첨부 5)
◦ 토질조사 Check List

구 분	Check List	점검결과
일 반 사 항	가. 토질조사 계획은 적정한가 - 토질조사의 조사빈도, 계획위치, 계획심도는 적정한가 - 토질조사의 기간 및 조사량에 비해 투입장비 및 인원이 적정한가 나. 계획평면도에 표시된 적절한 위치에 조사를 시행하는가 다. 과업지시서를 숙지 및 휴대하고 있는가 라. 감독의 사전승인을 득한 조사책임자가 현장에 상주하는가 마. 작업일지를 작성하고 있는가 바. 조사 개소당 원근 3장 이상의 사진(3"×5")을 촬영하는가 사. 조사 지점은 차후 필요시 찾을 수 있도록 표시 말뚝 등을 설치하고, 사진을 촬영하였는가 아. 조사시행시 도면 등의 보안관리에 유의하는가 자. 조사후 현장 마무리 정리를 잘 하였는가 (사진 촬영 확인) 차. 조사책임자는 작업자들에게 안전교육을 매일 실시하여 안전사고 방지에 힘쓰는가	
보 링 조 사	가. 조사 일반 - 현장 사정에 맞는 적절한 장비를 사용하는가 - 보링 RQD는 수직을 유지하는가 - 적절한 굴진 속도를 유지하는가 - 계획 심도까지 시추하는가 - 터널, 깎기부, 석산재료원의 보링은 NX 구경(코아 D=5.4cm)으로 가능한 모든 심도의 시료를 채취하는가 - 연약지반의 비교란 시료 채취시 THIN WALL TUBE 등으로 조심스럽게 삽입, 2회 정도 회전하여 조용히 빼올렸는가 - CASING은 공내 측벽이 무너지지 않는 곳까지 삽입시켰는가 - 지하수위 측정은 보링 완료후 24시간 이상 지난 후 실시하는가 - 시추작업시 가스관, 수도관 등 지하매설물에 손상이 가지 않도록 각별히 유의하는가 - 차후 시추공 확인이 가능토록 PVC PIPE 등으로 케이싱하고 이물질 혼입을 방지하기 위해 캡을 씌운 후 테이핑을 하였는가	

구 분	Check List	점검결과

보링조사	나. 표준관입시험
	- 시험용 장구는 규격제품을 사용하였는가
	  · 강재 샘플러 : 슈, 2분할 스플릿 바렐 및 카넥터 헤드로 구성
	  · 강재해머 : 63.5Kg ·로드, 노킹헤드, 낙하용구 등
	- 보링 구멍 바닥의 SLIME을 제거한 후 시험을 시행하는가 표준관입 시험전 정확한 시험을 위하여 굴진시 발생한 SLIME을 제거하는 방법으로 검토 성분의 많은 굴진수 (통상 현장에서 많이 사용)나 벤토나이트 등을 혼합한 굴진수 (자갈층에 주로 적용)를 펌프로 빠르게 회전시켜 SLIME을 불어냄
	- 해머의 타격으로 15cm의 예비타격을 시행하는가
	- 30cm를 관입시키는 본 타격을 위한 해머의 낙하높이는 75cm로 유지 하는가
	- 본 타격 1회 마다의 누계 관입량을 측정하는가
	- 50회의 본 타격 또는 본타격 30cm에 대한 타격수에 가까운 정수치를 N값으로 기록하는가
	- 시험빈도는 올바르게 시행되는가
	  (토층 변화시 마다, 동일 토층은 1.0m 마다)
	- 샘플러에 채취된 시료는 정확히 관찰, 기록, 보관하는가
	
	다. 시료의 채취, 보관 및 운반
	- 채취된 시료는 심도별로 연속성 있게 보관하는가
	- 시료 보관용 BOX 등 보관장구는 준비하였는가
	  · 시료보관 BOX : 길이 1m, 6칸의 규격으로 총 6m의 NX 암반코아를 보관할 수 있는 목재 BOX
	  · 시료병 : 안이 들여다 보이는 플래스틱제 병
	- 표준관입 시험을 시행한 시료는 함수량의 변화가 없도록 밀폐된 용기
	  (시료병 또는 비닐 등)에 보관하며, 용기 표면에 심도, 타격수, 관입량, 시료 관찰기록 등을 붙이는가
	- 비교란 시료 운반시 스펀지 또는 스치로폴 등을 사용, 충격완화에 유의 하는가	

구 분	Check List	점검결과

보링조사	라. 보링 성과 정리
	 - 보링 성과표에 다음 기입사항을 빠짐없이 기록하였는가
	  · 조사명 및 조사일
	  · 조사위치 및 표고
	  · 조사자
	  · 보링 번호
	  · 시추 장비 및 시추방법
	  · 보링 구경 (NX등)
	  · 심도에 따른 토층 및 암층 분류
	  · 시료색깔 및 풍화상태
	  · 지하수위, 코아 회수율 및 RQD, 암층의 절리각도
	  · N값, 날씨 등 기타 참고 사항	

오거보링조사	가. 시험용 장구는 빠짐없이 갖추었는가 - 수동 혹은 자동 오거 - 오거지름보다 약간 큰 케이싱, 시료병, 시료 BOX, 밀봉용 왁스 등 나. 불안전한 흙이나 지하수위 이하로 보링할 때 케이싱 삽입에 유의하는가 다. 시료채취는 연속성 있게 실시되며, 그 보관에 유의하는가 라. 지하수위 측정에 유의하는가 (모래지반 30분 이후, 실트 및 점토지반 24시간 이후) 마. 오거보링 성과표 기입사항을 빠짐없이 기록하였는가 - 조사명 및 조사일 - 조사자 - 보링번호 - 굴착기구의 제원 및 방법 - 토층 변화길이 및 각층의 성질 - 시료 채취 위치 등	

구 분	Check List	점검결과
시험굴조사	가. 현장 밀도 시험은 KSF 2311 규정에 의거하여 실시하는가 나. 시험기구는 적정규격을 사용하는가 - 유리병 : 용량 약 4리터, 높이 약 20cm, 위끝 나사형 - 깔대기 안지름과 같은 크기의 구멍을 가진 금속제 밑판 - 유리판 : 안지름 20cm, 안높이 17cm, 금속제 - 건조기, 온도계, 저울, 굴착용 기구 등 다. 다짐 및 CBR등의 실내 시험을 위한 적정량(50Kg 정도)의 시료를 채취하였는가 라. 조사 후 되메우기를 실시하였는가 마. 시험굴 성과표 기입사항을 빠짐없이 기록하였는가 - 조사명 및 조사일 - 조사위치 및 표고 - 시험굴 번호 - 토층의 변화 깊이 및 각층의 성질 - 시료 채취 위치 - 함수비 및 단위 체적 중량	

환경영향평가 업무

1. 대상사업의 범위

   「도로법」 제2조 또는 제10조, 「국토의 계획 및 이용에 관한 법률」 제2조제13호의 규정에 따른 도로의 건설사업 중 다음의 해당사업에 대하여 환경영향평가를 실시한다.

   (1) 4km 이상의 신설(「국토의 계획 및 이용에 관한 법률」 제6조제1호의 규정에 따른 도시지역에서는 폭 25m 이상의 도로인 경우에 한한다. 다만, 「도로법」 제11조제1호의 규정에 따른 고속국도와 「국토의 계획 및 이용에 관한 법률 시행령」 제2조제2항의 규정에 따른 자동차전용도로 및 지하도로의 경우에는 그러하지 아니하다)

   (2) 2차로 이상으로서 10km 이상의 확장

   (3) 신설과 확장이 함께 있는 경우로서 다음 식에 의하여 산출한 수치의 합이 1 이상인 것

   $$\frac{\text{신설구간 길이의 합}}{4km} + \frac{\text{확장구간 길이의 합}}{10km}$$

   (4) 도시지역과 비도시지역에 걸쳐 있는 경우로서 다음 식에 의하여 산출한 수치의 합이 1 이상인 것(4차로는 폭 25m 이상으로 본다)

   $$\frac{\text{비도시구간 길이의 합}}{4km} + \frac{\text{도시구간 길이의 합}}{4km}$$

2. 환경영향평가 협의

   가. 사업시행부서의 장은 환경영향평가 협의를 위한 평가서를 작성하여 해당 환경관리청장에게 제출하여야 한다.

나. 환경 교통 재해 등에 관한 영향평가법 시행령 제14조의 규정에 의하여「국토의 계획 및 이용에 관한 법률」에 따른 도시계획사업으로 건설하는 경우에는 동법 제88조제2항의 규정에 따른 실시계획의 인가 전, 그 밖의 경우에는 「도로법」제25조의 규정에 따른 도로구역의 결정 전(비관리청이 시행하는 경우에는 동법 제34조의 규정에 따른 공사시행의 허가 전)에 제출한다.

3. 평가서 초안의 작성

환경 교통 재해 등에 관한 영향평가법 제5조의 규정에 의하여 작성하는 평가서 초안에는 다음 각 호의 사항이 포함되어야 한다.
(1) 사업의 개요
(2) 영향평가대상지역의 설정
(3) 영향평가분야별 현황의 조사 내용
(4) 사업계획에 대한 대안별 영향의 분석 및 평가
(5) 영향에 관한 분석 및 대책(재해영향평가분야의 대책은 해당 사업지구에 한한다)
(6) 환경에 미치는 불가피한 영향에 관한 분석 및 피해에 대한 대책(환경영향평가분야에 한한다)
(7) 「환경정책기본법」제25조의 규정에 의한 사전환경성 검토 협의를 거친 경우 그 협의내용의 반영여부

4. 평가서의 개요

환경·교통·재해 등에 관한 영향평가법 제5조의 규정에 의하여 작성하는 평가서는 다음 각 호의 사항이 포함되어야 한다.
(1) 평가서초안의 내용에 관한 구체적인 분석 및 평가
(2) 제7조제1항의 규정에 의한 주민, 관계행정기관의 장 등의 평가서초안에 대한 의견과 제9조제5항의 규정에 의한 공청회 개최 결과에 대한 분석 및 평가
(3) 영향평가결과를 반영하여 수립한 사업계획안의 내용
(4) 법 제25조제4항의 규정에 의한 사후환경영향조사에 관한 계획

환경영향평가 업무 67

5. 주민의견수렴

평가서 작성시 초안 제출후 주민의견수렴을 실시하게 되어 있으며 그 절차 및 방법은「환경·교통·재해영향평가법」제6조 및 동법 시행령 제8조에 따라 실시토록 한다.

> 제6조 (의견수렴) ① 사업자는 평가서를 작성함에 있어서 대통령령이 정하는 바에 따라 설명회 또는 공청회 등을 개최하여 대상사업의 시행으로 인하여 영향을 받게 되는 지역안의 주민(이하 "주민"이라 한다)의 의견을 듣고 이를 평가서의 내용에 포함시켜야 한다. 이 경우 대통령령이 정하는 범위의 주민의 요구가 있는 때에는 공청회를 개최하여야 한다.
> ② 사업자는 생태계의 보전가치가 큰 지역 등 대통령령이 정하는 지역에서 대상사업을 시행하고자 하는 경우에는 대통령령이 정하는 바에 따라 주민외의 자의 의견을 듣고 이를 평가서의 내용에 포함시켜야 한다.
> ③ 사업자는 제1항 및 제2항의 규정에 의하여 의견을 수렴하고자 하는 때에는 미리 평가서초안을 작성하여야 하며, 대통령령이 정하는 바에 따라 관계행정기관의 장에게 제출하여야 한다. <개정 2003.12.30>
> ④ 제1항 내지 제3항의 규정에 의한 의견수렴의 방법·절차 및 평가서초안의 작성방법 기타 필요한 사항은 대통령령으로 정한다.
> ⑤ 사업자는 교통영향평가만을 실시하는 사업으로서 대통령령이 정하는 사업에 대하여는 제1항 내지 제4항의 규정을 적용하지 아니할 수 있다.
>
> 제8조 (설명회의 개최) ① 사업자가 법 제6조제1항의 규정에 의하여 주민의견을 수렴하기 위한 설명회를 개최하고자 하는 때에는 사업개요, 설명회 일시 및 장소 등을 설명회 개최예정일 7일전까지 1이상의 중앙일간신문 및 해당지역 지방일간신문에 각각 1회 이상 공고하여야 하고, 제6조제3항의 규정에 의한 공람기간이 시작된 날부터 10일 이내에 설명회를 개최하여야 한다. 이 경우 사업지역이 2 이상의 시·군·구에 걸치는 경우에는 각각의 시·군·구에서 설명회를 개최하되, 사업자가 해당 시장·군수·구청장과 협의한 경우에는 이를 통합하여 개최할 수 있다. <개정 2003.12.3, 2004.6.29>
> ② 사업자는 제1항의 규정에 의한 설명회 개최에 관한 공고사항을

> 제6조제3항의 규정에 의한 평가서 초안의 공고에 포함하여 줄 것을 주관 시장·군수·구청장에게 요청할 수 있으며, 주관 시장·군수·구청장은 특별한 사유가 없는 한 이에 응하여야 한다. 이 경우 주관 시장·군수·구청장이 설명회 개최에 관한 공고사항을 함께 공고한 때에는 그 공고는 제1항의 규정에 의하여 사업자가 행한 공고로 본다. <개정 2004.6.29>
> ③ 사업자는 제1항 또는 제2항의 규정에 따라 공고한 설명회가 사업자가 책임질 수 없는 사유로 개최되지 못하거나 개최는 되었으나 정상적으로 진행되지 못한 경우에는 설명회를 생략할 수 있다. 이 경우 사업자는 설명회를 생략하게 된 사유 등을 제1항의 규정을 준용하여 공고하고, 다른 방법으로 주민에게 사업에 대하여 설명을 하도록 노력하여야 한다. <신설 2003.12.3>

6. 경관영향협의

환경영향평가 수행시「자연환경보전법」제28조에 해당하는 개발사업의 경우 경관협의를 실시토록 되어있으며, 이에 대한 심의위원회는「자연환경보전법」제29조에 따르도록 한다.

> **제28조 (자연경관영향의 협의 등)** ① 관계행정기관의 장 및 지방자치단체의 장은 다음 각 호의 어느 하나에 해당하는 개발사업 등으로서 환경정책기본법 제25조의 규정에 의한 사전환경성 검토 협의 대상사업 또는 환경·교통·재해 등에 관한 영향평가법 제4조의 규정에 의한 환경영향평가협의 대상사업에 해당하는 개발사업 등에 대한 인·허가 등을 하고자 하는 때에는 당해 개발사업 등이 자연경관에 미치는 영향 및 보전방안 등을 사전환경성 검토 협의 또는 환경영향평가협의 내용에 포함하여 환경부장관 또는 지방환경 관서의 장과 협의를 하여야 한다.
> 1. 다음 각목의 어느 하나에 해당하는 지역으로부터 대통령령이 정하는 거리 이내의 지역에서의 개발사업 등
>   가. 자연공원법 제2조제1호의 규정에 의한 자연공원
>   나. 습지보전법 제8조의 규정에 의하여 지정된 습지보호지역
>   다. 생태·경관보전지역
> 2. 제1호외의 개발사업 등으로서 자연경관에 미치는 영향이 크다고 판단되어 대통령령이 정하는 개발사업 등

> ② 환경부장관 또는 지방환경 관서의 장은 제1항의 규정에 의하여 협의를 요청받은 경우에는 당해 개발사업 등이 자연경관에 미치는 영향 및 보전방안 등에 대하여 환경부장관은 중앙환경보전자문위원회의 심의를, 지방환경 관서의 장은 제29조의 규정에 의한 자연경관심의위원회의 심의를 거쳐야 한다.
> ③ 지방자치단체의 장은 제1항 각호의 개발사업 등으로서 사전환경성 검토 협의 및 환경영향평가협의 대상사업이 아닌 개발사업 등과 그 밖에 자연경관에 미치는 영향이 크다고 판단되어 지방자치단체의 조례로 정하는 개발사업 등에 대하여 인·허가 등을 하고자 하는 때에는 환경부령이 정하는 자연경관에 관한 검토기준을 따라야 한다. 다만, 국토의 계획 및 이용에 관한 법률 제59조의 규정에 의한 지방도시계획위원회의 심의를 거치는 경우 등 대통령령이 정하는 경우에는 그러하지 아니하다.

7. 환경영향평가 재협의

가. 협의내용이 통보된 날로부터 5년 이내에 사업을 착공하지 아니하거나 대통령령이 정하는 사유가 발생하여 협의내용에 따라 사업계획 등을 시행하는 것이 부적합한 경우에는 평가서를 재작성하여야 한다.

나. 재작성된 평가서는 평가서협의기관장에게 재협의를 요청하여야 한다.

8. 재협의 대상이 아닌 사업계획 등의 변경

가. 환경 교통 재해 등에 관한 영향평가법 제23조의 재협의 대상에 해당하지 아니하는 사업계획 등의 변경에 따른 협의내용의 변경을 가져오는 경우에는 사업시행부서의 장은 사업계획 등의 변경에 따른 환경영향저감방안을 강구하여 이를 변경되는 사업계획에 반영하고, 그 환경영향저감방안을 해당 환경관리청장에게 제출하여야 한다.

나. 사업시행부서의 장은 환경영향저감방안에 대하여 해당 지방환경관리청장의 검토를 받아야 한다.

7. 환경영향저감방안 검토시 제출서류
   환경영향저감방안에는 다음 각 호의 사항이 포함되어야 한다.
   가. 사업계획 등의 변경내용
   나. 사업계획 등의 변경에 따른 환경영향 분석
   다. 사업계획 등의 변경에 따른 환경영향저감방안의 강구내용

8. 사업착공 등의 통보사업시행부서의 장은 대상사업을 착공 또는 준공하거나 3월 이상 공사를 중지하고자 할 때에는 관할 지방환경청에게 그 내용을 통보하여야 한다.

9. 사전 공사시행의 금지에 관한 사항
   가. 공사시행자는 환경영향평가 협의·재협의 또는 재협의 대상이 아닌 사업계획 등의 변경절차 등이 완료되기 전에 대상사업에 관련되는 공사를 시행하여서는 않된다.
   나. 다만 협의내용의 변경을 가져오지 않는 부분에 대한 공사의 경우에는 제외한다.

10. 사후환경영향조사
    사업시행자는 대상사업의 착공 후에 발생될 수 있는 환경영향으로 인한 주변환경 피해를 방지하기 위하여 주요 평가항목을 지정하여 환경영향을 조사하여야 하며 조사결과를 다음해 1월 31일까지 관할 지방환경청장에게 통보하여야 한다.

11. 협의내용의 관리·감독
    가. 승인기관의 장은 협의내용의 이행여부를 확인하여야 한다.
    나. 평가서협의기관장과 승인기관의 장은 사업자에게 협의내용의 이행에 관련된 자료를 제출하게 하거나 사업장에 출입하여 조사·확인할 수 있다.
    다. 승인기관의 장은 승인 등을 얻어야 하는 사업자가 협의내용을

이행하지 아니한 때에는 그 이행을 위하여 필요한 조치를 명하여야 한다.
  라. 승인기관의 장은 승인 등을 얻어야 하는 사업자가 제3항의 규정에 의한 협의내용의 이행을 위한 조치명령을 이행하지 아니하여 환경·교통·재해 또는 인구에 중대한 영향을 미치는 것으로 판단되는 때에는 당해 사업에 대한 공사 중지를 명하여야 한다.
  마. 평가서협의기관장은 협의내용의 이행관리를 위하여 필요하다고 인정하는 경우에는 사업자 또는 승인기관의 장에게 협의내용의 이행을 위하여 공사 중지 등 필요한 조치를 할 것을 요청할 수 있다. 이 경우 사업자 및 승인기관의 장은 특별한 사유가 없는 한 이에 응하여야 한다.
  바. 사업자가 제5항의 규정에 의한 공사 중지 등의 조치를 하거나 승인기관의 장이 제3항 내지 제5항의 규정에 의한 조치 또는 명령을 한 때에는 지체 없이 그 내용을 평가서협의기관장에게 통보하여야 한다.

12. 사업자의 의무
  가. 사업자는 대상사업을 시행함에 있어서 사업계획 등에 반영된 협의내용(제23조의 규정에 의하여 재협의된 내용 및 제24조의 규정에 의한 영향저감방안을 포함한다. 이하 같다)을 이행하여야 한다.
  나. 사업자는 협의내용을 성실히 이행하기 위하여 공사현장에 공동부령이 정하는 바에 따라 협의내용을 기재한 관리대장을 비치하고, 협의내용의 이행상황을 점검·보고하는 관리책임자를 지정하여야 한다.
  다. 제2항의 규정에 의한 관리책임자의 자격기준·준수사항 기타 필요한 사항은 공동부령으로 정한다.
  라. 사업자는 환경영향평가 대상사업의 착공 후에 발생될 수 있는 환경영향으로 인한 주변 환경의 피해를 방지하기 위하여 평가항목별로 환경영향을 조사하고, 그 결과를 환경부장관 및 승인

기관의 장에게 통보하여야 한다.
마. 사업자는 제4항의 규정에 의한 조사 결과 당해 사업으로 인한 주변 환경의 피해를 방지하기 위하여 조치가 필요한 경우에는 지체 없이 이를 환경부장관에게 통보하고 필요한 조치를 하여야 한다.
바. 환경영향을 조사하여야 하는 대상사업·평가항목 및 조사기간 기타 필요한 사항은 환경부령으로 정한다.
사. 사업자가 변경되는 때에는 제1항·제2항·제4항 및 제5항의 규정에 의한 사업자의 의무는 변경된 사업자에게 승계된다.

사후환경영향조사

1. 평가항목설정기준
    ① 환경기준이 설정된 항목 : 대기질, 수질, 소음 및 진동
    ② 환경기준이 설정되지 아니한 항목 중 지방환경관리청장이 제시한 항목
    ③ 도로건설 사업시의 중점평가항목

중점평가 항목	중점평가 사항	비 고
지형·지질	• 깎기, 쌓기에 따른 법면발생위치 및 주변경관을 고려한 법면처리대책	
동·식물상	• 특정야생 동·식물, 천연기념물 등의 분포현황 및 보호대책 • 철새도래지 분포현황 및 보호대책 • 육상동물의 이동로 차단에 따른 대책	
토지이용	• 주변토지 이용현황 및 계획을 고려한 시설설치 또는 배치계획에 대한 평가	
대기질	• 장비투입에 따른 비산먼지 발생 및 처리대책	
수 질	• 휴게소 설치에 따른 오수 발생량 농도 및 처리대책	
폐기물	• 휴게소 설치에 따른 폐기물 발생량 수거 및 처리대책	
소음·진동	• 예측 소음도에 따른 피해영향권내의 주거분포상황 및 소음피해 저감대책 • 진동예측결과 및 진동저감대책	

2. 조사기간
① 공사착수일로부터 공사완료후 3년까지
② 환경영향평가 협의시 제시한 기간까지
③ 환경영향이 일정하여 환경적으로 안정적인 상태의 유지가 예측될 때까지

3. 조사내용 및 방법
① 조사항목
- 환경예측 및 평가결과를 기준으로 공사중, 공사후 환경에 미칠 주요항목을 선정한다.
- 환경기준이 있는 항목중 환경영향이 없거나 경미하여 조사 필요성이 없는 것으로 판단되는 항목은 제외하고, 그 사유를 기재한다.

② 조사지점
- 평가서에 제시된 예측지점으로 한다.
- 예측지점 이외에 영향이 명백할 경우, 당해 영향을 적절히 파악할 수 있는 지점으로 한다.

③ 측정방법
- 평가서 작성에 사용되었던 방법 또는 이와 동등한 결과를 얻을 수 있는 방법으로 한다.
- 환경오염공정 시험방법에 의하고, 부득이한 경우 그 사유를 기재한다.
- 예측 평가된 항목별로 현지조사를 원칙으로 하지만, 부득이한 경우 공인 기관의 자료를 준용할 수 있다. 이때에는 공인기관의 자료명을 기록한다.

4. 조사기준

구분		조사항목	조사지역	조사지점	조사방법	조사주기
대기질	공사시	환경기준이 있는 항목(SO_2, CO, NO_2, O_3, PM-10, Pb)	사업시행에 따라 영향을 받을 것으로 예상되는 지역	환경영향평가시 조사 예측한 지점	대기오염 공정시험방법	분기 1회 이상
	이용시	〃	〃	〃	〃	반기 1회 이상
소 음	공사시	(주간·야간 소음도)	〃	〃	소음·진동 공정시험방법	분기 1회 이상 반기 1회 이상
	이용시	〃	〃	〃	〃	
수 질	공사시	(Ph, BOD, SS, DO, 대장균수, Cd, As, CN, Hg, Pb, 유기인, PCB, ABS)	〃	〃	수질오염 공정시험방법	분기 1회 이상
	이용시	〃	〃	〃	〃	반기 1회 이상
악 취 (조사대상으로 지정시)	공사시	악취농도의 순간농도 및 출현빈도	평가서 및 협의서에서 지정된 지역	〃	대기오염 공정시험방법	반기 1회 이상
	이용시	〃	〃	〃	〃	연 1회 이상
지형·지질 (조사대상으로 지정시)	공사시	보존가치가 있어 지정된 지형·지질의 형태 등	〃	〃	현지조사	반기 1회 이상
	이용시	〃	〃	〃	〃	연 1회 이상
동·식물상 (조사대상으로 지정시)	공사시	보호가치가 있어 지정된 동·식물 서식현황 등	〃	〃	현지조사 및 탐문조사	반기 1회 이상 연 1회 이상
	이용시	〃	〃	〃	〃	〃

※ 평가항목, 조사항목은 사업의 특성, 주변환경 등을 고려하여 선정하여야하며, 그 내용은 가능한 객관적이며 구체적으로 정한다.

환경영향평가 흐름도

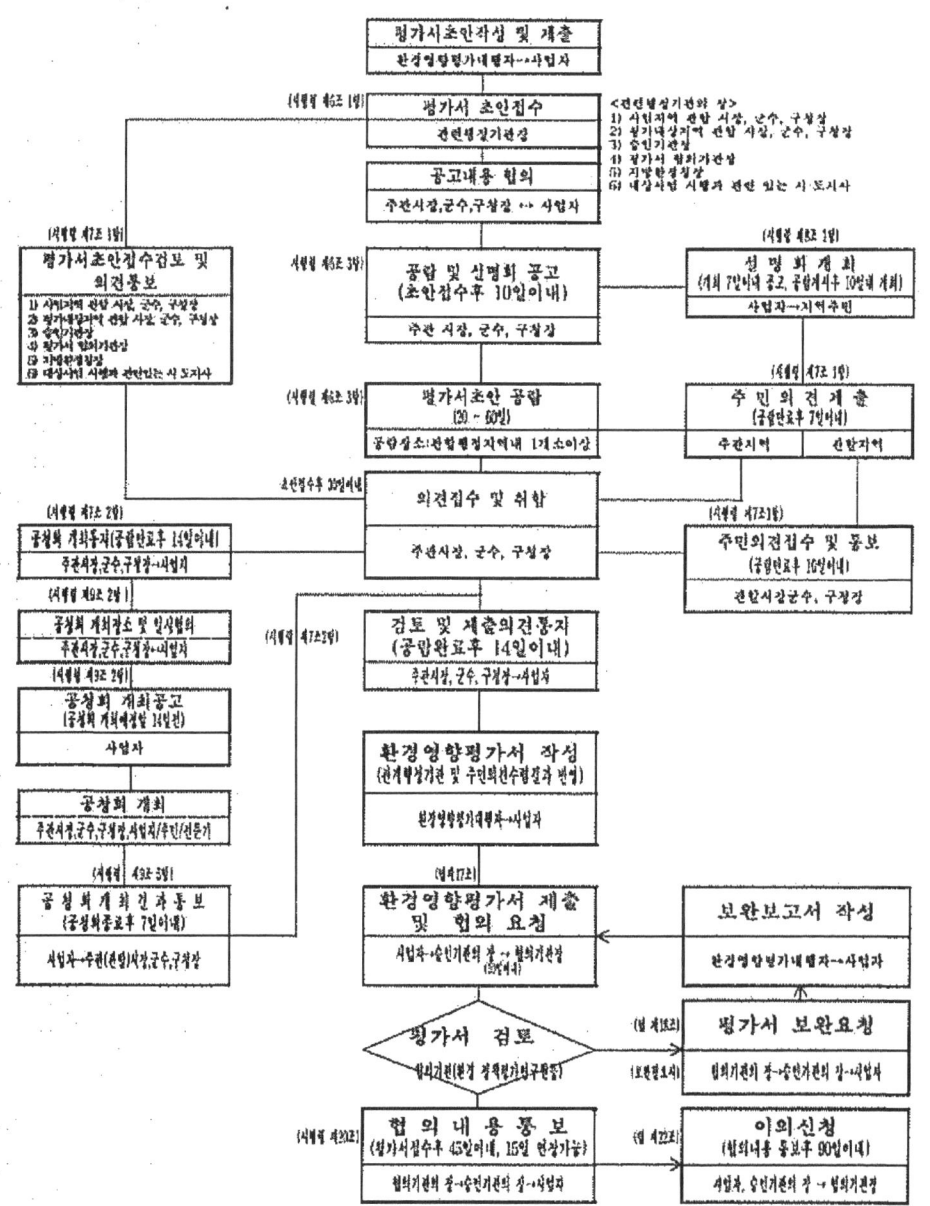

주) 초안접수시 환경부장관과의 협의는 환경·교통·재해 등에 관한 영향평가법 제38조제1항, 동법 시행령 제35조제3항에 의거하여 지방환경관서의 장에게 위임될 수 있음.

구(舊)국도 관리에 관한 업무처리 지침

제정 : 1995. 10. 24
개정 : 2005. 9. 16

제1조(목적) 이 지침은 도로법제20조(노선의 폐지 또는 변경)와 관련하여 도로의 확장·개량등의 공사시행으로 도로의 선형이 변경된 구국도를 도로의 기능증진 및 관리를 위하여 효율적으로 활용하거나, 활용계획이 없을 때에는 지방자치단체에 이관함에 있어 기존교량의 개·보수 및 폐교의 철거 등에 대한 사전계획의 수립 및 시행에 관한 절차를 정하므로서 구국도의 적정한 관리를 통하여 각종 안전사고를 미리 예방함을 목적으로 한다.

제2조(지침의 성격) 이 지침은 기존국도상에 있는 노후교량등을 개·보수 또는 철거하지 아니한 상태에서 지방자치 단체에 이관시 유발되는 인수거부 사례가 없도록 하고 또한 이관이 지연되는 기간동안의 관리소홀로 인한 각종 안전사고를 방지하기 위하여 필요한 적정한 관리의 내용·시기·주체등을 명확히 하여 구국도관리업무의 공백과 사각지대가 없도록 하고자 함에 있어 그 기준이 된다.

제3조(적용범위) 이 지침은 도로의 확장·개량 및 교량 가설공사(이하 "도로공사등"이라 한다)로 인하여 도로의 선형을 변경한 구국도에 대하여 적용한다.

제4조(용어) 이 지침에서 사용하는 용어정의는 다음과 같다.
   1. "구국도"라 함은 도로공사 등으로 인한 도로선형의 변경으로 발생되는 기존국도를 말한다.
   2. "폐도"라 함은 구국도중(교량터널등 도로구조물이 있는 경우는 이를 포함한다. 이하 같다) 자체활용계획이 없고 지방자치단체에 이관하더라도 도로로 존치할 필요가 없는 구간으로서 지방자치단체에 이관하여야 할 구국도를 말한다.

3. "구교량 및 폐교"라 함은 새로운 교량을 가설함으로서 발생되는 기존교량을 말하며, 이중 이용가치지가 없는 기존교량으로서 철거하여야 할 교량을 폐교라 하며 비상시 등에 활용하기 위하여 존치할 교량으로서 지방자치단체에 이관하여야 할 교량을 구교량이라 한다.
4. "구국도처리계획"이라 함은 구국도를 그 면적·형태 또는 당해 지역의 현지여건을 조사하고 이에 따라 필요한 보수·보강공사의 시행, 각종안내표지판 등 시설의 시행계획 및 활용 또는 이관등에 관한 종합 계획을 말한다.
5. "이관대상도로"라 함은 지방자치단체에서 지방도·군도·마을진입도로 등 다른 도로로 활용할 수 있는 도로로서 지방자치단체에 이관하는 도로를 말한다.

제5조(구국도처리계획의 수립) ①지방국토관리청장(이하 "청장"이라 한다.)은 도로공사의 시행으로 구국도가 발생하는 경우에는 구국도처리계획을 당해 도로공사실시설계에 포함하여 수립하여야 한다. 이 경우에는 관할 국도유지건설사무소장 또는 광역시장·도지사, 관할 시장·군수(이하 "지방자치단체장"이라 한다)의 의견을 들어야 한다.

②제1항의 규정에 의한 구국도처리계획에는 다음 각호의 1의 사항이 포함되어야 한다.
1. 구국도에 대한 자체활용, 폐도·폐교·구교량 또는 이관대상의 선정
2. 구교량 및 이관대상도로상의 노후교량 개·보수비용 및 그 내용
3. 폐교의 철거내역 및 그 비용
4. 폐교 및 구교량의 시·종점에 사람·차량의 통행제한 또는 통행금지를 위하여 필요한 장애물(바리게이트·철조망 또는 콘크리트말뚝 등)과 진입으로 사고가 발생할 때에는 책임 없다는 안내표지판의 설치에 관한 비용
5. 지방자치단체의 이관대상도로에 대한 최소한의 노면 보수비용 및 그 내용

6. 도로공사가 진행되고 있는 구국도구간에 대한 미불용지 보상계획(단, 도로관리청이 건설교통부장관인 경우에 한한다.)
7. 기타 구국도처리계획 수립과 관련하여 필요한 사항

③구국도처리계획의 수립시는 구국도의 면적·형태 또는 당해 지역의 여건 등을 고려하여 가능한 다음 각 호의 1의 용도로 최대한 활용되도록 하여야 한다.
1. 버스정차대·간이오르막차선
2. 비상사태를 대비한 우회도로
3. 비상주차시설 또는 자동차의 긴급 대피시설
4. 도로이용자의 편의제공을 위한 주차시설
5. 설해방지를 위한 적사장·장비대기장 및 과적차량 단속시설
6. 장래 도로확장예정지
7. 도로보수용 잔디묘포장
8. 도로확장사업에 편입되는 도로부지와의 교환
9. 기타 이와 유사한 용도

④제1항의 규정에 의하여 구국도처리계획을 수립한 경우에는 당해 도로를 관할하는 국도유지건설사무소장 및 지방자치단체장에게 통보하여야 한다.

제6조(구국도 개·보수공사등의 시행) 청장은 구국도의 개·보수 또는 보강공사, 폐교의 철거와 폐도 및 구교량 등의 통행제한과 통행금지를 위하여 필요한 시설과 안내 표지판의 설치 기타 필요한 공사 등에 관한 비용은 당해 도로공사에 포함하여 이를 시행하여야 한다.

제7조(구국도처리계획 없이 또는 공사중이거나 완료된 구간에 대한 경과조치) ①청장은 실시설계를 하고 있거나, 실시설계를 이미 완료한 구간 또는 도로공사를 시행하고 있는 구간에 대하여는 다음 각호의 1이 정하는 바에 따라 제5조 규정에 의한 구국도처리계획을 수립하여 당해 도로공사에 포함하여 이를 시행하여야 한다. 이 경우 공사 비용은 당해 도로공사비에 이를 계상한다.
1. 실시설계중인 구간은 실시설계과업에 포함하여 수립

2. 실시설계를 이미 완료한 구간은 도로공사를 착공하기 전에 자체 계획으로 별도로 수립
   3. 도로공사를 시행하고 있는 구간은 자체계획으로 추가 수립
  ②도로공사가 완료된 구간은 구국도처리계획을 추가로 수립하고 이에 필요한 비용은 인근지역에서 시공중인 도로공사비에 계상한다. 다만, 인근에서 시행하는 도로공사가 없거나 그 비용을 계상함이 특히 불합리한 경우에는 국도유지보수사업비에서 시행하도록 한다.
  ③구국도처리계획을 수립하지 아니하고 도로공사를 시행하고 있거나, 도로공사를 완료한 구간의 경우에는 폐도의 안전관리를 위하여 다음 각호의 1이 정하는 바에 따라 통행제한 또는 통행금지를 위하여 필요한 장애물과 안내 표지판을 설치하여야 하다.
   1. 폐도에 노후교량이 있는 경우로서 노후교량이 없는 다른 도로 등을 이용할 수 있는 경우에는(마을 진입도로가 여러개 있는 경우) 노후교량이 있는 진입지점(신설도로와의 분기점)에 승용차만 통행할 수 있도록 하거나, 차량의 전면 통행이 금지될 수 있도록 콘크리트 말뚝(야광표지도색)을 설치하고 분기점 전방에 통행제한 안내표지판을 2개이상 설치)
   2. 노후교량이 없는 타도로를 이용할 수 없고 통행제한 조치가 필요한 경우에는 통행제한을 조치하고 노후 교량 전후 및 분기점 전방에 통행제한 안내표지판을 2개이상 설치

제8조(노후교량 개·보수공사의 우선시행) 청장은 제6조 및 제7조 제1항의 규정에 의거 구국도 개·보수공사를 당해 도로공사에 포함 하여 시행함에 있어 구국도에 노후 교량이 있는 경우에는 이를 당해 도로공사에 선행하여 시행하여야 한다.

제9조(구국도등의 인계 및 이관) ①청장은 제6조 및 제7조의 규정에 의하여 구국도 또는 폐도 및 구교량에 대한 개·보수공사 등을 완공한 경우에는 다음 각호의 1에 따라 지체없이 인계하거나 이관하여야 한다.
   1. 국도의 이용증진 또는 관리등을 위하여 자체활용계획이 있는

구국도는 관할 국도유지건설사무소장에게 인계
  2. 자체활용계획이 없는 이관대상도로·구교량 또는 폐도는 관할 지방자치단체장에게 이관
②청장은 노선폐지공고를 한 즉시 도로점용 등 인허가 서류 및 도로대장, 구조물조서 등시설물관리에 관한 관계서류 일체를 동시에 이관하여 점용료징수 누락방지 및 시설물관리에 문제점이 없도록 하여야 한다.

제10조(보고등) 청장은 제5조 및 제7조의 규정에 의하여 구국도처리계획을 수립한 경우에는 [별지 제1호 서식]에 의거, 제9조 제2항의 규정에 의하여 이관대상도로·구교량 또는 폐도를 관할 지방자치단체장에게 이관한 경우는 [별지 제2호 서식]에 의거 건설교통부장관에게 각각 보고하여야 한다.

부   칙 ('1995. 10.)
① (시행일) 이 지침은 1995년 10월 24일부터 시행한다.
② (다른지침의 폐지) 이 지침시행당시 종전의 폐도부지의 활용 및 정리철거(도건587100-194, '95. 2.27)에 관한 지침은 이를 폐지한다.

부   칙 ('2005. 9.16)
① (시행일) 이 지침은 2005년 9월 26일부터 시행한다.

[별지 제1호서식]

구국도처리계획 보고서

- ○ 문서번호 도로ㅇㅇ과 ~ 200 년   월   일
- ○ 받 음 : 건설교통부장관
- ○ 참 조 : 도로기획관(도로건설팀장)
- ○ 보 냄 : ○○지방국토관리청장

구국도처리 계획			
도로공사현황	노 선 명①	국도 호선		
	공 사 명②			
	구 간③	○○~○○(연장 km)		
	공사기간④	200 . . ~ 200 . . .(일)		
자체활용	용 도⑤	위 치⑥	연장 (km)⑦	비 고
	소계			
		⑧		
이관대장	구 분	위 치⑨	연장(km)⑩	비용(백만원)⑪
	소 계			
	노후교량개축	⑫		
	노후교량보수			
	폐교철거			
	구교량			
	이관대상도로 노면보수			
	통행제한시설 설치안내표지판 설치등			

덧붙임 : 도로공사 노선(개략도 : 1/25,000지도) 1부

제9조   190mm×268m

□ 기재요령

<서 식 기 재>
  ○도로공사 현황란
    ① : 도로공사를 시행하는 국도의 노선번호를 기재
    ② : 도로공사명 기재(○○ ~ ○○간 도로확·포장공사)
    ③ : 도로공사명 시점 및 종점의 구체적인 지명과 연장기재
    ④ : 도로공사의 착공 및 준공예정일 및 공기를 기재
  ○자체활용란
    ⑤ : 제5조 제3항 각호의 용도를 기재
    ⑥ : 구국도의 시점 및 종점의 정확한 지명을 기재
    ⑦ : 구국도의 연장을 기재
    ⑧ : 덧붙임 노선도상의 구국도등의 일련번호를 기재
  ○이관대상란
    ⑨ : 자체활용계획란의 ③과 같음
    ⑩ : 자체활용계획란의 ⑦과 같음
    ⑪ : 노후교량개축등에 필요한 당해 비용을 기재
    ⑫ : 자체활용계획란의 ⑧과 같음

<도 면 작 성>
  ○색상표시
    -현행도로·······························오랜지색
    -기존도로································고 동 색
    -자체활용도로···························· 녹 색
    -폐 도···································· 황 색
    -구 교 량································파 랑 색
    -철거폐교································검 정 색
    -경 계 선································적 색
  ○일련번호 기재
    - 1 ~ 10 등 : 자체활용도로
    - 가 ~ 아등 : 폐 도
    - ① ~ ⑥등 : 구 교 량
    - A ~ Z등 : 철 거 폐 교

[별지 제2호 서식]

구국도이관 실적보고서

○ 문서번호 도로 ○ ○ 과 ~ 200 년 월 일
○ 받 음 : 건설교통부장관
○ 참 조 : 도로기획관(도로건설팀장)
○ 보 냄 : ○○지방국토관리청장

구국도이전 실적							
도로공사현황	노 선 명	국도 호선						
	공 사 명							
	구 간	○○ ~ ○○(연장 km)						
	공사기간	착공일자			준공일자		
이관대상도로	이관기관	시설별	폭, 연장	면적 또는 제원	활용계획	일자
		구국도	폭 m 연장 m	m² (평)		
		구교량	폭 m 연장 m			
		폐도	폭 m 연장 m	m² (평)		

첨부서류 : 인계인수서 사본 부
제9조

190mm×268mm

국도대체우회도로 및 국가지원 지방도 사업시행지침

제정 : 1996.12
전문개정 : 2006. 3

제1장 일반사항

1.1 목 적

본 지침은 도로법 제2조의2·제2조의3·제24조에 의한 국도대체우회도로 및 국가지원지방도 사업을 효율적으로 추진하기 위하여 필요한 주요 사항을 정함을 목적으로 한다.

1.2 적용범위

이 지침서는 국도대체우회도로 및 국가지원지방도 업무를 시행함에 있어 설계, 감리, 시공과 사업수행에 적용되는 지침으로 특별한 세부사항은 발주 기관별로 정하여 적용할 수 있으며 본 지침서에 명시되지 않은 일반적인 사항은 다른 일반 도로건설공사에 적용되는 법령, 기준, 지침 등의 규정을 준수하여야 한다.

1.3. 용어의 정의

- 지방청 : 건설교통부 산하 지방국토관리청을 말한다.
- 지자체 : 특별시, 광역시, 도, 시를 말한다.
- 본부 : 건설교통부내 해당도로와 관련된 주무부서를 말한다.
- 설계시행자 : 건설교통부 산하 지방국토관리청장 또는 도로법 제24조제3항의 규정에 따라 조사·설계를 행하는 특별·광역시장을 말한다.

제2장 조사·설계부문

2.1 조사·설계

설계시행자는 국도대체우회도로 및 국가지원지방도로의 조사·설계를 시행함에 있어 건설교통부장관이 수립한 사업계획에 따라야 한다.

2.2 도로노선계획

도로노선을 계획할 때는 「국도의 노선계획·설계지침」에 따라 노선을 계획하고 설계하여야 하며 이를 철저히 숙지하고 준수하여야 한다.

2.2.1 국도대체우회도로

현지 여건을 고려하여 가능한 한 자동차전용도로로 설계하되 장래 도시확장 및 발전으로 가로화되지 않는 지역으로 노선을 선정하고 연결도로 접속은 최소화하되 접속지점은 입체화하고 접근 통제 시설을 설치하여야 한다.

2.3 설계방침의 결정

설계방침은 도로의 계획수립 및 설계시 도로의 선형 및 각종 교차시설, 통로박스 등을 장기적 관점에서 결정하게 함으로써 도로의 계획 목표년도 도달시는 물론 그후 증가될 교통량에 대비하여 국도 및 국가지원지방도가 지역간 연결 간선도로로서의 기능을 충분히 발휘하여 교통소통을 원활히 할 수 있도록 하기 위하여 세부설계 시행전 노선, 차로폭, 주요구조물, 추정공사비 등을 정하는 것을 말한다.

2.3.1 설계방침 승인요청

설계시행자는 현지 조사측량 실시전에 비교노선(기본계획 노선 포함)안에 대한 검토결과와 최적안 선정사유 및 설계시행자의 종합의견(해당지자체 또는 지방청 의견 포함)을 첨부하여 본부에 설계방침 승인을 요청하여야 한다.
- 설계방침 승인 요청 시에는 전체 노선계획을 1/5000 지형도에 표시하고, 주변지형 및 지장물현황을 1/5000 ~ 1/10000 지형도에 상세히 표시하여 비교대안에 대한 도상검토가 가능하도록 한다.
- 설계방침서의 추정사업비는 지형 및 지역여건, 도로기하구조, 교차로 및 주요구조물의 구조·형식 등을 면밀히 검토하여 산정함으로서 실시설계 완료시의 사업비와 20% 이상 발생하지 않도록 하여야 하며, 20% 이상 차이가 발생될 경우에는 본부와 재협의 하도록 하여야 한다.

2.3.2 예비준공검사
1) 예비준공검사는 실제 준공예정일로부터 최소 3개월이상 이전에 실시하여야 한다.
   예시) 예비준공검사 보완(30일), 중앙설계심의(30일) 및 보완기간 (30일)
2) 예비준공검사시 성과품의 부수는 예비검사에 필요한 최소한의 부수로 제한한다.

2.3.3 설계도서의 인계
1) 설계시행자가 지방청인 경우에는 용역이 완료되는 즉시 업무에 필요한 부수의 설계서를 제외한 설계도서를 지자체에 인계하여야 하며, 설계시행자가 지자체인 경우에는 지방청이 필요한 부수의 설계서를 인계하여야 한다.
2) 인계하는 설계도서는 조사설계도면·설계내역서, 용지보상관계서류(유토곡선, 좌표 및 전산처리시트 소프트웨어 사본등)과 인·허가서류 등 일체의 용역 성과품을 말한다.
3) 인수받은 설계도서의 성과내용중 추후 현지조사 또는 시공과정에서 수정·보완할 사항이 발견되었을 때는 인계자인 설계시행자

와 협의하여 이를 조정할 수 있다.

2.3.4 공구분할발주 검토
설계시행자는 실시설계시 연장이 길어 공사구간을 분할 발주할 필요가 있다고 판단될 경우에는 용역중간보고서 제출전 까지 공사를 시행할 기관과 충분한 협의를 거친 후 본부에 보고하여야 한다.

제3장 시공부문

3.1 공사의 추진
공사는 설계도면, 과업지시서, 일반시방서, 특별시방서등에 의해 추진하여야 한다.

3.2 공사수행절차
지자체가 시행하는 국도대체우회도로 및 국가지원지방도는 다음 공사수행절차에 따라 추진하여야 하며 지방청이 시행하는 사업은 위탁 공사절차에 따라 시행한다.

3.3 지방비 확보
1) 인수받은 설계예산내역서를 토대로 지자체는 도로법제56조의2 및 동법시행령제30조의3의 규정에 의한 용지보상비를 확보하고 공사시행에 차질이 생기지 않도록 조치하여야 하며, 보조금 교부신청시 예산확보계획을 건설교통부장관에게 보고하여야 한다.
2) 지자체가 지방청에 위탁 시행하는 공사는 협약내용에 따라 용지보상주체가 보상업무를 담당하되 공사시행에 지장이 없도록 지자체는 지방청과 용지보상비 확보여부에 대해 사전에 협의하여야 한다.

3.4 보조금 계상신청
1) 지자체는 도로법시행규칙 제29조의3 ①항의 규정에 의거 익년

예산을 전년도 3월말까지 건설교통부장관에게 보조금 계상신청을 하여야 한다.
2) 지자체가 지방청에 위탁 시행하는 공사에 대하여는 사전에 공사추진 계획 등을 지방청과 충분히 협의하여 사업시행주체를 결정하고 보조금계상신청 여부를 결정하여야 한다.

3.5 각종보고
　○ 지자체는 도로법 시행령 제30조의5 및 동시행규칙 제29조의4①항의 규정에 의거 다음 보고사항을 지정기간 내에 지방청 및 행정자치부에 보고하여야 한다.
　　- 공사 착공보고 : 착공일로부터 10일이내 착공계 첨부
　　　　　　　　　　(도로법 시행규칙 별지 제37호의5 서식)
　　- 분기별공정보고 : 분기종료 10일이내
　　　　　　　　　　(도로법 시행규칙 별지 제37호의6 서식)
　　- 보조사업실적 보고 : 회계연도 또는 당해사업이 종료된 날부터 10일이내 도로법시행규칙(별지 제37호의7서식)에 의거 준공검사조서 등 첨부
　　- 계약결과보고 : 계약체결일로부터 10일이내에 설계금액, 낙찰율, 낙찰자, 공사기간 등을 포함한 계약결과를 지방청에 보고
　○ 지방청은 도로법 시행규칙 제4조의2규정에 의거 지자체로부터 보고받은 공사착공보고와 분기별 공정보고는 착공일, 분기종료일로부터 각각 20일 이내에, 사업실적보고는 보고 받은 날로부터 10일 이내에 본부에 보고하여야 한다.

3.6 총사업비 관리
1) 총사업비 관리지침(기획예산처)에 의한 총사업비 관리대상 사업은 총사업비 관리지침에 따라야 하고, 그 외 사업의 총사업비는 건설교통부장관과 협의를 거쳐 정하여야 한다.
2) 지자체가 총사업비 협의를 요청하는 때에는 당해 지방청의 검토의견을 첨부하여야 한다.

3.7 준공절차

1) 예비준공검사
   - 지자체에서 시행한 공사는 준공검사 3개월 이전에 충분한 기간을 두고 필히 예비준공검사를 실시하여야 하며 지방청의 장에게 입회 요청하여 확인받아야 한다.
   - 협약에 의해 지방청이 공사를 시행한 경우 예비준공검사 시 지자체장에게 입회를 요청하여 인계인수에 차질이 생기지 않도록 하여야 한다.

2) 준공검사
   지방청 및 지자체는 준공검사시에는 예비준공검사시 지적된 사항의 시정여부를 반드시 확인하며 준공검사시 지방청에 입회요청하여 지방청의 현장점검 시정조치사항, 예비준공검사시 지적사항 및 설계도서대로 시공되었는지의 여부를 확인 받아야 한다.

3) 준공보고
   지자체는 준공 10일이내 준공검사조서와 재원별 계산서를 첨부하여 지방청 및 행정자치부에 보고하되 공사가 예정기일내에 준공할 수 없다고 판단될 때에는 사유발생 즉시 사유서를 첨부하여 지방청에 보고하여야 하며 지방청은 보고 받은 날로부터 7일 이내에 본부에 보고하여야 한다.

제4장 기타 행정사항

4.1 보조금 집행잔액보고

국고보조금의 집행잔액은 자치단체에서 임의로 사용할 수 없으며, 지자체는 집행잔액이 발생하는 즉시 지방청에 보고 하여야 하며, 지방청은 집행잔액 발생현황을 보고 받은 날로부터 7일이내에 본부에 보고하여야 한다.

4.2 준공후 정산

국고보조사업이 준공되면 사업비 잔액, 은행이자 등을 최종 정산하여 국고로 납입하여야 한다.

4.3 기타 보고사항
　본 시행지침 및 관계법령에서 정하지 아니한 사항에 대하여는 지방청과 사전협의 후 방침을 받아 시행하고 기타 보고사항은 국고보조금의예산 및 관리에 관한 법령에 따라야 한다.

고속국도 표지 제작·설치 지침(안)

국토해양부 예규 <제159호>

2010. 5

< 목   차 >

제1장 총칙 ··· 97
  1. 목적 ·· 97
  2. 적용범위 ·· 97
  3. 용어정의 ·· 97

제2장 출구 안내체계 표지 일반 ·· 98
  1. 기본원칙 ·· 98
  2. 안내표기 일반 ·· 99
  3. 안내지명 선정방법 ·· 99
  4. 표지요소의 도안 ·· 100
  5. 글자의 서체 ·· 106
  6. 표지판의 종류별 규격 ·· 111

제3장 표지규격의 상세 및 설치방법 ································· 114

제4장 표지 설치 사례 ·· 139

제5장 행정사항 ·· 143

표 목 차

<표 1> 표지판 종류별 규격 ·· 112

그 림 목 차

<그림 1> 고속국도 노선번호(두 자리까지) ······················ 100
<그림 2> 고속국도 노선번호 (방위표시가 있는 경우) ················ 101
<그림 3> 고속국도 노선번호(세 자리) ······························ 101
<그림 4> 아시안하이웨이 노선번호 ································· 102
<그림 5> 입체교차로 화살표(1) ······································ 103
<그림 6> 입체교차로 화살표(2) ······································ 104
<그림 7> 나가는곳, 출구점 표지, 출구점 예고 표지, 출구 예고 표지
     의 화살표 ·· 104
<그림 8> 차로지정 화살표 ··· 105
<그림 9> 나들목 아이콘 ·· 105
<그림 10> 한글 서체 및 작성 예시 ································· 106
<그림 11> 영문 대문자 규격 ·· 108
<그림 12> 영문 소문자 규격 ·· 109
<그림 13> 숫자규격 ·· 110

고속국도 표지 제작·설치 지침(안)

국토해양부 예규<제159호>, 2010. 5. .

제1장 총 칙

1. 목적

   이 지침은 도로관리청이 고속국도에 설치하는 출구 정보 중심의 안내체계 표지의 제작·설치에 필요한 사항을 규정함을 목적으로 한다.

2. 적용범위

   가. 이 지침은 도로법 제9조의 규정에 의한 고속국도에서 출구 정보 중심의 안내체계를 구축하는 도로표지에 적용하며, 도로관리청이 필요하다고 인정하는 경우 도로법 제61조의 규정에 의한 자동차전용도로에 적용할 수 있다

   나. 이 지침에서 정하지 않은 사항은 도로표지규칙 및 도로표지 제작·설치 관리지침을 준용한다.

3. 용어정의

   이 지침에서 사용하는 용어의 정의는 다음과 같다.

   가. 출구 안내체계 표지 : 고속국도의 출구 지점 안내 및 출구점까지 유도 안내를 위해 설치하는 표지

   나. 출구 예고 표지 : 고속국도 출구 지점 전방 일정지점에 출구 예고를 안내하는 표지

   다. 출구점 예고 표지 : 고속국도 출구의 감속차로의 시점으로부터 150m 전방에 설치하여 고속국도 출구점을 안내하는 표지

   라. 출구점 표지 : 고속국도 출구의 감속차로 지점에 설치하여 출구방향을 안내하는 표지

   마. 차로지정표지 : 교통흐름의 명확한 분류를 위하여 진행방향의 차

로를 안내하는 표지
바. 나들목 : 고속국도와 고속국도 이외의 도로가 연결로를 통하여 진출입되는 지점
사. 분기점 : 고속국도와 고속국도가 연결로를 통하여 서로 교차되는 지점
아. 중요지 : 당해 노선의 원거리 방향 안내의 교통 목표 지점으로 사용되는 지명으로 도로표지 제작·설치 및 관리 지침에서 정하는 지명

제2장 출구 안내체계 표지 일반

1. 기본원칙

고속국도의 출구 안내체계 표지는 출구 정보 위주로 간단하고 명료하게 제공하여 운전자로 하여금 빠르고 정확한 판단이 가능하도록 하여야 한다. 이를 위하여 다음과 같은 안내원칙을 정한다.

가. 출구 안내체계 표지는 출구 방향 정보를 중심으로 안내한다.
나. 나들목의 경우 2km, 1km 전방에 출구예고표지, 150m 전방에 출구점 예고표지, 감속차로 지점에 출구점 표지를 설치하여 출구 방향을 안내한다.
다. 분기점의 경우 2km, 1km 전방에 출구예고표지, 150m 전방에 출구점 예고표지를 설치하여 출구방향을 안내하고, 1.5km, 0m지점에 연결되는 고속도로명 표지를 설치하여 안내하고, 감속차로 지점에 차로지정표지와 출구점 표지를 설치하여 직진방향과 출구방향을 안내한다
라. 출구 안내체계 표지는 최소단위 정보를 안내하는 것을 원칙으로 한다.
  (1) 출구 안내는 방향별로 1지명을 표기하고, 분기점에서 직진방향 안내의 경우에는 중요지 1지명을 표기 하는 것을 원칙으로 한다.
  (2) 출구 연결로에서 2방향으로 갈라지거나 고속국도에서 진출 후

연결되는 도로의 안내지명을 표기하는 경우 1개의 표지 내에 안내지명을 2개까지 표기할 수 있다.
(3) 출구예고 표지, 출구점 예고표지, 출구점 표지의 지명은 일치시켜야 한다.

2. 안내 표기 일반
  가. 고속국도 출구 안내체계 표지에는 안내지명과 함께 고속국도의 노선번호 및 방위를 표기한다.
  나. 방위는 노선번호 위에 표기함을 원칙으로 하고, "동E, 서W, 남S, 북N"으로 나타나며, 글자의 규격은 동일 표지내 한글 규격의 70% 수준, 영문은 60% 수준으로 한다.
  다. 출구 안내체계 표지에서 노선번호는 좌측에 배치하고, 도형식 표지는 한글의 상단에 배치함을 원칙으로 한다.
  라. 영문표기 방법은 1개의 표지에 1지명을 표기할 경우, 한글과 영문을 상·하 배치하고, 1개의 표지에 2지명을 표기할 경우 2지명일 경우에는 한글과 영문을 좌·우로 분리 배치하는 것을 원칙으로 한다.
  마. 표지의 테두리선은 표지의 대각선 길이가 3,200mm 이상인 경우에는 두께 50mm, 대각선 길이가 3,200mm 미만일 경우에는 두께 30mm의 백색 테두리를 표기한다.

3. 안내지명 선정방법
  가. 안내지명 선정
  (1) 분기점의 경우 직진 방향은 중요지를 안내한다.
  (2) 출구 방향 지명은 해당 출구와 연결되는 주요 지명을 표기하는 것을 원칙으로 한다.
  (3) 시·종점부의 시구간 진입지역에서 안내지명은 도시지역 도로안내지명 선정기준에 따른다.
  나. 이정표지에서의 안내지명 선정
  (1) 이정표지의 거리는 안내하는 지역의 나들목까지의 거리(도로의

선형에 따른 거리)를 기준으로 한다.
(2) 이정표지의 안내는 상단은 중요지, 하단에는 다음에 만나는 출구명을 안내한다.

4. 표지요소의 도안
   가. 표지문안 작성기준
   (1) 한글의 글자간격은 0.1H(H는 한글 세로 높이) 이상으로 한다.
   (2) 한글의 단어와 단어사이는 0.3H 이상으로 한다.
   (3) 한글과 영문 횡간격은 0.3H 이상으로 한다.
   (4) 한글의 행과 행사이의 간격은 0.3H 이상으로 한다.
   (5) 표지의 좌·우측 끝단의 시각적 여유를 확보하여야 한다.
   (6) 차로지정 표지의 화살표시 중심축은 각 차로의 중심선과 일치시켜야 하고, 노선번호와 문안의 중심은 표지 전체의 중심과 일치시켜야 한다.
   (7) 전체 문안이 표지의 가로 및 세로 중심과 일치되도록 하고 전체적인 균형과 조화가 이루어지도록 배치한다.
   나. 노선번호의 형태 및 작도
   (1) 노선번호가 한 자리 및 두 자리인 경우

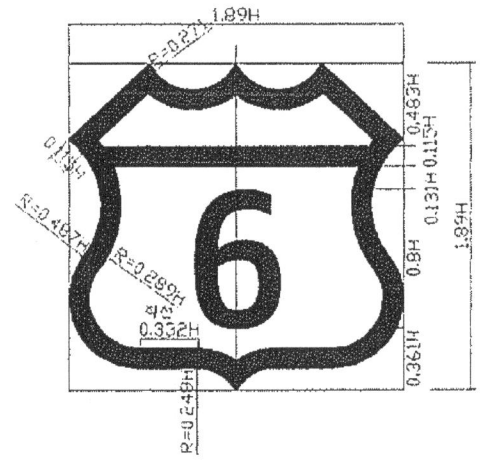

<그림 1> 고속국도 노선번호(두 자리까지)

○ 작도순서
1. 윗 도면에 표시된 축척으로 직선과 곡선을 그어서 방패형의 바깥선을 먼저 작도한다.
2. 바깥선과 평행인 안쪽선(t=0.084H)을 균일한 두께로 그어 작도하면 구하는 방패형이 된다.
 (2) 방위표시가 있는 경우

<그림 2> 고속국도 노선번호 (방위표시가 있는 경우)

 (3) 노선번호가 세 자리인 경우
  세로는 고정하고 추가되는 노선번호 숫자의 폭 만큼 가로를 조정한다.

<그림 3> 고속국도 노선번호(세 자리)

(4) 아시안하이웨이

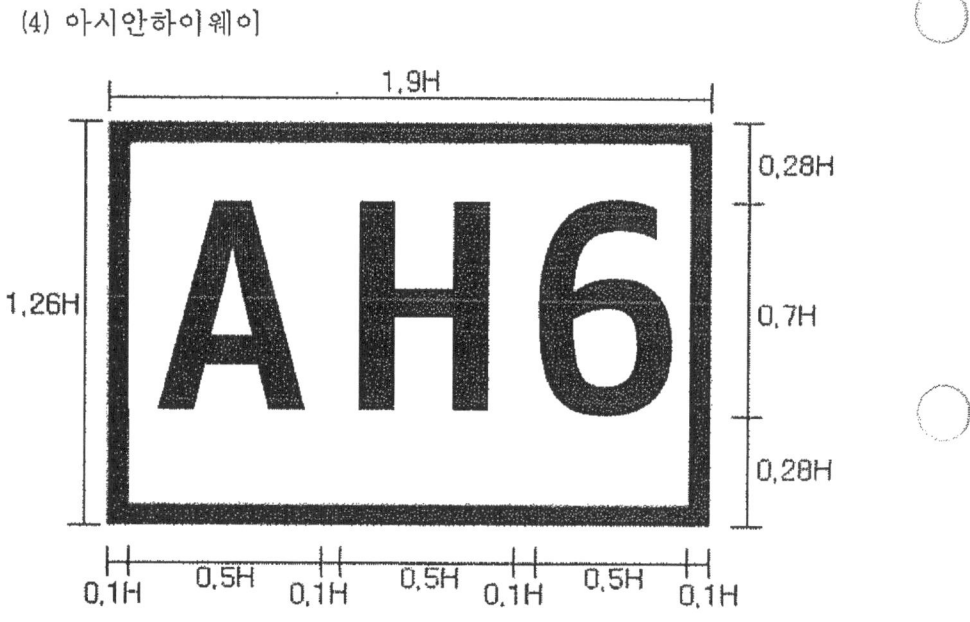

<그림 4> 아시안하이웨이 노선번호

주 : 흰색 바탕에 검은색 글씨로 쓴다.

다. 화살표의 형태 및 작도

(1) 입체교차로

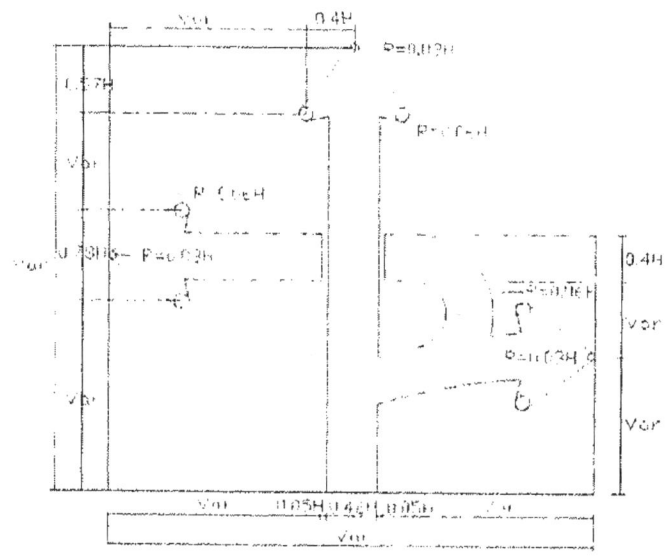

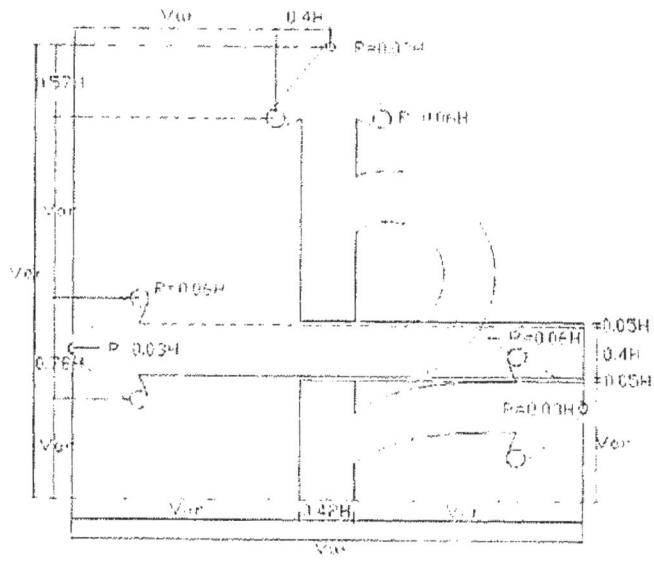

<그림 5> 입체교차로 화살표(1)

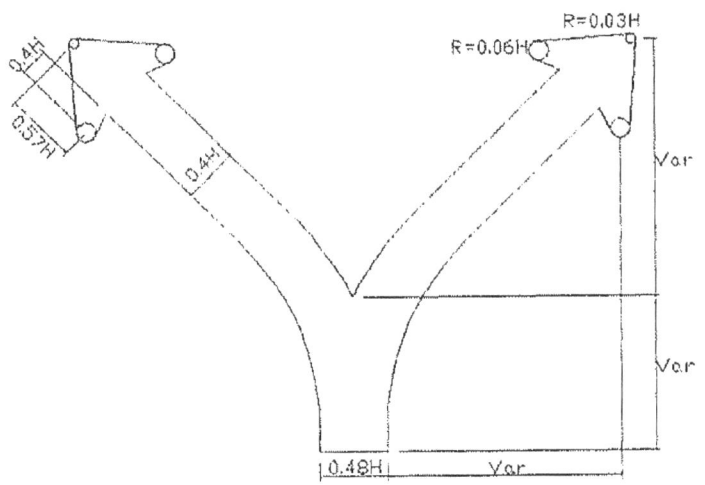

<그림 6> 입체교차로 화살표(2)

(2) 나가는곳, 출구점 표지, 출구점 예고 표지, 출구 예고 표지

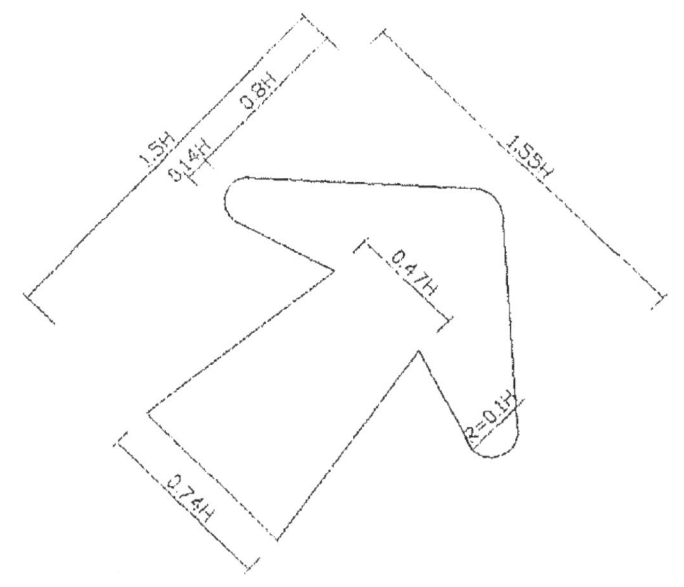

<그림 7> 나가는곳, 출구점 표지, 출구점 예고 표지, 출구 예고 표지의 화살표

(3) 차로지정

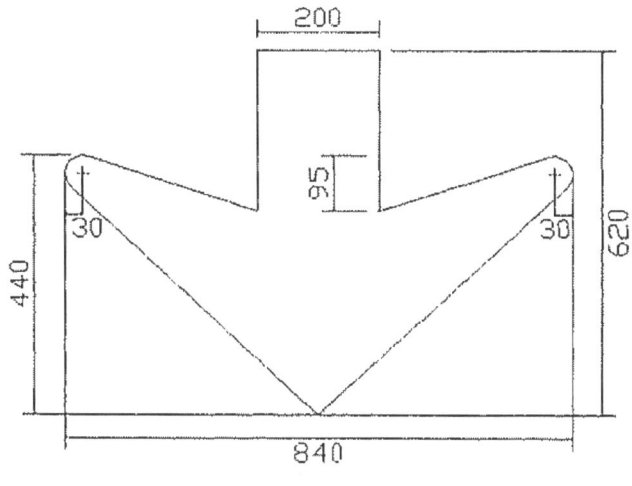

<그림 8> 차로지정 화살표

(4) 나들목 아이콘

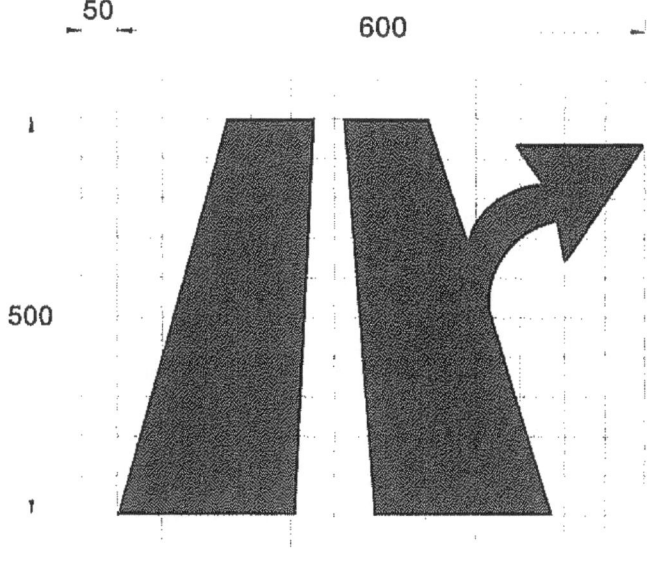

<그림 9> 나들목 아이콘

5. 글자의 서체

가. 한글

표지에 사용하는 한글의 서체는 한길체로 하며, 한글의 자간은 0.1H, 방위표시의 한글 크기는 0.7H로 한다. (H : 한글높이)

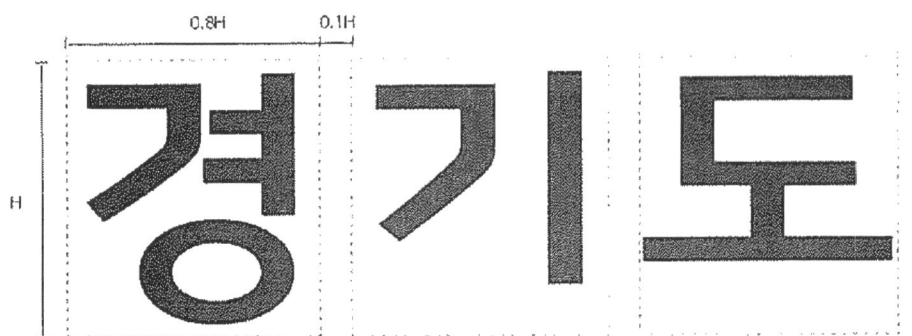

<그림 10> 한글 서체 및 작성 예시

설 설 송 수 순 신 실 악 안
양 여 엉 온 왕 용 울 원 월
위 은 의 이 인 임 장 전 점
정 제 주 죽 진 창 천 청 촌
춘 판 평 포 태 택 하 한 항
해 호 홍 화 흥

<그림 10> 한글 서체 및 작성 예시

나. 영문

표지에 사용하는 영문의 서체는 한길체로 하며, 영문 자간은 0.05H를 원칙으로 한다. 단, 특수하게 영문이 긴 경우 (8자 이상) 영문 자간을 축소할 수 있다. 방위표시의 영문 크기는 0.6H로 작성한다.(H : 한글높이)

(1) 대문자

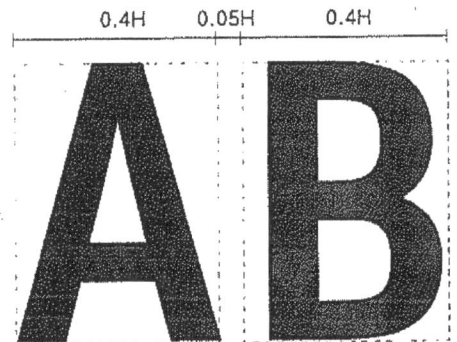

ABCDEFG
HIJKLMN
OPQRSTU
VWZXYZ

<그림 11> 영문 대문자 규격

(2) 소문자

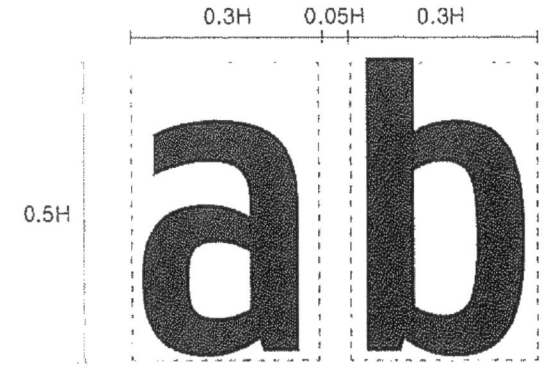

abcdefg
hijklmn
opqrstu
vwxyz

<그림 12> 영문 소문자 규격

다. 숫자

표지에 사용하는 숫자의 서체는 한길체로 한다. 이정표지의 거리를 나타내는 숫자 높이는 0.75H로 하며, 방향표지의 거리를 나타내는 숫자 높이는 0.6H로 한다.(H : 한글높이)

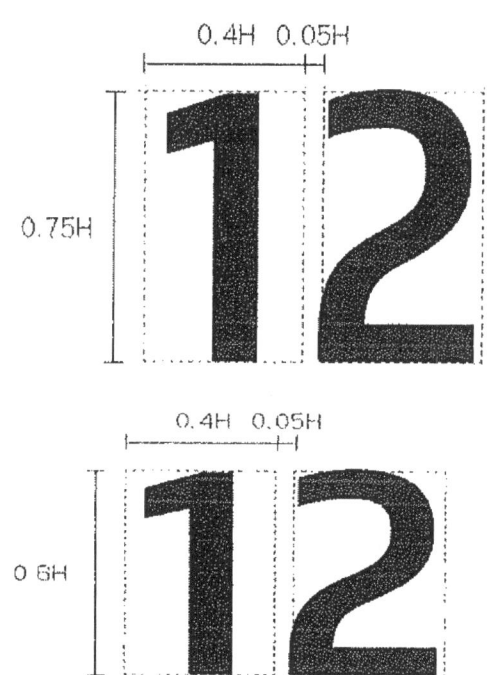

<그림 13> 숫자규격

6. 표지판의 종류별 규격

가. 도로표지규칙 제4조의 규정에 의하여 도로표지의 규격을 조정하는 경우 쉽게 알아볼 수 있도록 하기 위하여 부득이한 경우를 제외하고는 <표 1>에서 제시한 규격보다 크게 조정하여야 한다.

나. 자동차전용도로에 설치하는 출구정보 중심의 출구안내체계표지는 고속국도에 설치하는 도로표지의 규격과 설치방법을 준용하는 것을 원칙으로 한다. 다만, 도로구조상 고속국도에 설치하는 도로표지의 규격 및 설치방법을 준용하기 어려운 경우에는 그러하지 아니하다.

다. 도로표지판, 글자 및 지주의 규격은 <표 1>과 같다.

<표 1> 표지판 종류별 규격

구분	표지번호	종별	지주형식	표지판의 규격(cm)	글자의 세로규격(cm)	지주의 규격(mm)		
						단복주식	편지식	
							지주	가로재
이정표지	421-1	1지명이정표지	편지식	360×160	60		355.6 (9.0)	165.2 (6.0)
	421-2	2지명이정표지	편지식	480×220	60		406.4 (16.0)	216.3 (7.0)
	421-3	3지명이정표지	편지식	480×280	60		457.2 (16.0)	267.4 (6.0)
방향표지	422-1(A)	1차출구예고표지 (1지명)	문형식 편지식	450×280 450×280	60		406.4 (16.0)	216.3 (8.0)
	422-1(B)	1차출구예고표지 (2지명)	문형식 편지식	600×280 600×280	60		457.2 (16.0)	267.4 (9.0)
	422-1(C)	1차출구예고표지 (직결Y형)	문형식 편지식	600×280 600×280	60		457.2 (16.0)	267.4 (9.0)
	422-2(A)	2차출구예고표지 (1지명)	문형식 편지식	450×280 450×280	60		406.4 (16.0)	216.3 (8.0)
	422-2(B)	2차출구예고표지 (2지명)	문형식 편지식	600×280 600×280	60		457.2 (16.0)	267.4 (9.0)
	422-2(C)	2차출구예고표지 (직결Y형)	문형식 편지식	600×280 600×280	60		457.2 (16.0)	267.4 (9.0)
	422-3	출구점예고표지 (1지명)	편지식	450×280	60		406.4 (16.0)	216.3 (8.0)
	422-4	출구점예고표지 (2지명)	편지식	600×280	60		457.2 (16.0)	267.4 (9.0)
	422-5(A)	출구점표지 (나들목 1지명)	편지식	450×280	60		406.4 (16.0)	216.3 (8.0)
	422-5(B)	출구점표지 (분기점 1지명)	문형식	450×280	60		406.4 (16.0)	216.3 (8.0)
	422-6(A)	출구점표지 (나들목 2지명)	편지식	600×280	60		457.2 (16.0)	267.4 (9.0)
	422-6(B)	출구점표지 (분기점 2지명)	문형식	600×280	60		457.2 (16.0)	267.4 (9.0)
	423-1	1차출구예고표지 (2분기)	문형식	450×280 (2EA)	60			
	423-2	2차출구예고표지 (2분기)	문형식	450×280 (2EA)	60			
	423-3	3차출구예고표지 (3방향)	복주식 편지식	480×300	50	267.4 (6.0)	457.2 (9.0)	267.4 (6.0)
	423-5	나가는곳표지	복주식	300×120	40	114.3 (4.5)		
	425-1	방향표지 (1방향)	단주식 복주식	185×100	30	89.1 (3.2)		
	425-2	방향표지 (2방향)	단주식 복주식	370×100	30	114.3 (4.5)		
	425-3	방향표지	편지식	330×280	40		355.6 (9.0)	190.7 (4.5)
	425-4	방향표지	편지식	330×280 (2EA)	50		457.2 (9.0)	190.7 (4.5)

<표 1> 표지판 종류별 규격

구분	표지번호	종별	지주형식	표지판의 규격(cm)	글자의 세로규격 (cm)	지주의 규격(mm)		
						단복주식	편지식	
							지주	가로재
방향표지	425-5(A)	차로지정표지 (1차로)	문형식	330×280	60			
	425-5(B)	차로지정표지 (2차로)		480×280				
	425-5(C)	차로지정표지 (3차로)		840×280				
	425-5(D)	차로지정표지 (4차로)		1200×280				
	437	고속도로명표지	복주식	5000×170	50	216.3 (4.5)		

주) 1. 지주 및 가로재의 재질은 KS D 3566(일반구조용 탄소강관)을 기준으로 한다.
2. 표지판의 두께는 3밀리미터를 기준으로 한다.
3. 문형식 지주의 규격은 설치위치의 도로횡단폭원에 따라 별도 계산.

제3장 표지규격의 상세 및 설치방법

표지번호 및 명칭	421-1 1지명 이정표지 / 421-2 2지명 이정표지
도로표지 규격 상세	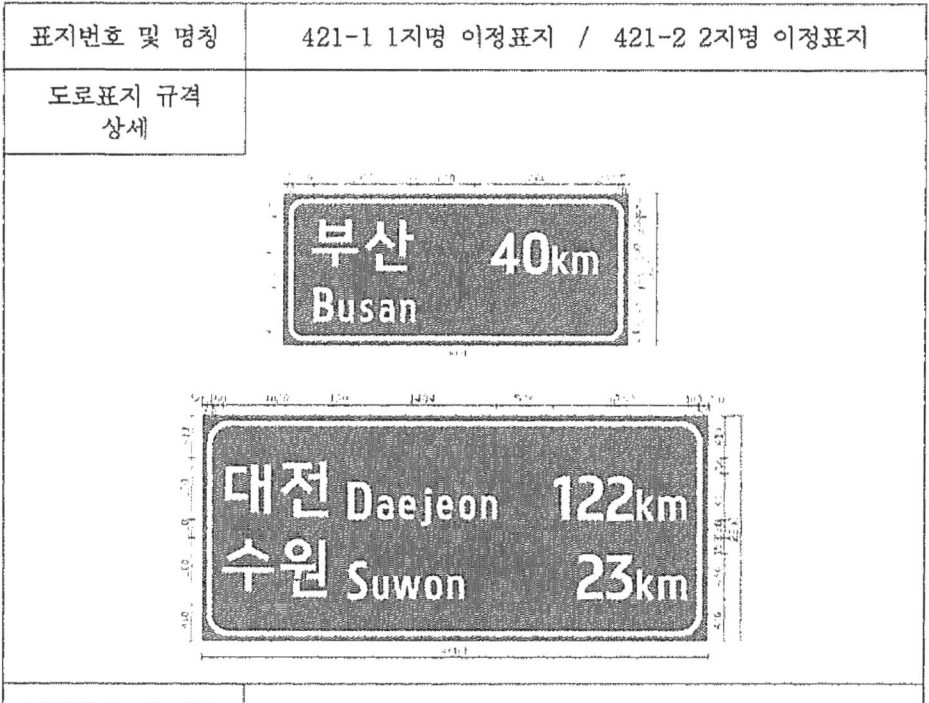
설치방법 및 장소	○ 교차로를 지나 가속차로 종점부에서 1킬로미터 내외 지점에 설치하며, 최대간격은 10킬로미터를 넘지 아니하도록 한다. ○ 2지명(421-2) 또는 3지명(421-3)으로 설치하되, 노선의 종점구간 등으로 2-3지명이 필요 없는 경우에는 1지명(421-1)으로 설치한다. ○ 편지식으로 설치하는 것을 원칙으로 한다. 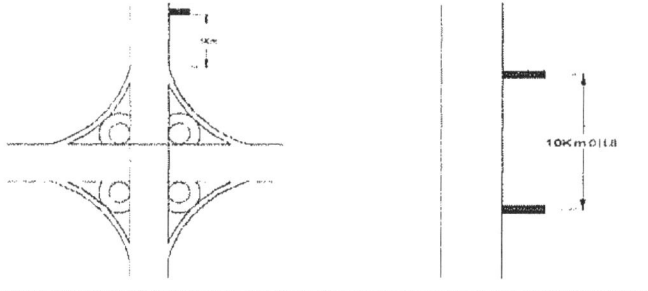
비고	

표지번호 및 명칭	421-3 3지명 이정표지
도로표지 규격 상세	

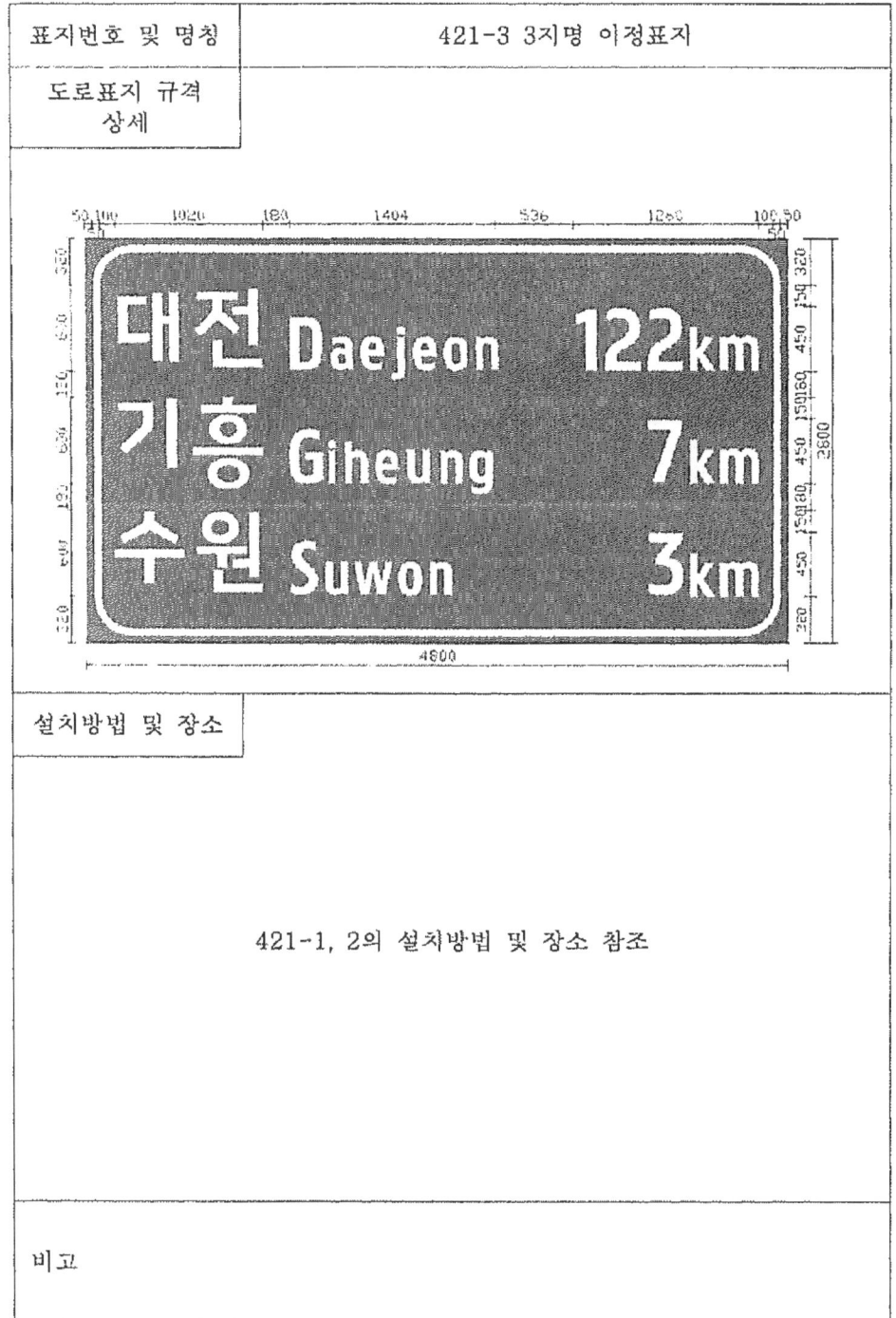

설치방법 및 장소
421-1, 2의 설치방법 및 장소 참조
비고

표지번호 및 명칭	422-1(A) 1차출구 예고표지 (1지명)

도로표지 규격 상세

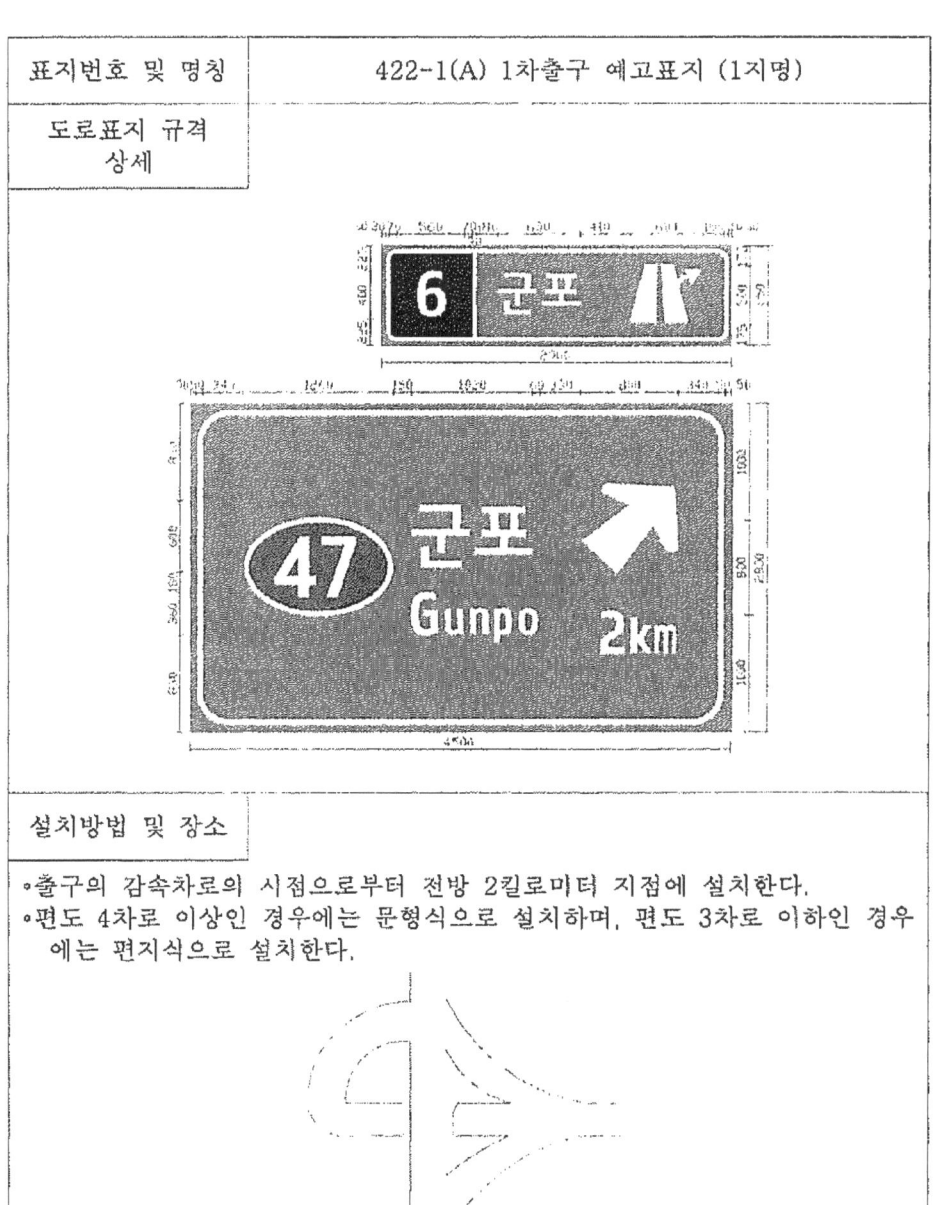

설치방법 및 장소

- 출구의 감속차로의 시점으로부터 전방 2킬로미터 지점에 설치한다.
- 편도 4차로 이상인 경우에는 문형식으로 설치하며, 편도 3차로 이하인 경우에는 편지식으로 설치한다.

비고

표지번호 및 명칭	422-1(B) 1차출구 예고표지 (2지명)
도로표지 규격 상세	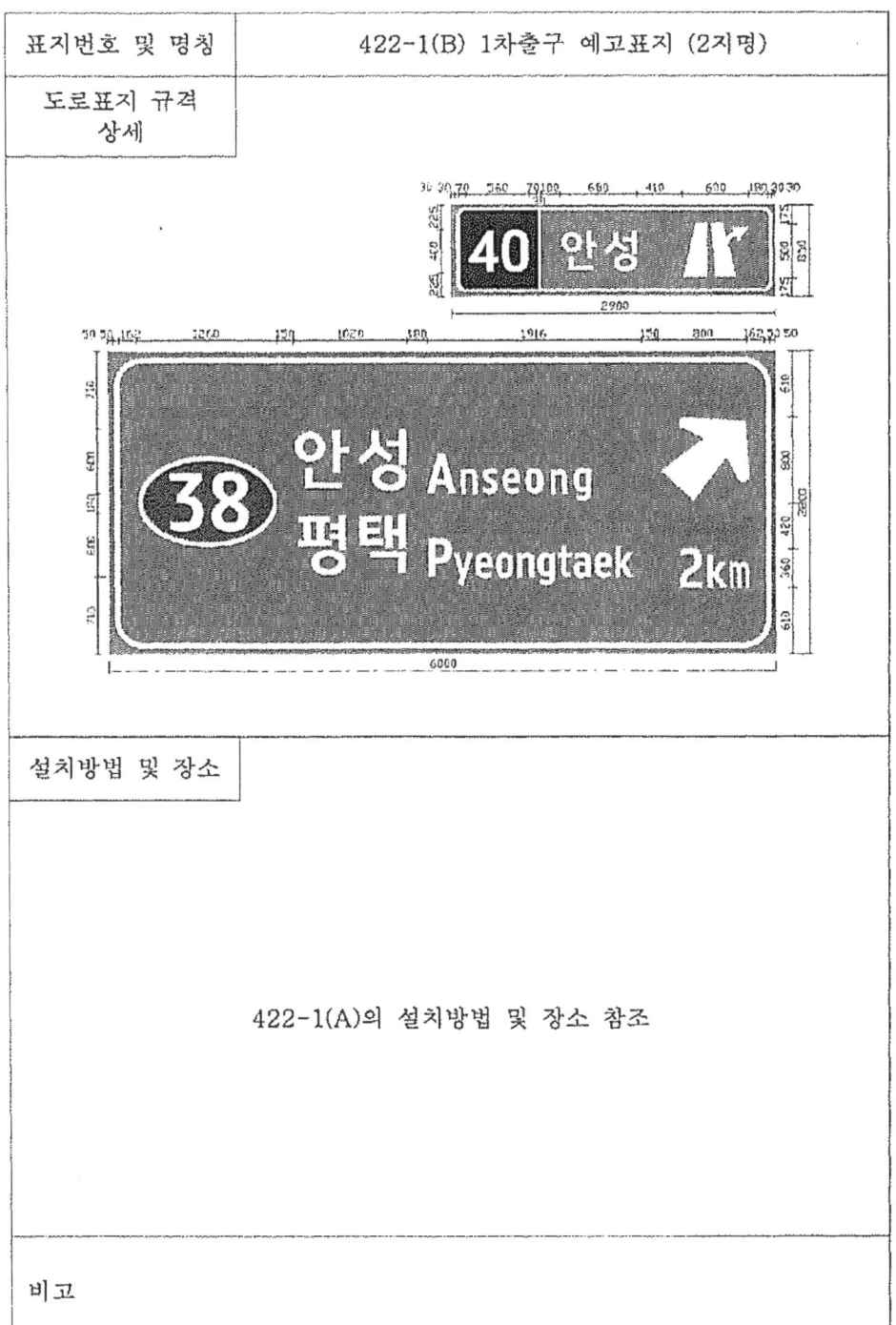
설치방법 및 장소	422-1(A)의 설치방법 및 장소 참조
비고	

표지번호 및 명칭	422-1(C) 1차출구 예고표지(직결 Y형)
도로표지 규격 상세	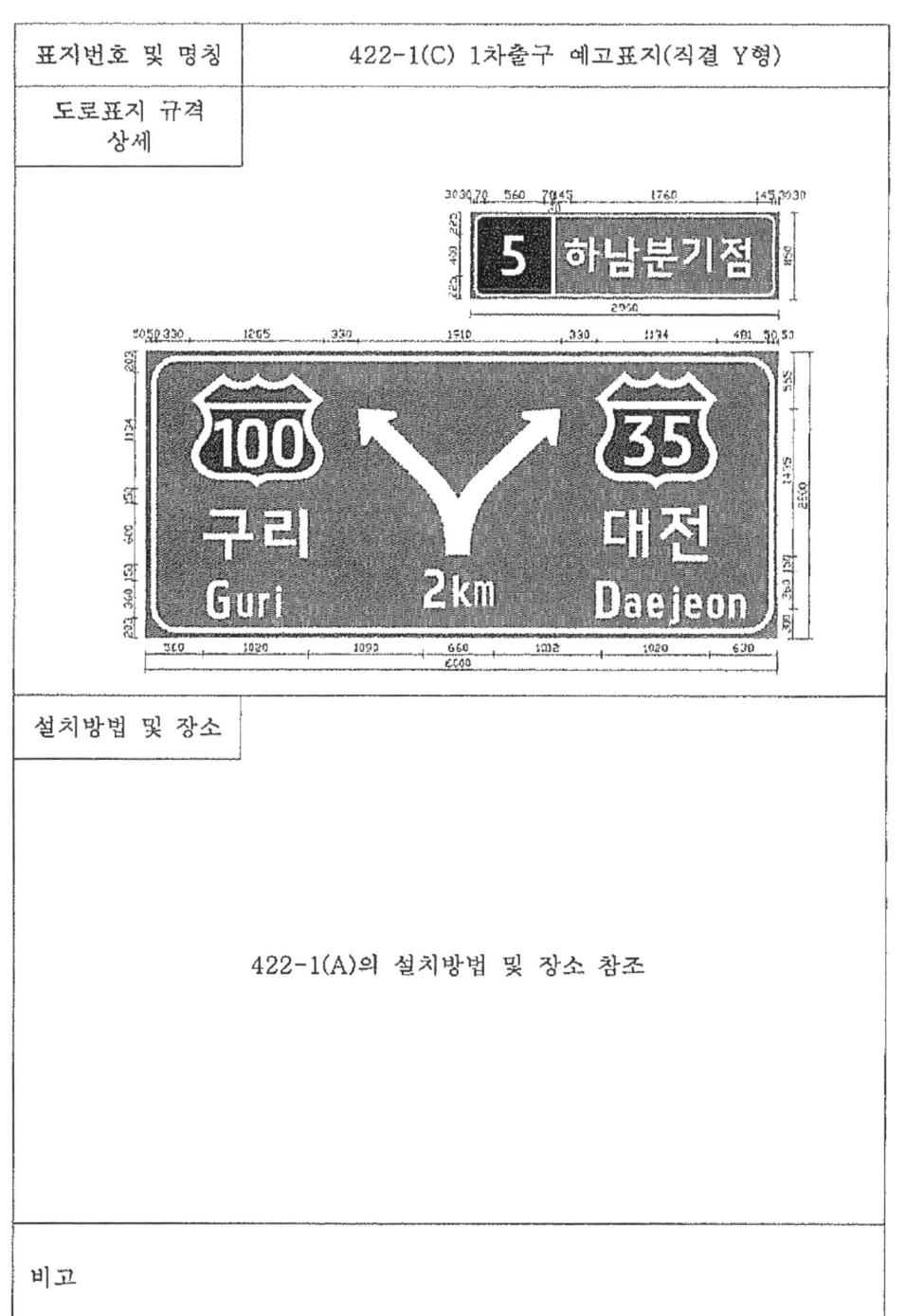
설치방법 및 장소	422-1(A)의 설치방법 및 장소 참조
비고	

표지번호 및 명칭	422-2(A) 2차출구 예고표지 (1지명)
도로표지 규격 상세	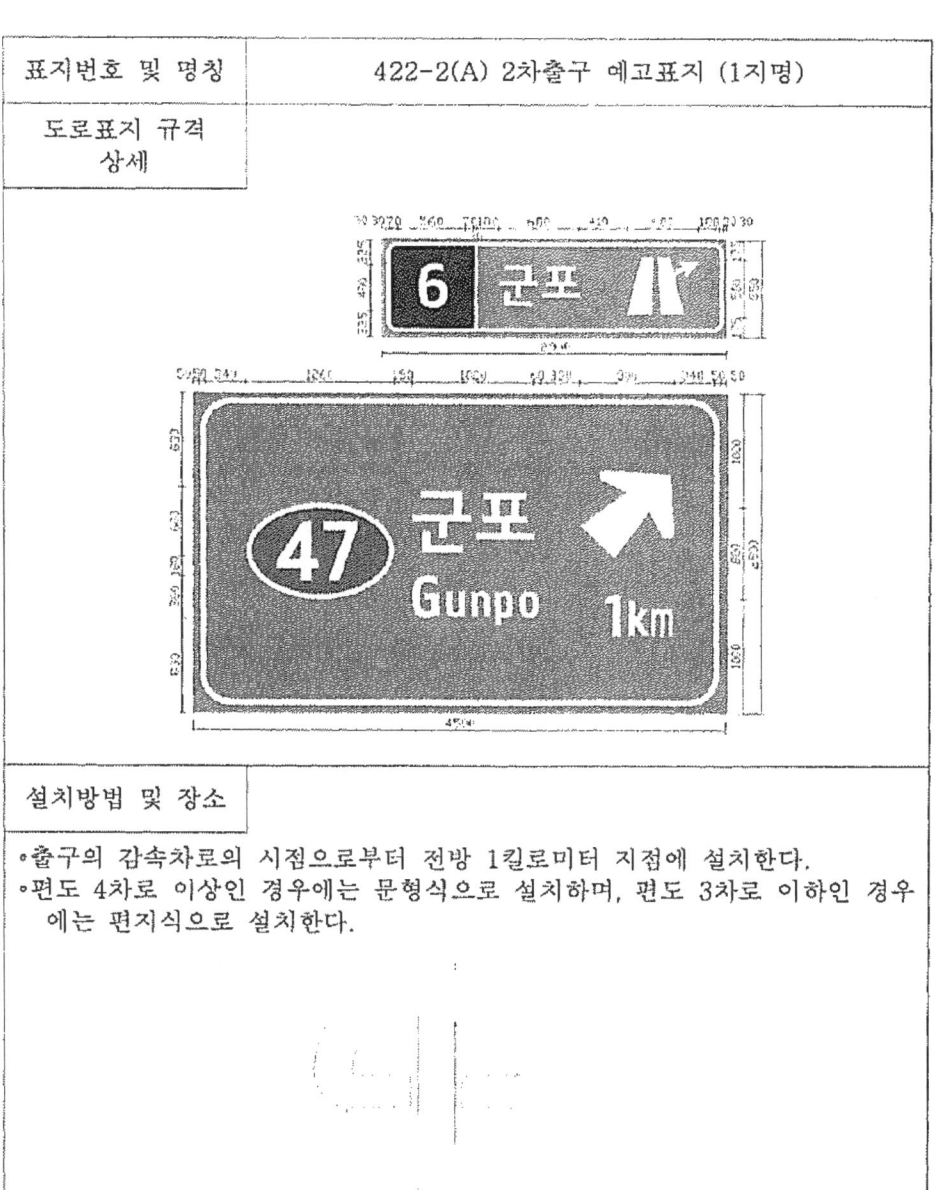
설치방법 및 장소	

- 출구의 감속차로의 시점으로부터 전방 1킬로미터 지점에 설치한다.
- 편도 4차로 이상인 경우에는 문형식으로 설치하며, 편도 3차로 이하인 경우에는 편지식으로 설치한다.

비고	

120

표지번호 및 명칭	422-2(B) 2차출구 예고표지 (2지명)
도로표지 규격 상세	

안성 Anseong
평택 Pyeongtaek 1km
38
40 안성

설치방법 및 장소	

422-2(A)의 설치방법 및 장소 참조

비고

고속국도 표지제작·설치지침(안) 121

표지번호 및 명칭	422-2(C) 2차출구 예고표지(직결 Y형)
도로표지 규격 상세	

설치방법 및 장소
422-2(A)의 설치방법 및 장소 참조

| 비고 | |

표지번호 및 명칭	422-3 출구점 예고표지 (1지명)
도로표지 규격 상세	

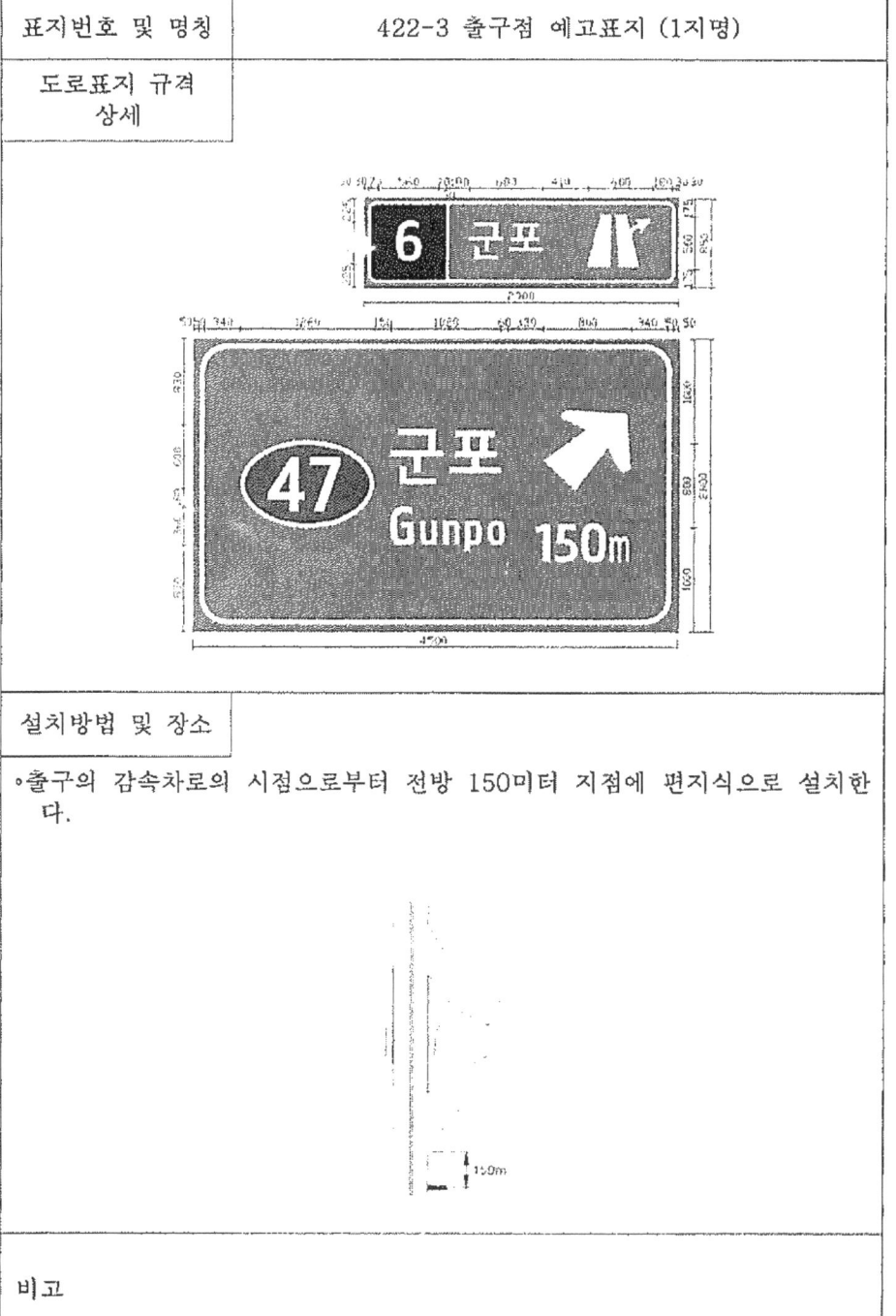

설치방법 및 장소	

∘ 출구의 감속차로의 시점으로부터 전방 150미터 지점에 편지식으로 설치한다.

비고	

표지번호 및 명칭	422-4 출구점 예고표지 (2지명)
도로표지 규격 상세	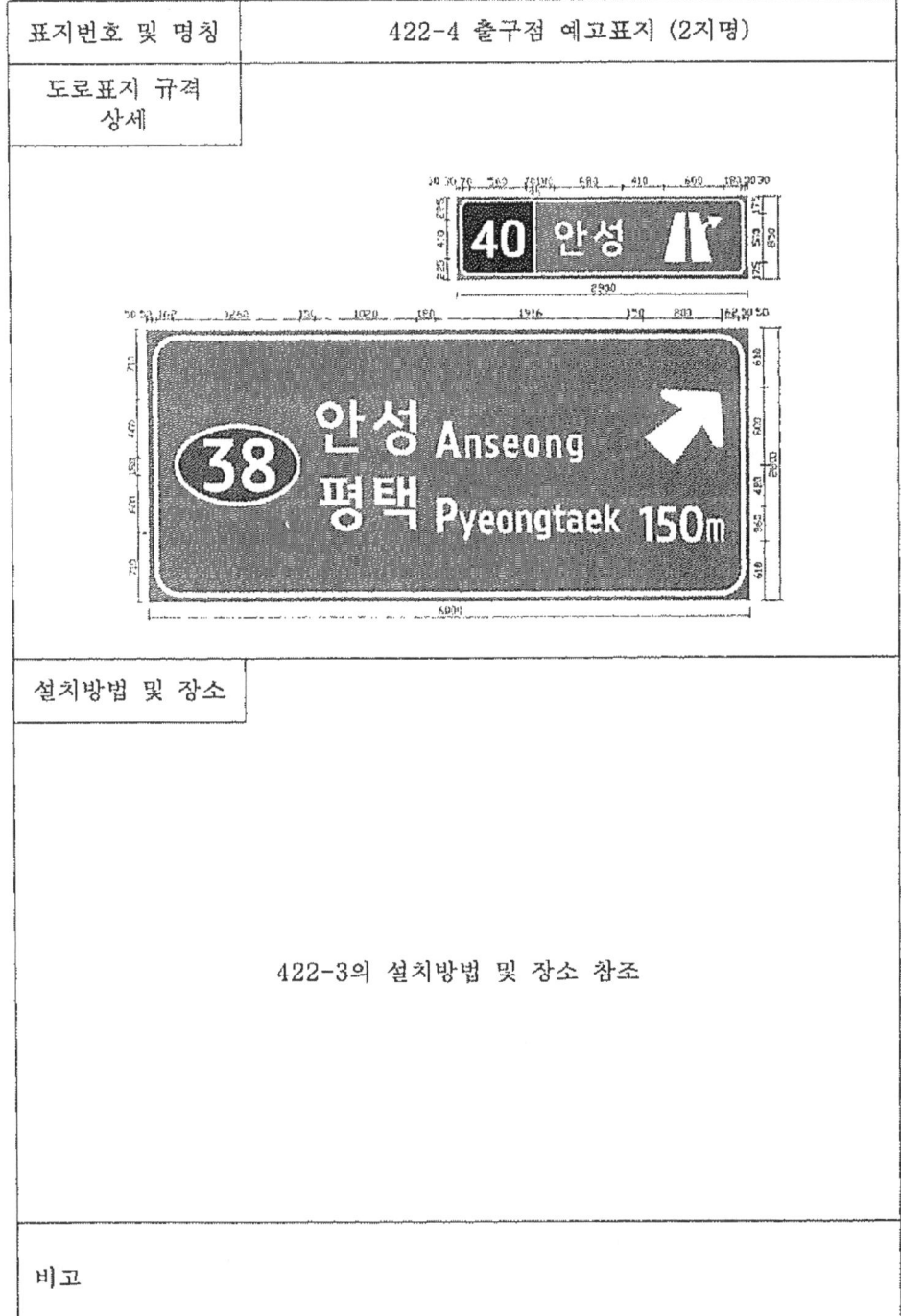
설치방법 및 장소	422-3의 설치방법 및 장소 참조
비고	

표지번호 및 명칭	422-5(A) 나들목 출구점 표지 (1지명)
도로표지 규격 상세	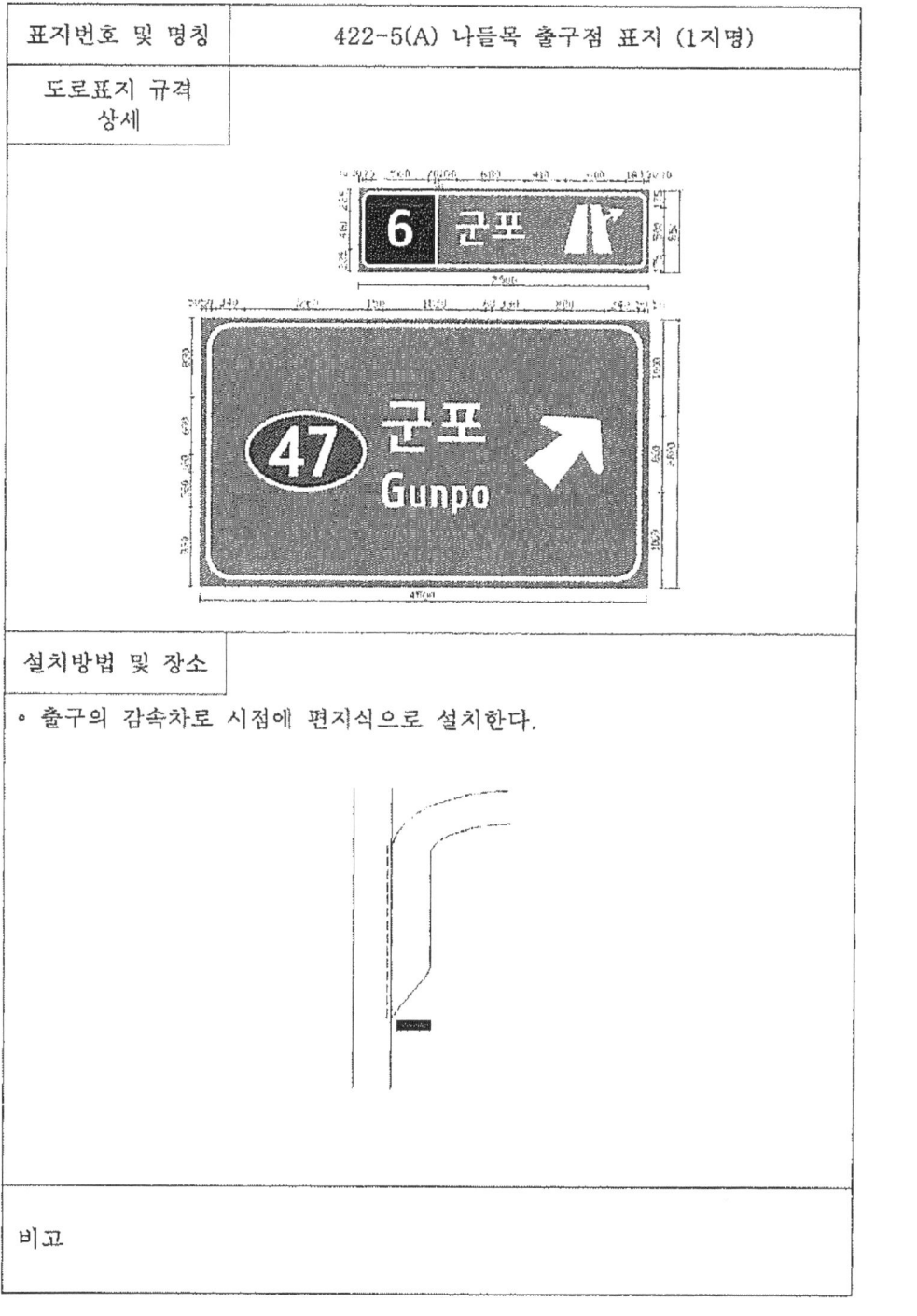
설치방법 및 장소	

○ 출구의 감속차로 시점에 편지식으로 설치한다.

비고	

고속국도 표지제작·설치지침(안)   125

표지번호 및 명칭	422-5(B) 분기점 출구점 표지 (1지명)

도로표지 규격 상세

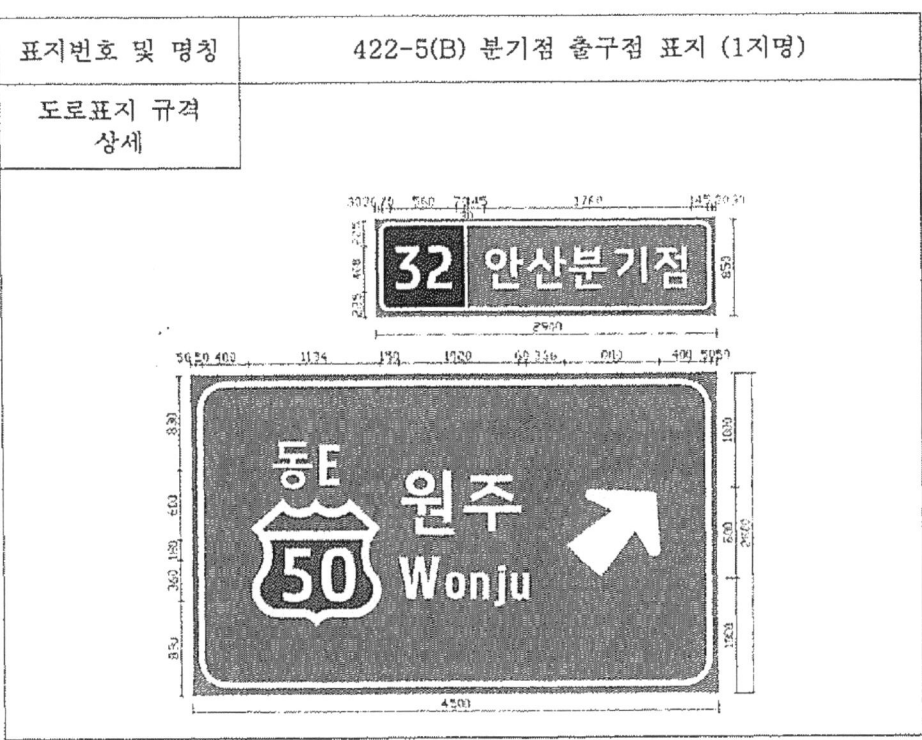

설치방법 및 장소

- 문형식으로 설치한다.
- 출구의 감속차로가 평행식인 경우 변이구간 종점의 후방으로 50미터~100미터 사이에 설치하고, 직접식인 경우 변이구간 종점의 전방으로 50미터 이내에 설치한다.

비고

126

표지번호 및 명칭	422-6(A) 나들목 출구점 표지 (2지명)

도로표지 규격 상세	

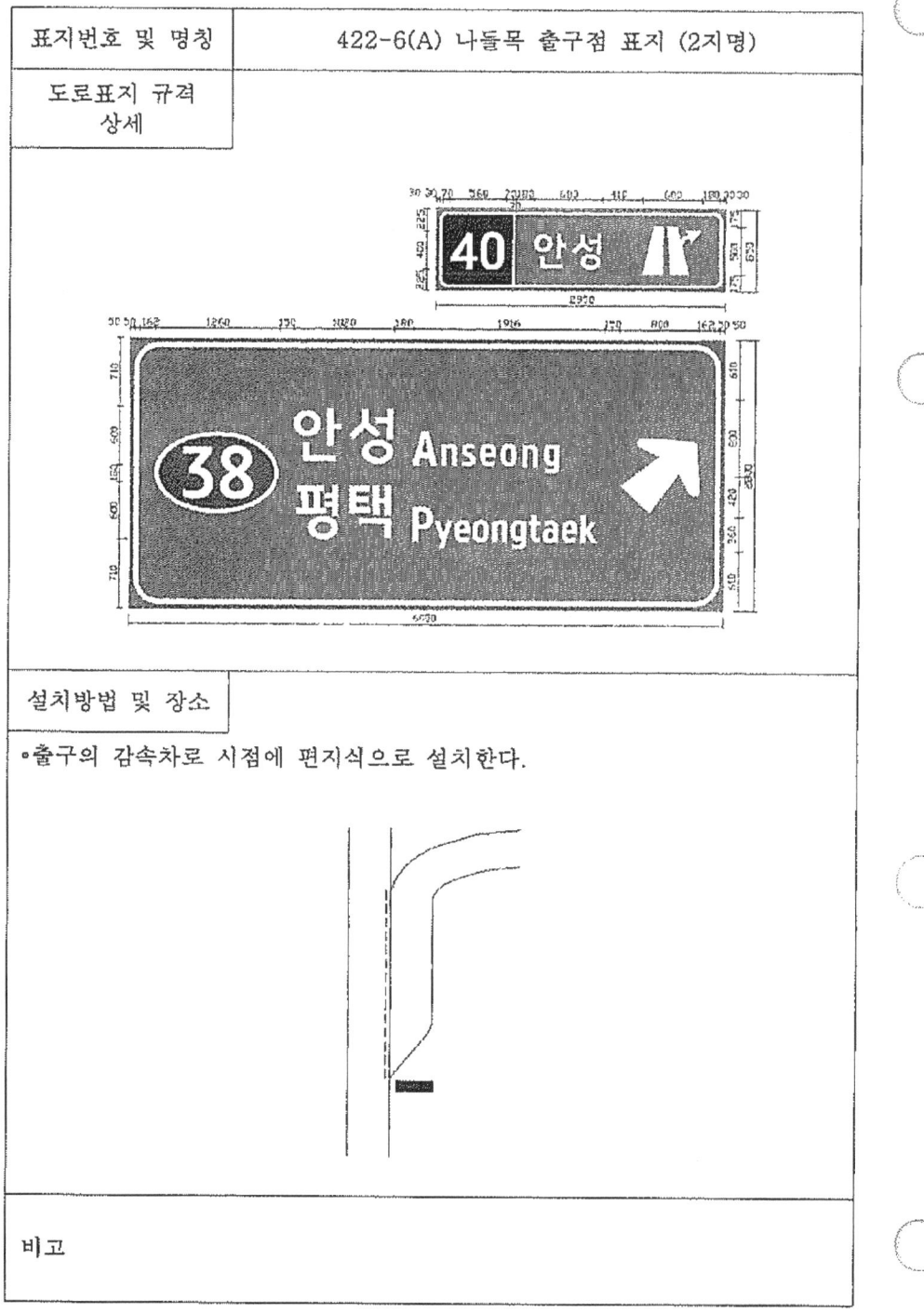

설치방법 및 장소

• 출구의 감속차로 시점에 편지식으로 설치한다.

비고

고속국도 표지제작·설치지침(안) 127

표지번호 및 명칭	422-6(B) 분기점 출구점 표지 (2지명)

도로표지 규격 상세

[표지 도안: 16 호법분기점 / 35 서울 Seoul 대전 Daejeon ↗]

설치방법 및 장소

○ 문형식으로 설치한다.
○ 출구의 감속차로가 평행식인 경우 변이구간 종점의 후방으로 50미터~100미터 사이에 설치하고, 직접식인 경우 변이구간 종점의 전방으로 50미터 이내에 설치한다.

비고

표지번호 및 명칭	423-1 1차출구 예고표지(2분기)/423-2 2차출구 예고표지(2분기)
도로표지 규격 상세	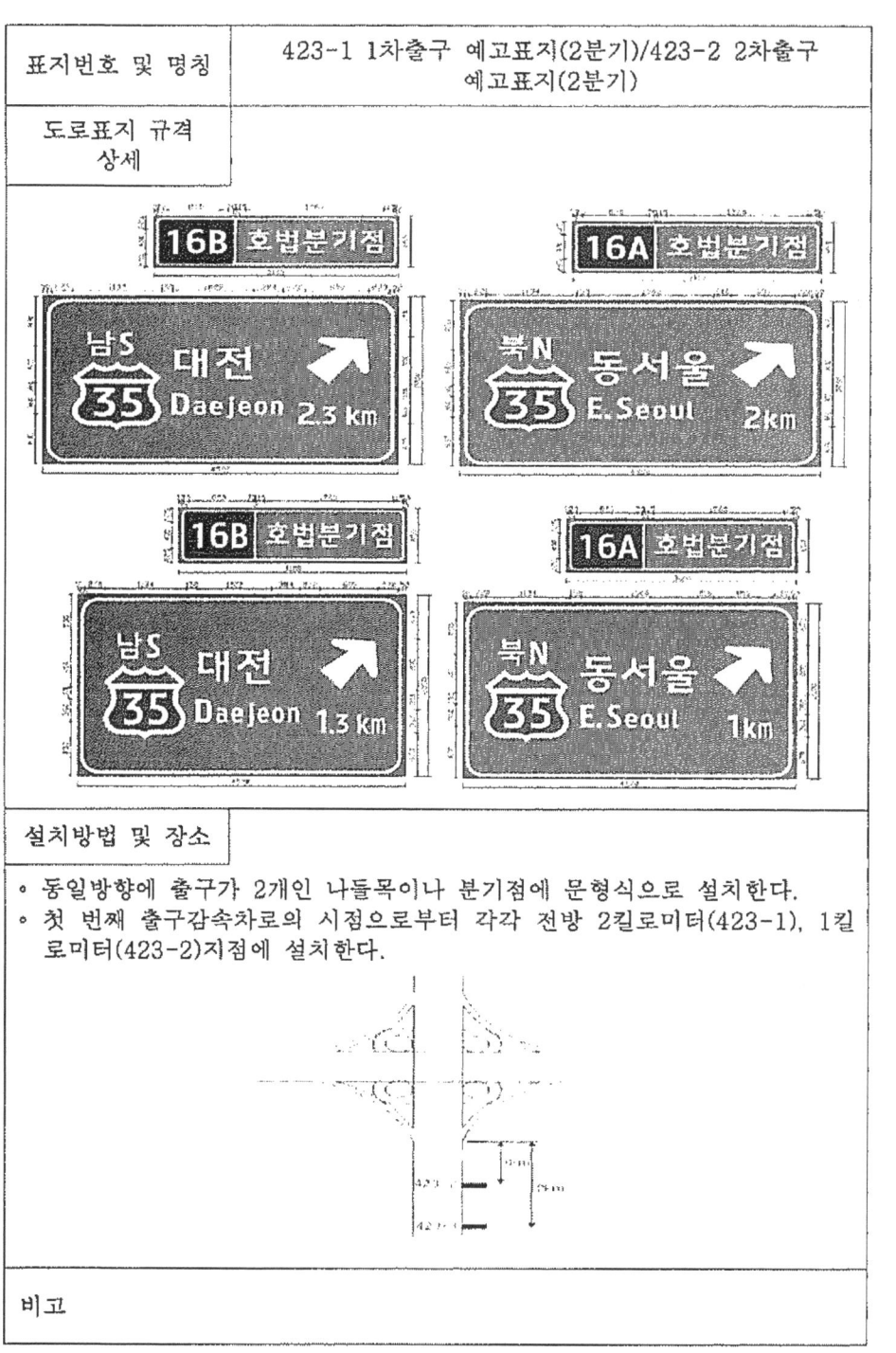
설치방법 및 장소	○ 동일방향에 출구가 2개인 나들목이나 분기점에 문형식으로 설치한다. ○ 첫 번째 출구감속차로의 시점으로부터 각각 전방 2킬로미터(423-1), 1킬로미터(423-2)지점에 설치한다.
비고	

고속국도 표지제작·설치지침(안) 129

표지번호 및 명칭	423-3 3차출구 예고표지(3방향)
도로표지 규격 상세	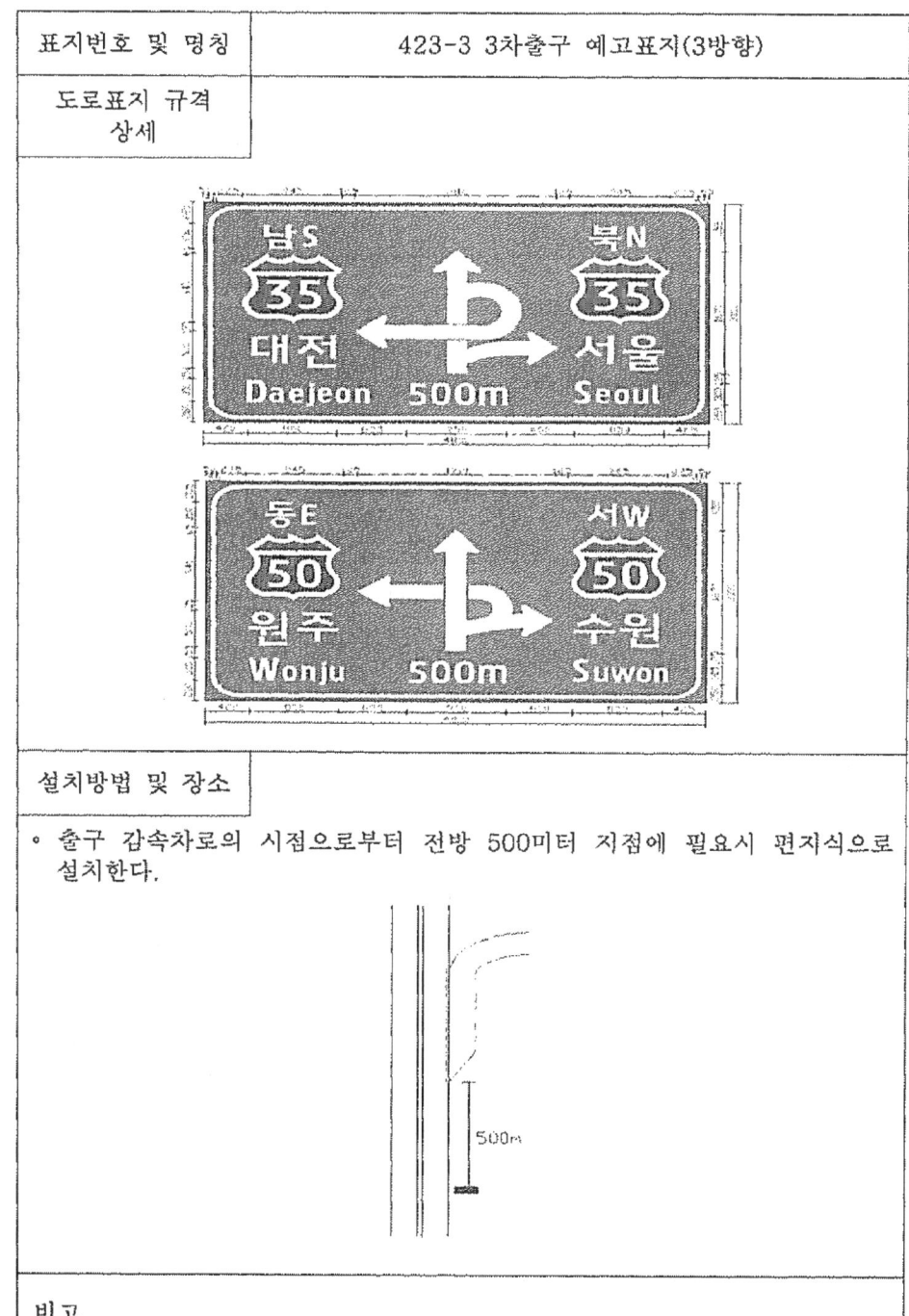
설치방법 및 장소	○ 출구 감속차로의 시점으로부터 전방 500미터 지점에 필요시 편지식으로 설치한다.
비고	

표지번호 및 명칭	423-5 나가는곳 표지
도로표지 규격 상세	

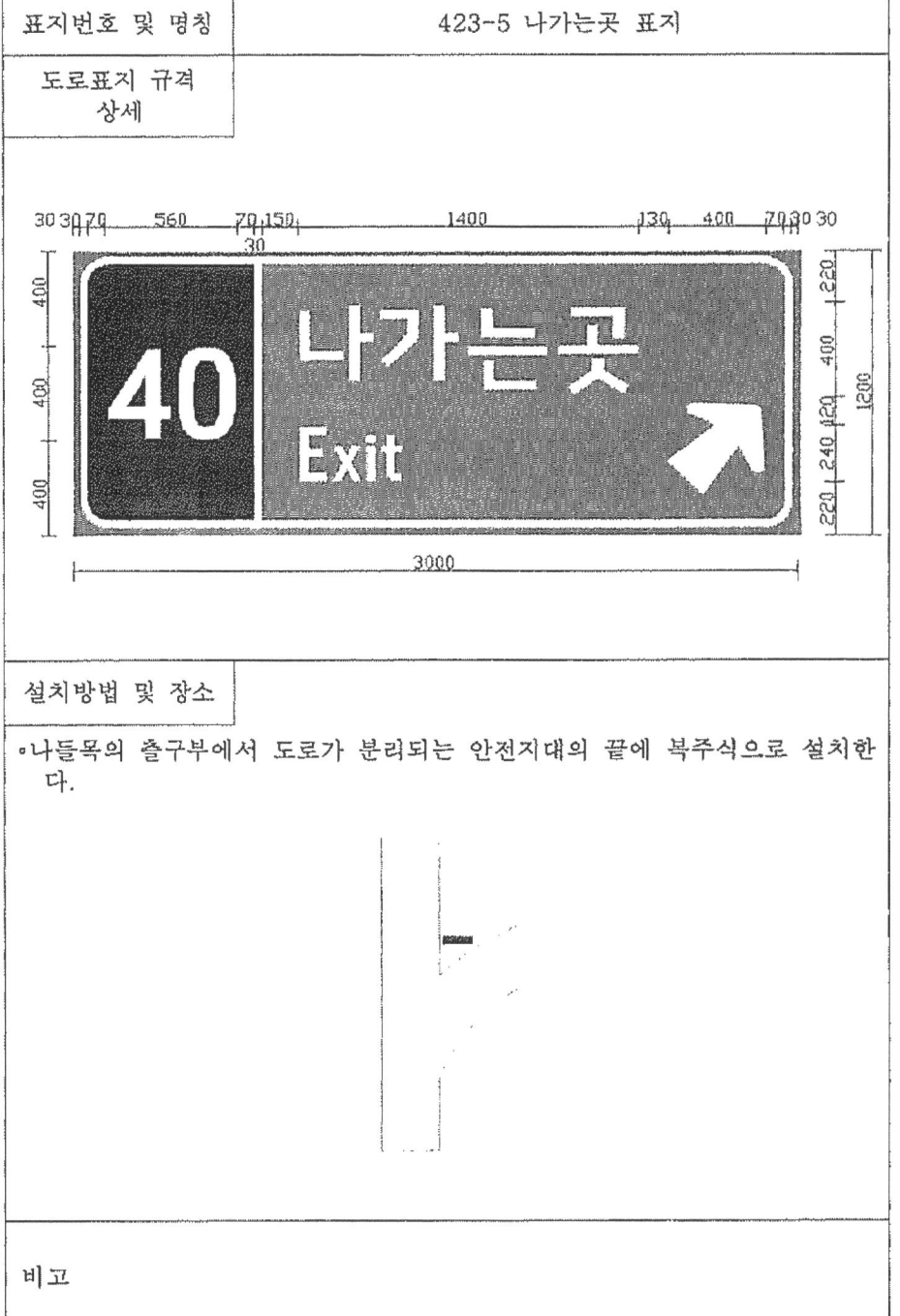

설치방법 및 장소
○ 나들목의 출구부에서 도로가 분리되는 안전지대의 끝에 복주식으로 설치한다.

비고

표지번호 및 명칭	425-1 방향표지(1방향) / 425-2 방향표지(2방향)

도로표지 규격 상세

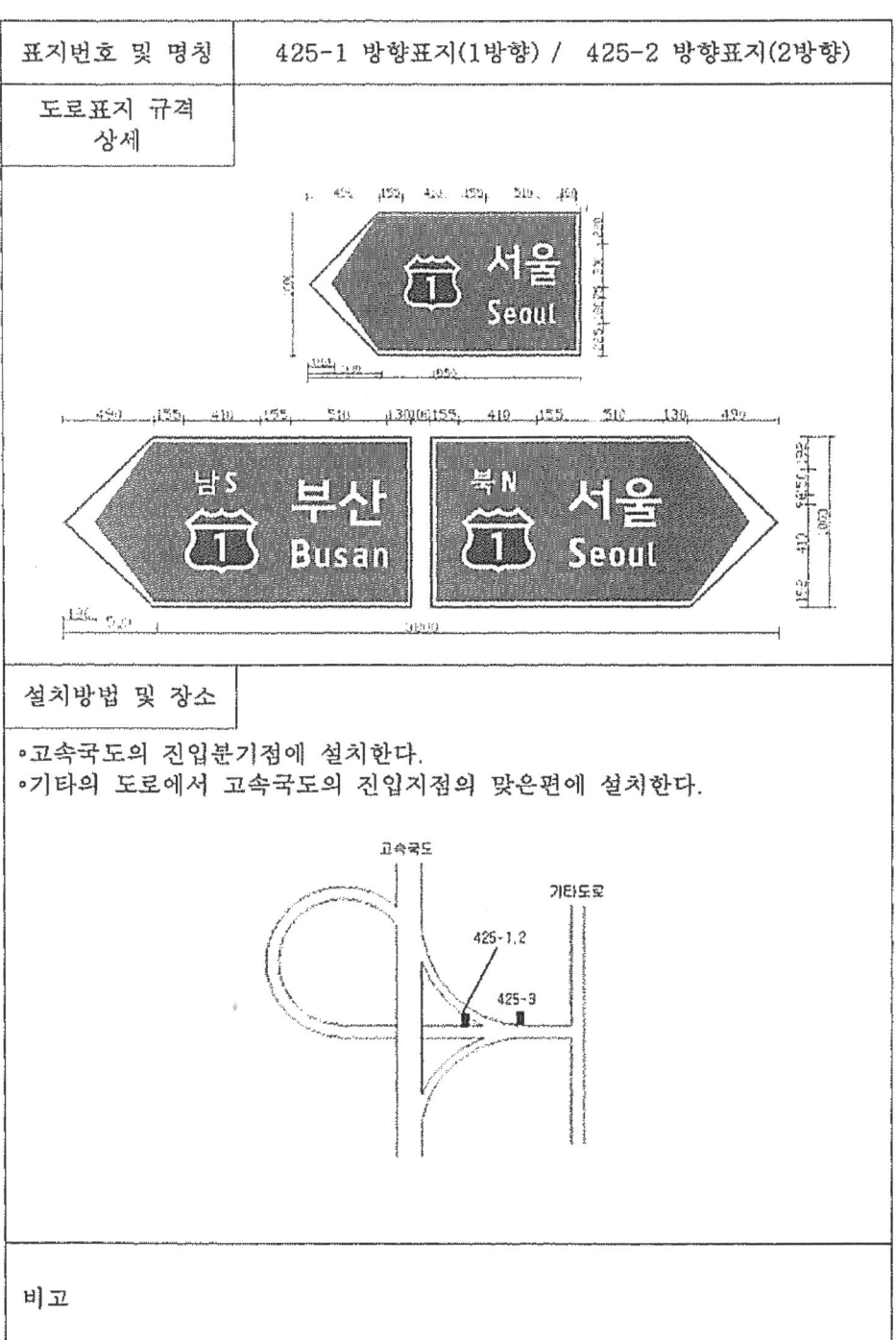

설치방법 및 장소

- 고속국도의 진입분기점에 설치한다.
- 기타의 도로에서 고속국도의 진입지점의 맞은편에 설치한다.

비고

표지번호 및 명칭	425-3 방향표지

도로표지 규격 상세

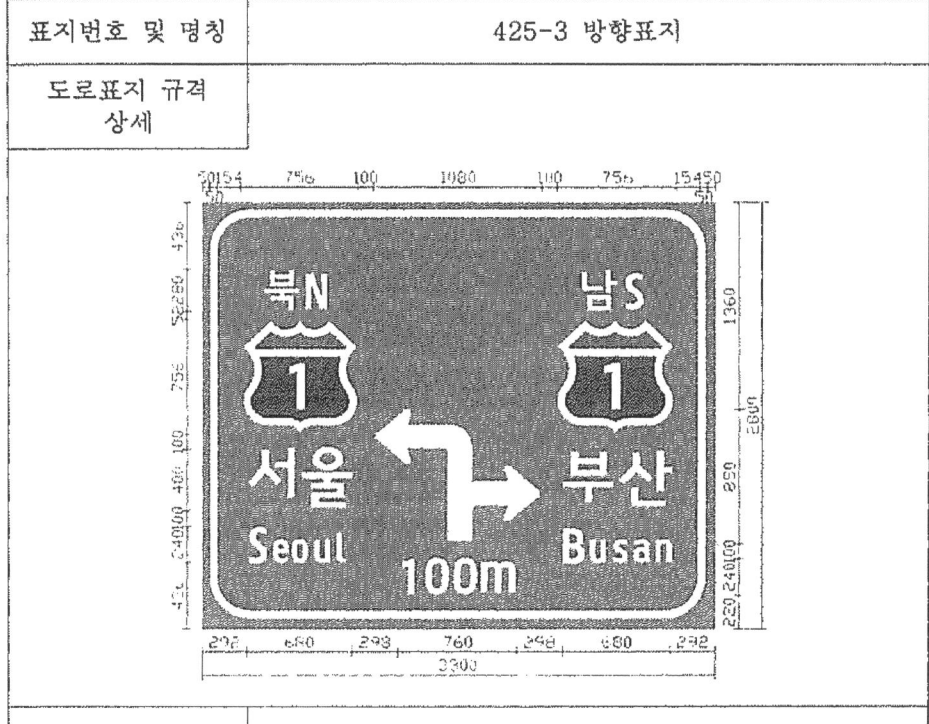

설치방법 및 장소

○ 나들목, 영업소에서 고속국도 진입 분류지점까지의 거리가 150미터 이상 되는 곳인 경우에는 분류지점으로부터 전방 100미터 지점에 편지식으로 설치한다.

425-1,2의 장소 참조

비고

고속국도 표지제작·설치지침(안) 133

표지번호 및 명칭	425-4 방향표지
도로표지 규격 상세	

설치방법 및 장소
◦연결로 분기부(A)와 고속도로 진입부(B)에 편지식(T자)으로 설치한다.

(A)   (B)

| 비고 | |

표지번호 및 명칭	425-5(A) 차로지정표지 (1차로)
도로표지 규격 상세	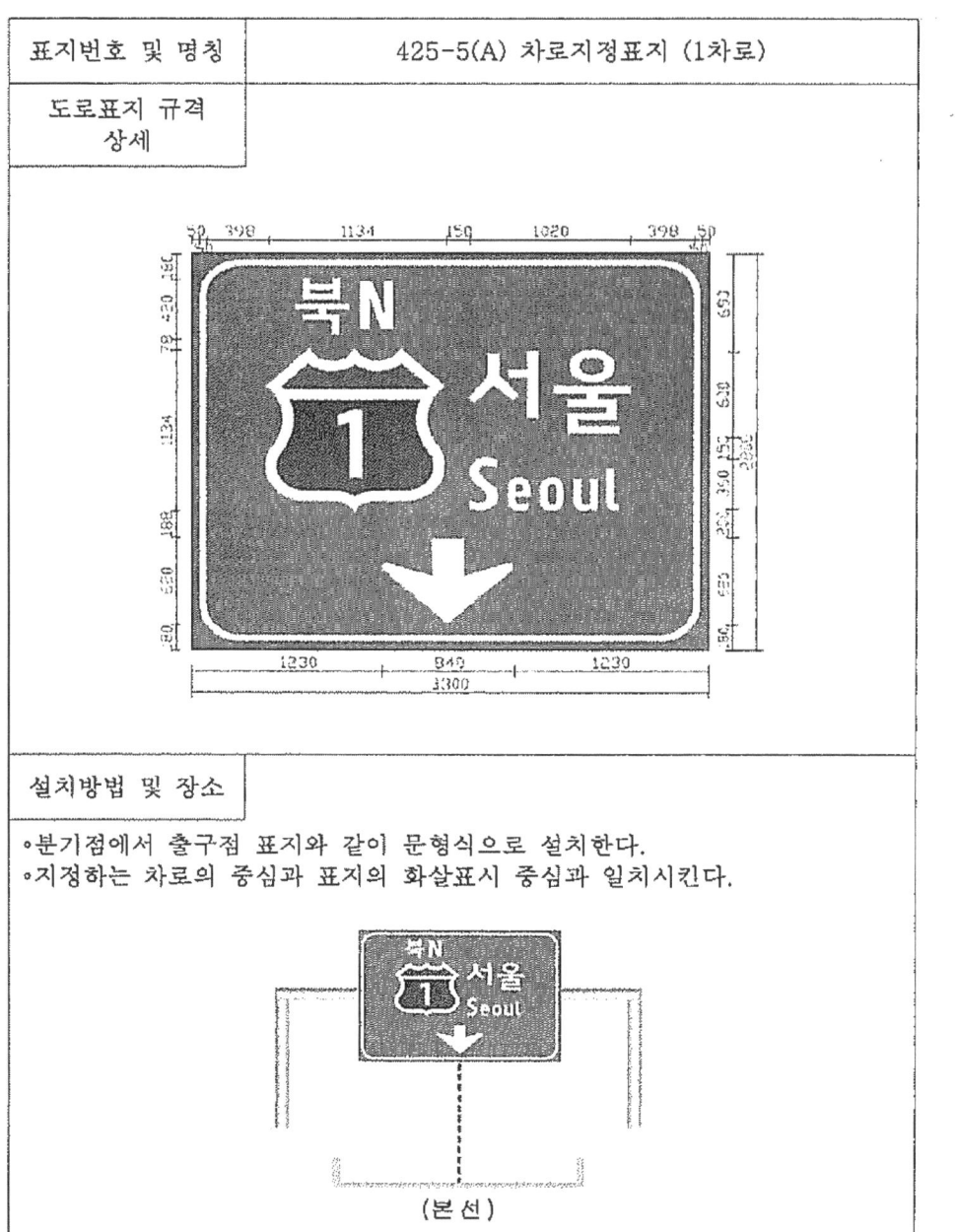
설치방법 및 장소	○ 분기점에서 출구점 표지와 같이 문형식으로 설치한다. ○ 지정하는 차로의 중심과 표지의 화살표시 중심과 일치시킨다. (본선)
비고	

표지번호 및 명칭	425-5(B) 차로지정표지 (2차로)
도로표지 규격 상세	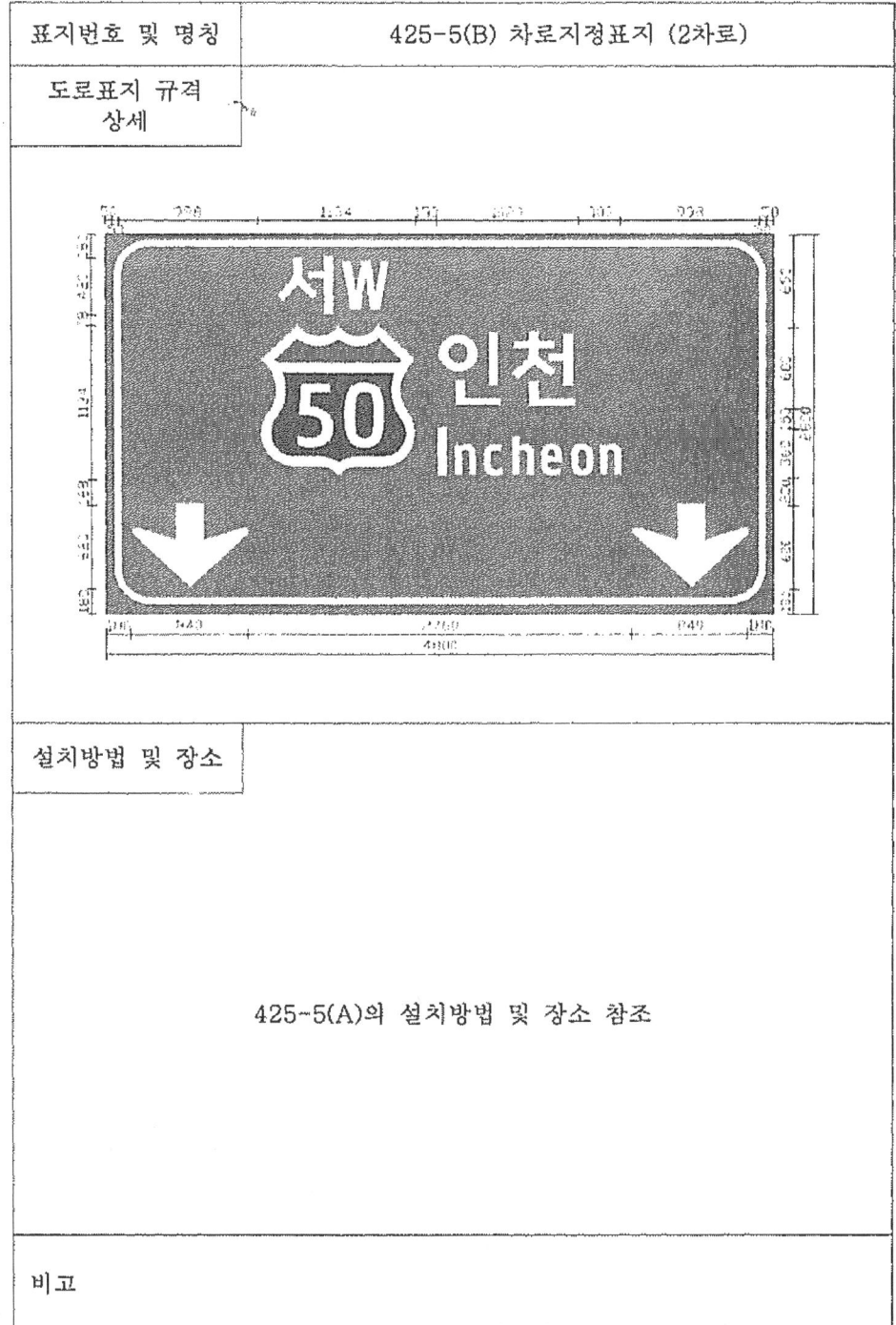
설치방법 및 장소	425-5(A)의 설치방법 및 장소 참조
비고	

표지번호 및 명칭	425-5(C) 차로지정표지 (3차로)
도로표지 규격 상세	

설치방법 및 장소
425-5(A)의 설치방법 및 장소 참조

| 비고 | |

표지번호 및 명칭	425-5(D) 차로지정표지 (4차로)
도로표지 규격 상세	

남S
1 대전 Daejeon
↓   ↓   ↓   ↓

설치방법 및 장소	
	425-5(A)의 설치방법 및 장소 참조
비고	

표지번호 및 명칭	437 고속도로명표지

도로표지 규격 상세

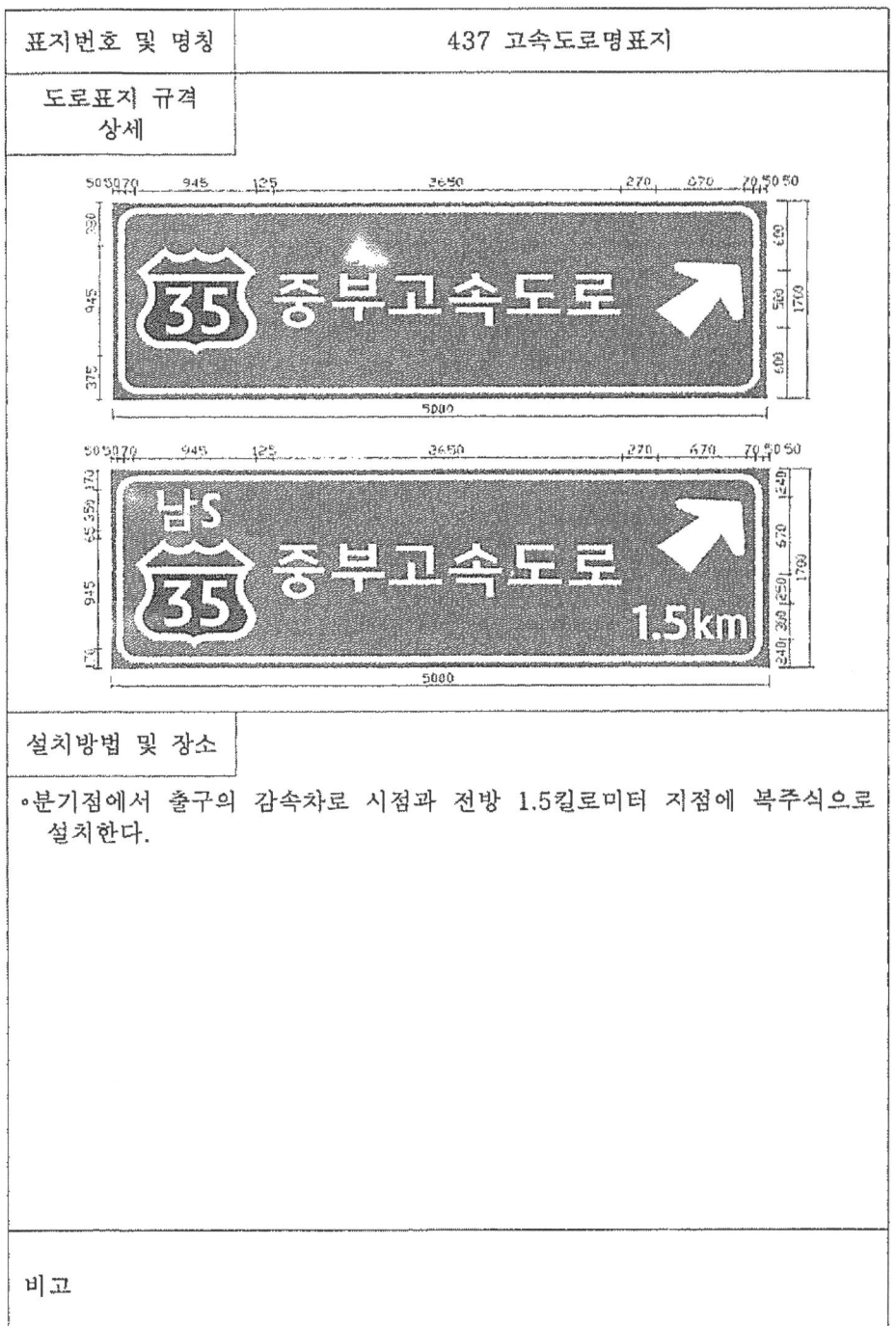

설치방법 및 장소

○ 분기점에서 출구의 감속차로 시점과 전방 1.5킬로미터 지점에 복주식으로 설치한다.

비고

제4장 표지 설치 사례

1. 동수원나들목

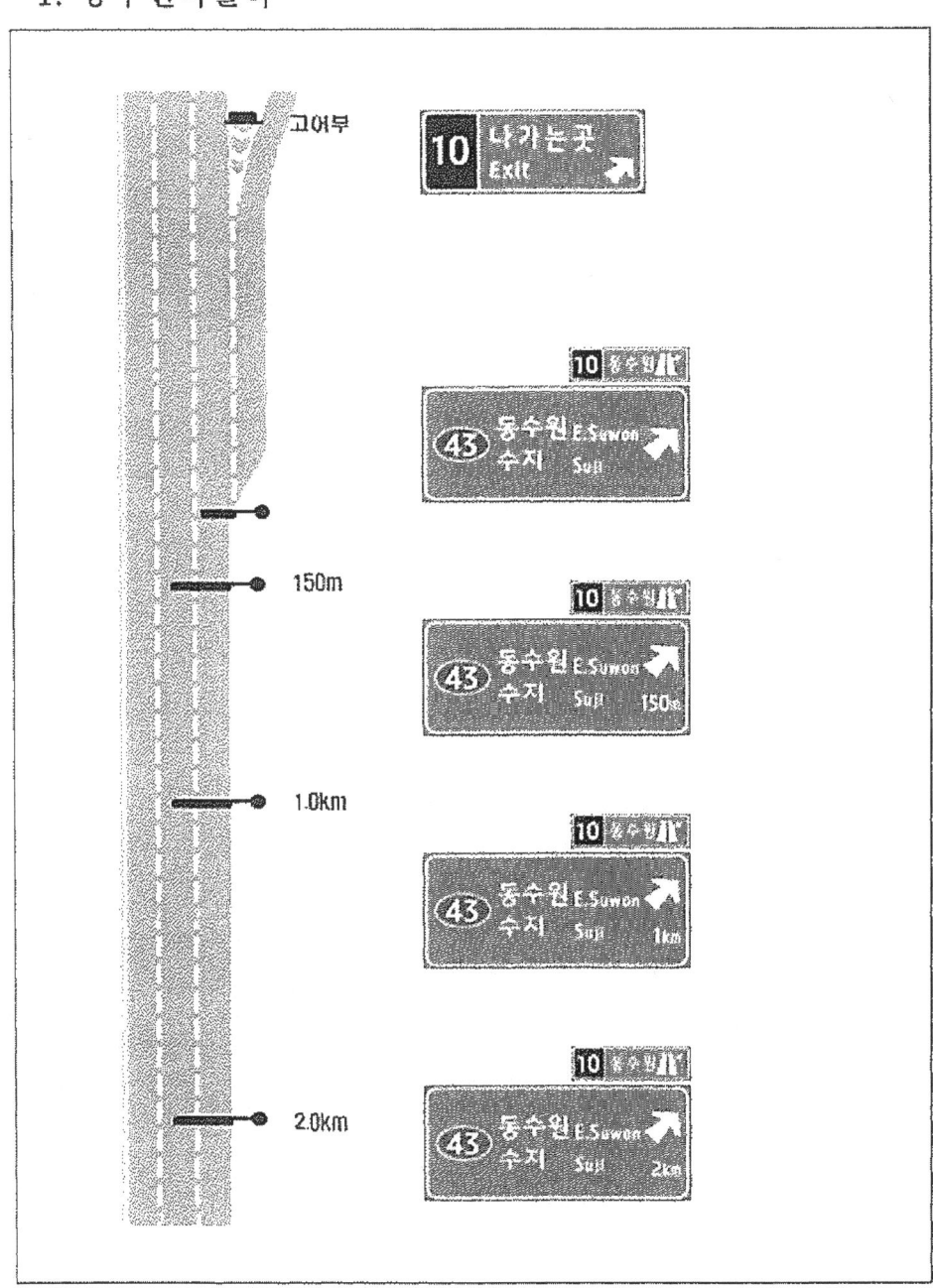

2. 안현분기점(1지점 분기)

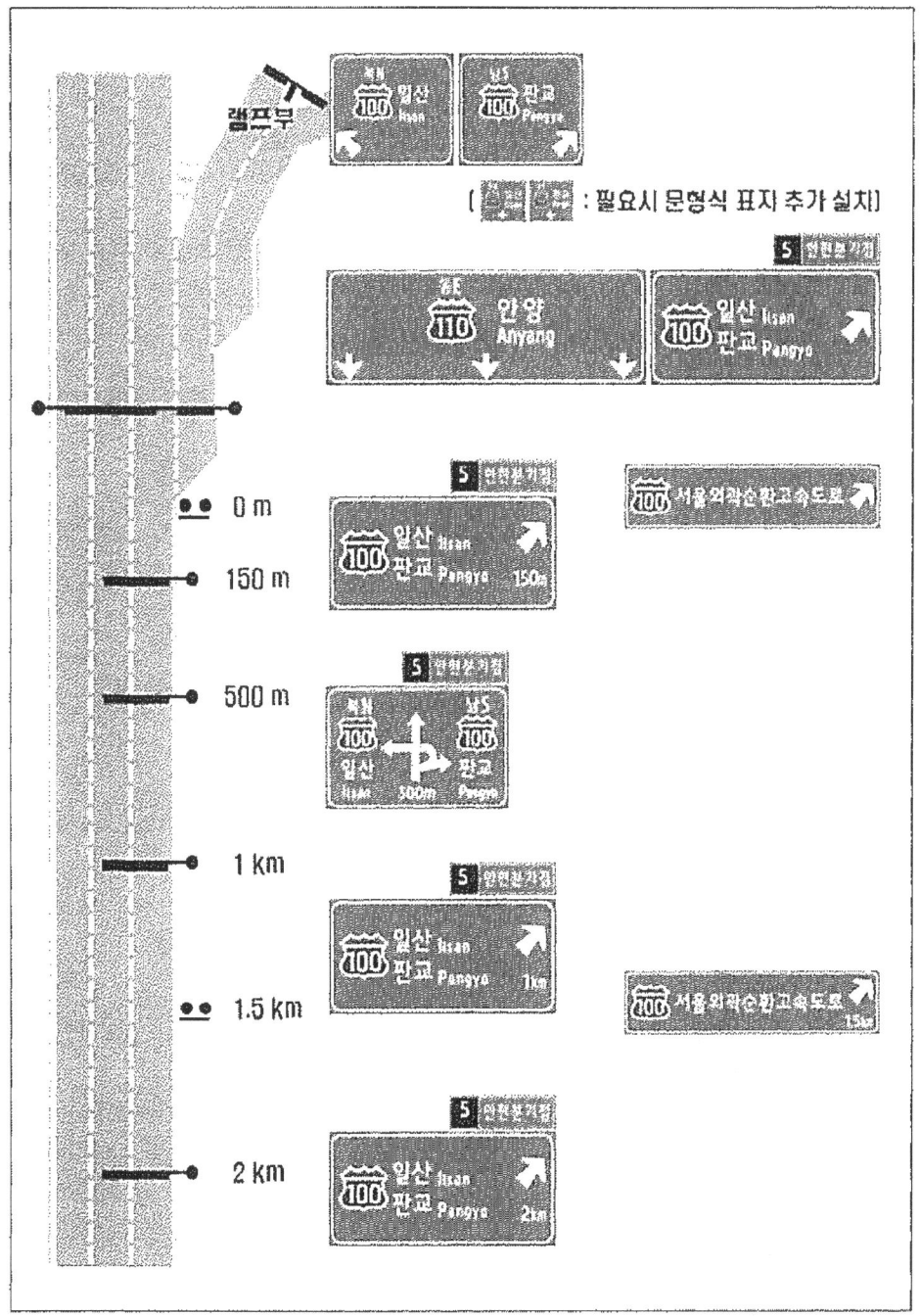

3. 김천분기점(2지점분기)

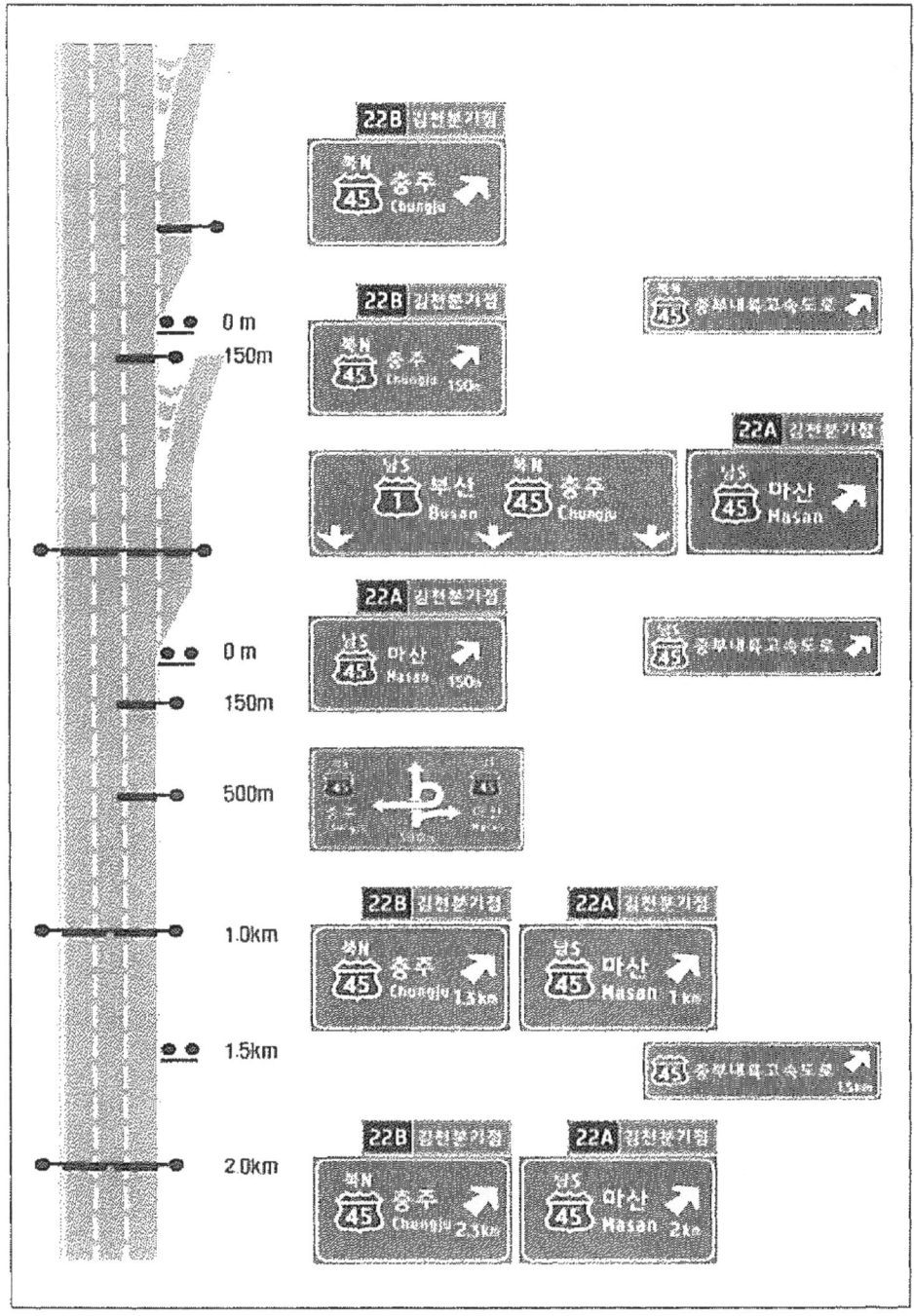

142

4. 하남분기점(Y형분기)

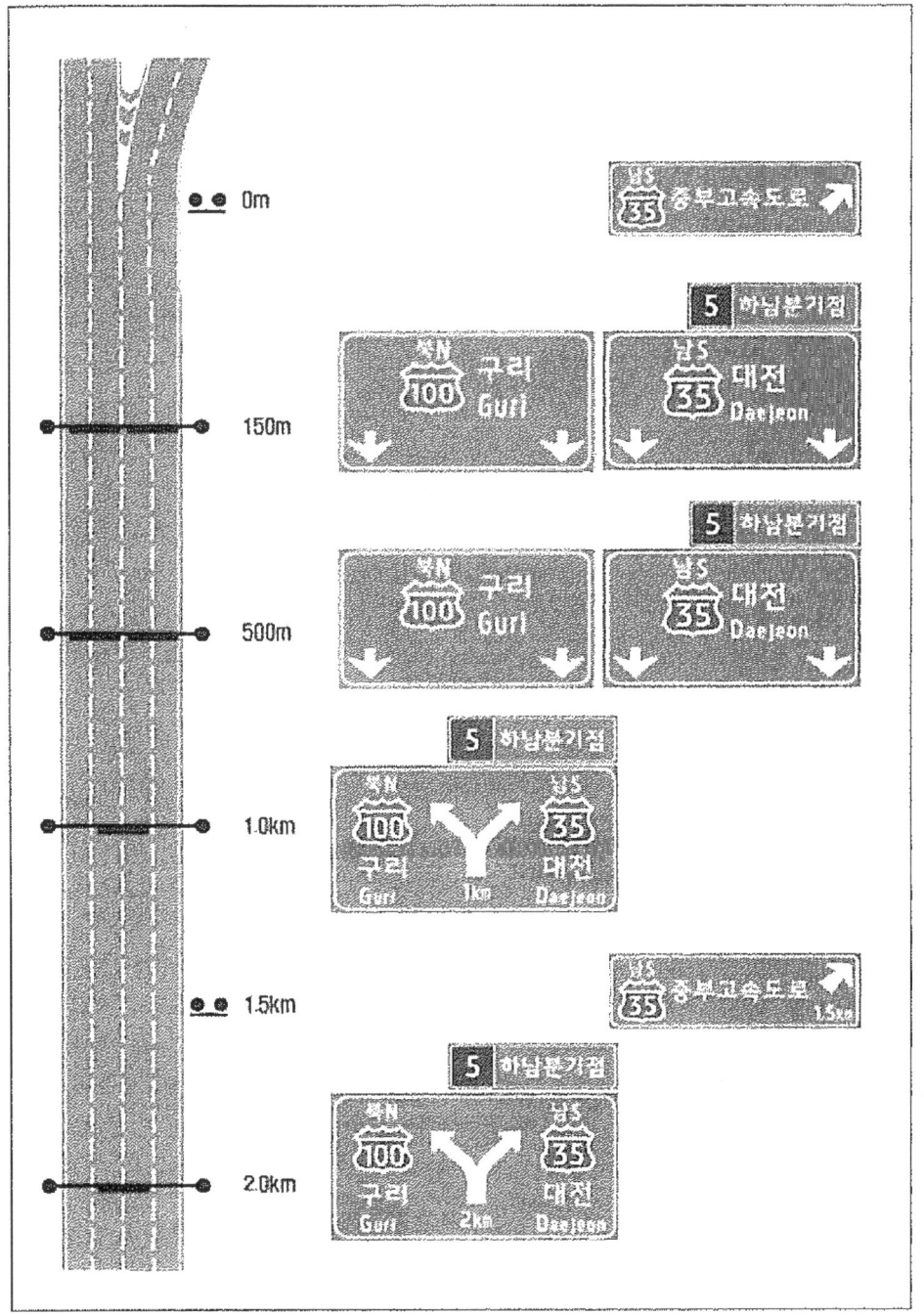

제5장 행정사항

1. 재검토 기한

「훈령·예규 등의 발령 및 관리에 관한 규정」(대통령훈령 제248호)에 따라 이 예규 발령 후의 법령이나 현실여건의 변화 등을 검토하여 이 예규의 폐지, 개정 등의 조치를 하여야 하는 기한은 2013년 5월 2일까지로 한다.

부 칙

① (시행일) 이 예규는 2010년 5월 3일부터 시행한다.
② (이미 설치된 도로표지에 관한 경과조치) 이 예규 시행당시 이 예규의 규정과 다르게 종전의 규정에 의하여 설치된 도로표지는 이 예규에 의한 도로표지로 바꾸어 설치할 때까지는 종전의 규정을 적용한다.

국도대체우회도로 사업시행청 및 유지관리청 지정에 관한 지침

건설교통부(1997.5)

제1장 총 칙

제1조(목적) 이 지침은 도로법 제2조의2에 의한 국도대체우회도로 사업을 시행함에 있어 국도대체우회도로 사업 시행 및 향후 유지관리 업무가 효율적으로 추진될 수 있도록 필요한 세부적인 기준을 정함을 목적으로 한다.

【참고】 도로법 제2조의2(국도대체우회도로의 정의)에서 규정된 국도대체우회도로는 도로구역이 변경됨에 따라 법 제11조(도로의 종류 및 등급) 규정에 의거 도로의 종류는 일반국도가 되나, 도로 관리청은 법 제22조(도로관리청) 규정에 의거 시관내(읍·면지역 제외)는 당해 시장이 되고, 기타 지역은 국토해양부장관이 되므로 국도대체우회도로 하나의 노선을 따라 도로관리청이 달라질 수 있다.

제2조(적용범위) 이 지침은 국도대체우회도로 사업을 시행함에 있어 노선이 시지역 및 지방지역을 통과하게 됨에 따라 2개 이상의 도로 관리청이 관련되는 경우의 사업시행 및 유지관리 업무에 관해 적용한다.

【참고】 도로법 제24조(도로의 공사와 유지 등) 규정에 의거 도로의 신설·개축 및 수선에 관한 공사와 유지관리는 다른 법률에 특별한 규정이 있는 경우를 제외하고 당해 도로관리청이 행하며, 국도대체우회도로 노선은 시관내·외를 통과하게 되어 도로관리청이 짧은 연장으로 바뀌는 문제점이 있어 사업시행을 통합하고 사업완료 후 효율적인 도로 유

지관리를 위해 도로관리청 상호 위탁관리에 관한 사항을 규정한다.

제3조(용어의 정의) 이 지침에서 사용하는 용어의 정의는 다음과 같다.
1. "국도대체우회도로"라 함은 시관할 구역안을 통과하는 기존의 일반국도를 대체하여 원활한 교통소통을 확보하기 위하여 설치하는 우회구간의 도로를 말한다.
2. "시지역"이라 함은 기존의 시와 「경기도남양주시등33개도농복합형태의시설치에관한법률 (법률 제4,774호, `94. 8.3)」에 따른 도농 통합시 및 「경기도 파주시 등 5개도 농복합형태의 시설치에 관한법률(법률제 4,994호 '95. 12. 6)」에 따른 승격시 등의 지역중에서 洞 (여기서 "동"은 법정동을 말한다) 구역내에 속한 곳을 말한다.
3. "지방지역"이라 함은 시지역외의 지역을 말한다.
4. "연접도시"라 함은 시지역이 연속으로 이웃하고 있는 도시를 말한다.
5. "지방청"이라 함은 국토해양부 산하 지방국토관리청을 말한다.
6. "지자체"라 함은 특별시, 광역시, 시를 말한다.

【참고】 도로법 제2조의2(국도대체우회도로의 정의) 규정에 의하면 국도대체우회도로라 함은 시관할을 경유하는 기존의 일반국도를 대체하기 위하여 설치하는 우회구간의 도로라고 정의하고 있으며, 이 지침에서 사용하는 시지역 및 지방지역은 기존의 시, 도농통합시, 승격시 등의 市와 郡을 경계로 구분되는 것이 아니라 현재 행정구역이 洞이냐 邑·面지역이냐에 따라 결정된다. 따라서 연접도시의 기준도 국도대체우회도로 노선이 시관내의 洞지역에서 이웃 시의 洞지역으로 연속하여 통과하는 경우에 해당된다. 아울러 도로법 제9조(권한의 위임) 규정에 의거 국토

해양부장관의 도로에 대한 공사, 유지관리 등에 대한 사항이 지방청에 위임되어 있으므로 사업시행 및 유지관리에 관해서는 지방청이 업무를 행한다.

제2장 사업시행청

제4조(사업시행청 통합기준) ①국도대체우회도로 사업을 효율적으로 추진하기 위하여 별표를 기준으로 사업시행청을 통합하여 시행할 수 있다.

②지자체에서 시행하여야 할 국도대체우회도로 건설사업은 업무형편 등으로 지방청에 위탁할 수 있으며, 이 경우 특별한 사유가 없는 한 지방청은 이를 수락하여야 한다.

【참고】도로법 제27조(상급관청의 공사대행) 규정에 의거 국토해양부장관은 필요하다고 인정할 때에 시관내 국도에 대한 도로공사를 시행할 수 있고, 법제37조 (권한의 대행) 규정에 의거 관리청의 권한을 대행할 수 있다.

제5조(사업위탁 약정) 국도대체우회도로 사업을 다른 도로관리청에 위탁하여 사업시행할 경우에는 별지 1호서식에 따라 도로관리청 상호간 약정을 하여야 한다.

【참고】국도대체우회도로의 공사비는 도로법시행령 제30조의3 (국고보조 등)규정에 따라 국고에서 부담하게 되어 있다. 결국 국도대체우회도로 사업을 지자체서 시행하던지, 지방청에서 시행하던지 공사비는 국고에서 부담하나 지자체 구간을 지방청에서 사업위탁하는 경우에는 공사비가 보조금으로 해당 지자체 예산에 먼저 편성된 후 지방청으로 가게 된다. 따라서 국도대체우회도로 사업시행청을 통합하게 되는 경우, 도로관리청 상호간 협의에 의한 협정을 체결하게 되면 예산의 편성 및 집행에 관한 업무가 명확하게 된다.

제6조(통합 사업시행구간의 보상비 부담) 국도대체우회도로 사업에 대한 시행청을 통합하여 시행하더라도 보상비는 도로법 제65조의2, 도로법시행령 제30조의2내지 제30조의3에 따라 당해 도로관리청에서 부담한다.

【참고】 도로법 제56조의2(국도대체우회도로 등에 관한 비용의 보조), 도로법시행령 제30조의2(건설 및 유지관리비 등), 제30조의3(국고보조 등) 규정에 따라 국도대체우회도로 사업시행을 타 도로관리청 사업에 통합하여 시행하더라도 보상비는 당초 부담한다. 다만, 도로법시행령 제30조의3 제2항에 따라 당해 지자체에서 부담하는 공사비가 건설에 필요한 비용의 30%를 초과하는 경우에는 예산의 범위내에서 그 초과비용의 일부를 국고에서 보조할 수 있다.

제3장 유지관리

제7조(사업의 이관) 국도대체우회도로 사업이 위탁시행된 경우 도로의 유지관리업무는 도로 사용개시 공고와 동시에 도로법상 도로관리청(제8조에 의거 위탁관리시 위탁관리청)으로 이관된 것으로 본다.

【참고】 국도대체우회도로는 자동차전용도로로 건설·관리할 계획이므로 차량의 고속주행으로 인한 교통사고

제8조(위탁관리) ①국도대체우회도로의 일부노선이 다른 도로관리청의 관리구간내에 짧은 연장으로 분리되어 있는 경우에는 효율적인 신속한 유지관리를 위하여 도로관리청에 위탁관리할 수 있다.

②도로관리청간의 위탁관리는 별표의 유지관리청 통합에 관한 기준을 따르되, 도로관리청간 상호협의에 따라 조정될 수 있다.

③위탁관리에 따른 도로관리청 상호 약정은 별지2호 서식으로

하여야 한다.
　④유지관리에 소요되는 비용 부담은 도로관리청과 유지관리청 간에 협의하여 결정하여야 한다.

【참고】국도대체우회도로 노선은 시·종점부의 국토해양부 관리구간과 중간의 시관내를 통과하게 됨에 따라 짧은 연장으로 분리된 일부 구간이 다른 도로관리청내에 위치하게 되면 도로관리청의 관리구간이 징검다리식이 되어 수해, 폭설 등과 같은 긴급사태나 도로순찰 등 일상적인 유지관리 측면에서 신속한 상황대처를 하기에는 현실적인 어려움이 많다. 한편 도로이용자 입장에서는 도로관리청이 누구냐가 중요하지 않고 어느 도로관리청이던지 안전하고 편리한 도로의 제공을 원하고 있다. 이를 위해서는 해당 도로관리청 상호간에 적기에 적절한 도로유지관리를 행할 수 있는 도로관리청 상호간의 업무위탁이 필요하다. 그러나 도로법 제27조(상급관청의 공사대행) 규정에 의하면 국토해양부장관은 관계행정청이 관리하는 도로공사를 시행할 수 있으나, 도로의 유지에 관한 사항에 대하여는 언급이 없으므로 도로 유지관리에 대한 업무위탁은 해당 도로관리청 상호협의에 의한 약정을 체결·시행하여야 효력이 발생한다.

제9조(간선기능 확보) ①국도대체우회도로 노선을 위탁받은 도로관리청은 관리 노선이 일반국도의 간선기능이 유지되어 차량의 원활한 소통이 확보될 수 있도록 우선적으로 유지보수 등을 시행하여야 한다.
　②위탁받은 도로관리청이 설계된 국도대체우회도로의 완전입체교차시설을 불완전입체교차시설로, 불완전입체교차시설을 평면교차시설로 불가피하게 변경하는 경우에는 당초 도로관리청과 협의하여야 한다.
　③도로관리청은 국도대체우회도로 노선의 간선기능이 제고될

수 있도록 접속지점의 입체화 등 지속적인 도로 개량을 하여야 한다.

【참고】 도로유지관리 업무의 위탁은 국도대체우회도로 통과노선이 시관내·외로 분리되어 있는 경우에 업무의 효율성을 위해 시행하고 있으나, 위탁관리된 국도대체우회도로의 간선기능은 어떠한 경우라도 확보할 필요가 있다.

제10조(점용허가) ①국도대체우회도로 노선의 일부 또는 전부를 타 도로 관리청에 위탁관리하는 경우에는 도로 점용의 허가 등 행정적인 사항은 도로법 제40조에 따라 당초 도로관리청의 허가를 받아야 한다.

②제1항의 규정에 의하여 도로관리청이 도로점용 허가를 처리하기 위한 도로점용을 허가할 경우에는 미리 위탁관리기관의 의견을 들어야 한다.

【참고】 국도대체우회도로 노선을 다른 도로관리청에 위탁관리하는 업무는 도로 시설물의 유지관리에 한정되므로 도로법 제40조(도로의 점용) 규정에 따른 도로점용에 대한 허가 절차 등은 당초 도로관리청에서 처리하며, 또한 미리 도로를 관리하는 기관의 도로점용허가 신청 도면에 대한 기술적인 검토의견을 듣는 것이 합리적이다.

부 칙

① (시행일) 이 지침은 1997년 5월 일부터 시행한다.
② (경과조치) 이 지침은 시행이전에 결정된 국도대체우회도로의 사업시행청은 이 지침에 의한 사업시행청으로 본다.

[별표]

지침 제4조 및 제8조에 따른 국도대체우회도로의 효율적인 사업시행 및 유지관리를 위한 사업시행청 및 유지관리청 통합기준은 아래와 같다. 다만, 기준에서 지방청과 지자체 대상이 겹치는 경우에는 상호협의 하여 결정한다.

경우 Ⅰ.

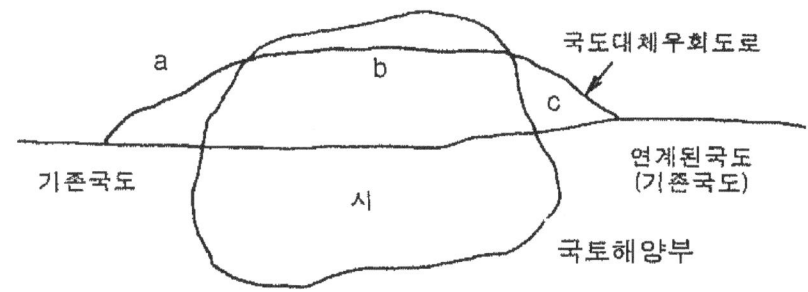

구 분	지방청 시행구간	지자체 시행구간
사업시행	1. 국도대체우회도로 전체 연장의 50%이상이 지방지역인 경우에는 전구간을 지방청에서 사업시행함. 2. 1의 경우가 아닌 경우에도 a구간, c구간이 지방청에서 단일사업 공구로 또는 연계된 국도의 확장공사에 포함하여 시행하는 경우에는 해당구간은 지방청에서 사업시행함.	1. 지방청 시행이 아닌 경우 2. a구간, c구간중에서 지방청에서 사업을 지자체에 위탁하는 경우 해당구간은 지자체의 구간b에 통합하여 사업시행함.
유지관리	1. a구간, c구간은 지방청에서 유지관리를 시행함	1. b구간은 지자체에서 유지관리를 시행함.

152

경우 Ⅱ.

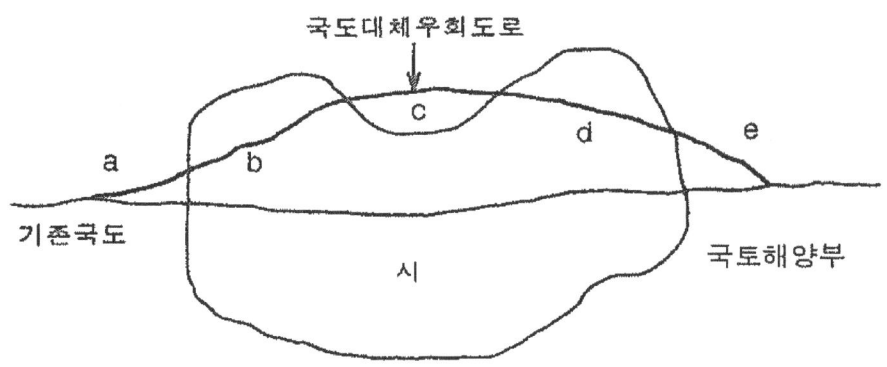

구 분	지방청 시행구간	지자체 시행구간
사업시행	1. 국도대체우회도로 전체 연장의 50%이상이 지방지역인 경우에는 전구간을 지방청에서 사업시행함 2. 1의 경우가 아닌 경우에도 a구간, c구간, e구간이 지방청에서 단일사업 또는 연계된 국도의 확장공사에 포함하여 시행하는 경우에는 해당구간은 지방청에서 사업 시행함.	1. 지방청 시행이 아닌 경우 2. a구간, c구간중에서 지방청에서 사업을 지자체에 위탁하는 경우 해당구간은 지자체의 구간b에 통합하여 사업시행함
유지관리	1. a구간, c구간은 지방청에서 유지관리를 시행함 2. c구간이 b+d구간보다 연장이 큰 경우에는 b+c+d구간을 지방청에서 통합하여 유지관리를 시행함	1. b+d구간이 c구간보다 연장이 큰 경우에는 b+c+d구간을 지자체에서 통합하여 유지관리를 시행함

경우 Ⅲ.

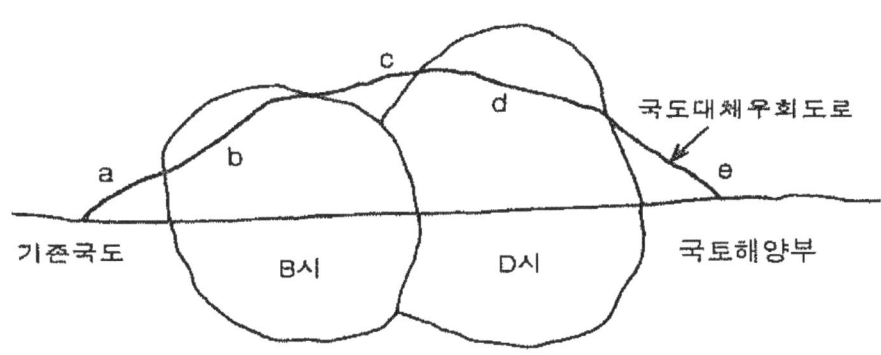

구 분	지방청 시행구간	지자체 시행구간
사업시행	1. 국도대체우회도로 전체 연장의 50%이상이 지방지역인 경우에는 전구간을 지방청에서 사업시행함. 2. 1의 경우가 아닌 경우에도 a구간, c구간, e구간이 지방청에서 단일사업 또는 연계된 국도의 확장공사에 포함하여 시행하는 경우에는 해당구간은 지방청에서 사업 시행함. 3. 1의 경우가 아닌 경우에도 a+c구간이 b구간의 연장보다 큰 경우에는 a+b+c구간을, c+e구간이 d구간의 연장보다 큰 경우에는 c+d+e구간을 지방청에서 통합 시행함.	1. 지방청 시행이 아닌 경우 2. a구간, c구간, e구간 중에서 지방청에서 사업을 지자체에 위탁하는 경우 해당구간은 자체의 사업구간에 통합하며 사업시행 함
유지관리	1. a구간, e구간은 지방청에서 유지관리를 시행함. 2. c구간 연장이 b구간, d구간 연장보다 큰 경우에는 지방청에서 통합하여 유지관리를 시행함.	1. b구간이나 d구간연장이 c구간 연장보다 큰 경우에는, c구간을 연장이 가장 큰 해당 지자체에 통합하여 유지관리를 시행함.

154

경우 IV.

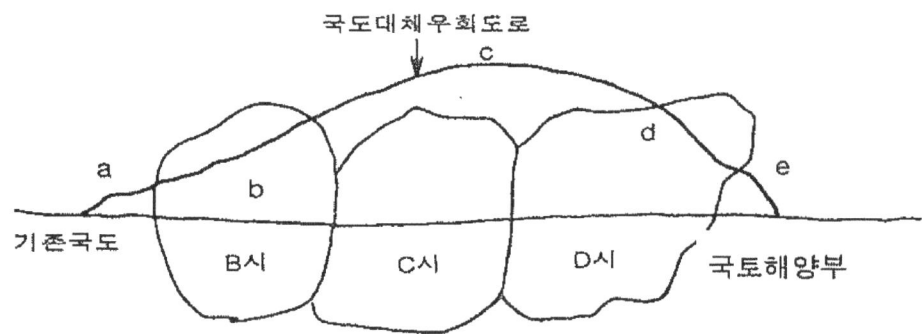

구 분	지방청 시행구간	지자체 시행구간
사업시행	1. 국도대체우회도로 전체 연장의 50%이상이 지방지역인 경우에는 전구간을 지방청에서 사업시행함. 2. 1의 경우가 아닌 경우에도 a구간, c구간, e구간이 지방청에서 단일사업 또는 연계된 국도의 확장공사에 포함하여 시행하는 경우에는 해당구간은 지방청에서 사업시행함. 3. 1의 경우가 아닌 경우에도 a+c 구간이 b구간의 연장보다 큰 경우에는 a+b+c구간을, c+e 구간이 d구간의 연장보다 큰 경우에는 c+d+e 구간을 지방청에서 통합시행함.	1. 지방청 시행이 아닌 경우 2. a구간, c구간, e구간 중에서 지방청에서 사업을 지자체에 위탁하는 경우 해당 구간은 지자체의 사업구간에 통합하여 사업시행함.
유지관리	1. a구간, e구간은 지방청에서 유지관리를 시행함. 2. c구간 연장이 b구간, d구간 연장보다 큰 경우에 지자체에서 b구간, d구간을 협의위탁하면 지방청에서 통합하여 유지관리를 시행함.	1. b구간이나 d구간 연장이 c구간 연장보다 큰 경우에는 c구간을 연장이 가장 큰 해당 지자체에 통합하여 유지관리를 시행함.

경우 Ⅴ.

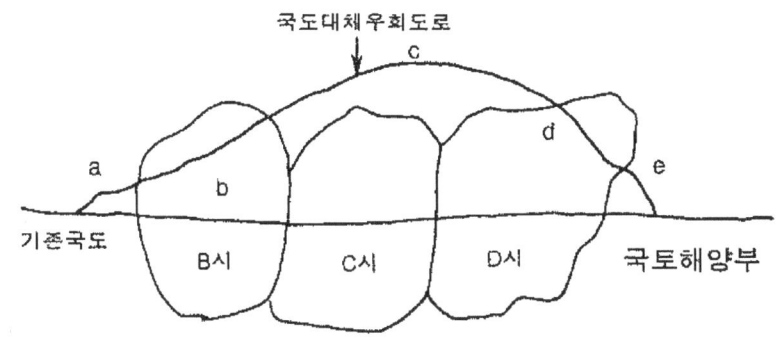

구 분	지방청 시행구간	지자체 시행구간
사업시행	1. 국도대체우회도로 전체 연장의 50%이상이 지방지역인 경우에는 전구간을 지방청에서 사업시행함 2. 1의 경우가 아닌 경우에도 a구간, e구간이 지방청에서 단일사업 또는 연계된 국도의 확장공사에 포함하여 시행하는 경우에는 해당구간은 지방청에서 사업 시행함. 3. 1의 경우가 아닌 경우에도 a+c구간이 b구간의 연장보다 큰 경우에는 a+b구간을, e구간이 d구간의 연장보다 큰 경우에는 d+e구간을 지방청에서 통합 시행함.	1. a구간, e구간중에서 지방청에서 사업을 지자체에 위탁하는 경우 해당구간은 지자체의 해당 시의 사업구간에 통합하여 사업시행함. 2. c구간은 해당 C시에서 사업을 시행하되, 연계된 b구간 또는 d구간을 지방청에서 사업시행하는 경우에는 지방청의 사업 구간에 통합하여 사업 시행할 수 있음.
유지관리	1. a구간, e구간은 지방청에서 유지관리를 시행함.	1. b구간이나 d구간 연장이 c구간 연장보다 큰 경우에는 c구간을 연장이 가장 큰 해당 지자체에 통합하여 유지관리를 시행함.

[별지 제1호서식]

사업시행 위탁 약정서

○ 도로의 종류 및 노선명 :

○ 구 간 : 시 점
            종 점

○ 연 장 :   km(폭   m,   차로)

시관내 일반국도의 간선기능을 확보하여 원활한 교통소통을 위하여 시행하는 국도대체우회도로 사업의 효율적인 추진을 위하여 (도로관리청A) 은 위 구간의 사업 시행을 (도로관리청 B) 에게 위탁한다.

다만, 각 도로관리청은, 공사비, 보상비 등 도로법 및 관련 규정에 따른 당초 의무규정은 준수한다.

19 년 월 일

(도로관리청 A)   (인)
(도로관리청 B)   (인)

첨부서류 : 설계도서

210mm×297mm

[별지 제1호서식]

유지관리 위탁 약정서

° 도로의 종류 및 노선명 :

° 구 간 : 시 점
          종 점

° 연 장 :   km(폭   m,   차로)

° 위탁기간 : 19 년   월   일부터
             19 년   월   일까지(년간)

 (도로관리청A)   은 국도대체우회도로 노선중 위 구간에 대한 도로 유지관리 업무를 (도로관리청 B)   에게 위탁한다.

                          19   년   월   일

                       (도로관리청 A)   (인)
                       (도로관리청 B)   (인)

첨부서류 : 도로관리 서류 1식

210mm×297mm

공사구간내 기존국도의 유지보수 책임한계 지침

제1조(목적) 이 지침은 도로의 확장·포장, 교량가설 등 공사구간 내의 기존도로에 대한 유지보수의 책임한계를 명확히 하여 유지보수를 철저히 수행토록 함으로서 교량 등 기존 구조물의 안전관리와 원활한 교통소통을 도모함을 목적으로 한다.

제2조(적용대상) 이 지침은 지방국토관리청의 장(이하 "지방청장"이라 한다)이 시행하는 모든 도로공사구간 내의 기존도로(시 관내 국도 제외)에 적용하며 다른 법령에서 특별히 규정한 경우를 제외하고는 이 지침을 적용하는 것을 원칙으로 한다. 다만, 이 지침에 명시되지 않은 사항은 지방청장 책임하에 시행하되 현지여건, 공사의 난이도, 공사의 규모 및 업무형편 등을 고려하여 지방청장과 국도관리사무소의 장(이하 "국도관리소장"이라 한다)이 협의하여 시행할 수 있다.

제3조(유지보수 책임) ①공사구간내의 기존도로에 대한 다음의 유지보수는 지방청장 책임하에 시행한다.
    가. 소파보수 및 덧씌우기 등 포장도로의 유지보수
    나. 교량·터널의 개출 및 보수
    다. 각종 구조물의 일상 및 긴급보수
    라. 측구, 배수관 및 암거 등 배수시설의 정비
    마. 낙석·산사태의 토석 제거 및 이에 따른 차량의 통행제한
    바. 낙석방지책, 방호벽 및 가드레일 등 각종 부대시설장비
    사. 공사용 가도·가교의 설치 및 원상복구
②공사구간내의 기존도로에 대한 다음의 유지보수는 국도관리소장책임하에 시행한다.
    가. 시·종점만이 기존도로와 단순히 연결되는 순수 우회도로

　　　　　신설공사인 경우의 기존도로에 대한 유지보수
　　나. 낙석·산사태 발생지역의 근본적인 항구대책
　　다. 도로표지판정비
③제설작업은 지방청과 국도관리소장이 합동으로 시행한다.

제4조(기존도로의 점검 및 보수) ①지방청장은 공사구간내의 교량 및 터널 등 기존 구조물에 대하여 '시설물의 안전관리에 관한특별법'상에 규정된 일상점검 및 긴급점검을 실시하여 국도관리소장이 작성·관리하고 있는 교량점검대장(사본)에 기록하고 그 내용을 국도관리소장에게 통보하여야 한다.

②국도관리소장은 "시설물의 안전관리에 관한특별법"상에 의한 정기점검을 실시하여야 하며 점검결과 안전상 결함이 발견될 경우 지체없이 관련 자료를 붙여 지방청장에게 보고하여야 한다.

③점검결과 발견된 결함에 대하여는 공사구간의 도급자가 우선 응급조치하여야 한하고 지방청장 책임하에 긴급보수 및 일상보수 등을 시행한다.

④국도관리소장은 점검결과를 전산화된 교량관리체계(B.M.S)에 입력하여 관리하여야 한다.

⑤국도관리소장은 공사구간 내 기존도로에 대하여도 일반구간과 동일하게 국립건설시험소장에게 포장상태를 조사 보고하여 포장도로관리체계(PMS)에 의한 정기보수(덧씌우기 등)가 이루어지도록 하여야 한다.

⑥지방청장은 공사구간 내 기존도로에 대하여 포장도로관리체계(PMS)에 의한 정기보수가 실시될 수 있도록 조치하여야 한다.

⑦국도관리소장은 정기보수 이외에도 공사구간 내 기존도로가 적정하게 유지 관리되고 있는지 수시 점검을 실시하고 보수 등의 조치가 필요한 사항에 대하여는 지방청장에게 보수를 건의하여야 하며 지방청장은 보수 필요성 여부를 검토하여 적절한 조치를 취하여야 한다.

제5조(기타업무의 책임) ①지방청장은 공사구간 내 기존도로에 대한

다음의 업무를 수행하여야 한다.
　　가. 도로의 점·사용허가
　　나. 해빙기 안전대책, 수해 및 설해 등 자연재해의 대비업무
　　다. 교통통제와 관련된 안내표지 등의 설치
　　라. 국도유지에서 행하는 통행단속 및 차량통제와 관련한 도급자 인력 지원
②국도관리소장은 공사구간 내 기존도로에 대한 다음의 업무를 수행하여야 한다.
　　가. 통행제한 교량에 대한 정밀안전진단(통행제한하중 결정 등) 및 우회도로지정
　　나. 통행단속 및 차량통제(도급자 인력협조를 포함한다)

제6조(보수기간) 공사구간 내 기존도로의 보수기간은 공사착수 6개월 후부터 준공 후 국도관리와 지방자치단체에 이관을 완료할 때까지로 하며 보수기간의 개시 일은 지방청장과 국도관리소장이 사전협의 하여 결정한다.

제7조(공사구간) 공사구간은 계약서상의 공사구간(장기계속계약의 경우에는 전체 공사구간)으로서 공사시점부터 종점까지의 기존도로 전체구간을 말한다.

제8조(보수비용) 보수의 책임자가 지방청장인 경우 유지보수비용 및 관리에 소요되는 인력 등에 대한 비용은 공사 도급액에 포함하여 계상한다.

제9조(인수인계서 작성) 지방청장과 국도관리소장은 유지보수 책임구간 인수인계시 국도관리의 책임한계를 명확하게 할 수 있도록 인수인계서를 2부 작성하여 지방청장과 국도관리소장이 각 1부씩 보관하여야 한다.

부　칙

① (시행일) 이 지침은 1998년 3월 1일부터 시행한다.

② (폐지지침) 종전의「공사구간 내 기존도로의 유지보수 책임한계」 도관(58710-1005: '95.9.23)는 이를 폐지한다.
③ (경과조치) 현재 발주중이거나 시공중인 국도유지보수사업은 이 지침에 불구하고 기존 시행청이 시행한다.

체불용지 보상 지침

제정 : 1982.01
1차 개정 : 2004.12

1. 기본방침
   국도편입 미보상사유지 일소

2. 보상계획
   가. 보상대상
      미보상 국도편입 체불용지(체불용지, 누락용지)
   나. 보상대상에서 제척되는 편입지
      1) 도시계획구역내 국도편입지
         가) 도로법 제22조 제2항의 규정에 의거 각급 시장이 관할하는 도시계획구역내 국도편입지(보상책임: 각급시장)
         나) 각급 지방자치단체의 장이 도시계획사업으로 신설하거나 확장한 국도 편입지(보상책임: 당해사업 시행자)
         다) 구획정리사업 시행지구내 국도편입지(보상책임: 당해사업시행자)
      2) 국공유지
      3) 증여 또는 기부채납을 조건으로 편입시킨 용지
         (소도읍 가꾸기 및 새마을사업등로 확장한 국도 및 보도 편입지 보상책임은 당해 사업시행자 또는 주민)
      4) 소송 또는 소유권이외의 권리가 설정되어 있는 용지
         (사례 : 소유권 분쟁, 근저당권 등)
      5) 현재 국토해양부 시행 도로공사가 진행되고 있는 구간 편입지
         (단, 관리청이 국토해양부장관인 경우에 한 한다)
         ※ 당해공사 시행을 위한 토지매입비로 보상중임

3. 보상평가지침

　　기존 도로에 편입된 사유 토지를 보상하는 경우에는 그 사유자가 기존 도로 편입당시 이용 상태와 유사한 인근 토지에 대한 정상 가격을 기준으로 산정 보상

4. 보상지침

　가. 공공용지의취득및손실보상에관한특례법규에 따라 보상
　나. 보상요구 민원 제기분 우선 보상(단, 전기2항 나호 해당 편입지는 제외)
　다. 토지소유자 확인분 우선보상
　라. 미 보상에 관한 사유 등을 철저히 규명하여 비 대상지를 보상하거나 이중보상의 사례 일소
　마. 내시예산의 보상 목표량은 최소의 기준으로 수립된 것이므로 목표량을 초과보상하는 것은 민원해소와 예산절감 효과 측면에서 가함
　바. 보상업무 부진으로 인한 예산의 이월 또는 불용사례 일소
　사. 보상업무의 추진
　　　○ 민원분 및 소유자 확인분에 대하여는 2/4분기말 까지 보상 완료하고 집행잔액에 대하여는 3/4분기 까지 보상완료토록 추진.
　아. 보고철저
　　　1) 보상실적에 대하여는 분기별로 익월10일까지 보고
　　　2) 보상완료 용지에 대하여는 익년 1.31까지 토지조서 사본 송부 (당부 비치대장 정비를 위함)

5. 특기사항

　가. 미보상 국도편입지를 보상함에 있어서는 국민총화를 저해하는 혼란이 없도록 신중히 대처하여 보상할 것
　나. 용지보상업무에 관하여는 철저이행은 물론 관계관의 특별한 관심을 집중하도록 조치

자동차 전용도로 지정에 관한 지침

1) □ **현황**(현행제도, 운영실태)
   ◦ 도로법 및 지침에 따라 운영('07.12현재)
     - 전국 일반국도 67개 구간 등 총 117개소 1,249.5km
   ◦ 도로법 제54조의3(자동차전용도로의 지정)
     - 도로관리청은 교통이 현저히 폭주하여 차량의 효율적인 운행에 지장이 있는 도로(고속도로를 제외) 또는 도로의 일정한 구간에 있어서 교통의 원활을 기하기 위하여 필요한 때에는 대통령이 정하는 바에 의하여 자동차전용도로 또는 전용구역으로 지정
     - 자동차전용도로 지정하는 때에는 이를 공고(이하생략)
   ◦ 도로법 제54조의4(자동차전용도로의 통행 제한)
     - 누구든지 자동차전용도로에 자동차를 사용하는 이외의 방법으로 통행하거나 출입하지 못한다(이하생략)
   ◦ 도로법시행령 제29조의2(자동차전용도로의 지정)
     - 자동차전용도로 지정 공고, 국토해양부장관에게 보고
   ◦ 건교부, 「자동차전용도로 지정에 관한 지침. '97.2」
     - 총칙, 자동차전용도로의 지정 기준, 구조·시설기준, 도로표지판·부대시설

2) □ **지정절차**

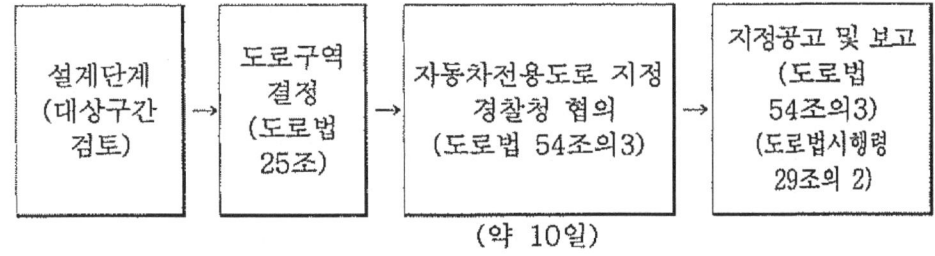

자동차전용도로 지정에 관한 지침

제정 : 1997.02
1차 개정 : 2002.06
2차 개정 : 2004.12

제1장 총 칙

제1조(목적) 일반국도, 주요 지방도 및 시가지 간선도로 등은 통행의 이동성을 확보하기 위한 주간선도로서 차량의 원활한 소통에 기여되어야 하나, 자동차 이외에 사람, 자전거, 경운기 등이 통행하고 신호등과 횡단보도의 설치가 적절히 관리되지 못함으로써 본선의 주행성을 크게 저해하고 빈번한 교통사고가 발생하고 있으므로 일반도로의 일정 구간을 자동차전용도로로 지정하여 간선도로의 기능을 제고시키고자 하며 이 지침은 도로법 제54조의3의 규정에 의거 자동차전용도로를 지정하는데 필요한 사항을 규정함을 목적으로 한다.

제2조(정의) 이 지침에서 자동차전용도로는 고속국도를 제외한 도로법상 도로중 교통의 원활을 기하기 위하여 자동차 이외 사람, 자전거, 경운기 등이 통행할 수 없도록 도로관리청이 지정한 일정 구간의 도로를 말한다.

제2장 자동차전용도로의 지정 기준

제3조(대상구간의 지정) ①도로관리청은 당해구간을 연결하는 일반교통용의 다른 도로가 있는 경우 자동차의 신속한 주행과 교통의 원활화를 도모하기 위하여 다음 각 호에 해당되는 도로 또는 그 도로의 일정 구간을 자동차전용도로로 지정할 수 있다.

  1. 교통의 원활한 소통을 기하기 위하여 필요하다고 인정하는 도로

2. 시·읍·면급 국도우회도로
3. 공항, 항만, 물류단지 등 주요 물류산업시설과의 연결도로
4. 기존 도로의 확장 노선이 새로 신설되는 구간
5. 도시권역내외 순환, 방사형 도로
6. 기타 도로관리청이 필요하다고 인정하는 도로

②자동차전용도로의 연장은 최소 5km 이상을 원칙으로 한다. 단, 시·읍·면급 우회도로 및 시가지내 도로는 현지 여건 등을 감안하여 최소연장이 5km 이하인 구간에도 지정할 수 있으며 이 경우 최소연장은 2km 이상이어야 한다.

③도로관리청이 자동차전용도로를 지정하고자 할 때는 지정 대상 도로가 자동차전용도로의 구조·시설기준 등을 갖추어야 한다.

④도로를 신설하는 경우에는 자동차전용도로 지정 여부를 사전에 검토, 결정하여야 하며 자동차전용도로로 지정하고자 할 경우에는 설계시부터 자동차전용도로의 구조·시설기준 등에 부합되도록 하여야 한다.

제4조(지정·공고 시기) ①도로관리청은 신설 또는 개축하는 도로를 자동차전용도로로 지정하고자 하는 경우에는 도로구역 결정(변경)·고시를 한 후 지체없이 자동차전용도로로 지정·공고하여야 한다.

②도로관리청은 기존 운영중인 도로를 자동차전용도로로 지정하고자 하는 경우에는 관계기관과의 협의를 한 후 지체없이 자동차전용도로로 지정·공고하여야 한다. 공고한 사항을 변경·해제하고자 하는 때에도 또한 같다.

제 3 장 자동차전용도로의 구조·시설기준 등

제5조(구조·시설기준) ①자동차전용도로와 다른 도로, 철도, 궤도 또는 교통용으로 사용하는 통로, 기타의 시설이 교차할 때에는 입체교차시설로 하여야 한다.

②자동차전용도로에 기존 도로 이외 새로운 도로를 접속시킬 수 없으며, 특별한 사유가 있을 경우에는 도로관리청의 허가를 받아

야 하며 이 경우 반드시 입체교차시설로 하여야 한다.

③새로 건설할 도로를 자동차전용도로로 지정하고자 할 경우에는 간선도로로서의 기능이 충분히 확보될 수 있도록 설계속도를 80km/h 이상으로 설계한다.

④자동차전용도로 구간내에는 보도, 횡단보도를 설치할 수 없으며 횡단보도가 필요할 경우에는 육교 또는 지하횡단보도 등의 입체시설을 설치하여야 한다.

⑤자동차전용도로 구간내에 농로 등이 교차되어 있거나 경운기 등 자동차 이외의 통행이 있는 경우에는 지역주민의 경제활동에 지장이 없도록 측도를 설치하여야 한다.

제6조(입체교차시설 및 접속시설의 설치) ①자동차전용도로와 교통용으로 사용하는 다른 도로가 교차되거나 교차시키고자 할 때에는 완전 입체교차시설로 하여야 하며 특별한 사유가 있을 경우에는 불완전 입체교차시설로 할 수 있으나 이 경우에는 자동차전용도로의 교통흐름을 방해하기 않는 구조로 하여야 한다.

②자동차전용도로와 제1항의 접속시설의 간격은 2km 이상이어야 한다. 다만, 도시부에서 부득이한 경우에는 최소간격을 1km로 할 수도 있다.

③자동차전용도로와 연결되는 다른 도로는 자동차전용도로상을 주행하는 차량운행에 지장을 받지 않는 구조로 연결하여야 하며 필요한 가감속차로 등을 설치하여야 한다.

제7조(차로수와 폭원) ①자동차전용도로의 차로수는 설계시간교통량, 서비스 수준 및 지형조건 등을 감안하여 결정하되 최소 4차로 이상으로 하여야 한다.

②자동차전용도로의 차로폭은 3.5m로 한다.

제8조(중앙분리대) ①차로를 왕복방향별로 분리하기 위한 중앙분리대를 설치하여야 한다.

②중앙분리대의 폭원은 측대폭을 포함하여 2m이상 3m이내로 하고 콘크리트방호벽 또는 가드레일을 설치하여야 한다.

제9조(길어깨) 자동차전용도로에는 차로의 오른쪽에 길어깨를 설치하여야 하며 길어깨의 폭은 2m 이상으로 하여야 한다.

제10조(횡단보도) ①횡단보도용의 육교 또는 지하횡단보도는 보행자 이용상태, 편익, 교통영향, 주변 환경과의 조화, 시공조건, 유지관리등을 충분히 고려하여 위치를 선정한다.

②횡단보도를 설치할 경우 장애자 및 노약자의 이용 편의성을 고려하여야 한다.

제11조(측도) ①측도는 자동차전용도로의 차량출입이 특정지역에 제한됨으로써 주변 토지의 접근을 용이하게 하고, 자동차전용도로와 다른 도로의 접속지점 최소화 등을 위하여 자동차전용도로에 병행하여 설치하는 도로를 말한다.

②측도의 폭은 이용하는 차량, 농기계 등이 교통할 수 있는 폭 이상으로 하고, 길어깨 폭은 「도로의구조·시설기준에관한규칙」 제12조에 의한다. 다만, 보도를 설치할 경우에는 현지 여건에 따라 필요한 폭으로 한다.

제12조(교통안전시설 등) ①도로관리청은 자동차전용도로에 사람·동물 및 기타 용구에 의한 무단횡단 및 접근 등이 많아 교통사고의 위험이 있거나 있을 것이라고 판단되는 구간 접근방지시설을 설치하고 필요한 때에는 도로부지 경계에 울타리 등을 설치하여 사람 등의 접근을 금지시켜야 한다.

②자동차 운전자의 교통안전을 도모하기 위하여 필요한 도로표지판, 시선유도시설 등의 교통사고 방지시설을 설치하여야 한다.

제4장 도로표지판 등 부대시설

제13조(도로표지의 설치) ①자동차전용도로 표지는 도로법 제52조 및 도로표지규칙(국토해양부령)에 의거 고속도로의 설치방법을 준용한다.

②자동차전용도로의 시·종점 전방에 별표1과 같이 도로표지를 각각

최소 3개소 이상 설치하되 방향예고 안내표지 2개 이상, 방향표지 1개를 설치한다.

제14조(통행금지 및 제한안내표지 설치) 도로관리청은 자동차전용도로의 통행금지 및 제한하는 안내표지판을 다음 각 호에 따라 설치하되, 기재 내용은 별표2와 같다.

1. 자동차전용도로의 통행제한 또는 금지대상 등을 표시한 안내표지판을 자동차전용도로의 시·종점과 사람의 접근이 많은 장소 등에 설치
2. 안내표지판의 규격은 300cm×400cm로 하고 복주식으로 설치

부 칙

이 지침은 통보한 날부터 시행한다.

[별표 1]

지침 제13조제2항에 따른 자동차전용도로 시·종점에 설치하는 도로표지 규격 및 설치방법은 다음과 같다.

(단위 : cm)

번호	표지번호	종 별	설치위치	판크기	글씨크기	바탕색	설치도로
1	409	자동차전용도로 1차예고표지	시점1.5km 전방	250×175	30	녹색	일반도로
2	409	자동차전용도로 2차예고표지	시점500m 전방	250×175	30	녹색	〃
3	430-1	자동차전용도로 표지	시점	76.5×90	그림	청색	자동차전용도로
4	430-3	자동차전용도로 끝 1차예고표지	종점1.5km 전방	360×220	40	녹색	〃
5	430-3	자동차전용도로 끝 2차예고표지	종점500m 전방	360×220	40	녹색	〃
6	430-2	자동차전용도로 해제표지	종점	76.5×90	그림	청색	〃

172

가. 1. 주행도로의 직진방향에 자동차전용도로가 위치하는 경우

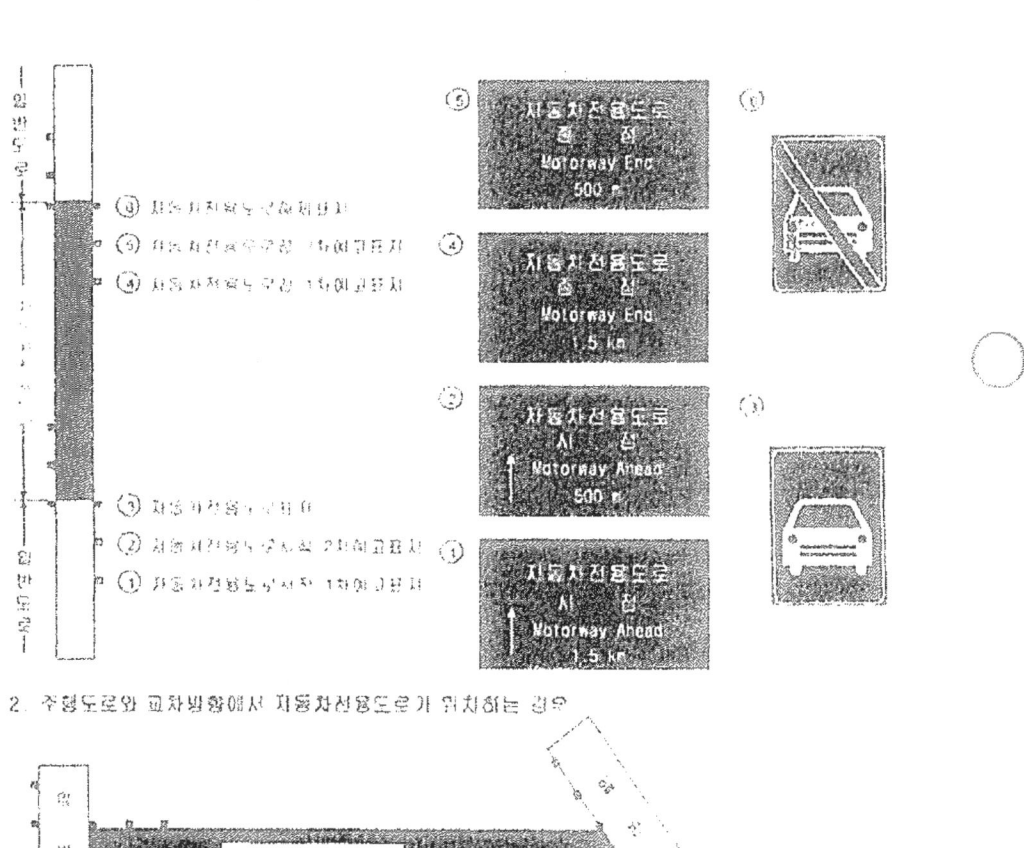

2. 주행도로와 교차방향에서 자동차전용도로가 위치하는 경우

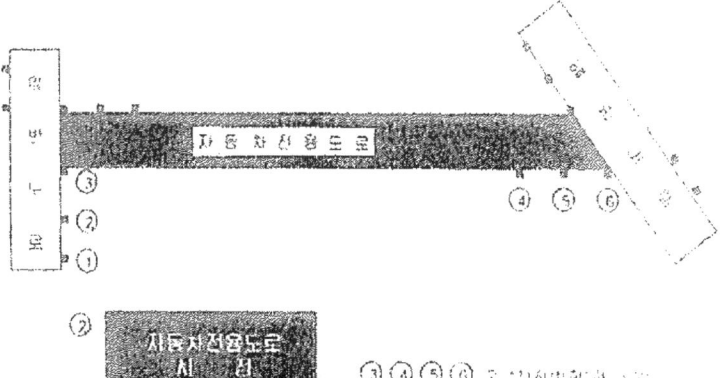

[별표 2]
 지침 제14조에 따른 자동차전용도로 통행금지 및 제한하는 안내표지판의 규격은 다음과 같다.

자동차전용도로 통행금지 및 제한

1. 도로의 종류 및 노선명 :

2. 구　　간 : 시점
　　　　　　　종점　　　　　　　　　　（연장　　km）

3. 통행의 방법 : 자동차(이륜자동차를 제외한다)를 사용하는
　　　　　　　　이외의 방법으로 통행하거나 출입을 못함

4. 제한이유 : 원활한 교통소통 확보

5. 우회도로 :

6. 제한기간 : 별도 공고시까지

7. 금지 및 제한근거 : 도로법 제54조의4

도 로 관 리 청

---

(1) ※ 1. 색 상 : 바탕-백색, 문안-흑색(단, 표제는 적색)
(2) 　 2. 규 격 : 300cm×400cm

가) 자동차전용도로 지정 및 추진현황

2007. 12 기준

구분	도 로 명	구 간	연장(km)	지정일자
	총 계	117개 구간	1,249.5	
건설교통부, 관할시장	소 계	67개 구간	771.0	
	일반국도 37호선	여주군 대신면 가산리~보통리	4.9	97.6.13
	일반국도 37(42)호선	여주군 능서면 왕림리-여주군 대신면 가산리	6.4	02.1.8
	일반국도 42호선	여주읍 교리~여주군 강천면	10.3	97. 6.13
	일반국도 43호선	화성시 봉담읍 왕림리-수원시 영통구 망포동	14.3	06.12.13
	일반국도 3호선(국대도)	의정부시 장암동~양주시 봉양동	20.7	00. 5. 3
	일반국도 46호선	남양주시 호평동~화도읍 금남리	11.6	97. 5.12
	일반국도 46호선(국대도)	남양주시 진건 사능~호평	6.1	98.9.24
	일반국도 42호선(국대도)	원주시 흥업면 사제리~원주시 관설동	11.7	01. 4.4
	일반국도 5,19호선	원주시 관설동-원주시 봉산동	7.4	02.7.26
	일반국도 5,19호선	원주시 봉산동-원주시 소초면 수암리	7.5	01.12.27
	일반국도 46호선	춘천시 동면 만천리~춘천시 신북읍 천진리	6.7	99.12.31
	국도5,56호선	춘천시 신북면 천전리-신북읍 발산리	2.5	06.2.15
	일반국도 38호선	영월군 영월읍 덕포리-정선군 신동읍 예미리	13.0	04.10.7
	일반국도 7호선	삼척시 근덕면 매원리-삼척시 오분동	15.0	05.1.5
	일반국도 7호선	삼척시 북면 월천리-원덕읍 원덕리	20.0	06.8.8
	일반국도 38호선	영월군 서면 쌍용리-영월군 영월읍 덕포리	20.0	04.10.7
	일반국도 42호선	원주시 문막면 반계리-원주시 문막읍 문막리	8.0	99.12.31
	일반국도17호선	청원군 남일면 효촌리-청주시흥덕구 휴암동	11.4	01.9.29
	일반국도 19호선(국대도)	충주시 용두동~충주시 금가면 사암리	10.8	05.7.13
	일반국도21호선	보령시 화산동~주교면 관창리	4.3	02.12.9
	일반국도21호선	보령시 남포면 옥동리-보령시 화산동	6.2	02.12.9
	일반국도21호선	아산시 신창면 읍내리-배방면 구령리	12.7	98.9.24
	일반국도25호선	청수지 상당동 오동동-청원군 내수읍 구성리	4.0	05.9.20
	일반국도36호선	청주시 상당구 율량동-청원군 북이면 옥수리	13.4	05.9.6
	일반국도38호선	제천시 신동-강제동	7.4	98.9.24
	일반국도38호선	제천시 강제동-송학면 무도리	8.2	98.9.24
	일반국도39호선	아산시 신동-탕정면 용두리	4.9	05.5.17
	일반국도43호선	연기군 전의면 유천리-아산시 배방면 갈매리	11.4	03.7.23
	일반국도43호선	아산시 배방면 갈매리-음봉면 송촌리	11.9	05.12.13
	일반국도45호선	아산시 염치읍 곡교리-신창면 읍내리	6.6	03.1.6
	일반국도21호선	군산시 내초동 - 전주시 덕진구 조촌동	45.5	97.12.20
	일반국도27호선	완주군 구이면 백여리-구이면 항가리	9.4	02.10
	일반국도21호선	완주군 상관면 신리-구이면 두현리	8.3	04.7.5
	일반국도1.21호선	완주군 구이면 두현리-전주시 덕진구 용정동	17.5	04.7.5
	일반국도1호선	전주시 덕진구 용정동-익산시 왕궁면 온수리	5.3	04.7.5
	일반국도21호선	전주시 덕진구 도덕동-전주시 덕진구 용정동	2.3	04.7.5
	일반국도23호선	익산시 오산 영만리-함열읍 다송리	10.8	05.7.8
	일반국도17호선	남원시 신정동~주생면 상동리	6.0	05.10.26

구분	도로명	구간	연장(km)	지정일자
	일반국도29호선	김제시 서암동-군산시 대야면 지경리	16.7	05.11.14
	일반국도17호선	순천시 해룡면 선월리-서면 압곡리	10.0	04.9.13
	일반국도2호선	순천시 해룡면 월전리-광양시 광양읍 세풍리	5.2	04.9.13
	일반국도2호선	광양시 광양읍 세풍리-광양시 성황동	9.3	06.12.27
	일반국도1호선	나주시 다시면 복암리-왕곡면 장산리	8.9	04.9.13
	일반국도1호선	나주시 왕곡면 장산리-금천면 석전리	10.6	04.9.13
	일반국도2호선	무안군 삼향면 맥포리-무안군 일로읍 청호리	8.0	04.9.13
	일반국도2호선	무안군 일로읍 청호리-영암군 삼호읍 서호리	7.2	04.9.13
	일반국도17호선	여수시 소라면 덕양리-여수시 율촌면 취적리	5.7	06.6.20
	일반국도17호선	여수시 율촌면 취적리-순천시 해룡면 호두리	9.4	06.6.20
	일반국도 5호선	영주시 문정동-영주시 가흥동	4.0	00.5.31
	일반국도 5호선	영주시 적서동~영주시 문정동	1.8	00. 2.15
	일반국도7호선	울진군 북면 고문리-삼척시 원덕읍 월천리	10.7	00.2.24
	일반국도14호선	김해시 한림면 퇴래리-김해시 풀암동	19.0	00.2.24
	일반국도20호선	경주시 건천읍 천포리-포항시 대송리 제내리	32.9	00.2.24
	일반국도24호선	울주군 상북면 양등리-언양읍 반천리	13.3	11.2.24
	일반국도28호선	영주시 가흥동-예천군 감천면 포리	10.0	00.2.24
	일반국도31호선	포항시 남구 동해면 석리-연일읍 유강리	19.2	00.2.24
	일반국도28,35호선	영천시 금호읍 교대리-고경면 상득리	22.8	00.2.24
	일반국도14호선	울산시 남구 두왕동-울주군 청량면 율리	6.2	05.10.31
	일반국도14호선	거제시 아주동-신현읍 장평리	11.0	05.10.31
	일반국도5호선	영주시 가흥동-안정면 신전리	5.5	05.10.31
	일반국도14호선	진주시 평거동-집현면 봉강리	9.7	05.11.9
	일반국도31호선	포항시 남구 연일읍 유강리-흥해읍 성곡리	9.6	05.11.9
	일반국도3호선	상주시 함창읍 윤직리-문경시 불정동	8.7	05.12.12
	일반국도3호선	김천시 양천동-어모면 옥률리	18.4	05.12.12
	일반국도3호선	김천시 어모면 남산리-상주시 청리면 원장리	24.3	05.12.12
	일반국도34호선	안동시 서후면 교리-남선면 이천리	22.8	07.1.11
	일반국도35호선	경주시 광명동-외동읍 구어리	25.7	07.2.27
	소 계	19개 구간	175.7	
서울	올림픽대로	하일동시계~행주대교 남단	42.5	86. 7.12
	경부고속(구고속국도 1호)	한남대교남단~양재IC	6.8	02.11.25
	노들길	한강대교 남단~양화교	8.5	86. 7.12
	강변북로	광진교 광장동 시계~난지도(상암동)시계	28.4	97. 5.10 (변경 04.2.20)
	제물포길	양평동~신월IC	5.5	86. 9.15
	남부순환로	구로IC~오류IC	3.2	86.9.15 (변경 06.3.2)
	양재대로	수서IC~양재IC	5.4	89. 2.13
	서부간선도로	성산대교남단~시흥대교	10.8	89. 2.13
	동부간선도로	노원교 하류~동1로 접속부	1.7	97. 5.10
		용비교-노원교 하류	18.1	94.4.30
		강남 수서IC-성남시계(송파 장지동)	3.9	97.5.26
		올림픽대로-강남 수서IC	4.7	99.6.30
		광진구 자양동-올림픽대로	1.2	00.6.30
	내부순환로	성산대교 북단-스위스그랜드 호텔앞	5.0	95.10.31
		스위스그랜드 호텔앞-성북 하월곡동	10.2	98.12.15
		성북 하월곡동-성수동 동부간선도로	6.8	98.12.15

도로관리청	도 로 명	구 간	연장(km)	지정일자
서 울	북부간선도로	성북구 월곡동IC~구리시계	8.3	02. 3.11
	언주로	포이동~성남시계	4.4	97. 5.26
	우면산로	서초구 우면동 시계~선암IC	0.3	00. 3.25
	소 계	5개 구간	69.0	
부 산	번영로, 충장고가로	동구 범일동~구서IC	18.1	07.3.21
	동서고가로, 우암고가로	감전IC~8부두사거리	14.0	07.3.21
	광안대로	49호광장~센텀시티요금소	8.0	02.12.20
	관문대로	동구 범일동~삼락I.C	10.8	07.3.21
	장산로	올림픽교차로~좌동지하차도	18.1	07.3.21
	소 계	7개 구간	30.7	
대 구	신천대로	삼덕초교~서대구IC	17.0	87.10. 1
	효목고가도로	신암동~동부경찰서	0.7	92.11. 3
	서변대교	신천대로~고촌교	1.2	93.11.26
	서대구~성서도시고속도로	서대구IC~성서IC	3.6	99. 9.30
	광로 2-13호	동서변택지지구~고촌교	0.9	00.10.30
	범안로	범물지구~달구벌 대로	4.1	01.11.20
	범안로	달구벌대로~범물지구~안심	3.2	01.11.20 02.12.20
	소 계	2개 구간	15.2	
인 천	광3-28	제2경인(송동JCT)~부천시계	9.0	70. 2. 9
	광3-15	서창동(광3-16)~부천시계	6.2	87. 7.20
	소계	2개구간	9.5	
대 전	갑천우안로	대덕구 읍내동~와동	4.6	91.7.6
	갑천도시고속도로·유등천도시고속도로	대덕구 읍내동(원촌육교)~대덕구 대화동(대화육교), 대덕구 읍내동(원촌육교)~서구 만년동(문예지하차도)	4.9	04. 8. 3
	소계	6개구간	59.9	
광 주	광주 제2순환도로	대로1류11호선-문흥JCT-각화IC간	10.6	91.10.29 04.7.15
		대로1류27호선-서창IC-신시가지구간	14.6	02.5.24
		대로1류31호선(신시가지구내 연결)	0.3	98.8.2
		대로1류21호선	2.4	92.8.6
		광로2류10호선(호남고속도로 중용구간)	9.9	85.11.12
	국지도49호선	남평군 시계~임곡동	22.1	03.11.3
	소계	2개구간	19.5	
울 산	대1-2	궁근교차로-사연교	13.3	'00.2.24
	대1-10	남구 두왕동~청량면 율리	6.2	'05.10.31
	소 계	6개 구간	94.3	
경 기	자유로	고양시 덕양~파주시 문산	49.8	97.7.15
	의왕~과천	의왕시 고천동~과천시 문원동	9.3	93. 8.19
	과천~우면산	과천시 문원동~주암동	3.4	98.9.21
	봉담~의왕	화성군 봉담면~의왕시 왕곡동	14.0	99. 2.11
	내곡분당로	성남시 상적동~분당구 정자동	7.9	95. 2.14
	수서분당로	성남시 복정동~분당구 정자동	9.9	97. 3.24
경 남	지방도 1020호	창원시 천모산동~김해군 장유면	4.7	94. 6. 7

도로공사 노천발파 설계·시공지침

도로건설팀-4379, '06.12.27

□ 제정 배경 및 목적

- 도로공사현장의 발파작업시 소음, 진동 등으로 각종 민원과 분쟁이 발생하고 있어 이를 방지하기 위함

- '03. 3.「암발파 설계 및 시험발파 잠정지침」을 제정하여 시범적으로 적용한 결과를 분석하여 국내 실정에 적합한 발파 설계기준을 마련하여 정식 지침으로 제정

□ 지침의 주요 내용

- 현장에서 발파진동을 예측하여 발파피해를 최소화할 수 있도록 국내 실정에 적합한 발파진동추정식 마련

$$v = 200(\frac{D}{W^{1/2}})^{-1.6}$$

- 6가지 발파공법을 제시, 발파영향권내 허용진동수준 이내로 제어 가능한 공법을 선정하여 발파 실시, 피해 방지

- 대규모 발파 현장에 시험발파 의무화, 현장감리 강화

콘크리트 교량 가설용 동바리 설치지침

도로건설팀-4744, '07.12.31

□ 제정 배경

- 콘크리트 교량 가설공사중에 시스템동바리 사고가 '07년 익산청에서 2건, '05년, '06년 한국도로공사에서 각각 1건이 발생하여 이에 대한 개선대책 마련 시급
- 콘크리트 교량 가설용 동바리의 부실 시공을 방지하고 작업원의 안전을 도모하여 품질이 양호한 교량 건설 도모

□ 현황 및 문제점

- 시스템동바리는 부재를 간단히 조립할 수 있어 작업이 용이하고 경제성이 높아 건축공사 현장에서 사용하던 것을 '90년 후반부터 토목공사에 도입
- 토목공사는 수직 및 수평하중이 큰 구조물임을 간과하고 건축공사와 같이 수직재와 수평재만으로 동바리 시공
  - 현장에서 원가 절감을 위해 경사재 미사용, U헤드 및 각 부재간 연결부위를 부실하게 조립하여 기능 발휘를 못해 수평변위와 좌굴이 발생하여 동바리 붕괴 유발
- 자재는 강관이므로 재사용이 많고 불량자재의 현장 반입 사용으로 인해 취약한 자재에서 사고 유발

□ 지침의 주요 내용

- 사고가 발생한 경사재 없는 시스템동바리는 사용 금지
- 교량높이가 10m 초과 또는 옆 경사가 6%를 넘을 경우 사용 금지

- 길이가 15m를 초과하는 경우 발주청의 승인을 받은 후 사용
- 불량자재에 의한 사고를 방지하기 위해 KS 규격 또는 동등 이상 자재만 사용토록 의무화
- 재사용 동바리는 부재의 변형, 손상, 녹슬음 등 불량으로 인해 슬래브 붕괴를 유발시킬 수 있으므로 자재의 성능에 따라 사용등급, 시험등급, 폐기등급으로 구분
- 토목구조기술사의 구조해석을 거쳐 동바리 설계
- 시공자 및 감리자의 업무를 상세히 규정, 책임한계를 규정
- 시공상세도, 자재공급원 승인서류 작성방법 및 제출시기를 명확히 하고, 사전에 충분히 검토토록 함

환경친화적인 도로건설지침

도로건설팀-4365, '06.12.26

☐ 개정 배경 및 목적

- 2004. 12. 환경부와 공동으로 환경친화적인 도로건설지침을 제정하여 전국 모든 도로에서 적용하고 있으나,

    - 동물침입 방지를 위한 유도울타리기준이 환경부의 「생태통로설치·관리지침」 과 상충되어 현장 적용에 혼란 발생

    - 현행 지침의 운영과정에서 나타난 미비점을 개선·보완

☐ 개정 지침의 주요 내용
- 유도울타리 설치 기준을 환경부와 협의하여 통일

구 분	울타리 높이(m)	격자(mesh) 크기(mm)	비 고
양서·파충류	0.3	4×4	
소형동물	1.0	25×50	멧토끼와 오소리 등 동물이 침입하는 곳에는 울타리아래 땅속20cm이상 콘크리트 시설물
중·대형동물	1.0~1.5	100×150	
(도약력이 뛰어난 동물)	2.5		(사슴, 고라니 등)

- 상수원의 보호를 위해 수질보전지역에는 완충저류조 등 비점오염물질 저감시설 설치 강구

    * 규제개혁장관회의의 수질보전지역 규제 합리화 개선과제

- 다차로 도로 중앙에 방음벽을 설치할 수 있는 근거를 마련하여 공사비를 절감하고 방음효과를 증대

건설공사 사후 평가 지침

건설교통부고시 제2007-694호, 2007.12.28.

제1조(목적) 이 지침은 건설기술관리법시행령(이하 "시행령"이라고 한다) 제38조의18에 따라 발주청이 시행한 건설공사의 사후평가를 실시함에 있어 평가시점 및 방법 등에 관하여 필요한 사항을 정하는 것을 목적으로 한다.

제2조(적용범위) 이 지침은 건설기술관리법(이하 "법"이라고 한다) 제2조제5호의 규정에 의한 발주청이 발주하는 총공사비 500억원 이상의 건설공사를 대상으로 한다.

제3조(용어의 정의) 이 지침에서 사용하는 용어의 정의는 다음 각 호와 같다.
1. "사후평가"라 함은 향후 건설공사 시행의 효율성을 도모하기 위해 타당성 조사 등 건설공사를 계획하는 과정과 공사완료후의 공사비, 공사기간, 수요, 효과 등에 대한 예측치와 실제치를 종합적으로 분석·평가하는 것을 말한다.
2. "사후평가서"라 함은 시행령 제38조의18제2항에서 명시하고 있는 평가내용을 수록한 사후평가결과보고서와 사후평가표를 말한다.
3. "평가지표"라 함은 건설공사 사후평가를 수행함에 있어 [별표2] 종합 사후평가표의 평가항목에 대한 측정기준을 말한다.

제4조(사후평가의 내용) 발주청은 사후평가를 실시하는 경우 다음 각 호의 내용이 포함되도록 하여야 한다.
1. 예상 공사비 및 공사기간과 실제 소요된 공사비 및 공사기간의 비교·분석
2. 공사기획시 예측한 수요 및 기대효과와 공사 완료후의 실제 수요 및 공사효과의 비교·분석

3. 당해 건설공사의 문제점과 개선방안
4. 주민의 호응도 및 사용자 만족도
5. 건설공사 시행단계별 발생되는 건설정보의 내용 및 조치계획
6. 공사비, 공사기간, 효과 등 당해 건설공사에 대한 전반적인 평가, 당해 건설공사에 따른 주변환경의 변화 및 영향, 재원조달의 타당성 등 기타 발주청에서 필요하다고 인정하는 사항

제5조(사후평가를 위한 자료 수집·관리) ①발주청은 법 제21조의3에 따른 건설공사의 시행과정에 따라 건설공사를 시행한 경우 다음 각 호의 시행단계별 자료를 수집·관리하여야 한다.
1. 타당성조사단계
   가. 시행령 제38조의6의 규정에 의한 타당성조사 결과
   나. [별표1]의 단계별 사후평가표 중 타당성조사단계 부분
2. 설계 단계
   가. 시행령 제38조의9 내지 제38조의11 규정에 의한 기본설계·실시설계의 설계도서 및 공사비 증가 등에 대한 조치관련 자료
   나. 법 제36조 및 시행규칙 제45조제8항과 제9항의 규정에 의한 설계용역평가 결과
   다. [별표1]의 단계별 사후평가표 중 설계단계 부분
3. 시공단계
   가. 법 제36조 및 시행규칙 제45조제3항의 시공평가 결과 및 시행령 제38조의16제1항의 규정에 의한 준공보고서
   나. 법 제36조 및 시행규칙 제45조제10항의 규정에 의한 책임감리용역 평가 결과
   다. [별표1]의 단계별 사후평가표 중 시공단계 부분
4. 유지관리단계
   가. 시행령 제38조의19의 규정에 의한 유지·관리 관련 자료
   나. [별표1]의 단계별 사후평가표 중 유지관리단계 부분
②발주청은 제1항에 의해 수집·관리하는 자료 중 [별표1]의 단계별 사후평가표는 단계별 용역 또는 시공 등이 완료된 후 30일 이내에 시

행령 제29조에 따라 구축된 건설공사지원통합정보체계(건설CALS 포탈시스템) 내의 "건설공사 사후평가시스템"에 입력하여야 한다.

제6조(평가시기) ①제2조에 규정된 건설공사의 사후평가는 전체공사의 준공 이후 3년 이내에 실시하여야 하되 건설공사의 특성에 따라 기간 내에 사후평가가 곤란한 경우 5년 이내에 실시할 수 있다.

②분할발주공사의 사후평가가 필요하다고 인정하는 경우에는 제1항의 규정에도 불구하고 분할발주공사별로 실시할 수 있다.

③발주청이 필요하다고 인정하는 경우 제1항 또는 제2항에 의한 사후평가 이외에도 적기로 판단되는 시점에 추가로 사후평가를 실시할 수 있다.

제7조(평가방법 및 평가결과 작성·관리) ①발주청은 제5조의 평가를 위한 자료를 활용하여 사후평가를 실시하도록 하여야 한다. 다만, 사후평가를 수행함에 있어 전문인력 부족 등 발주청이 직접 사후평가를 수행하기 곤란한 경우에는 외부전문기관에 사후평가업무의 전부 또는 일부를 수행토록 할 수 있다.

②제1항의 "외부전문기관"이라 함은 건설공사 사후평가 대상 사업과 이해관계가 없는 다음 각 호의 기관을 말한다.

1. 국가 및 지방자치단체의 출연연구기관 또는 출연연구원
2. 엔지니어링기술진흥법 제4조의 규정에 의하여 지식경제부장관에게 관련부문의 엔지니어링 활동주체로 신고한 업체
3. 기술사법 제6조의 규정에 의하여 등록한 기술사사무소
4. 기타 건설공사 사후평가 업무의 수행경력이 있거나, 이와 유사한 업무를 수행한 경력이 있는 기관으로서 발주청이 인정하는 기관

③발주청은 사후평가를 실시한 경우 "사후평가결과보고서" 및 [별표1]의 단계별 사후평가표·[별표2]의 종합 사후평가표가 포함된 "사후평가서"를 작성·관리하여야 한다.

④제3항에 의한 사후평가결과보고서에는 제4조 각호의 항목에 대한 평가결과가 포함되어야 한다.

제8조(사후평가위원회) ①제7조제3항에 따른 사후평가서의 적정성에 관한 발주청의 자문에 응하기 위하여 발주청에 사후평가위원회를 둔다.
②사후평가위원회의 위원은 중앙위원회, 지방위원회, 특별위원회, 다른 발주청의 사후평가위원회 또는 관계 시민단체가 추천하는 자 및 해당 분야의 전문가 중에서 발주청이 임명 또는 위촉한다.
③발주청은 사후평가위원회를 구성함에 있어 당해 건설공사와 관련된 용역(하도급 포함), 자문, 연구, 건설공사를 시행한 기관 등 당해 건설공사와 이해관계가 있는 자를 배제하여야 한다.
④발주청은 사후평가위원회의 자문을 받은 때에는 특별한 사유가 없는 한 그 결과를 제1항에 따른 사후평가서에 반영하는 등 필요한 조치를 하여야 한다.
⑤사후평가위원회는 다음 각 호의 사항을 심의한다.
  1. 제4조에 따른 조사·분석의 결과에 관한 사항
  2. 제4조에 따른 조사·분석에 필요한 객관적이고 투명한 평가지표 및 측정방법에 관한 사항
  3. 그 밖에 시행령 제38조의18 제1항에 따른 사후평가서의 적정성에 관하여 발주청이 요청하는 사항
⑥제2항부터 제5항까지의 규정 외에 사후평가위원회의 구성 및 운영 등에 관하여 필요한 사항은 발주청이 정한다.

제9조(사후평가서 제출 및 결과입력) ①발주청은 제7조제3항의 "사후평가서"를 다음 년도 2월말까지 국토해양부장관에게 제출하여야 한다.
②발주청은 제1항에 의한 "사후평가서"를 시행령 제29조에 의해 구축된 건설공사지원통합정보체계(건설CALS포탈시스템) 내의 "건설공사 사후평가시스템"에 입력하여야 한다.

제10조(사후평가결과 활용) ①발주청은 건설공사를 시행하고자 하는 경우에는 제9조제2항에 따른 "건설공사 사후평가시스템"에 접속하여 유사한 공사가 있는지 확인하여야 한다.
②제1항에 의한 유사한 공사가 있는 경우 발주청은 사후평가결과보고

서의 관련내용을 참고하여 시행하고자 하는 건설공사의 타당성조사 등에 활용될 수 있도록 필요한 조치를 하여야 한다.

③국토해양부장관은 제7조제3항의 사후평가서를 축적·분석하여 건설공사의 시행과정별 표준적인 소요기간 및 비용의 기준을 정할 수 있다.

제11조(세부시행기준) 이 지침을 운영함에 있어 필요한 세부사항은 발주청이 그 기준을 정할 수 있다.

부　　칙

제1조(시행일) 이 지침은 고시한 날부터 시행한다.

제2조(경과조치) 건설공사 사후평가와 관련하여 이 지침 시행당시 종전의 규정에 의하여 사후평가가 시행중에 있거나, 외부전문기관에 사후평가의 전부 또는 일부를 의뢰한 경우에는 종전 지침(건설교통부고시 제2006-163호)에 의한다.

암반구간 포장 설계 잠정 지침

도로건설팀-4275, 2007.11.19

☐ 지침제정 사유

암반구간 포장은 일반 토공부와는 다른 지지력 조건과 배수 조건을 가지고 있기 때문에 일반 토공부와는 다른 포장설계 방법을 적용하면 효율적인 도로포장 설계가 될 수 있으며, 도로건설 예산의 절감이 기대됨.

☐ 추진경위

한국형 포장설계법 개발 및 포장성능개선연구 2단계 3차년도의 세부 연구과제로 "암반구간 포장설계지침 연구"를 수행하였으며, 그 결과로 암반구간 포장설계 잠정지침(안)을 작성하고 전문가의 자문을 받아 수정 보완.

☐ 주요내용

○ 암반구간의 포장단면 설계시 아스팔트포장의 경우에는 아스팔트 혼합물층의 두께는 본선 토공부와 동일하게 설계하며, 보조기층 및 동상방지층을 생략하고 그 대신 침투수의 배수를 위한 필터층을 설치

○ 콘크리트포장의 경우에는 린콘크리트 기층과 동상방지층을 생략하고, 그 대신 시멘트 안정처리 필터층을 설치

○ 필터층을 통하여 배수된 침투수는 유공관을 통하여 배수구로 집수되도록하며, 이 때 침투수의 배수량을 고려하여 필터층의 두께, 유공관, 집수구의 간격에 대한 설계기준을 제시

○ 필터층의 재료는 침투수의 배수가 원활하도록 골재입도 기준을 마련하였으며, 시멘트 안정처리 필터층의 입도는 압축강도와 투수성의 두 가지 특성을 고려하여 골재입도 기준 및 표준배합비 제시

동상방지층 생략 및 기준

도로건설팀-4287, 2006.12.21

□ 검토배경

현재 포장단면 설계 시 성토구간에도 동상방지층을 설치하도록 되어 있으나, 성토구간에서는 노상재료가 양호할 경우 동상이 발생되지 않으므로, 성토고 2m 이상 구간에서는 동상방지층을 생략하여 경제적인 도로건설에 이바지하고자 함.

□ 현   황

○ 포장단면 설계시 포장단면이 동결심도보다 부족할 경우 동상이 발생될 수 있으므로 동결심도까지 동상방지층을 설치하고 있음.

○ 동상방지층은 투수가 양호한 재료로 구성되어 모관상승 작용을 억제하여 동상을 방지하며, 포장단면이 동결심도보다 부족한 구간에 설치하고 있음.

□ 문제점 및 개선사항

○ 동상은 수분의 공급, 0℃ 이하의 온도, 토질의 세가지 요소의 조합에 의하여 발생되며 한가지 요소라도 충족되지 않을 경우 동상이 발생되지 않음.

○ 토공부에서 성토구간은 절토구간과는 달리 지하수위대가 성토구간 내에 존재하지 않으며, 노상토가 양호할 경우 배수가 원활하여 수분의 공급이 이루어지지 않으므로 검토 결과와 같이 성토고 2m 이상일 경우 동상이 발생되지 않게 됨.

○ 그러므로 성토구간에서 동상방지층을 설치하여야 할 부분과 동상방지층을 생략하여야 할 부분을 구분하여 성토구간의 동상방지층 설치기준을 제시하고자 함.

□ 동상방지층 생략 기준

- 성토고가 노상 최종면을 기준으로 2m이상인 성토구간에서는 노상토의 품질기준이 다음을 만족할 경우 동상방지층을 생략할 수 있다.

구 분	기 준
0.08mm체 통과량(%)	25 이하
소성지수(%)	10 이하

※ 적용대상 구분

○ 성토고 2m 이상, 이하 구간이 불연속적으로 이어질 경우, 성토고 2m의 기준은 상당히 안전측으로 결정되어진 것이므로 성토고가 2m에서 다소 부족하더라도 큰 문제가 되지는 않으며, 아래와 같이 구분하여 적용한다.
- 일반적으로 성토고가 2m 이상인 구간이 50m 이상 이어질 경우 동상방지층을 삭제
- 성토고 2m 이상이 많고 부분적으로 성토고 2m 미만 구간이 존재하는 경우, 2m 미만 구간의 연장이 30m 미만일 경우에는 동상방지층을 생략
- 성토고 2m 미만이 많고 부분적으로 성토고 2m 이상 구간이 존재하는 경우 2m 이상 구간의 연장이 30m 미만일 경우에는 동상방지층을 설치
- 성토고 2m 미만인 구간과 성토고 2m 이상 구간이 계속적으로 반복되며 각각의 연장이 30m 미만일 경우에는 동상방지층을 설치

○ 편절편성 구간은 절토부에 대한 검토가 남았으므로 기존의 설계방법대로 동상방지층 설치

○ 통로박스와 수로박스 등 구조물이 설치된 구간에서 토피고는 성토고와 의미가 다르며, 박스 구조물 내부의 한기로 인하여 구조물 상

단에서 동상이 발생할 수 있는 점을 감안 별도로 대책을 수립하고자 함.

○ 동상방지층 생략 시 노상지지력 계수 보정에 따른 변화를 감안 보조기층 두께별도 검토 필요

스크리닝스 활용기준

도로건설팀-4287, 2006.12.21

☐ 검토배경

보조기층 및 동상방지층용 골재 생산시 세골재로 적용하고 있는 천연모래 대신 부산물인 스크리닝스를 사용하여 하상골재의 고갈에 대처하고, 건설예산을 절감하고자 함.

☐ 현   황

보조기층 및 동상방지층 재료 생산을 위한 골재파쇄시 골재의 입도조정을 위하여 세골재로 천연모래를 투입하고 있으며, 천연모래의 투입비는 혼합골재의 중량비로 30%를 투입하고 있음.

☐ 문제점 및 개선사항

- 현재 보조기층 및 동상방지층 재료생산을 위한 세골재로 적용중인 천연모래는 골재원의 고갈추세로 골재를 공급하기가 어려워지고 있으며, 도로 건설비용에 천연모래 구입비가 포함되어 있음.

- 그러므로, 천연모래를 대체할 수 있는 방안으로 산업부산물인 스크리닝스를 적용하여 세골재원의 고갈해소와 아울러 공사원가의 절감에 기여하고자 함

※ 스크리닝스 : 구조물용 및 포장용 골재 생산시 부산물로 얻어지는 부순 잔골재

☐ 스크리닝스 적용기준

- 보조기층 재료 생산시 골재입도조정을 위한 세골재로는 모래 또는 스크리닝스를 사용할 수 있으며, 스크리닝스의 투입량은 혼합골재

중량의 30% 범위내에서 배합설계에 맞게 사용

◦ 보조기층 재료 생산용 스크리닝스 사용시, 합성골재의 #200체 통과율의 상한치는 5% 이내로 제한하여야 하며, 별첨 부록 1의 관리기준에 적합한 것을 사용하여야 함.

◦ 스크리닝스 적용기준

항　　목	적용 기준
○ 스크리닝스 발생량	○ 구조물 및 포장용 골재중량의 25%
○ 스크리닝스 사용범위	○ 혼합골재 중량의 30%까지 대체 (표준배합비 30%)
○ 스크리닝스 산출계수 　- 단위중량 　- 할 증	 - $1.7t/m^3$ 적용 - 6% 적용
○ 설계반영 　- 스크리닝스 활용시 혼합 골재의 모래구입 및 운반비 　- 스크리닝스 활용에 따른 원석량 반영(토공유동상반영) 　- 스크리닝스 활용후 잔량	 - 대체 수량만큼 감액 - 스크리닝스 발생량만큼 원석량 반영 (스크리닝스량×1.7÷2.6) - (발생량-활용량)만큼 사토(토사)

국도 준공 행사 매뉴얼

☐ 준비단계(D-90)
- 행사일정 및 규모 결정
  - 행사일시, 행사장소, 행사주빈, 참석(초청)범위
  - 포상 및 격려대상자 선정, 행사추진 주체선정
- 시행계획(안) 방침결정
  - 지방청에서 개통식 행사계획을 수립 후 국토해양부 간선도로과에 보고(사업개요, 사업현황, 사업효과, 행사계획(안), 유공자 포상계획)
  - 개통식 행사계획(안), 및 포상계획 방침결정

☐ 시행단계
- D-81 : 공사 예비준공검사 실시
- D-35
  - 건설유공자 정부포상계획에 따른 범죄경력 사실조회
  - 정부포상계획에 따른 공정거래법 위반사실 조회
  - 정부포상계획에 따른 산재율 조회
- D-30
  - 건설유공자 정부포상 추천(부산청→국토해양부 운영지원과)
  - 건설유공자 정부포상 추천(간선도로과→운영지원과)
  · 포상추천자 명단
  · 공적조서 및 공적요약서
  · 관리기간조서 및 인사기록카드
  · 산재율, 범죄경력, 공정거래위반 조회결과 사본
- D-25
  - 도로사용 개시공고
- D-23

- 개통식행사 협조요청
　∘ 준공행사 준비(D-20)
　　　- 행사위치, 초청인사 점검
　　　- 시간별 행사계획
　　　- 행사장 배치(안) 마련
　　　- 포상, 격려대상자 확정
　　　- 준공테이프절단 참석인사 결정
　　　- 경과보고서, 주빈 치사문 초안검토
　　　- 오찬계획 수립
　　　- 주빈 오시는길 점검
　∘ D-15
　　　- 준공식행사에 따른 협조요청
　∘ D-7
　　　- 개통행사 예정지 현지답사
　∘ D-3
　　　- 언론홍보 요청 : 건설지원과장
　　　- 예행연습
　∘ D-DAY : 개통행사

국도 준공 행사 매뉴얼 199

개통행사 및 포상 추진절차

시기	추 진 내 용	비고
D-90	○ 개통행사 계획 보고(청→국토해양부)	
D-60	○ 개통행사계획 장관 방침결정 · 행사시기, 주빈, 장소 등 ※포상계획(인원, 대상자는 행자부와 협의 후 결정됨)	
D-38	○ 개통행사추진 및 정부포상요청(간선도로과→운영지원과) · 장관방침서 사본 · 건설유공자 포상요청(안) · 개통식 행사개요 및 사업개요 ○ 범죄사실, 산재율 조회(지방청→경찰서, 노동청)	
D-37	○ 정부포상 건의(운영지원과→행안부 상훈과)	
D-35	○ 정부포상 대상인원 협의 (청, 국토해양부 → 행안부 상훈과) · 정부포상 인원의 합리성 설명 ※ 건설유공자 포상수 결정 심사 결과(개인별 점수 산정표 포함) · 충분한 근거자료 제시	
D-31	○ 개통행사 정부포상 인원 통보(행안부→국토해양부) ○ 유공자 정부포상계획 장관방침 결정	구두 통보
D-30	○ 개통행사 및 포상계획 통보(국토해양부→청) · 장관방침서 사본(2건 : 개통, 포상) · 포상인원	

시기	추진내용	비고
D-31	○ 건설유공자 정부포상 추천(청→국토해양부 운영지원과) · 포상추천자 명단 · 공적조서 및 공적요약서 · 관리기간조서 및 인사기록카드 · 인사위원회 심의의결서 사본	사본 1부는 간선도로과로 송부
D-26	○ 건설유공자 정부포상 요청(간선도로과→운영지원과) · 포상추천자 명단 · 공적조서 및 공적요약서 · 관리기간조서 및 인사기록카드 · 산재율, 범죄경력, 공정거래위반 조회결과 사본	
D-24	○ 건설유공자 공적심의위 : 위원장, 차관(운영지원과)	
D-22	○ 개통행사 정부포상 요청(운영지원과→행안부 상훈과)	
D-7	○ 개통행사 예정지 현지답사(운영지원과, 간선도로과)	
D-5	○ 건설유공자 포상수여 통보(행정안전부장관→국토해양부)	
D-3	○ 건설유공자 포상수여 통보(국토해양부→청)	
D-DAY	○ 개통행사	

국도설계 업무 매뉴얼

도로건설팀-4745, '07.12.31

□ 제정 배경
- '06. 12 「국도의 노선계획 및 설계지침」을 마련하여 시행하고 있으나, 설계자의 기술력 차이로 인해 지침에 대한 이해가 부족하고 경제적인 설계의 노력이 미흡
- 따라서, 설계자의 실무자료로써 상세한 설계업무매뉴얼을 제정하여 국도의 경제적인 설계를 유도

□ 현황 및 문제점
- '90년대 후반부터 국도의 간선기능을 지나치게 강조하여 설계하므로써 입체 교차, 고성토, 터널 및 교량 등 구조물 비율이 높아져 국도 사업비 급격히 증가하고 있으나,
  - 예산의 투자 효율성 제고를 위해 노력이 미흡
- 설계기준 및 지침 적용에 있어 실무자의 기술력의 차이, 자의적 해석으로 인한 설계의 질 저하
- 설계가 3년 이상 시행됨에 따라 설계자 및 담당공무원의 잦은 교체로 인해 일관된 업무수행 및 공정관리 곤란

□ 매뉴얼의 주요 내용
1. 국도의 노선계획에 대한 세부고려사항 및 절차
   - 노선계획시 고려할 세부적인 항목 및 단계별 검토사항, 환경영향평가 및 교통영향평가, 사전재해영향성검토 등에 대한 기준 및 절차를 구체적으로 명시
2. 국도의 평면교차로 계획 개선방안 제시
   - 평면교차로 설치에 따른 용량감소 및 교차로 내 상충방지를 위한 설계 시 고려사항과 우수 개선사례 제시
3. 설계용역별 업무절차 및 체크리스트 마련
   - 국도의 설계용역별 업무절차 및 설계 단계별 체크리스트, 현장조사 등에 대한 세부검토 항목 제시

산악지 도로설계 매뉴얼

도로건설팀-2994, 2007.07.30

☐ 추진배경
  ◦ 재해에 강한 산악지 도로건설

☐ 현황 및 문제점
  ◦ 2000년 이후 기상이변으로 산악지 유송잡물, 토석류로 고속도로, 국도기능이 마비되는 사례 급증
  ◦ 산지부 도로설계시 지형 여건과 강우 특성 등을 충분히 감안하지 않아 수해 증가
  ◦ 2006년 수해 때 산악지 계곡부, 하천의 수충부 등에 위치한 도로의 피해가 급증하여 이에 대한 수방대책 마련 필요

☐ 매뉴얼 주요 내용
  ◦ 매뉴얼 적용 지역
    - 산림청의 산사태 위험지도상 1, 2 등급으로 분류되는 지역
    - 표고 400m 이상 산지를 접한 계곡 등 영향권내의 지역
    - 산사태 및 토석류 등으로 피해가 발생한 지역
  ◦ 설계빈도 상향 조정하여 배수시설의 규모 확대 적용
    - 설계빈도   · 암거 및 배수관   25년 → 50년
                · 노면 및 비탈면 배수   10년 → 20년
                · 측도 및 도로 인접지 배수   10년 → 20년
    - 지하배수관 · 직경 200 mm → 400 mm
  ◦ 토석류 및 유송잡물의 피해를 방지를 위하여
    - 횡단배수관(ø1,000mm) → 수로암거 (2.0x2.0m이상)

- 대형수로는 교량으로 설계(최소 경간장 14m 이상 확보)
- 집중호우 등 재해요소를 고려한 선형계획 및 계곡부 통과 방안으로 상·하행선을 분리, 터널, 우회, 교량화 계획
- 토석류 등의 피해 저감 방안으로 현지답사를 통한 토석류 발생 규모 등 토석류 조사와 차단시설물 설치 방안을 마련
- 급류 등으로 인하여 수충부 침식 방지를 위하여 홍수위 이상으로 옹벽 등을 설치하고 쌓기 비탈면은 사석 보호공 등으로 보호하며 하부지반은 밑다짐공 등 세굴방지시설 설치

교면포장 품질관리 매뉴얼

도로건설팀-1075, 2007.04.03

□ 취 지

○ 교통량 및 중차량의 증가로 교면포장의 파손이 날로 심각해지고 있음.

○ 교면포장의 파손으로 교통사고 위험성 증대

○ 교면포장의 파손이 교량 바닥판의 내구성 악화로 이어짐.

○ 적설지역에서는 제설작업에 의한 염화물 살포로 교량 바닥판 부식이 매우 심각함.

○ 교면포장 파손의 근본적인 원인분석과 대책수립이 시급

□ 주요 내용

1. 교면포장 시공시 유의사항

  (1) 교면슬래브

  ☞ 교면포장에서 편경사조정을 하거나 교면포장의 두께가 불균일한 사례가 발생하여 교면슬래브에서 편경사 조정과 평탄성이 확보되도록 함.

  (2) 방수층의 시공

  ☞ 교면 방수층의 원인으로 교면포장 파손이 많이 발생하였으나, 지금까지 방수 공법에 대한 기준이 없었음. 따라서, 각각의 방수 공법마다 파손원인을 분석하여 그에 대한 대책을 반영한 시공기준 수립

(3) 침투수 배수시설

☞ 포장체 내부로 침투한 침투수가 빠져나가지 못하여 교면포장의 파손이 많이 발생하였으므로 침투수의 배수시설 기준 수립

(4) 교면포장 시공시 중점유의사항

☞ 교면포장의 품질개선 사례를 조사 분석하여 시공단계별 사진을 통해 알기쉽게 설명하고, 공통적으로 발생하는 파손의 원인을 분석하여 대책 수립

2. 교면방수 재료

지금까지 교면방수 재료에 대한 기준이 없어서 교면방수에 대한 품질관리를 소홀히 한 측면이 있으므로 교면방수 재료의 품질기준을 수립하여 교면포장 파손의 근본적인 대책을 수립

3. 교면포장의 주요파손 원인 및 대책

교면포장의 파손이 발생한 구간 60여 개소에 대하여 현장조사 및 실내시험을 통하여 1차적인 파손원인을 분석하고, 파손원인을 교면방수 요인, 교면포장 요인, 침투수 배수시설 요인의 세 가지 요인별로 재분석하여 각각의 원인에 대한 대책을 수립함.

국도 사업계획 및 건설 절차

1. 사업계획 수립
   1) 국도건설 사업계획 절차
   2) 예비타당성 조사처리 절차 등

2. 예산편성 및 집행·결산

3. 설계 및 건설
   1) 국도건설 사업계획 절차
   2) 예비타당성 조사처리 절차 등

국도 사업계획 및 건설 절차

1. 사업계획 수립
   1) 국도건설 사업계획 절차
      가) 우리부 시행 국도건설계획은 도로정비기본계획에 의거 「국도5개년 계획」에 따라 시행하고 세부단계로는 구상 및 계획, 예비타당성 조사, 타당성 조사, 기본설계, 실시설계, 공사, 유지관리로 순으로 시행되고 있음
      나) 관련 법령으로는 도로법 제24조(중장기사업계획), 예비타당성조사(국가재정법 제38조), 타당성조사(건설기술관리법 시행령 제38조의6), 기본설계(건설기술관리법 시행령 제38조의9), 실시설계(건설기술 관리법 시행령 제38조의11, 선보상(국가재정법 제39조) 등
      다) 도로사업계획 수립체계 및 단계별 세부 절차

≪도로사업 계획 수립 체계≫

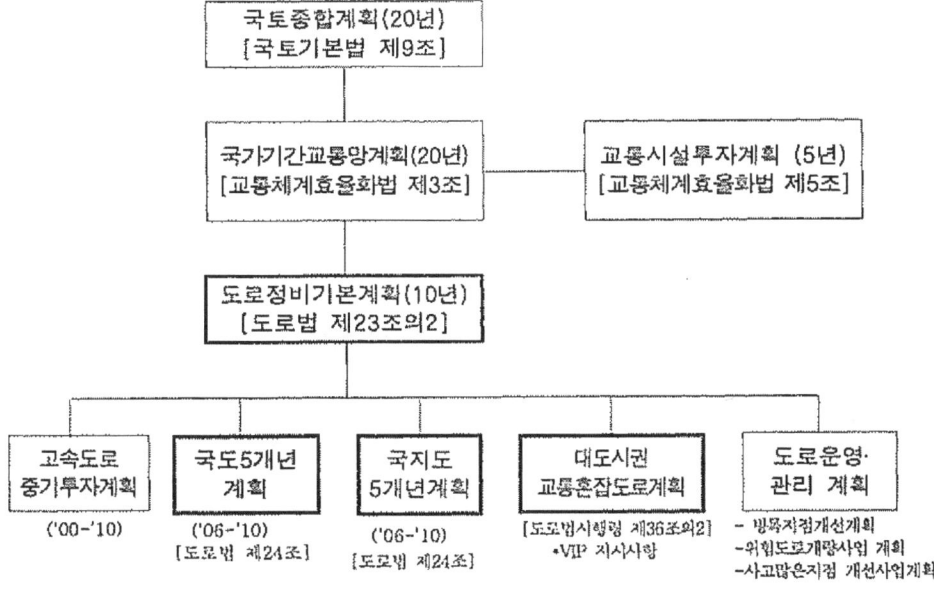

≪도로사업 계획 단계별 세부 시행 절차≫

도로사업 절차	현재의 의견 수렴제도	보완책으로서의 PI	PI 추가 적용안

《구상 및 계획》

- 정책수립
- 계획 검토/도로망 우선성 검증 | 공청회 실시 | 공청회 활성화 | 공론조사 통한 의견 수렴, 미디어 홍보, 정보제공

《예비타당성조사》

- 사업 개요/기초자료 분석
- 경제/재무/기술적분석
- 종합평가 | 다기준분석 위한 설문조사 | |

《타당성조사》

- 사업 개요/기초자료 분석
- 수요추정/대안설정
- 경제/재무/기술적분석
- 종합평가 | | | ○기본 PI 계획 수립 - 갈등영향분석 실시
- 기본계획수립/ 사전환경성검토 | 고시/공람/ 주민설명회 | 공람시 정보제공 다양화 설명회 주민 참여 유도 | ○기본PI 실시 - 노선선정시 - 목표에 따른 PI 기법 도입
- 공사수입찰방식의 결정 | | | ○PI시행에 대한 평가 실시

국도 사업계획 및 건설절차 211

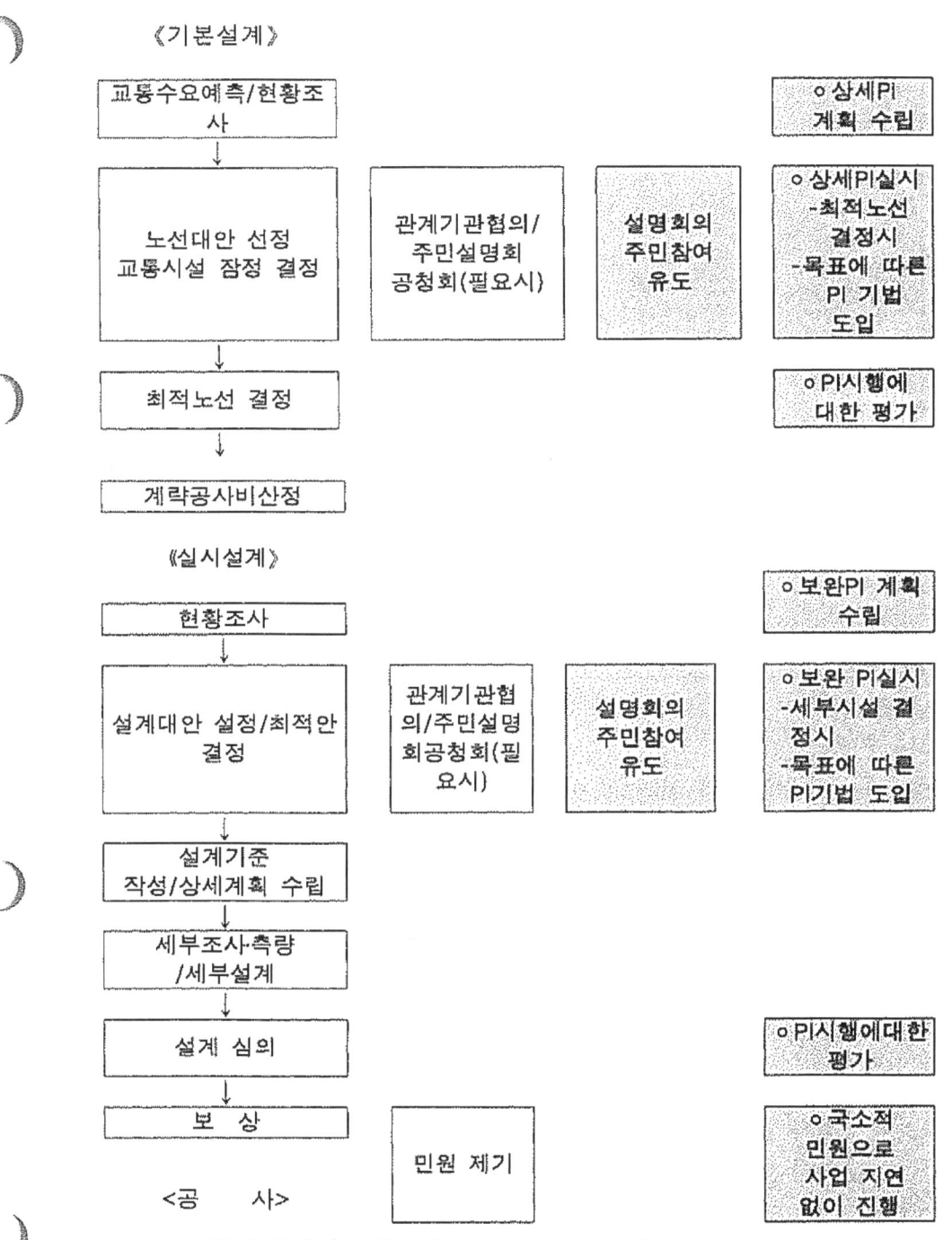

※ PI : 주민참여제도(Public Involvememt)

※ 「제2차 국도건설 5개년('06~'10)」 현황

(단위 : 억원, km, 건)

구 분		사업비	사업연장 (건수)	'06년	'07년	'08년	'09년	'10년
계		154,013	1,061.6 (107)	224.3 (21)	204.0 (22)	258.7 (22)	223.9 (22)	150.7 (20)
①일반국도		102,128	818.9 (75)	182.1 (15)	162.0 (15)	182.0 (15)	171.9 (15)	120.9 (15)
확장	4→6 이상	17,834	121.0 (13)	21.5 (2)	18.1 (2)	31.5 (3)	16.7 (2)	33.2 (4)
	2→4	62,189	438.6 (40)	131.7 (10)	89.4 (8)	85.1 (7)	85.4 (8)	41.5 (7)
시설 개량	4차로	3,562	57.9 (5)	--	--	16.7 (2)	33.8 (3)	7.4 (1)
	2차로	18,544	201.5 (17)	23.5 (3)	54.5 (5)	48.7 (3)	36.0 (3)	38.8 (3)
②국대도		51,885	242.7 (32)	42.2 (6)	42.0 (7)	76.7 (7)	52.0 (7)	29.8 (5)

★ 제1차 국도건설5개년 계획('01-'05) : 102건/2,498km

2) 예비타당성 조사 처리 절차 등
- 예비타당성 조사 근거
  - 예비타당성조사는 '99년 『공공사업 효율화 종합대책』이 도입되어 국가재정법(제38조 및 시행령제12조), 예비타당성운용 지침(기획재정부), 예타지침(KDI)에 의하여 시행
  - 총사업비가 500억원 이상이고, 국가 재정투자가 300억원 이상인 사업에 대하여 예산편성 및 기금운영계획을 수립하기 위하여 기획재정부 주관으로 실시하는 사전 평가
- 예비타당성조사 개요
  - 예타는 KDI가 교통, 기술분야로 나누어 전문기관 용역발주 후 보고서를 작성하며, B/C, AHP, NPV, IRR, 민감도 분석(교통량 및 건설비용), 정책의견 등을 제시

《 예타추진절차 》

	주 체	비 고
예타 수요조사 (1개월)	기획재정부→각 부처	통상 1년 2회(상반기, 하반기)
부처 예타대상 결정	건설정책과 (예타심의위원회)	도로, 철도 등 우리부 우선순 위를 정하여 기획재정부에 제 출
정부 예타대상 결정	기획재정부 (재정사업평가 자문회의)	각 부처 요구사업중 추진대상 과 그 우선순위 선정
예비타당성조사 (통상 6개월)	기획재정부(KDI)	보고서 제출 (B/C, AHP 문서통보)

- 고속도로 신설·확장 사업은 통상 예타부터 추진
  · 국도·국지도 사업은 중장기 계획(예타 이행 또는 면제)에 따라 추진하되, 중장기 계획에 반영되지 않은 사업은 우선 예타를 시행
- 예타 결과 타당성(B/C 1이상, AHP 0.5이상)이 있거나, 사업추진에 필요한 정책의견이 반영된 경우 타당성 조사설계 등 다음 단계로 진행하고 있음
- 예비타당성조사 처리 결과
  · 예비타당성조사 결과는 경제성 분석, 정책적 분석, 지역균형발전 분석 등의 평가결과를 종합적으로 고려하여야 함
  · 일반적으로 B/C 비율이 1보다 클 경우 경제적 타당성이 있음을 의미함
  · 사업 수행의 타당성을 평가하는데 중요한 정책의 일관성 및 추진의지, 사업 추진상의 위험요인, 사업 특수 평가 항목 등의 정책적 평가항목들을 정량적 또는 정성적으로 분석함
  · 지역간 불균형 상태가 심화되지 않고, 지역간 형평성 제고를 위

해 고용유발 효과, 지역경제 파급효과, 지역낙후도 개선 등 지역개발에 미치는 요인을 분석함
- 사업 타당성에 대한 종합평가를 위해 경제성·정책적·지역균형발전 분석결과를 토대로 예비타당성조사 참여 연구진의 의견을 다기준 분석의 일종인 계층화분석법(AHP: Analytic Hierarchy-Process)을 활용하여 사업 시행의 적절성을 계량화된 수치로 도출함
- 일반적으로 AHP가 0.5 이상이면 사업 시행이 바람직함을 의미함

《분석적 계층화법(Analytic Hierarchy Process)》

☐ 도입배경

  ○ 경제성 분석에는 포함되지 않으나, 사업 타당성 평가에 필요한 정책적인 요소를 고려하기 위함
    - 즉, 경제성 분석의 단점을 보완하여 지역 낙후도 및 추진의지 등을 고려하여 사업 (미)시행시를 대안으로 분석

☐ 분석항목
  ① 경제성 분석(40~50%) : 비용편익분석(B/C), 순편익 현재가치(NPV), 내부수익률(IRR) 등 정량적 분석
  ② 지역균형발전 분석(20% 내외) : 지역낙후도 및 지역경제 파급효과로 분석
  ③ 정책적 분석(30~40%) : 상위계획 등 정책의 일관성 및 사업추진의지, 환경문제 등 사업위험요인과 해당사업의 특수 평가항목으로 구분
    * 분석항목 비율은 각 사업별 특성등에 따라 변동 가능

☐ 최종 의사결정
  ○ 참여 연구진(PM, 수요/비용팀)과 KDI 공공투자관리센터 부서장 등의 의견을 종합하여 최종적인 의사결정
    - 최소 및 최대 점수를 부여한 평가자는 제외하고 점수를 평균하여 0.5이상이면 사업추진

<참고1>

예비타당성조사 수행 흐름도

```
            연구진 구성
               │
     기본구상 : 사업계획서 작성
               │
     사업의 개요 및 기초자료 분석
       · 사업의 배경, 목적 및 기대효과
       · 지역현황(인문, 지리, 경제 등)
       · 유사시설 사례 분석
       · 공학적 자료조사 및 분석
       · 사업의 쟁점사항 파악
               │
   ┌───────────┼───────────┐
경제성 분석    정책적 분석    지역균형발전 분석
· 수요의 추정  · 정책의 일관성 및
· 기술적 검토    추진의지
· 편익의 추정  · 사업추진상의 위험요인  · 지역낙후도
· 비용의 추정  · 사업특수 평가항목
· 비용편익 분석 · 재원조달 가능성      · 지역경제 활성화
· 민감도 분석  · 상위계획과의 일치성
· 재무성 분석  · 환경성 평가
   └───────────┼───────────┘
               │
      종합평가 : 다기준분석(AHP)
        · 사업 추진 타당성 유무
        · 투자우선순위
        · 재원조달 및 분담방안
        · 투자시기 및 사업기간
        · 기타 정책 제언
```

<참고2>

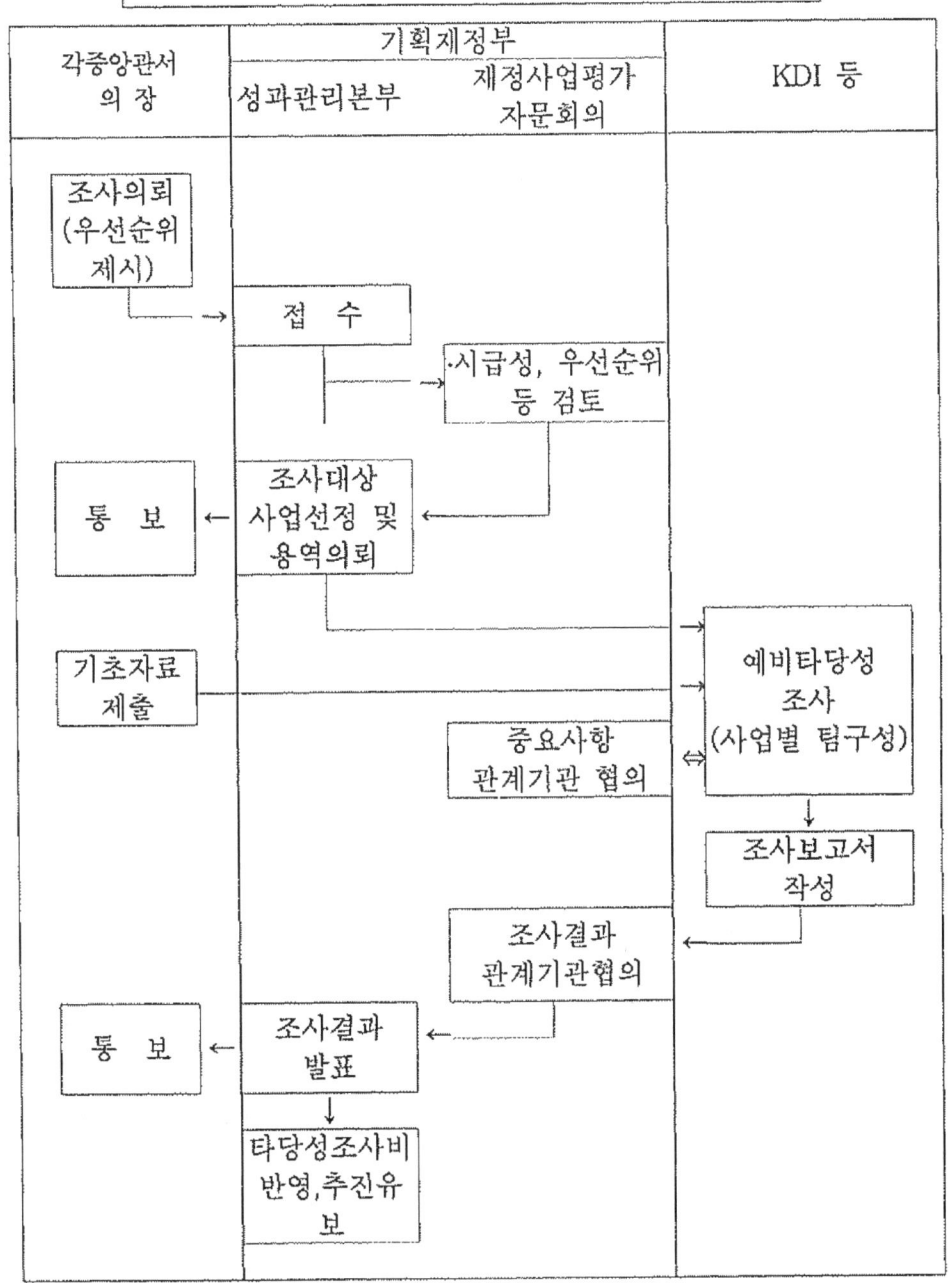

◦ 타당성조사·기본설계·실시설계
   - 국도(국지도)의 경우 기본설계(타당성조사 포함)→실시설계 형태로 추진하되 단구간 등 예산낭비가 우려되는 경우는 지방청의 견을 반영하여 실시설계(타당성조사, 기본설계포함)를 시행
     ※ 고속도로의 경우 : 타당성조사→기본설계→실시설계 또는 타당성조사 및 기본설계→실시설계 형태로,

◦ 선보상
   - 공사 착공전 보상비를 우선 확보하여 용지매수를 시작한다는 개념으로 '99.3 공공사업 효율화 종합대책에 반영되었으며, '99년 구 예산회계법 개정시 개념이 반영됨
   - 현재 일반국도, 고속국도에 적용중이며, 통상 국도선보상은 실시설계 후 착공을 위한 총사업비 협의전에 시행(통상1년이며, 최근 사업감소에 따라 2-3년까지 지연)

2. 예산편성 및 집행·결산

 1) 예산편성
  가) 예산의 의미
   - 예산이란 정부의 수입·지출에 관한 예정된 계획. 즉, 일정기간 동안 국가가 어떠한 정책이나 목적을 위해 얼마만큼 지출하고 이를 위한 재원을 어떻게 조달할 것인가를 금액으로 표시한 것,
  나) 예산의 회계연도
   - 예산은 회계연도를 기준으로 하여 연도별로 편성됨. 따라서 예산은 당해연도 개시 전과 연도경과 후에는 이를 사용할수 없는 것이 원칙(예산 단년도 주의 또는 회계연도 독립의 원칙)
    다만, 예산의 탄력적인 집행을 위해 다음 회계연도 이후까지 지출이 허용되는 계속비, 이월비 등은 그 예외임.
   - 우리나라의 회계연도 : 1월1일부터 12월31까지

- 회계연도의 개시시기는 나라마다 다름. 독일, 프랑스, 이태리, 스페인 등은 우리와 같은 1월이고, 영국, 일본, 캐나다. 뉴질랜드 등은 4월, 스페인, 이집트, 오스트레일리아 등은 7월, 미국 등은 10월부터 새로운 회계연도가 시작됨

다) 예산의 내용
- 예산은 예산총칙, 세입·세출예산, 계속비, 명시이월비와 국고채무부담행위 등 크게 5개 부문으로 구성

※ 계속비(繼續費)
· 완성에 수년의 기간을 필요로 하는 대형공사나 연구개발 등의 경우 수년간에 걸친 지출 계획을 작성하여 추진하는 것이 효율적임
· 계속비는 이러한 사업에 대하여 소요경비 총액과 매년의 규모를 미리 정하여 국회의 의결을 얻어 범위안에서 수년에 걸쳐 지출할 수 있도록 하는 경비를 말함.

《국가재정법 제23조(계속비)》

① 완성에 수년도를 요하는 공사나 제조 및 연구개발사업은 경비의 지총액과 연부액을 정하여 미리 국회의 의결을 얻은 범위안에서 수년도에 걸쳐서 지출할 수 있다

② 제1항의 규정에 의하여 국가가 지출할 수 있는 연한은 당해 회계연도로부터 5년 이내로 한다. 만약, 필요하다고 인정할 때에는 국회의 의결을 거쳐 다시 그 연한을 연장할 수 있다.

※ 계속비, 장기계속사업 비교

구 분	계속비	장기계속사업
관련법	국가재정법 제23조	국가계약법 제21조 및 국가재정법 제35조
대상공사	완성에 수년을 요하는 공사	완성에 수년을 요하는 공사
예산책정	총액 및 연부액의 국회의결	매년
계약방법	총공사금액으로 계약	총공사금액을 부기하고 당해연도 예산의 범위안에서 이행하도록 계약
시행방법	총공사 물량을 완성시에 준공하고 연부액은 기성으로 처리	당해연도 예산의 범위안에서 제1차공사 계약 및 준공하고, 제2차공사 이후에 계약은 부기된 총공사 금액에서 이미 계약된 금액을 공제한 금액의 범위안에서 계약을 체결하고 매년 준공처리
사업예	기간국도 10차 지역간선 1~4차	일반국도건설, 국도대체우회도로

※ 명시 이월비(明示 移越費)
  · 세출예산중 경비의 성격상 당해 회계연도 내에 지출하지 못할 것이 예측될 때, 그 취지를 세입·세출예산에 미리 명시하여 국회 승인을 얻어 다음 연도에 이월하여 사용할 수 있도록 하는 경비

※ 국고채무부담행위(國庫債務負擔行爲)
  · 국고채무부담행위는 법률에 의한 것과 세출예산금액 또는 계속비 총액의 범위 안의 것이외에 국가가 채무를 부담하는 행위를 말함.
  · 국고채무부담행위액은 세입·세출예산액에는 포함되지 않고 그 상환액이 다음 연도이후 세출예산에 포함.

라) 예산의 체계
- 우리나라의 중앙정부 예산은 일반회계와 19개의 특별회계(기업특별회계 4, 기타특별회계 15) 등 총 20개의 회계로 구성('05년말 기준)

※ 일반회계(一般會計)
· 일반회계는 일반의 세입으로 일반적 지출을 담당하는 회계로서, 통상적으로 예산이라 할 경우에는 일반회계를 지칭

※ 특별회계(特別會計)
· 특정한 자금으로 특정 지출에 사용되는 회계

※ 교통시설특별회계(交通施設特別會計)
· '90년대 초반 들어 교통혼잡 증가와 그에 따른 물류비용 증대 등 국가경쟁력 약화라는 사회적 문제 발생
· 당시 도로 및 도시철도사업 재원으로 유류(휘발유·경유) 특별소비세의 75%를 사용하고 있었으나 급증하는 교통시설 투자소요를 충당하기에는 크게 미흡
· 도로·철도·공항 및 항만의 원활한 확충과 효율적인 관리·운영을 위하여 휘발유·경유 특별소비세를 교통세(목적세)로 전환하고, 교통세를 주요세원으로 교통시설특별회계를 설치('93.12.31)

※ 국가균형발전특별회계(國家均衡發展特別會計)
· 국가균형발전계획의 추진을 재정적으로 지원하고, 지역개발 및 지역혁신을 위한 사업을 지역의 특성 및 우선순위에 따라 효율적으로 추진하기 위하여 '05회계연도부터 설치·운영
· 세입은 주세, 과밀부담금, 일반회계 및 타 특별회계 전입 등이며, 세출은 지자체보조사업중 지역개발사업, 농어촌지역개발(종전양여금사업), 개발촉진지구 지원 등

마) 시기별 예산 편성 흐름

구 분	시 기	내 용
예산편성 (n-1년도)	1월말	중기사업계획서 제출 (우리부→기획재정부)
	1~3월	국가재정운용계획서(시안) 마련(기획재정부)
	3월말	예산편성지침 및 기금운용계획안 작성지침 통보 (기획재정부→우리부)
	4월말	국가재정운용계획(시안) 확정 및 부처별 지출한도 통보(기획재정부→우리부)
	5~6월	예산자율편성(우리부)
	8월까지	각 부처 예산안 점검보완(기획재정부) 국가재정운용계획서 작성(기획재정부)
	9~10월	국가재정운용계획, 예산안 및 기금운용계획안 확정 및 국회제출(10.2일) ·국무회의 의결, 대통령 제가
	10~11월	국회 예산안 심의 ·국토해양위 심사, 예결위 심사, 본회의 의결
	12.2	국회 본회의 의결·확정
예산집행 (n년도)	12월 (n-1년도)	예산배정 및 자금배정계획 수립
	1월	예산집행지침 시달(기획재정부→우리부)
	1~12월	예산집행 ※ 집행상의 신축성 확보(이용, 전용, 이용, 이체)
결산 (n+1년도)	2월말	소관별 결산서 제출(우리부→기획재경부)
	5월말	결산결과 국무회의·대통령 보고(기획재경부)
	6.10~8.20	감사원의 결산감사
	7월말	결산서 국회 제출
	9월	국회의 결산서 심의·의결

※ 2008년 도로예산 편성(사례)
- 재정여건을 감안, 초 긴축 예산편성
  - 사업타당성 여부와 관계없이 재정여건을 감안하여 국책지원사업을 제외한 도로사업의 신규착공을 전면 보류
- 완공위주의 선택적 집중투자
  - 준공예산은 최대한 편성하는 등 완공위주의 집중투자
  - 국가정책사업, 교통애로구간, 도로망 연계필요구간 등 집중투자가 필요한 구간은 최대한 지원
- 용지비 증가 및 교통난을 감안, 도시부 투자강화
  - 용지비 급등을 감안, 소요 용지비는 최대한 확보
    · 재정투자, 도공 자체예산 투자 등을 적극 강구
  - 도시 교통란을 감안, 국대도 및 대도시권 교통혼잡도로 예산은 가능한 최대 확보

※ 최근 5년간 국도건설 예산 편성 현황

(단위 : 억원)

구 분	2004년	2005년	2006년	2007년	2008년
계	42,692	38,506 (△9.8)	33,594 (△12.8)	33,298 (△0.9)	34,862 (4.7)
일반국도	15,257	12,327	7,426	7,989	9,281
국대도	6,000	6,805	-	-	-
기간6차	2,735	-	-	-	-
기간7차	5,000	2,989	-	-	-
기간8차	7,000	6,060	5,078	-	-
기간9차	3,700	3,700	2,956	-	-
기간10차	3,000	4,370	4,800	4,613	2,290
지역간선1차	-	2,225	3,000	3,650	3,982
지역간선2차	-	-	2,200	3,708	3,830
지역간선3차	-	-	-	3,335	4,060
지역간선4차	-	-	-	-	2,474
제주도구국도	-	-	-	404	469
제주도구국대도	-	-	-	129	121

★ ( )은 전년대비 증감율

2) 예산집행
 가) 예산집행의 의의
  ο 예산의 집행이란 국회에서 심의·확정된 예산을 회계연도 개시와 더불어 수입을 조달하고 공공경비를 지출하는 재정활동으로서 예산의 배정, 이체 및 이·전용, 이월, 예비비 사용 등이 있음

《통상적인 세출예산 집행절차》

 나) 예산의 배정

  ο 예산의 배정이란 예산이 성립된후 정부가 정한 바에 따라서 각 중앙관서의 장에 대하여 각각 집행되어야 할 세입세출예산 국고채무부담행위 등을 배분하는 것을 말함.
   - 배정된 예산은 계속 하급기관으로 내려가며 재배정됨
   - 각종 정부 예산사업의 수행과 경비지출을 위한 지출원인행위는 배정된 예산의 범위내에서 하여야 함.
  ο 정기배정
   - 정기배정이란 분기별 연간 배정 계획에 따라 정기적으로 예산을 배정하는 것을 말함.
   ※ 배정시점 : 1/4분기(해당분기 초일)
              2/4～4/4분기 : 해당분기 시작 전월 15일에 배정된 것으로 처리
  ο 수시배정
   - 수시배정이란 분기별 정기배정과 관계없이 해당사업의 추진상황 및 문제점을 분석·검토한 후 수시배정의 요건을 충족할 경우에 해당사업의 예산을 수시로 배정하는 것을 말함.
   ※ 수시배정 대상사업 선정기준
    · 신규사업으로 사업계획이 확정되지 않는 사업

· 민간 및 지자체 등과 재원분담이 전제된 사업
· 기타 사업이 효율적으로 추진되고 있는지 점검할 필요가 있는 사업

◦ 조기배정
- 조기배정이란 사업을 조기집행하고자 할 때 연간 정기배정계획 자체를 1/4분기 또는 2/4분기에 앞당겨 집중 배정하는 것을 말함.

◦ 당겨 배정
- 당겨 배정이란 사업집행 과정에서 계획 변동이나 여건 변화로 인하여 당초 연간 정기배정계획보다 지출원인행위를 앞당겨 할 필요가 있을 경우 사업예산을 분기별 정기배정계획에 관계없이 앞당겨 배정하는 것을 말함.

◦ 감액배정
- 감액배정이란 이미 배정된 예산에 대하여 사업계획의 변동이나 재정운용상의 필요에 의해 배정을 감액하는 경우를 말함. 감액배정은 배정잔액에 대해서만 가능하며, 계약 완료로 집행된 기 예산의 감액배정은 불가능함.

◦ 회계연도 개시전 배정
- 회계연도 개시되기 전에 예산을 배정하는 것을 말하며, 외국에서 지급하는 경비, 지급경비, 부식물 매입경비 등이 그예

예산집행 및 자금집행 흐름도

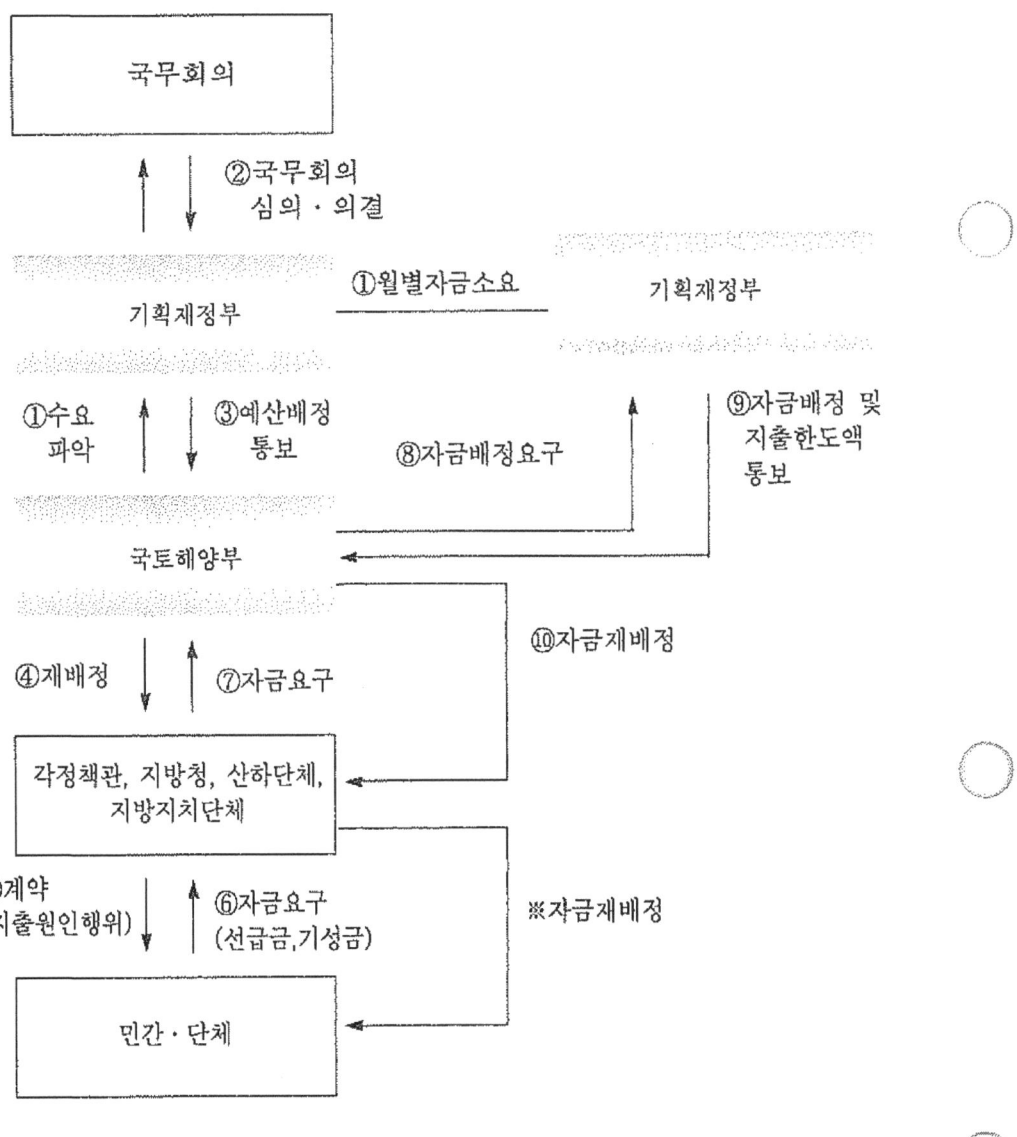

다) 예산의 이월·전용 및 이체·이월

- 이용
  - 예산의 이용이란 예산이 정한 입법과목인 분야(장)·부문(관)·프로그램(항) 사이에 상호 융통하는 것(예외조항은 관련 법 참조)
- 전용
  - 예산의 이용이란 행정과목인 세항 또는 목의 금액을 상호 융통하는 것을 말함.
    · 원칙적으로 예산전용은 기획재정부장관의 승인을 얻어야 함.
    · 예외적으로 각 중앙관서의 장은 회계연도마다 기획재정부장관이 정하는 범위 안에서 자체전용이 가능

《사고이월사업의 전용가능 여부》
· 예산전용은 예산의 목적외 사용금지원칙의 예외조항
· 사고이월은 지출원인행위를 전제로 한 사업으로 그 목적에 맞게 집행을 해야하기 때문에 전용하는 것은 원칙적으로 불가능
· 다만, 불가피한 사유로 인한 설계변경 및 물가상승에 따른 계약변경은 가능하며, 그 부족분에 대해서는 이·전용을 통하여 충당 가능
· 그러나, 이월예산을 다른 사업으로 변경하여 집행할수는 없으며, 그 집행잔액은 불용처리 하여야 하고 이월사업을 재이월하는 것은 불가

- 이체
  - 예산의 이체란 정부조직 등에 관한 법령 제·개정, 폐지로 인하여 직무권한에 변동이 있을 때 예산이 정한 기관간에 예산을 상호 사용하는 것을 말함
- 이월
  - 예산의 이월이란 소관 세출예산 중 연도내 지출액을 당해연도를 넘겨 다음연도에 지출하는 것을 말하며, 회계연도 독립원칙의 예외조항

- 원칙적으로 매 회계연도의 세출예산은 이월하여 사용할 수 없으나, 예산회계법령에 의하여 광범위하에 예외적으로 이월을 규정

※ 명시이월

명시이월은 연도내에 집행하는 것이 불가능할 것으로 명백히 인정되는 경우로서 예산의 형식으로 예산총칙에 포함시켜 회계연도 개시 90일전에 국회에 제출하여 다음연도 예산으로 국회의 의결을 받아야 함

※ 사고이월

사고이월은 연도내에 지출원인행위를 하였으나 불가피한 사유로 인하여 연도 내에 지출하지 못한 경비를 다음 연도에 넘겨 사용할수 있게 하는 제도

《사고이월 대상》

· 연도내에 지출원인행위를 하고 불가피한 사유로 인하여 연도내에 지출하지 못한 경비와 지출원인행위를 하지 아니한 그 부대경비

· 지출원인행위를 위하여 입찰공고를 한 경비 중에서 입찰공고후 지출원인행위까지 장기간이 소요되는 경우로써 다음의 경우

   ⇒ 부대입찰·입찰참가자격 사전심사 방법으로 집행되는 공사 경비

   ⇒ 협상에 의한 계약체결의 방법으로 집행되는 경비

   ⇒ 국가계약법 제80조1항 규정에 의해 공고된 공사 경비

   ⇒ 재해복구사업에 소요되는 경비

· 공익·공공사업의 시행에 필요한 손실보상비로서 다음의 경우

   ⇒ 직접손실보상비(토지,물건 등)

   ⇒ 간접손실보상비(간접어업권 등)

   ⇒ 재해복구사업 보상 경비

3) 결 산

가) 결산의 정의

- 일반적으로 결산이란 회계연도가 끝나고 예산집행이 종료된 후 1년 동안의 세입과 세출을 실제 발생한 대로 숫자를 맞추어 기록하는 행위를 말함

- 정부는 감사원의 검사를 거친 세입세출결산을 회계연도마다 다음 회계연도 개시 120일전까지 국회에 제출하여야 함

나) 국회의 결산심사

- 소관 상임위원회의 예비검사
- 상임위원회의 예비심사 결과보고
- 예산결산특별위원회의 심사
- 본회의 심의·의결
- 대정부 통지

다) 정부결산 흐름도

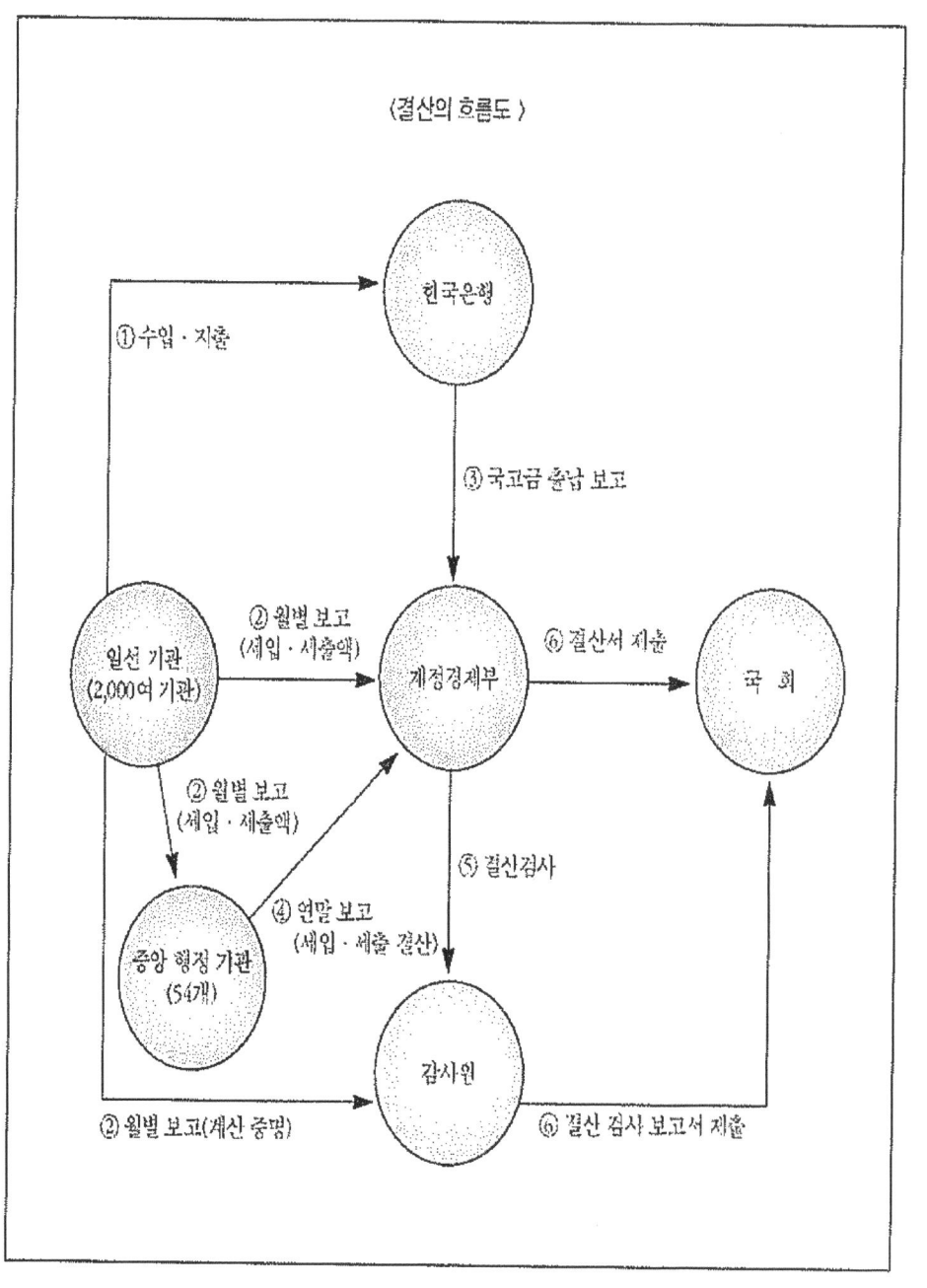

4) 예산편성 제도 (Top-down방식)
   □ 제도(총액배분 자율편성)의 개요
   - 국가적 우선순위에 따라 분야별로 재원을 총액 배분함으로써 한정된 재원을 효율적으로 사용하기 위하여 '04년 도입한 제도 ⇒ 매년 반복되는 과다요구 및 대폭삭감의 행정낭비를 방지
   - 국가재정 운용계획을 토대로 분야별·부처별 지출한도를 설정하고 각 부처는 전문성을 활용하여 자율적으로 세부 사업 편성

   □ Bottom-up / Top-down 방식의 비교

구 분	Bottom-up(종전)	Top-down(개선)	비고
재원배분 순서	· 지출총액←분야별·부처별 예산규모←사업별예산규모	· 지출총액→분야별·부처별 지출한도→사업별 예산규모	
주요특징	· 개별사업 위주의 분석 · 단년도 재정운영 · 예산편성을 통한 재정지출통제	· 거시적, 전략적 재원분석 · 중기적 재정운영 · 예산편성 과정에서 자율 확대 및 사후 성과관리	

국도건설사업 흐름도

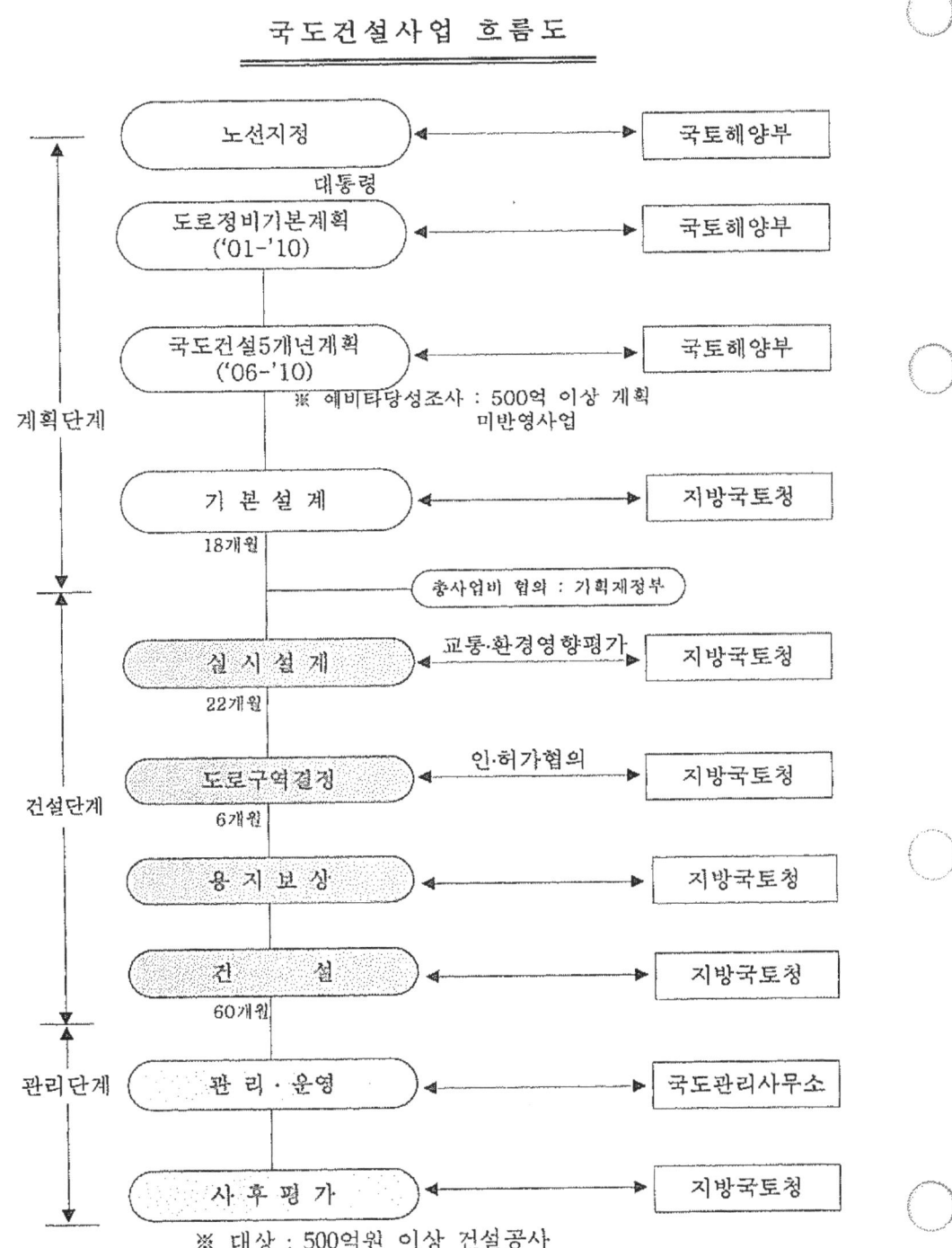

3. 설계 및 건설

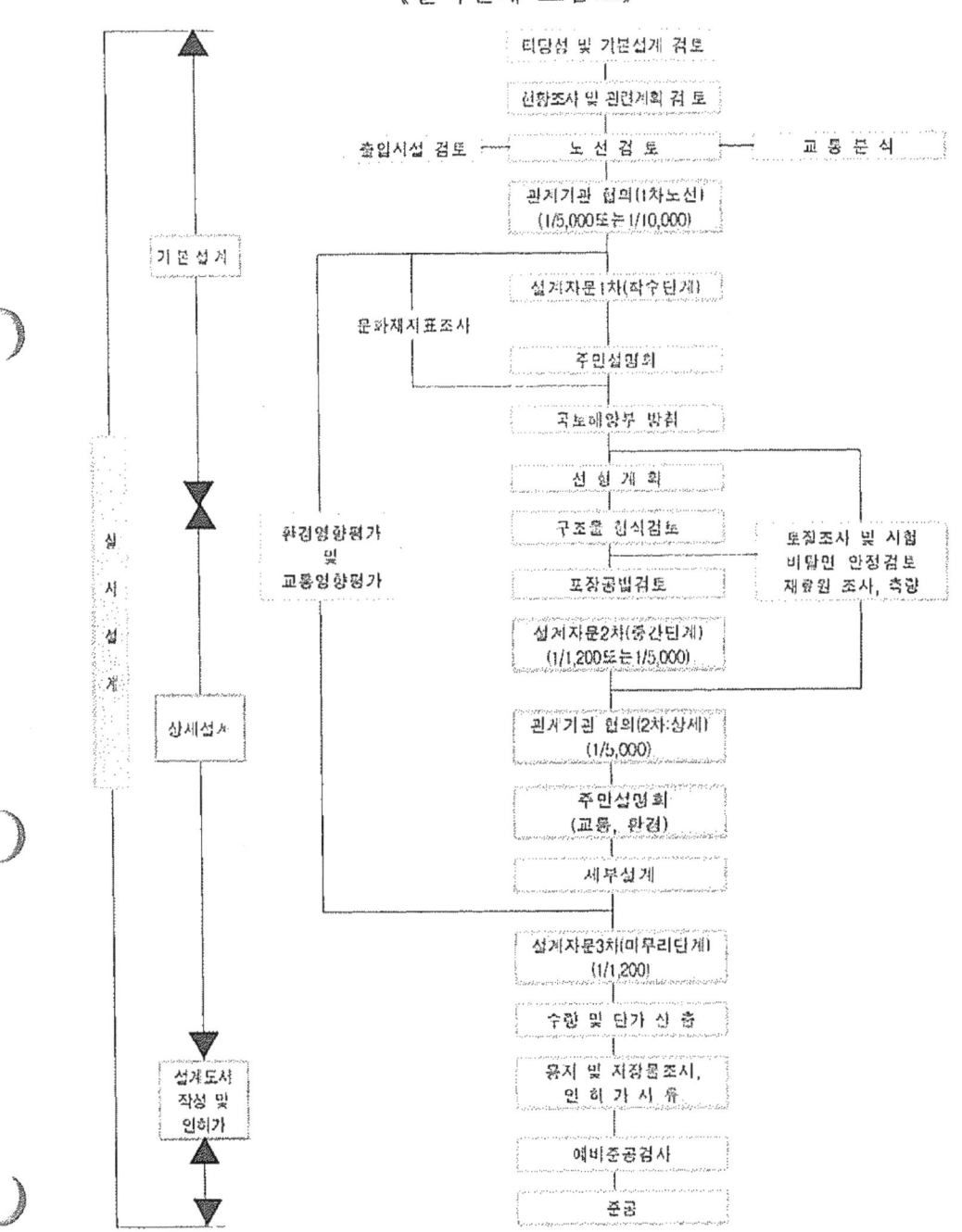

《보상업무 흐름도》

```
┌─────────────────────────────────────────────┐
│                  설계준공                    │
│  기본설계 2년+실시설계 1년, 기본 및 실시설계 2년  │
└─────────────────────────────────────────────┘
                      ↓
┌─────────────────────────────────────────────┐
│              선보상 대상사업 확정              │
└─────────────────────────────────────────────┘
                      ↓
┌──────────────────────┐      ┌──────────────────────┐
│  분할측량 및 용지도 수정  │  →   │   도로구역 결정고시를 위한  │
│      3개월 소요        │      │      관계기관 협의        │
└──────────────────────┘      └──────────────────────┘
          ↓                              ↓
┌──────────────────────┐      ┌──────────────────────┐
│ 기본조사 및 토지, 물건조서 작성 │      │                      │
│      1.5개월 소요      │      │   농지전용(3개월 소요)    │
└──────────────────────┘      │                      │
          ↓                    │   산지전용(2개월 소요)    │
┌──────────────────────┐      │                      │
│    보상계획 공고 및 열람    │      │   하천점용(1개월 소요)    │
│      0.5개월 소요      │      │                      │
└──────────────────────┘      └──────────────────────┘
          ↓                              
┌──────────────────────┐      
│    감정평가 및 보상액 산정   │      
│       1개월 소요       │      
└──────────────────────┘      
          ↓                              ↓
┌──────────────────────┐      ┌──────────────────────┐
│       협의매수        │      │     도로구역 결정고시     │
│       1개월 소요       │      │                      │
└──────────────────────┘      └──────────────────────┘

    총 소요기간 : 7개월                    6개월
```

* 분할측량후 도로구역결정고시를 위한 관계기관 협의와 협의매수를 위한 기본조사서 작성 등은 동시진행

국도 사업계획 및 건설절차 235

《 일괄·대안발주 절차 》

- 건설공사 기본계획 수립 및 고시 — 국토해양부
  ↓
- 입찰방법 결정
  - 일괄입찰
  - 기타입찰
- 중심위 심의요청 — 발주처
  ↓
- 중심위 심의결과 통보
  - 일괄입찰
  - 기타입찰   ⇒ (기타공사)
  ↓ 일괄공사

일괄입찰 절차	대안입찰 절차
· 일괄입찰공고 - 낙찰자결정방식 선택 ※ 계약심의회 자문 — 발주청(조달청), 발주청	· 기본설계 작성 · 실시설계 작성 — 발주청 ↓ · 공사수행방식재검토 - 대안입찰방식 - 기타입찰방식 — 발주청
↓	↓
· 현장설명 - 입찰안내서 등 배포 — 발주청	· 중심위 재심의 요청 ※ 발주방식변경시(대안) · 중심의 심의결과 통보 - 대안입찰방식 결정 — 발주청, 중앙위원회
↓	↓
· 입찰서류 제출 - 기본설계 제출 - 가격입찰서 제출 — 입찰참가업체, 설계도서(발주청), 가격서류(조달청)	· 대안입찰 공고 - 낙찰자결정방식결정 ※ 계약심의회 자문 — 발주청(조달청)
↓	↓
· 설계심의 및 평가 · 평가결과 통보 — 설계자문위원회, 발주청→조달청	· 현장설명 - 입찰안내서 등 배포 — 발주청
↓	↓
· 낙찰자 선정 — 조달청	· 입찰서류 제출 - 기본설계 제출 - 가격입찰서 제출 — 입찰참가업체, 설계(발주청), 가격(조달청)
	↓
	· 설계심의 및 평가 · 평가결과 통보 — 설계자문위원회, 발주청→조달청
	↓
	· 낙찰자 결정 — 조달청

《 설계적격심의 및 평가 절차 》

공사발주요청	- 사업부서 ⇒ 계약부서 ⇒ 조달청
⇓	
입찰 공고 (조달청)	- 발주청 입찰안내서 및 방침사항 등을 　반영하여 발주방침 결정 후 입찰 공고 　(현장설명일 등 포함)
⇓	
현장설명 (발주청 사업부서)	- 사업위치(구간), 입찰안내서, 발주청방침 　서 및 입찰자 주의사항 등 설명
⇓	
입찰(입찰도서 제출)	- 설계도서(보고서, 도면, 구조개산서, 　요약보고서 등) 제출 　(입찰자가 조달청 및 발주청에 제출)
⇓	
설계적격심의 및 평가요청	- 조달청 ⇒ 발주청 설계자문위원회
⇓	
설계심의계획 수립 (내부방침)	- 심의일정 및 단계별 추진계획 수립 - 기술위원 선정방법 방침 - 기술위원 후보위원명부 작성 ·후보위원 5배수 이상 선정 ·예비후보 명부 작성
⇓	
설계심의계획 설명회 (기술위원선정)	- 입찰참여업체 대상 설명회 ·심의계획 및 기술위원 선정 - 기술위원 위촉
⇓	
설계도서공동(공개)설명회 (심의토론회 20일 이전)	- 공동설명회 (기술위원 및 상대업체 상대) ·설계도서 배포 ·기술검토서 및 질문서 작성방법 설명
⇓	
기술위원회 개최	- 기술위원 기술검토서 적정성 심의 - 입찰업체 질문서 적정성 심의 - 심의토론회 운영방법 및 절차 확장 ·기술위원 질의방법 순서 시간 등

```
        ⇓
┌─────────────────────┐    - 발주청이 평가위원 선정방법 방침결정
│  설계심의위원회 운영  │      · 자격 해당자를 사전 조사
│  세부수행계획(내부방침)│      · 후보위원 등록(모집)명부 작성 보관
└─────────────────────┘      · 후보위원 5배수이상 선정
                              · 추첨자, 순서, 방법, 추첨기구 등
                            - 설계심의위원회 운영 전반
        ⇓
┌─────────────────────┐    - 입찰업체 소집
│  입찰업체 질문서 통보 │    · 기술위원 및 상대업체 질문서 통보
│  (심의토론회 3일 전까지)│    · 심의토론회 운영방법 및 절차 설명
└─────────────────────┘       ※원안 및 대안입찰업체 모두 참여
        ⇓
┌─────────────────────┐    - 입찰참여업체 소집 및 평가위원 선정
│  설계심의 위원회 소집 │    · 10~15인 범위 내에서 선정
│  및 평가위원 위촉     │    · 입찰업체와 공동으로 추첨하여 위촉
└─────────────────────┘    - 기술위원회 및 평가위원회 소집
        ⇓
┌─────────────────────┐    - 설계심의위원회 개최(위원장)
│                     │    - 발주청 기술검토보고
│  설계심의위원회 개최 │    - 입찰업체 설계제안 설명
│  및 심의토론회 개최  │    - 기술위원 질문 및 업체 답변
│                     │    - 설계보완·제안 및 조치계획 접수
└─────────────────────┘    - 기술 및 평가위원 추가질문 및 답변
                             청취
        ⇓
┌─────────────────────┐    - 평가위원회 개최(입찰업체 퇴장)
│                     │     · 항목별 평가사유서 작성
│  설계평가 및 채점    │     · 업체별 설계점수 채점 및 조정
│                     │    - 설계점수 집계 및 감점사항 반영
└─────────────────────┘    - 평가위원회 확인
        ⇓
┌─────────────────────┐
│  설계평가결과 공개   │    - 평가결과 공개
└─────────────────────┘
        ⇓
┌─────────────────────┐
│  설계적격여부        │    - 발주청 설계자문위원회 ⇒ 조달청
│  및 평가결과 통보    │
└─────────────────────┘
```

※ 문화재 발굴조사 절차(참고)

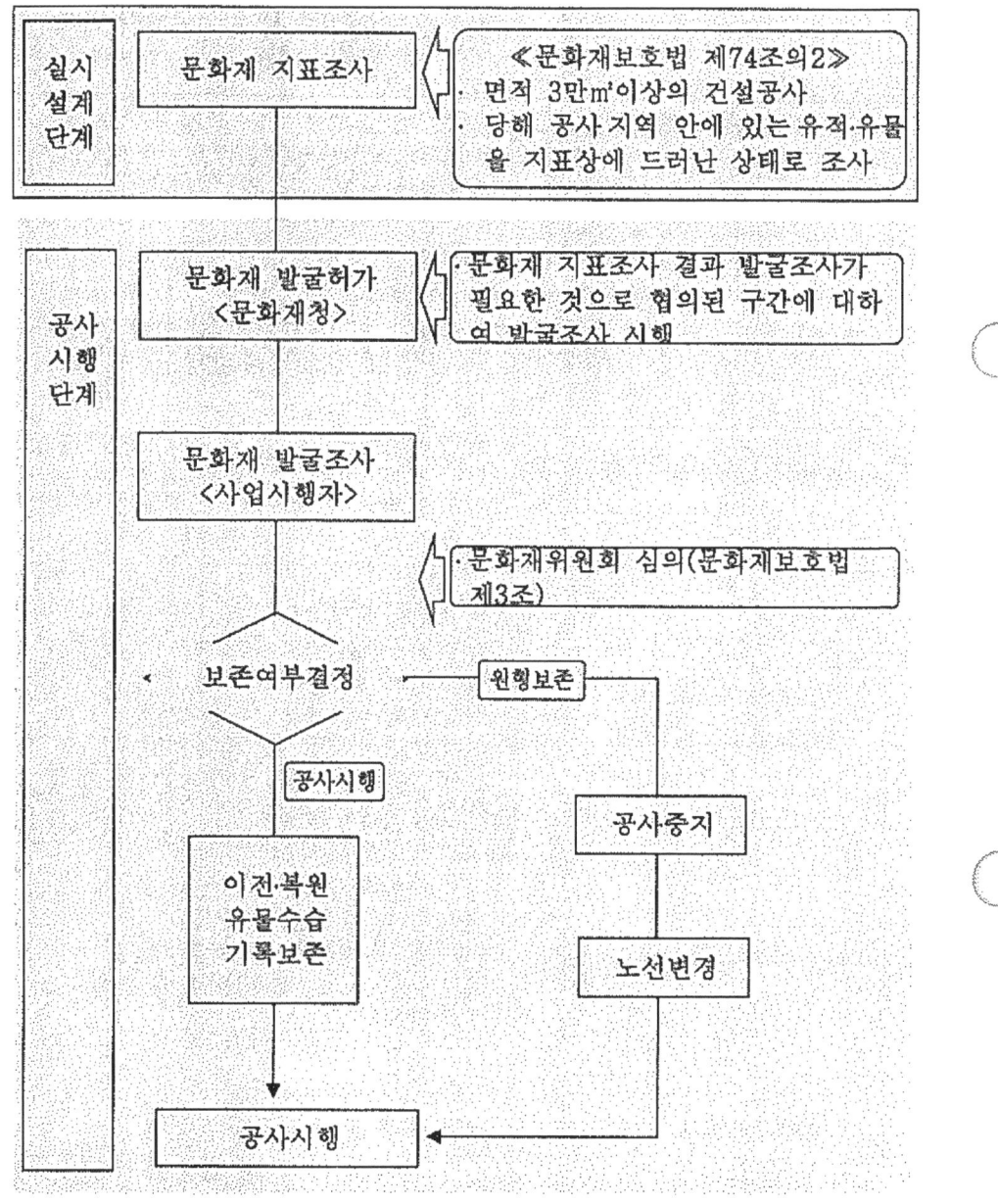

※ '05년 "문화재 발굴조사 표준업무 절차"를 마련하여 운영중임
※ '07년 "문화재 발굴조사 업무개선 방안(비용정산, 예산과목 조정 등)"을 마련하여 운영 중임.

국가지원 지방도 사업계획 및 건설 절차

1. 사업계획 수립

2. 예산편성 및 집행

3. 설계 및 건설

국가지원 지방도 사업계획 및 건설 절차

1. 사업계획 수립
- 국가지원지방도의 정의
  지방도 중 중요도시·공항·항만·공업단지·주요도서·관광지등 주요교통 유발시설 지역을 연결하며 고속도로와 일반국도로 이루어진 국가기간도로망을 보조하는 도로로서 대통령령으로 그 노선이 지정된 것을 말한다(도로법 제2조의3, '95년 12월 도입)
- 국가지원지방도 노선지정
  「국가지원지방도 노선지정령」(대통령령 19772호, '06. 12. 21)에 의거 지정된 국지도는 전국 29개 노선, 3,709km로서 전체 도로연장(102,293km)의 3.6%를 차지
- 장기 사업계획 수립
  - 1997년도에 「국가지원지방도 중장기계획」 수립
  - 2001년도에 국가지원지방도 노선지정령 개정과 국토종합계획 등 관련 상위계획의 변경에 따라 「국가지원 지방도 5개년(2003~2006) 계획」 수립
  - 2006년도에 지역간 불균형해소와 도로부분 투자의 효율성 제고를 위해 국도 2차 5개년 계획과 연계하여 「국가지원지방도 5개년(2006~2010) 계획」을 수립하여 사업 우선순위 선정

2. 예산편성 및 집행
- 건설비용의 국고보조
  건설에 필요한 비용 중 공사비는 국고에서, 보상비는 지방자치단체서 부담, 단 보상비가 건설에 필요한 비용의 30%를 초과하는 경우에는 예산 범위내에서 그 초과비용의 일부를 국고에서 부담

할 수 있다(도로법 제56조의2, 시행령 제30조의3)
- 보조금 예산의 통지

  국회에서 예산이 심의 확정된 후에는 그 확정된 금액 및 내역을 사업별로 해당 사업을 시행하는 기관에 통지하여야 한다.(보조금의 예산 및 관리에 관한 법률 제12조)
- 보조금의 교부신청

  보조금의 교부를 받고자 하는 자는 대통령령이 정하는 바에 의하여 중앙관서의 장에게 교부신청서를 제출하여야 한다.
  (보조금의 예산 및 관리에 관한 법률 제16조)
- 보조금의 교부결정 및 통지

  중앙관서의 장은 보조금의 교부를 결정한 때에는 그 내용을 신청한 자에게 통지하여야 한다(보조금의 예산 및 관리에 관한 법률 제17조 및 제19조)
- 법령위반 등에 의한 교부결정의 취소

  중앙관서의 장은 보조사업자가 보조금을 다른 용도에 사용하거나 법령의 규정, 보조금의 교부결정 내용 또는 법령에 의한 중앙관서 장의 처분을 위반한 때 및 허위 신청이나 기타 부정한 방법으로 보조금을 교부받은 때에는 교부결정의 전부 또는 일부를 취소할 수 있다(보조금의 예산 및 관리에 관한 법률 제30조)

3. 설계 및 건설

<설계>
- 도로노선 계획

  도로노선을 계획할 때는 「국도의 노선계획·설계지침」에 따라 노선을 계획하고 설계하여야 한다(국가지원지방도 사업시행지침 2.3)
- 설계방침 승인요청

  설계시행자은 현지 조사측량 실시 전에 비교노선에 대한 검토결과와 최적안 선정사유 및 설계시행자의 종합의견을 첨부하여 국

토해양부에 설계방침을 요청하여야 한다(국가지원지방도 사업시행 지침 2.3.1)
- 설계방침서의 추정사업비가 실시설계 완료시의 사업비보다 20%이상 차이가 발생할 경우에는 본부와 재협의 하여야 한다

※ 설계방침 검토시 착안사항
· 도로노선계획수립 지침에 부합되는지 여부
· 교차방법의 적정성 여부
· 기존도로와의 연계성 여부
· 도로선형 및 계획고 변경에 따른 주변 생활권 불편여부
· 교차로지점 좌·우회전의 충분한 가감속차로 설치계획
· 통로암거 규격의 적정성과 보행자 이용불편 여부
· 교차지점의 최소화를 위한 부체도로의 계획여부 등

○ 예비준공검사
  실제 준공예정일로부터 최소 3개월 이전에 실시

○ 설계도서 인계
  설계시행자가 지방청인 경우에는 용역이 완료되는 즉시 업무에 필요한 부수의 설계도서를 지자체에 인계하여야 한다(국가지원지방도 사업시행 지침 2.3.3)
  - 인수받은 설계도서의 성과내용 중 추후 현지조사 또는 시공과정에 수정·보완할 사항이 발견되었을 때는 인계자인 설계시행자와 협의하여 이를 조정 할 수 있다.

<건설>

○ 사업시행 상황보고
  지자체는 공사착공 시, 분기별 공정, 회계연도 종료 시, 공사완공 시 결과를 국토해양부 장관 및 행정안전부장관에게 제출하여야 한다. (도로법 시행령 제30조의5)
  - 공사 착공보고 : 착공일로부터 10일 이내
  - 분기별 공정보고 : 분기종료 10일 이내

- 보조사업 실적보고 : 회계연도 또는 당해사업이 종료된 날로부터 10일 이내
- 계약결과보고 : 계약체결일로부터 10일 이내에 설계금액, 낙찰금액, 낙찰자, 공사기간 등을 포함한 계약결과를 지방청에 보고

○ **설계변경**

공사시행과정에 설계변경 규모가 아래에 해당되는 경우에는 위치도, 관계 설계도면, 재원변경계획, 변경사유서를 첨부 관할 지방국토관리청장을 경유하여 국토해양부장관에게 제출 승인을 얻어야 한다(도로법 시행규칙 제6조의3)
- 설계변경으로 10억원이상 국고부담(물가상승비 제외)을 수반하는 경우
- 설계된 도로노선을 100m이상 변경하는 경우
- 설계된 계획도로에 다른 도로 등을 연결시키는 경우
- 교량의 구조·형식을 변경하는 경우

※ 참고자료

☐ 도입경위
  ○ '95. 12 : 국지도 제도 도입
  ○ '96. 17 : 국지도 노선지정령 제정(대통령령 제15124호)
          ※ 29개 노선
  ○ '97. 06 : 국지도 중장기 사업계획수립
  ○ '01. 8 : 국지도 노선지정령 개정(대통령령 제17349호)
          ※ 29개 노선(폐지7, 지정 7)
  ○ '01. 12 : 국지도 1차 5개년계획 수립('03 ~ '07)
  ○ '06. 6 : 국지도 2차 5개년계획 수립('06 ~ '10)

☐ 근거법령
  ○ 도로법 제2조의3(국가지원지방도의 정의)
  ○ 도로법 제24조(도로의 공사와 유지 등)
  ○ 도로법 제56조의2(국도 대체우회도로 등에관한 비용의 보조)

◦ 국가지원지방도노선지정령(29개노선)
◦ 국가균형발전특별법 제34조 제2항(지역개발사업계정)
◦ 보조금의예산및관리에관한법률제9조(보조금대상사업, 기준보조율), 제19조(보조금 교부결정 통지), 동법시행령 제4조(보조금 지급대상사업의 범위와 기준보조율)

행정지시 사항

1. 지방청 설계팀 운영지시

2. 도로공사 단가 협의율 워크샵 개최 결과 알림

3. 설계변경 최소화 방안

행정지시 사항

1. 지방청 설계팀 운영지시

도로건설팀-2223, 2007.5.31

최근 건설공사 현장에서 안전사고와 가시설물에 대한 공사대금 편취사고 등이 발생되고 있어 이를 미연에 방지하기 위한 우리부 건설공사 "부실, 부조리 방지대책"을 수립하여 추진 중에 있습니다.

이에 따른 대책의 일환으로 설계내실화를 기하기 위하여 설계전담 부서를 설치·운영 토록 되어 있어 이를 지시하니 귀청 보유 인력을 활용하여 별도의 설계 전담부서를 설치·운영하고 설치 시에는 그 결과를 보고하여 주시기 바랍니다.

예시)

"설계전담팀" 운영 방안(안)

I. 추진배경
  ◦ 건설공사 부실·부조리 방지대책 및 설계변경 최소화 방안의 일환으로 설계전담팀(가칭, 도로설계팀) 운영방안 검토

   ※ 설계변경 최소화 방안('07.2.26, 도로건설팀-901호), 설계전담부서 설치 운영지시('07.5.31, 도로건설팀-2223호)

II. 현황 및 문제점
  ◦ 공사 시행시 민원발생, 잦은 설계변경 및 과도한 예산 증액 등으로 설계에 대한 신뢰성이 저하되는 등 설계운영의 중요성이 부각되고 있고,
   - 공사 관리에 치중하여 업무를 수행하고 있어, 중복 업무 수행에 따른 집중력 저하, 기준적용의 일관성 미흡, 전문성 부족 등이 문제점으로 지적되고 있음.

III. 도로설계팀 운영방안
  ☐ 조직의 구성
   ◦ 도로시설국에 7명으로 구성된 도로설계팀 편성
     (팀장6급, 팀원6·7급)
    - 설계기준 및 도로분야(4명), 구조설계 분야(2명)
  ☐ 업무의 범위
   ◦ 설계기준 및 표준화에 관한 사항
   ◦ 설계용역 과업지시서 및 시방서 작성에 관한 사항
   ◦ 환경친화적 도로설계에 관한 사항
   ◦ 설계감리 및 설계의 경제성 등 검토(VE)에 관한 사항

- 발주설계서 작성 및 설계심사
- 설계변경 최소화를 위한 연구개발에 관한 사항
- 설계관련 통계관리에 관한 사항
- 기타 설계와 관련하여 필요하다고 인정하는 사항

☐ 운영계획
- 도로설계팀은 도로계획과 주관으로 운영

IV. 기대효과
- 설계내실화 및 부실설계 방지
- 설계업무에 대한 집중력 향상으로 업무효율 극대화
- 전문성 확보를 통한 기관 경쟁력 제고
- 선진형 건설문화 정착
- 건설공사 투명성 향상

도로설계팀 구성(안)

팀 장
시설주사 ○○○

설계기준 및 도로설계
- 시설주사 ○○○
- 시설주사 ○○○
- 시설주사 ○○○
- 시설주사보 ○○○

구조설계
- 시설주사 ○○○
- 시설주사보 ○○○
- 시설주사보 ○○○

2. 도로공사 단가 협의율 워크샵 개최 결과 알림

도로건설팀-523, 2007.01.31

☐ 추진배경
  ○ 총사업비 조정업무의 효율적인 추진을 위하여 총사업비관리 실무매뉴얼 제정 등 총사업비 조정 최소화방안 마련 등 다각적인 대책을 마련 시행중임
  ○ 그 중 각 청별로 신규단가에 대한 협의율 적용에 대해 논란이 많아 현실에 적합한 각 청의 의견을 수립하고 적정 협의율을 검토하기 위함

☐ 워크샵 개최 종합의견
  ① 일반행정 사항
    ○ 워크샵에서 정리된 사항을 바탕으로 각 발주청별로 시행기준을 정립하여 총사업비관리업무의 효율성을 높이도록 한다.
    ○ 협의단가 적용에 대한 구체적인 심의가 필요할 경우에는 기술전문팀(T/F팀)에 검토요청 처리
  ② 협의율 적용 대상의 구분
    ○ 국가계약법 제65조③항3호를 적용하게 될 경우 그 대상이 협의율 적용대상인지의 여부를 붙임 "협의단가 적용사례"를 참고하여 결정한다.
  ③ 협의율에 대한 의견
    ○ 협의율은 낙찰율 적용을 원칙으로 하되, 계약당사자간 협의가 이루어지지 아니하는 경우에는 설계변경당시를 기준으로 하여 산정한 단가와 동단가에 낙찰율을 곱한 금액의 100분의 50으로 한다. 다만, 그 비율이 79.995%를 상회하는 경우

에는 79.995%를 상한선으로 하고, 낙찰율이 그 이상인 경우에는 낙찰율을 적용한다.

- 79.995%의 근거 : 근래 입찰되는 공사의 낙찰율이 70%대에 근접하고, 100억원~300억원의 적격심사 기준이 79.995%인 점을 감안하여 실비보상차원에서 동 율로 결정

붙 임 : 1. 협의단가 적용사례 1부.
       2. 협의단가 등 산정요령 1부. 끝.

<붙임1>

협의단가 적용사례

I. 협의단가 적용이 가능한 경우
  1. 사업계획 변경등 우리청의 필요에 의한 경우
    : 노선변경, 차로수 변경, 연장증가 등의 경우로서 당초 공사물량 범위외의 증가부분 (단, 당초 도로폭을 벗어나지 않는 변경, 계획고 조정은 제외)
  2. 당해공사와 관련된 인·허가기관 등의 요구(도로법 제25조의2 규정에 의한 협의)를 수용하여야 하는 경우
    : 환경영향평가 관련(생태이동통로, 복개터널 설치), 가로등·신호등 설치, 대체시설설치 요구, 문화재 보존대책, 기타 협의조건
  3. 공사관련법령(표준시방서, 전문시방서, 설계기준 및 지침등 포함)의 제·개정으로 설계변경이 필요한 경우
    : 도로안전시설 설치 및 관리지침, 도로교표준시방서, 도로표지판 설치기준, 교통안전 관련법령 등
  4. 공사관련 법령에 정한 바에 따라 시공하였음에도 불구하고 발생되는 민원을 조치하기 위하여 설계변경하는 경우
    : 구조물 형식변경(토공→교량), 구조물 신설(암거, 배수관)
      단, 기존 시설물의 연장, 규격변경 및 위치변경은 제외
  5. 천재지변(태풍·홍수·기타 악천후)으로 인한 설계변경의 경우
    : 천재지변으로 인한 사면슬라이딩 등
  6. 감사기관의 권고·시정 요구사항 중 계약자의 책임 없는 경우로 재료의 성질, 시공방법 변경 등 당초 계약내용의 변경사항
  7. 순성토, 사토 및 폐기물처리등과 관련하여 당초 설계서에 정한 운반거리 변경은 운반시간(당초 t2 보다 늘어난 시간) 변경분에 한하여 적용한다.

Ⅱ. 협의단가를 적용할 수 없는 경우
   1. 공사편의, 시공성 향상, 하자우려, 품질관리 유리 등의 사유로 계약자가 설계변경을 요구하는 경우
   2. 절취사면 구배완화, 암판정결과, 파일근입 물량 증가
   3. 설계서 오류, 누락, 상호모순 등으로 인한 설계변경 사항
   4. 시공측량 결과에 따른 물량 증가
   5. 공사비의 절감, 시공기간의 단축 등을 위한 신기술 및 신공법, 당초 공법변경에 의한 설계변경(계약자, 발주청의 요구에 의한 경우)

   ※ 협의단가 적용이 되지 않는 사례
   ○ 토 공
      - 암판정 결과 : 수량증가(토공, 비탈면보호공), 운반거리 변경
      - 사면보강 : 물량증가
      - 암파쇄방호시설 : 수량증가
      - 토공규준틀 : 수량증가
      - 연약지반처리 수량증가
      - 토공 운반장비의 규격변경, 작업효율 변경
   ○ 구조물공
      - 위치변경, 연장증가, 규격변경, 구조물터파기 수량변경
      - 보강토공법 변경, 수량증가
   ○ 교량공
      - 교량연장 및 폭변경으로 인한 물량증가분
      - 기초공법 수량변경, 파일항타 수량변경, 터파기 수량변경, 교량점검시설변경(형식변경, 물량추가), 교좌장치(규격 및 형식변경), 교대보호블럭(변경, 추가), 난간형식변경, 가시설(추가, 신설), 강관파일 수량증가

○ 터널공
  - 암판정결과 굴착Type변경으로 수량변경, 지보공법(변경, 추가) 방수공법(변경, 추가), 갱구부(보강, 추가, 변경)
○ 포장공
  - 아스콘 혼합물(골재, 바인더, 입도)의 변경
  - 보조기층 공급방식 변경(생산↔구매)
○ 부대공
  - 계측기설치, 임시 안전시설물
  - 부대시설물(방음벽, 도로 및 교통표지판, 안전시설물) 형식 변경, 추가

<붙임2>

협의단가 등 산정요령

○ 제경비는 당초 계약비율을 적용한다.

○ 「설계변경 당시를 기준으로 산정한 단가」 산정 요령
　- 신규비목은 국도설계실무요령 또는 표준품셈에 의하여 수량과 단가를 산출하고, 산출된 단가를 조달청 조사가격, 실적공사비와 비교
　- 견적단가 산출은 그 사유가 타당한 경우만 인정
　- 기 계약단가가 있거나 물량이 증가된 경우는 기 계약단가 적용을 원칙으로 하되, 아래와 같이 단가를 산출하여 합리적인 단가로 결정
　　· 기 계약단가에 ESC를 계상한 단가
　　· 설계변경 당시 조달청 조사가격 또는 실적공사비 단가
　　· 설계변경 당시 시중 물가정보지중 최저가 단가

○ 당초 계약된 공사의 수량 증가 및 공법변경의 경우에 장래 동일공사의 수량 감소분(예상분 포함)을 연계검토 하여야 함

○ 감소 또는 삭제분은 당초 계약자가 이행의사가 있었던 계약액임을 고려하여 이에 상당한 공사비를 협의대상에서 제외할 것인지 여부를 검토하여야 함

○ 환율·유가의 급격한 변동, 원자재 수급난 등으로 설계변경 당시 자재단가가 기 계약단가와 현저히 차이가 있을 경우에는 상기 내용에 불구하고 신규단가 적용을 검토할 수 있음

○ 협의단가에 대한 계약자의 이의신청, 본 기준외 협의단가 적용여부 등에 대한 심의가 필요할 경우에는 기술전문팀(T/F팀)에서 검토 처리할 수 있음

3. 설계변경 최소화 방안

도로건설팀-901, 2007.2.26

Ⅰ. 검토배경
- 설계변경은 국회, 시민단체 등에서 계획부실, 업자 봐주기 등 부정적인 시각으로 보고 있음
- 잦은 설계변경으로 인한 사업지연, 공사비 과다소요 등 공사관리의 효율성 저하 및 행정낭비 요인 발생
- 설계변경 사례분석을 통하여 원인 및 문제점을 검토하여 설계변경 요인을 사전제거

Ⅱ. 현황 및 문제점
- 총사업비 조정 현황('05기준)

   계　　　　　　　　　506회 증 13,470억원 수준
   - 고속도로 102건 사업에　100회 증　4,400억원 수준
   - 국　도　332건 사업에　354회 증　8,900억원 수준
   - 국지도　　79건 사업에　 52회 증　　170억원 수준
   ※ 건당 약 1회 변경, 1회당 27억원 증액

- 원인분석
  - 물가상승 49%, 법령 및 기준변경 7%, 보상 진척에 따른 공사위치 변경 7% 등 불가피한 경우가 전체의 63% 차지
  - 교량기초 지반변경 및 절토사면 안정처리 등 지하지질 상태에 따른 변경 22%
  - 민원 및 관계기관 요구에 의한 시설추가 5%, 설계상 착오 2%, 토취장·석산 허가와 관련된 공사재료 운반거리 변경 등

※ 사례분석('05년 기준)

구 분	합 계				고속도로		국 도		국지도	
항 목	증감액 (억원)		건 수		증감액 (억원)	건수	증감액 (억원)	건수	증감액 (억원)	건수
계	13,465	(%)	506	(%)	4,384	100	8,913,	354	168	52
물가변동	6,551	49	194	39	2,018	30	4,439	141	94	23
법령 등 기준변경	975	7	106	21	333	19	634	75	8	12
현지여건변동 (교량,절토사면 암 판정)	2,999	22	86	17	515	16	2,460	64	24	6
운반거리 변경	13	-	3	0.6	-	-	5	1	8	2
신기술 반영	10	-	5	1	-	-	10	5	-	-
민원 및 관원	617	5	44	9	306	6	284	31	27	7
설계 상 착오 오류	311	2	8	1.4	-	-	311	8	-	-
보상비	975	7	37	6	782	18	193	19	-	-
기 타	1,014	8	23	5	430	11	577	10	7	2

Ⅲ. 개선 방안
  ○ 기본방향
    - 교량기초, 절토사면 등의 지질 변경은 공사비 과소 추정이 원인이므로 설계 내실화를 추진
    - 설계, 발주, 공사시행 등 각 단계별 설계변경 최소화방안 강구
    - 물가변동으로 인한 계약금액 조정은 설계변경 회수에서 제외

  ○ 단계별 개선 방안
    - 내실있는 실시설계 추진
      · 발주청 별 설계 T/F팀 구성하여 설계업무 전담 운영

· 환경영향평가, 문화재협의, 농지전용협의 등 관계부처 협의 조기 추진 및 결과 반영
· 노선선정, 고성토, 교차로 등으로 인한 민원발생 소지를 줄이기 위하여 PI제도 활성화 등 민원 대응
· 대절토부, 교량기초, 터널입·출구 등에 대한 지질조사 강화(조사개소 확대 및 첨단조사기법 도입 등)
· 지역주민 민원 반영 및 구조물 합동조사시 관계기관 및 지역주민 참여 의무화
- 설계 단계별 세부 체크리스트 작성 활용

○ 발주전 보완설계 강화
  - 공사 발주전 설계자 및 발주처 합동 노선답사를 시행하여 현지 여건 변동사항 확인 및 반영
  - 설계완료 후 기일경과로 인한 관련법규, 지침, 기준 변경 사항 등 추가 반영
  - 환경, 문화재, 농지전용 등 관계기관 협의사항 확인 및 실시설계 부실부분(착오, 오류 포함) 발주 전 일괄 조정

○ 공사 시행중 건설사업의 효율적 관리 추진
  - 물가변동으로 인한 계약금액 조정은 설계변경 회수에서 제외하여 별도관리(설계변경시 물가변동금액이 80% 이상을 차지할 경우도 포함)
    ※ 국가계약법상 물가변동으로 인한 계약금액 조정은 계약변경으로 정의되어 있음
  - 기준, 지침 등의 개정 경우 안전관련 등 특별한 사항만 시행중인 사업에 적용
  - 발주청별 민·관으로 구성된 가칭「공사갈등관리위원회」를 운영하여 공사 시행시 민원 적극 대처
  - 토석정보시스템을 활용하여 토량 및 운반거리 변경 최소화
  - 설계변경은 특별한 사유가 없는한 년 1회 이내로 제한

- 고질민원 경우 착공 유보 또는 공사 중단 등 특단조치

  ○ 제도개선
    - 본부내 총사업비관리심의회를 운영하여 검토기간 단축 및 총사업비 관리 내실화
    - 총사업비관리의 효율화를 위하여 『도로총사업비 관리 매뉴얼』 작성·배포('06.12) 운영 중
    - 매년 설계변경현황을 DB화하여 상호 정보를 공유]
    - 부실설계 업체에 대하여는 부실벌점 부과 및 입찰시 불이익등 제재 조치 강화
    - 각 청별 부실설계에 대하여는 D/B화하여 설계 입찰평가시 감점 조치

Ⅳ. 조치계획
  ○ 본부 조치사항
    - 총사업비관리심의회 구성·운영 : 기 설치('06.12)
    - 도로총사업비관리 매뉴얼작성 배포 : 기 배포('06.12)
    - 설계변경현황 D/B구축 및 정보제공 : '07.12

  ○ 발주청 조치사항
    - 물가변동(경유세 포함)계약은 설계변경에서 제외 : 수시
    - 발주청별 설계T/F팀 구성·운영 : '07.5
    - 설계시 PI제도 활성화 : 수시
    - 설계 단계별 세부 체크리스트 작성 : '07.5
    - 가칭 「공사갈등관리위원회」 구성·운영 : '07.4
    - 부실설계 D/B 구축 및 설계 입찰평가시 감점 : 수시

기 타 업 무

1. 총사업비 관리지침, 기준 처리 절차 등
2. 현장 안전사고 처리절차
3. 한국형 포장 설계법과 포장 성능개선 추진 현황
4. 지방도 노선번호 체계개선

기 타 업 무

1. 총사업비 관리 지침, 기준 및 절차 등

☐ 현황 및 실태
　◦ 국도사업의 총사업비 조정요청 등은 관련 지침에 따른 철저한 이행 필요

《 총사업비 관련 지침 》

- 『2006년 총사업비 관리지침』 (기획재정부, '06.5)
- 『건설교통부 총사업비 조정지침』 (건설교통부, '06.11.2)
- 『총사업비 업무 매뉴얼』 (도로건설팀, '06.12.26)
- 『설계변경 최소화 방안』 (도로건설팀, '07.2.26)

　◦ 그러나, 실무에서는 아직도 동 지침 내용을 숙지·반영하지 않아 불필요하게 지적되거나 보완되는 등 행정력 낭비 사례 발생

☐ 지시사항
① 주요 교통여건 변화 등에 의하여 교통수요가 30%이상 감소 할 것으로 예상되는 경우 등은 교통량 수요예측 재검증,
　- 총사업비가 20%이상 증가한 사업에 대하여 타당성 재조사 시행
　＊ 타당성 재검증 시행시 최소 6개월에서 1년 정도 사업추진이 지연되므로 타당성 재검증을 받지 않도록 최초 총사업비 협의시 주의
② 민원 등에 의한 토공구간 교량화 요구에 대한 기준을 마련(기획예산처 '06. 12)하여 시행중에 있으므로 동 기준에 의거 사전에 조정의 적정성을 검토한 후 총사업비 조정요구

③ 잔여 시설비의 8/100에 대해서 중앙관서의 자율조정 한도액 설정하여 운영중임
  * 다만, 턴키·대안입찰 사업은 제외하고 있음을 유의
  - '07. 1월부터 『총사업비 조정 지침』변경으로 인하여 중앙관서 자율조정한도액 및 중앙관서 승인 사항은 해당본부(간선도로과 경우 교통정책실) 승인토록하고
  - 기획재정부 승인 사항은 업무추진 효율성을 기하기 위하여 절차를 개선(간선도로과 건설정책과 동시 문서 시행)
  (* 별첨 : 총사업비 업무 개선 절차)
④ 주요 총사업비 조정 내용에 대해서는 도로분야 총사업비 관리심의위원회를 운영중임
  (* 별첨 : 도로분야 총사업비심의위원회운영규정)
⑤ 총사업비 조정요구시 '06.12 배포한 『도로분야 총사업비 관리 실무 매뉴얼』에 의거, 자료를 작성하여 협의 요망
⑥ 준공사업에 대한 총사업비 조정은 준공연도 예산편성(예상 준공년도 1년전 5월) 전까지 반드시 이루어져야 함
  * 예산편성 이후 추가 사업요구 사례가 발생하고 있음
⑦ 도로공사 단가 협의율에 대해서는 '07. 1월에 워크샵 등의 결과에 따라 통보한 내용을 참고하여 이행에 철저를 기하기 바람
⑧ 사업외 구간 등 당해 사업과 직접 관련이 없는 추가사업에 대한 총사업비 조정은 원칙적으로 불인하고 있으므로 조정요구 지양
⑨ 총사업비 협의 후 집행 잔액 임의 사용 등 부적정 총사업비 관리가 없도록 만전을 기하시기 바람

< 붙임 1 >

도로분야 총사업비심의위원회 운영규정

제1조 목적
　이규정은 도로건설공사 시행중 설계변경이 필요하여 총사업비 조정 신청이 있을 경우 신속하고 객관적인 처리를 위한 심의를 목적으로 한다.

제2조 위원회 기능
　『도로분야 총사업비 심의위원회』(이하 "위원회"라 한다)는 총사업비 조정 신청 대상의 타당성과, 제출된 자료의 정확성을 검토하고, 기타 필요한 사항에 대해 심의를 한다.

제3조 위원회의 구성
　1. 위원장은 간선도로과장으로 한다.
　2. 위원회는 당연직 위원과 외부 전문가로 구성된 Pool제 위원으로 구성한다.
　3. 당연직 위원은 간선도로과 총사업비관리 담당, 도로정책과 계획담당, 도로운영과 보수담당, 기술기준과 기술담당, 서울지방국토관리청 도로시설국 계획담당, 한국도로공사 건설계획처 건설원가팀장(총사업비관리차장)으로 구성한다.
　4. Pool제 위원은 설계용역회사, 시공회사, 국책연구원, 학계 등에 근무하는 사람으로서 각 계의 추천을 받아 전문분야(교통, 구조, 도로, 시공, 지반 등)별로 위촉된 전문가 중에서 심의대상에 따라 필요한 인원으로 구성한다.

제4조 심의위원의 자격
　① 총사업비 조정업무와 유관한 업무를 담당하는 국토해양부 공무원
　② 교통, 구조, 도로, 시공, 지반 등 각 분야별로 아래의 자격을 하나 이상 갖춘 자로 한다.
　　1. 대학의 전임강사급 이상인 자
　　2. 정부투자(출연)기관 및 연구기관의 전문가

3. 박사학위 소지자
4. 토목분야의 기술사 소지자
5. 분야별 전문가로서 주변의 명망이 높은자

제5조 심의위원의 임무
심의위원은 심의요청을 받아 참석을 수락하면, 해당 총사업비 조정 대상에 대해 e-mail등을 통해 심의에 필요한 관련자료를 제출받아 검토하고, 위원회 개최 시 참석하여 성실하게 심의하여 의견을 제시하여야 한다.

제6조 Pool제 심의위원의 임기
Pool제 심의위원의 임기는 위촉받은 날로부터 2년간 이며, 연임하여 위촉할 수 있다.

제7조 회의개최
매주 목요일 오후 3시에 개최하는 것으로 상설화하되, 심의가 필요한 사항이 없을 때에는 생략한다.

제8조 심의결과 조치
심의내용을 인정(부분인정)·자료보완·불허 등으로 심의결과를 구분하여 작성하고, 불허 대상과 500억원 미만사업 및 자율재량한도액 범위내의 사항은 결과를 해당발주청에 통보하고, 인정 및 자료보완 하는 기획재정부 요청분은 건설정책과에 결과를 이송한다.

제9조 위원회 참석비 지출
위원회 참석비는 국토해양부 "세출예산집행지침" 위원회 참석비 내용에 준하여 지급할 수 있다.

제10조 특별한 경우의 위원 구성
특별한 상황일 경우 본 위원회에서 정한 위원 외의 전문가를 초청하여 위원으로서 업무를 수행하게 할 수 있다.

부 칙

이 규정은 2007. 1월 1일부터 시행한다.

<붙임 2>

총사업비 조정 업무절차 개선
(건설정책과 검토사항)

□ 추진배경
- 현업 실무부서에서는 그간 총사업비 조정업무에 대해 본부내 해당과와 건설정책과간 이중검토 등에 따른 행정소요 기간 단축을 건의
- 이에 대한 검토결과, 조정신청 서류의 불비 또는 미흡 등으로 야기되는 자료보완 등 사업시행청 개선사항도 많았으나
  - 본부차원에서도 해당팀 또는 건설정책과간 업무협조 체계상 개선사항도 필요한 것으로 검토
- 이에 총사업비 자율조정권한(잔여액의 8%이내)이 우리부로 위임된 것을 계기로 건설정책과의 업무폭주로 인한 문제해소 및 재정혁신의 확산을 위해 각 해당과으로 자율조정 업무를 이관
  - 이 과정에서 중복 검토에 따른 행정 소요기간 단축 개선 방안도 포함하여 「건설교통 총사업비조정지침」(훈령) 개정 완료('06.11.3)

> ◇ 개정취지
>   건설정책과의 업무량을 줄이는 대신 건설정책과에서는 재정경제부로 요청하는 대규모 총사업비 변경사업에 대하여 중점적으로 검토
> ◇ 개정요지
>   재정경제부에서 우리부에 위임한 「총사업비 자율조정권한」을 해당본부에 재위임하고 사업시행청에서 총사업비 조정요청시 해당본부과와 건설정책과에 동시요청토록 함으로써 대상사업의 검토기간을 단축

□ 현안 문제점
- 총사업비 조정업무와 관련하여 이와 같은 조치에도 불구하고 관련업무 추진 상에 일부 혼선이 발생

① 훈령 개정취지에 대한 이해부족
  - 각 본부에서 전적인 책임하에 시행하여야 할 자율조정 권한과 건설정책과 중점 검토사항인 대규모 설계변경으로 재정경제부에 요청하여야 하는 사업에 대한 업무추진상 혼선
② 각 부서별 검토과정이 상이(자체 내부검토 또는 별도 심의회 구성 등)
  ☞ 사업시행청의 원활한 사업추진을 지원하기 위한 One-Stop Service 체계 구축에 혼선 가중
∘ 특히, 총사업비 조정대상사업의 77%를 점유하는 도로분야의 경우에는 별도의 심의회를 두어 심사토록 할 계획으로
① 자율조정권이 부여된 사업을 포함하여 재정경제부 요청사업 등 모든사업을 심의대상으로 하고 있으며
② 동 심의회에 건설정책과 담당자를 참여코자 하고 있어
  - 직제 규정, 철도·항공 등 타분야와의 형평성, 건설정책과의 사업비조정 견제기능의 유지 등 다각적 측면에서 이에 대한 적정성 검토가 필요

☐ 개선대책

> 제기된 문제점(쟁점)에 대한 사전 면밀한 검토 및 관계부서 의견청취 후 대책을 강구하여 본부 내 일관된 업무프로세스를 구축 시행하고 아울러 사업시행청의 신속한 업무추진을 지원

I. 관계부서 의견청취
  ∘ 일 시 : '06. 12. 13(화), 14:00
  ∘ 장 소 : 재정기획관실 회의실
  ∘ 목 적 : 총사업비 조정업무에 대한 행정소요기간 단축방안 논의
  ∘ 참석자 : 총사업비 담당 사무관 13명

II. 의견청취 결과

> - 이미 자율조정권한이 부여된 사업에 대해서는 해당실(기획조정실)에서 전적인 책임하에 조정되어야 하는 사항으로
> - 재정경제부에 요청하여야 하는 대규모설계변경 사항에 대해서만 행정소요기간 단축방안을 구체적으로 논의

◦ 브레인스토밍 결과, 해당실의 책임운영을 위한 3안으로 집약
◦ 건설정책과 주관으로 별도의 심의회를 운영하는 4안을 요구하는 부서도 있었으나, 향후 운영결과에 따라 개선방안을 지속 강구키로 결론
  * 재정혁신 차원에서 별도의 '총사업비관리팀'을 신설하여 예산 절감을 전담하게 하자는 의견도 다수 제기 → 장기검토과제

Ⅲ. 행정소요기간 단축방안 검토(토의자료)

	1안	2안	3안	4안
개요	-해당실/기획조정실별 심의회를 두고 -각 심의회의 심의위원으로 건설정책과 담당자 참여	-도로정책관실만 별도 심의회를 구성운영하되 -기타 부서는 건설정책과에서 심의회 주관 운영	-각 해당실(기획조정실)에서 소관사업에 대해 1차적으로 자체검토(건설정책과 미참여) -건설정책과는 자체 검토사항을 포함하여 최종 검토조정 ※ 다만, 자료보완(또는 의견청취 등) 필요시 해당과와 동시에 건설정책과에서 일괄보완 등 조치	도로정책관실을 포함하여 심의회를 건설정책과 주관으로 운영
장점	각 본부(기획조정실)의 책임이행제도 확립 가능	도로분야 : 도로정책관실의 책임이행제도 확립가능 기타분야 : 건설정책과의 총괄기능 유지	현행규정 부합 (건설정책과에서 재정경제부 요청사업 심의) 각 실(기획조정실)의 자율권 부여	현행규정 부합 (건설정책과에서 기획처 요청 사업 심의) 건설정책과의 총괄기능 유지
단점	현행규정과 상충 (사업부서에서 기획조정실 요청사업 심의) 건설정책과 인력부족	현행규정과 상충(사업 부서에서 기획조정실 요청 사업 심의) 건설정책과 인력부족 도로사업에 대한 건설정책과의 총괄기능 상실우려	해당실(기획조정실)의 책임이행제도 상대적으로 소홀 우려	해당실(기획조정실)의 책임이행제도 소홀 우려

Ⅳ. 개선대책

- 총사업비 조정은 원칙적으로 건설정책과의 참여없이 각 부서에서 전적인 책임하에 시행
  - 부서별로 사업의 특성, 규모, 난이도, 전문성, 건수 등에 따라 자체 내부 검토 또는 심의회 구성·운용여부에 대해서는 자체판단
  - 별도의 심의회 등을 구성·운영시에도 대규모 총사업비 변경 사업에 대하여는 규정에 의거 건설정책과에서 중점검토

- 사업시행청에서 총사업비 조정요구시 본부 건설정책과와 해당 본부 과에 동시에 공문을 접수
  - 검토결과, 보완사항 발생시는 해당과에서 건설정책과에 보완 사항을 통보하여 건설정책과에서 일괄 보완요청
  - 어떠한 경우라도 총사업비 검토기간은 규정에 의거 10일을 초과하지 않도록 조치

<참고 1> 총사업비 심의대상사업 및 현행 업무추진절차

대 상 사 업	조정기관	현 행 절 차
1. 총사업비 500억 이상 사업		
① 총사업비 20%이상 증액사업(물가, 지가 변동 제외)	재 정 경제부	타당성 재검증대상 (해당본부 검토후 재정경제부에 제출) ※ 현재 '국토해양 투자용역 관리규정' 개정 추진 중 ⇒ 개정 후 해당본부(기획조정실) 및 건설정책과(위원회)에서 검토조정 예정
② 총사업비 20%이하 증액 사업(물가, 지가 변동제외)	재 정 경제부	해당 본부(기획조정실) 및 건설정책과 검토조정후 기획처요청
③ 자율조정대상사업	해당본부	분기별 조정결과를 건설정책과에 통보 ⇒분기별 또는 반기별로 대상사업을 임의선정 및 점검 확인⇒재정경제부 제출
2. 총사업비 500억이하 사업		
④ 증액후 500억이상 사업	재정 경제부	①항과 동일
⑤ 증액후 500억이하 사업	해당본부, 기획조정실	

<참고 2> 총사업비 조정 대상사업별 행정절차 흐름도

○ 자율조정 대상사업

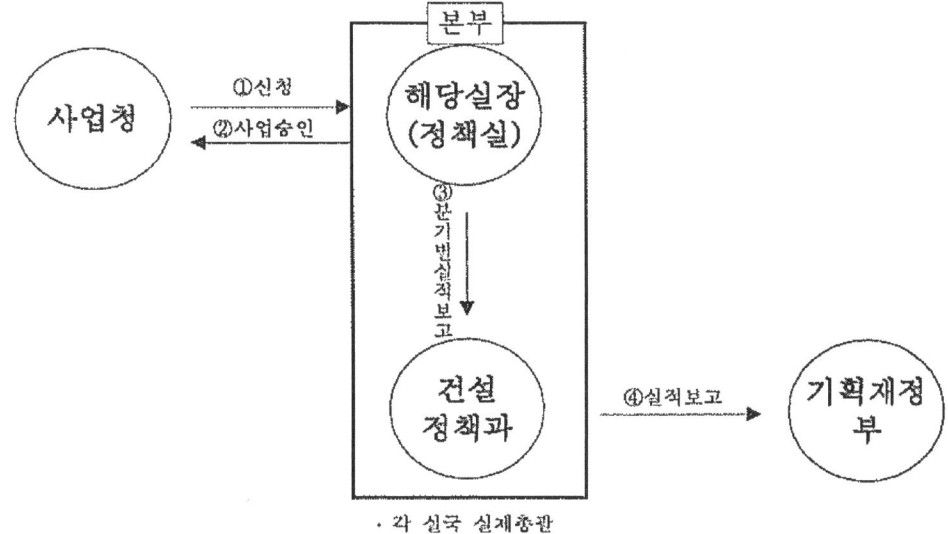

· 각 실국 실태총관
· 분기별 임의사업 선정,

○ 기획재정부 요청사업

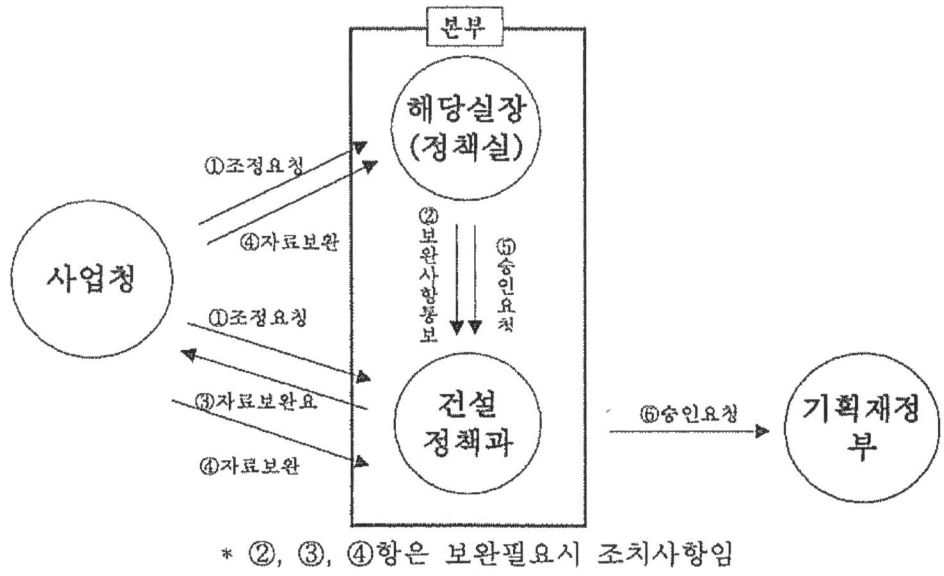

* ②, ③, ④항은 보완필요시 조치사항임

총사업비 조정 절차(신규사업)

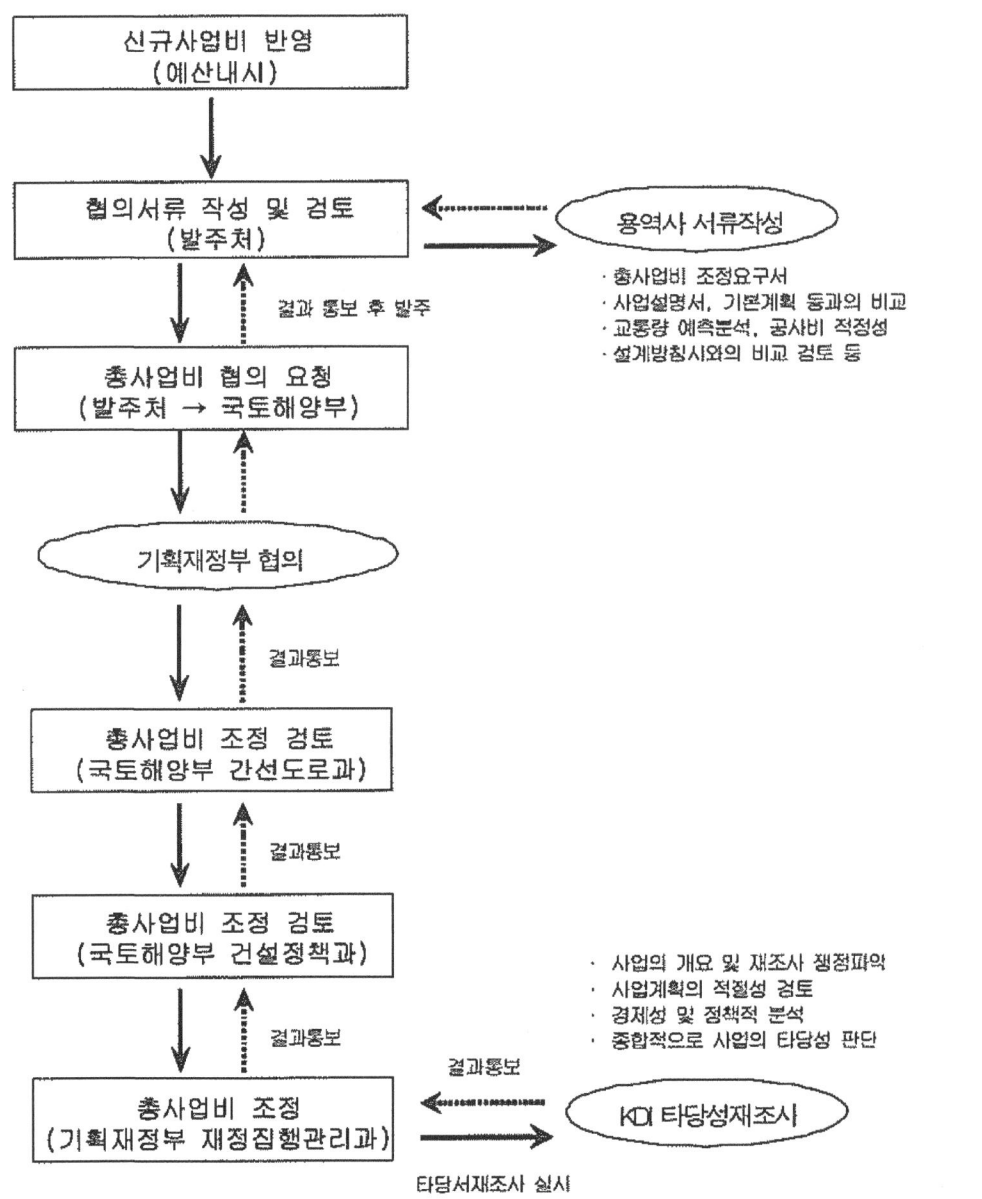

총사업비 조정 절차(진행사업)

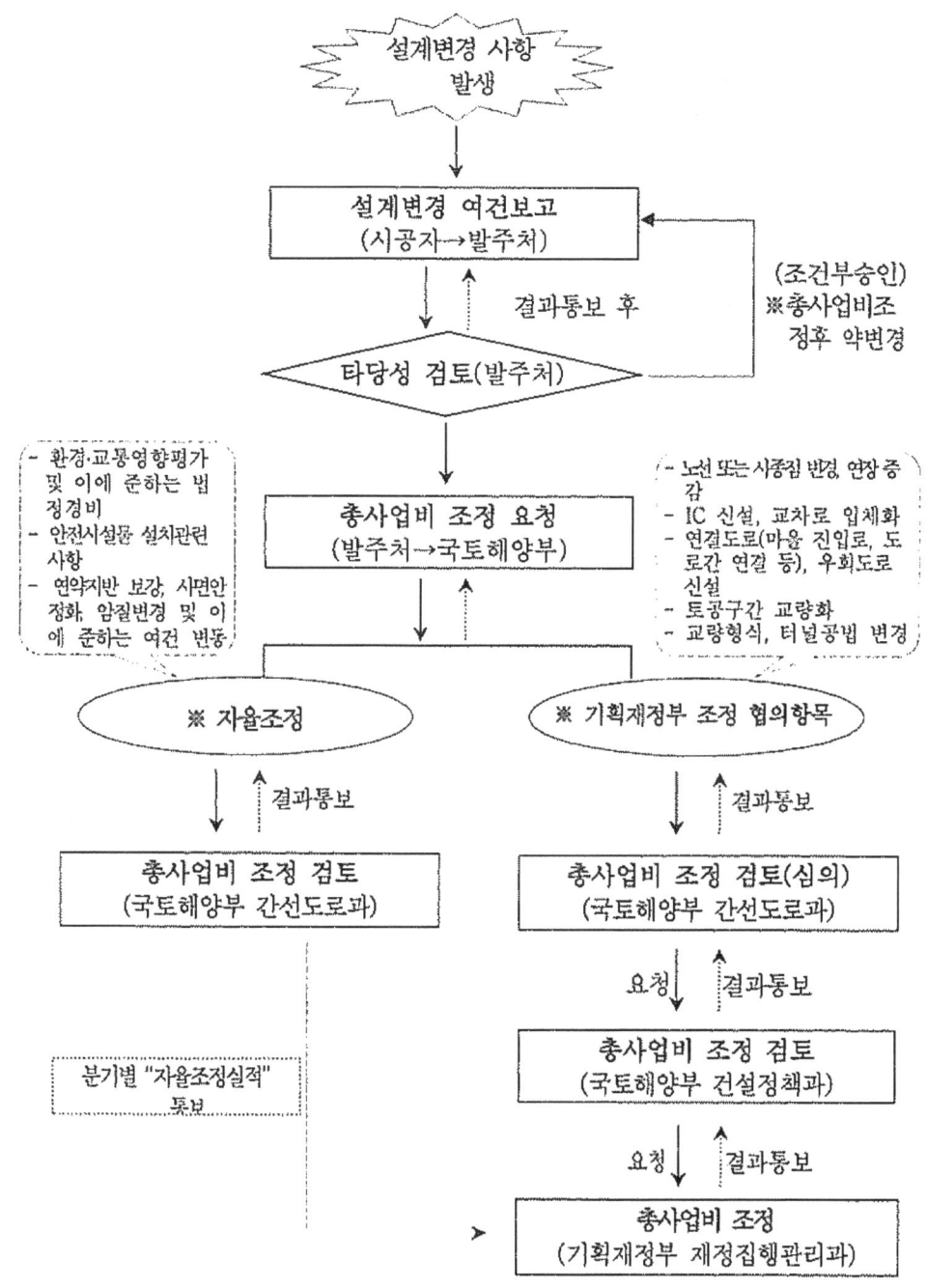

☐ 총사업비 관리지침 개정('07년도 기준)
  ○ '07.5.20일 기준으로 총사업비 관리지침 개정(기획재정부)
  ○ 주요개정내용
    1. 교통 수요 예측 재조사
       주변개발계획, 전후 연결구간 계획 변경이 발생된 경우에
       는 수요예측 재조사 실시
    2. 지침 위반시 패널티 제도 도입
       부대비 감액 조치
    3. 당해년도 준공 사업에 대한 총사업비 조정 가능
       당해연도 준공사업에 대해서 중앙관서의 가용예산 범위 내
       에서 총사업비를 조정하거나 자율조정으로 절차에 따라
       조정할 수 있다.
    4. 타당성 재조사 대상 사업 추가
       국회가 그 의결로 요구하는 사업
    5. 추정 보상비 인정
       인근 토지 감정평가 결과 등을 감안하여 추정 보상비를 반
       영하되 추후 정산토록 한다.
    6. 도로사업 동구간 제외 원칙
       도로 사업는 원칙적으로 동구간은 제외한다.
       다만 대도시권 혼잡도로 개선 계획에 포함된 경우,
       또한 원활한 교통처리 위해 전후 접속인 경우
    7. 토공구간 교량화 설계변경시 전문기관 검토 삽입
    8. 중앙관서장의 총사업비 조정 권한 및 자율조정 한계 구분
       명확
       - 중앙관서의 권한 : 물가상승비, 관급자재비, 경유세인상
       - 자율조정 : 환경 교통영향평가, 폐기물, 문화재, 도로표
             지 중분대 가로등 안전시설 연약지반 암판정 토취장 등
    9. 공사 완료 후 총사업비 결과 보고
       ※ 최근 절토사면에 대한 사면안정 해석에 대해서 기 통보
          한바와 같이 신뢰성 확보를 위하여 국가에서 인정된 공
          인기관에 의뢰하여 제출이 요구됨.

2. 현장 안전사고 처리절차

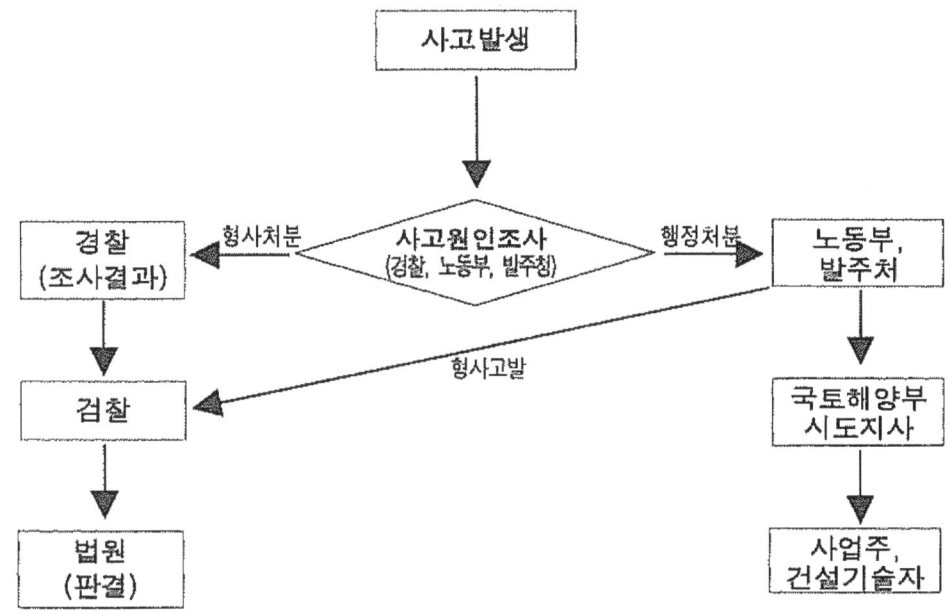

≪ 행정처분의 종류 ≫

① 부정당업자의 입찰참가자격 제한 : 국가계약법
   ◦ 경찰, 노동부, 익산청 → 우리부(건설정책과), 조달청

② 영업정지, 자격정지, 징역, 벌금 등 : 산업안전보건법, 건설산업기본법, 건설기술관리법, 국가기술자격법
   ◦ 경찰, 노동부, 익산청 → 시.도지사
      * 건산법에는 국토행양부관 또는 시.도지사로 표기되어 있으나, 일반건설업 등록지 해당 시·도지사가 일반적으로 처리하고 있음. ('99.8 시도지사로 권한 위임이후, 우리부가 영업정지 처분한 사례 없음)

안전사고 관련 처벌조항 요약

☐ 국가계약법 (제27조)
- (부정당업자의 입찰참가자격 제한) 각 중앙관서의 장은 입찰에 참가시키는 것이 부적합하다고 인정되는 자에 대하여서는 2년 이내의 범위에서 입찰참가자격을 제한

☐ 산업안전보건법 (제66조의2)
- (영업정지) 노동부장관은 사업주가 안전조치 소홀 등으로 사망사고 등 발생시 시도지사 등에 영업정지 요청
- (징역 등) 안전상의 조치 소홀로 다수의 근로자가 사망시 대표자, 관리감독자에 대해 7년 이하의 징역 또는 1억원 이하의 벌금부과

☐ 건설산업기본법 (제80조)
- (영업정지 등) 산업안전기본법에 의한 중대재해를 발생하게 한 건설업자에 대해 6월 이내의 영업정지 또는 5천만원 이하의 과징금 부과
  ※ 2명-5명 사망시 : 영업정지 2월 또는 과징금 2천만원 (시행령 별표6)
- (징역 등) 구조상 주요부분에 중대한 손괴를 야기하여 공중의 위험을 발생하게 한 건설업자, 현장대리인은 10년 이하의 징역, 1억원 이하의 벌금

☐ 건설기술관리법
- (업무정지) 불성실 시공으로 주요구조부가 현저하게 손괴되었거나 공중의 위해를 끼친 등의 경우, 국토해양부 장관은 감리원, 안전관리자 등 건설기술자 업무정지
  * 감리회사 : 중대한 재해 발생시 6월 이내의 업무정지 (규칙 제40조2 별표 14)

책임감리원 : 시설물이 붕괴되어 사망등 공중에 위해를 끼쳤을 경우 12월의 업무정지 (영 제54조8 별표6)
- (징역 등) 시설물의 구조상 주요부분에 중대한 손괴를 야기하여 공중의 위험을 발생하게 한 설계자 및 감리자는 10년이하 징역 또는 1억원 이하 벌금

☐ 국가기술자격법 (제16조)
- (국가기술자격의 취소 등) 국가기술자격취득자가 업무수행 중 당해 자격과 관련하여 고의 또는 중대한 과실로 타인에게 손해를 가한 경우 자격취소 및 정지
- (취소 및 정지) 손해를 가하고 금고이상의 형을 받은 경우 자격취소

안전사고 관련법령

☐ 국가계약법
 1. 법 제27조(부정당업자의 입찰참가자격 제한)
  ① 항 각 중앙관서의 장은 경쟁의 공정한 집행 또는 계약의 적정한 이행을 해칠 염려가 있거나 기타 입찰에 참가시키는 것이 부적합하다고 인정되는 자에 대하여서는 2년 이내의 범위에서 대통령령이 정하는 바에 따라 입찰참가자격을 제한하여야 하며, 이를 즉시 다른 중앙관서의 장에게 통보하여야 한다. 이 경우 통보를 받은 다른 중앙관서의 장은 대통령령이 정하는 바에 의하여 해당자의 입찰참가자격을 제한하여야 한다. [개정 2005.12.14] [[시행일 2006.3.15]]
  ③ 항 각 중앙관서의 장 또는 계약담당공무원은 제1항의 규정에 따라 입찰참가자격을 제한받은 자와 수의계약을 체결하여서는 아니된다. 다만, 제1항의 규정에 따라 입찰참가자격을 제한받은 자 외에는 적합한 시공자·제조자가 존재하지 아니하는 등 부득이한 사유가 있는 경우에는 그러하지 아니하다.   [신설 2005.12.14] [[시행일 2006.3.15]]

 2. 시행령 제76조(부정당업자의 입찰참가자격 제한)
  ① 항 : 각 중앙관서의 장은 다음 각호의 1에 해당하는 계약상대자 또는 입찰자에 대하여는 당해 사실이 있은 후 지체없이 1월이상 2년이하의 범위내에서 입찰참가자격을 제한하여야 한다.
   제5호 안전대책을 소홀히하여 공중에게 위해를 가한 자 또는 사업장에서 산업안전보건법에 의한 안전·보건조치를 소홀히 하여 근로자 등에게 사망 등 중대한 위해를 가한 자
   (* 조달청이 안전사고 관련, 입찰참가자격을 제한한 사례없음)

 3. 시행규칙 제76조(부정당업자의 입찰참가자격 제한기준 등)
  ①항 : 영 제76조제1항의 규정에 의한 부정당업자의 입찰참가자격 제한의 세부기준은 별표2와 같다.

※ 별표 2
1. 1년이상 2년이하
   다. 공사등의 경우 안전대책을 소홀히하여 사고가 발생함으로써 당해 사업장 외에 불특정다수인에게 인명피해를 입혔거나 사업장외의 시설이 손괴되게 한자

2. 6월이상 1년미만
   다. 사업장에서 산업안전보건법에의한 안전·보건 조치를 소홀히하여 동시에 3인이상의 근로자가 사망(의사의 최초 소견서상 전치 3월이상인 부상자 2인은 사망자 1인으로 본다)하는 재해를 발생시킨 자

☐ 산업안전보건법
○ 법 제51조의2(영업정지의 요청 등)
  ① 항 : 노동부장관은 사업주가 다음 각호의 1에 해당하는 산업재해를 발생하게 한 때에는 관계행정기관의 장에게 관계법령의 규정에 의하여 당해 사업의 영업정지 기타 제재를 요청하거나 정부투자기관의장에게 당해 투자기관이 시행하는 사업의 발주에 있어서 필요한 제한을 요청할 수 있다.
    1. 제23조, 제24조 또는 제29조의 규정에 위반하여 다수의 근로자가 사망하거나 사업장인근지역에 중대한 피해를 주는 등 대통령령이 정하는 사고가 발생한 때
       - 제23조(안전상의 조치) : 사업주는 안전사고 예방을 위한 필요한 조치를 하여야 함
       - 제24조(보건상의 조치) : 사업주는 근로자 건강, 보건과 관련한 필요한 조치를 하여야 함
       - 제29조(도급사업에 있어서의 안전·보건 조치)
    2. 제51조 6항 또는 7항의 규정에 의한 명령에 위반하여 근로자가 업무로 인하여 사망한 때

- 제51조 6항 : 노동부 장관은 안전·보건상 필요한 조치 명령
- 제51조 7항 : 노동부 장관은 위험상태가 해제 또는 개선되지 아니할 때 작업의 전부 또는 일부에 대한 중지 명령

○ 제66조의2 (벌칙) 제23조제1항 내지 제3항 또는 제24조제1항의 규정을 위반하여 근로자를 사망에 이르게 한 자는 7년 이하의 징역 또는 1억원 이하의 벌금에 처한다.
- 제23조 (안전상의 조치)
③ 사업주는 작업중 근로자가 추락할 위험이 있는 장소, 토사·구축물등이 붕괴할 우려가 있는 장소, 물체가 낙하·비래할 위험이 있는 장소 기타 천재지변으로 인하여 작업수행상 위험발생이 예상되는 장소에는 그 위험을 방지하기 위하여 필요한 조치를 하여야 한다.
- 법 제24조(보건상의 조치) ---- 해당없음
① 사업주는 사업을 행함에 있어서 발생하는 다음 각호의 건강장해를 예방하기 위하여 필요한 조치를 하여야 한다.
   1. 원재료·가스·증기·분진·흄(fume)·미스트(mist)·산소결핍공기·병원체등에 의한 건강장해
   2. 방사선·유해광선·고온·저온·초음파·소음·진동·이상기압 등에 의한 건강장해

○ 법 제71조(양벌규정) : 법인의 대표자 또는 법인이나 개인의 대리인·사용인(관리감독자를 포함한다) 기타 종업원이 그 법인 또는 개인의 업무에 관하여 제66조의2 내지 제70조의 위반행위를 한 때에는 그 행위자를 벌하는 외에 그 법인 또는 개인에 대하여도 동조의 벌금형을 과한다.
- 법 제23조3항 : 사업주는 작업중 근로자가 추락할 위험이 있는 장소, 토사·구축물 등이 붕괴할 우려가 있는 장소, 물체가 낙

하·비래할 위험이 있는 장소 기타 천재지변으로 인하여 작업 수행상 위험발생이 예상되는 장소에는 그 위험을 방지하기 위하여 필요한 조치를 하여야 한다.

□ 건설산업기본법 [시공회사]
- 법 제82조(영업정지 등) 국토해양부장관 또는 시·도지사는 건설업자가 다음 각 호의 1에 해당하게 된 때에는 6월 이내의 기간을 정하여 당해 건설업자의 영업정지를 명하거나 영업정지에 갈음하여 5천만원 이하의 과징금을 부과할 수 있다
  - 6호 : 산업안전보건법에 의한 중대재해를 발생하게 한 건설업자에 대하여 노동부장관으로부터 영업정지의 요청이 있는 경우
    ※ 산안법에 의한 중대 재해 : 법 제23조(안전상의 조치) 규정을 위반하여 다수의 근로자가 사망

- 건산법 시행령 제80조(영업정지 또는 과징금부과기준 등)
  - 법 제84조(영업정지의 세부기준) 규정에 의한 위반행위의 종별과 정도에 따른 영업정지의 기간 또는 과징금의 금액은 별표와 같다.
    ※ 시행령 별표 6(2명-5명 사망한 때) : 영업정지 2월 또는 과징금 2천만원

- 법 제94조(벌칙) : 업무상 과실로 제93조 제1항의 죄를 범하여 사람을 사상에 이르게 한 자는 10년 이하의 징역이나 금고 또는 1억원 이하의 벌금에 처한다.
    ※ 제93조(벌칙) ① 건설업자, 제2조제13호의 규정에 의한 시공참여자 또는 제40조제1항의 규정에 의하여 건설현장에 배치된 건설기술자로서 건설공사의 안전에 관한 법령에 위반하여 건설공사를 시공함으로써 착공후 제28조의 규정에 의한 하자담보책임기간내에 교량·터널·철도 기타 대통령령이 정하는 시설

물의 구조상 주요부분에 중대한 손괴를 야기하여 공중의 위험을 발생하게 한 자는 10년 이하의 징역에 처한다.

◦ 법 제98조(양벌규정) : 법인의 대표자, 법인 또는 개인의 대리인·사용인 기타 종업원이 그 법인 또는 개인의 업무에 관하여 제94조 내지 제97조의 위반행위를 한 때에는 행위자를 벌하는 외에 당해 법인이나 개인에 대하여도 각 해당 조의 벌금형을 과한다.

□ 건설기술관리법
◦ 법 제30조(감리전문회사의 등록취소 등) ① 시·도지사는 감리전문회사가 다음 각호의 1에 해당하는 때에는 그 등록을 취소하거나 1년 이내의 기간을 정하여 업무의 정지를 명할 수 있다.
  - 8호 : 책임감리 등을 성실하게 수행하지 아니함으로써 공중에 위해를 끼치거나 당해 시설물의 주요 구조부가 조잡하게 시공된 때(* 시행규칙 : 업무정지 기간 8월 이내)
  ② 시·도지사는 감리전문회사가 다음 각 호의 1에 해당하는 때에는 6월 이내의 기간을 정하여 업무정지를 명할 수 있다.
  - 3호 : 건설공사의 안전관리 지도·감독을 성실하게 수행하지 아니함으로써 중대한 재해가 발생할 때

◦ 시행규칙 제40조의2 (감리전문회사의 처분기준) ①법 제30조제5항의 규정에 의한 감리전문회사의 등록취소 또는 업무정지에 관한 행정처분기준은 별표 17과 같다.
  * 시행규칙 제40조의 2[별표 17]

위 반 행 위	해당법조문	처분내용
14. 건설공사의 안전관리 지도·감독을 성실하게 수행하지 아니함으로써 중대한 재해가 발생한 때	제30조제2항제3호	6월 이내 업무정지

- 제33조(감리원의 업무정지) : 시·도지사는 감리전문회사가 다음 각 호의 1에 해당하는 때에는 2년 이내의 기간을 정하여 책임감리 등의 업무의 정지를 명할 수 있다.
  - 1호 : 책임감리 등을 성실하게 수행하지 아니함으로써 건설공사의 주요구조부가 부실하게 되었거나 공중에 위해를 끼친 때
    (시행령 : 업무정지 기간 12월)
  - 4호 : 안전관리 지도·감독을 성실하게 수행하지 아니함으로써 중대한 재해가 발생하거나 발생할 우려가 있을 때
    (시행령 : 업무정지 기간 3월)

- 시행령 제54조의8 (감리원의 업무정지처분기준) ①법 제33조제3항의 규정에 의한 감리원에 대한 업무정지처분의 기준은 별표 6과 같다.
  * 시행령 제54조의 8 [별표6] 감리원에 대한 위반행위별 업무정지처분기준

위 반 행 위	해당법조문	업무정지기간
1. 책임감리 등을 성실하게 수행하지 아니함으로써 시설물의 주요구조부가 부실하게 되었거나 공중에 위해를 끼친 때 　가. 주요구조부의 부실시공으로 시설물이 붕괴되어 사망 등 공중에 위해를 끼친 때	법 제33조제1항 제1호	12월
4. 안전관리지도감독을 성실하게 수행하지 아니함으로써 중대한 재해가 발생하거나 발생할 우려가 있을 때 　가. 다수의 인명피해 등 중대한 재해가 발생한 때	법 제33조제1항 제4호	3월

◦ 제41조 (벌칙) ①다음 각호의 1에 해당하는 자는 10년 이하의 징역 또는 1억원 이하의 벌금에 처한다.
  1. 책임감리등을 성실하게 수행하지 아니하거나 건설공사의 안전에 관한 법령에 위반하여 책임감리등을 수행함으로써 건설산업기본법 제28조의 규정에 의한 하자담보책임기간내에 교량·터널·철도 기타 대통령령이 정하는 시설물의 구조상 주요부분에 중대한 손괴를 야기하여 공중의 위험을 발생하게 한 자
  2. 제20조의2의 규정에 위반하여 설계등 용역업무를 성실하게 수행하지 아니함으로써 건설산업기본법 제28조의 규정에 의한 하자담보책임기간내에 교량·터널·철도 기타 대통령령이 정하는 시설물의 구조상 주요부분에 중대한 손괴를 야기하여 공중의 위험을 발생하게 한 자

◦ 법 2조(정의)
  - 8호 건설기술자라 함은 국가기술자격법 등 관계법률에 의한 건설공사 또는 건설기술용역에 관한 자격을 가진자와 일정한 학력 또는 경력을 가진자로서 대통령령이 정하는 자를 말한다.

◦ 시행령 4조
  - 법 제2조 제8호에서 대통령령이 정하는 자는 별표 1

◦ 별표 1
  - 건설기술자의 범위 : 현장대리인, 책임감리원, 안전관리자

◦ 법 제6조의4(건설기술자의 업무정지 등) : ① 국토행양부장관은 건설기술자가 다음 각호의 1에 해당하는 때에는 1년 이내의 기간을 정하여 건설공사 또는 건설기술용역 업무의 수행을 정지시킬 수 있다.
  - 3호 : 건설공사를 성실하게 시공하지 아니함으로서 당해 건설공사의 주요구조부가 현저하게 손괴되었거나 공중의 위해를 끼친

때 또는 시설물의 내구성이 저하될 우려가 있을 때
(* 시행규칙 : 업무정지 8월)

- 시행규칙 제4조의4 (건설기술자의 업무정지기준) ①법 제6조의4제1항의 규정에 의한 건설기술자의 업무정지기간은 별표 2의 건설기술자의 업무정지기준에 의한 기간 이내로 한다.

* 시행규칙 제4조의 4 [별표 2] 건설기술자에 대한 업무정지기준

위 반 행 위	해당법조문	업무정지기간
3. 건설공사를 성실하게 시공하지 아니함으로써 당해 건설공사의 주요구조부가 현저하게 손괴되었거나 공중에 위해를 끼친 때 또는 시설물의 내구성이 저하될 우려가 있을 때	법 제6조의4 제1항 제3호	
가. 당해 건설공사의 주요구조부가 붕괴되어 사망 등 인명사고가 발생하는 등 공중에 위해를 끼친 때		8월

☐ 국가기술자격법
- 법 제16조 (국가기술자격의 취소 등) ①주무부장관은 국가기술자격 취득자가 다음 각호의 1에 해당하는 경우에는 그 국가기술자격을 취소하거나 3년 이내의 범위에서 정지시킬 수 있다. 다만, 제1호에 해당하는 경우에는 그 국가기술자격을 취소하여야 한다.
  1. 거짓 그 밖의 부정한 방법으로 국가기술자격을 취득한 경우
  2. 제15조제1항의 규정을 위반하여 그 업무를 성실히 수행하지 아니하거나 품위를 손상시켜 공익을 해하거나 타인에게 손해를 가한 경우

- 시행규칙 제34조 (국가기술자격의 취소 또는 정지에 관한 기준) ① 법 제16조제1항 2호의 규정에 의한 국가기술자격의 취소 및 정지기준은 별표 18과 같다.

[별표 18]

국가기술자격취소 및 정지의 기준(제34조제1항관련)

위 반 행 위	근거법조항	행정처분기준
2. 국가기술자격취득자가 업무수행 중 당해 자격과 관련하여 고의 또는 중대한 과실로 타인에게 손해를 가한 경우 가. 손해를 가하여 금고 이상의 형을 선고받은 경우 나. 손해를 가하여 자격상실 이하의 형을 선고받은 경우 다. 손해를 가하고, 형을 선고받지 아니한 경우	법 제16조 제1항제2호	 자격취소 자격정지 3년 자격정지 2년

3. 한국형 포장 설계법과 포장 성능개선 추진 현황

I. 추진 배경
- 현재 사용 중인 포장설계법은 미국이 70년대 초 개발한 AASHTO 설계법을 도입하여 사용하고 있으나, 환경 조건·교통조건·재료조건 들이 우리와 상이하고
  - 최근들어 게릴라성 집중호우, 이상 고온현상 등 우리의 기후변화와 중차량의 증대로 도로포장의 평균 수명이 현격히 저하되고 있어
- 우리의 실정에 적합한 국내 포장설계법 개발 및 전반적인 포장의 성능개선 방안 마련을 위한 종합적 연구를 단계적으로 실시

II. 연구 개요
- 연구 기관 : 한국건설기술연구원(주관), 한국도로공사,
  (일부 위탁 시행 : 한국도로학회)
- 연구기간 및 용역비
  - 전 체 : 2001. 10 ~ 2011. 12 (10년, 224.6억원)
  - 1단계 : 2001. 10 ~ 2004. 10 (3년, 57억원)
  - 2단계 : 2004. 12 ~ 2008. 07 (3년 8개월, 93.6억원)
  - 3단계 : 2008. 08 ~ 2011. 06 (3년 4개월, 74억원)
- 전체 연구목표
  - 한국형 포장 설계법 개발
    역학적-경험적(M-E) 설계법 개발
  - 도로 포장관련 다양한 기준 및 지침 작성
    실험, 재료, 시공, 설계관련 기준 및 지침서를 단계적으로 작성
  - 도로 포장의 기술력 향상을 위한 교육 및 홍보
    동영상, 홈페이지, 기술 자료집, 교육 훈련 등

Ⅲ. 주요 연구 성과
- 1단계 연구 성과
    - 아스팔트 소성변형 저감을 위한 지침서 작성
    - 건설폐자재 도로 포장 재활용 지침서 작성
    - 가열 아스팔트 혼합물 배합설계 지침서 작성
    - 아스팔트 플랜트 품질관리 요령 발간
    - 현 포장 설계법 개선 프로그램 개발
- 2단계 연구 성과(3차년도 까지)
    - 아스팔트 포장 설계법/콘크리트 포장 설계법 베타버젼 프로그램 개발
    - 아스팔트 포장의 현장 다짐관리 매뉴얼 작성
    - 콘크리트 포장 초기 균열 방지를 위한 요령 발간
    - 터널내 포장 설계 지침서 작성
- 향후 연구 성과(2단계 4차년도)
    - 산업부산물 도로 포장 재활용 지침서 작성
    - 암반 구간 포장 설계 시공 지침서 작성
    - 콘크리트 포장 생산 및 시공 지침서 작성
    - 아스팔트 포장 생산 및 시공 지침서 작성
    - 포장 하부구조 다짐관리 지침서 작성
    - 교면 포장 설계 및 시공 지침서 작성
    - 아스팔트 및 콘크리트 포장 설계법 및 프로그램 개발
    - 포장설계 프로그램 지침 및 매뉴얼 작성

Ⅲ. 향후 연구과제
- 3단계 연구 목표
    - 신설 포장 설계법에 대한 검증 및 덧씌우기 설계법을 개발함으로서, 한국형 포장 설계법 개발을 완료
    - 2단계에 이어 포장의 재료(아스팔트, 시멘트 등), 시공, 특수 개소 등에 대한 기준을 통합적으로 완성
    - 1, 2 단계에서의 연구 결과에 대한 기술 교육 및 홍보를 실시

4. 지방도 노선번호 체계개선

도로정책팀-5035, '06.12.29

□ 현황 및 문제점
  ◦ 지방도 노선번호는 지자체가 지역 실정 등을 감안, 부여하고 있으나 번호체계가 일관성이 없어 도로이용자 혼란 초래
  - 경북지역의 경우 지역 고유번호는 900번대 임에도, 500번대(1개노선), 및 1000번대(3개노선) 노선 존재
  ※ 지역별 고유번호 : 경기 300, 강원 400, 충북 500, 충남 600, 전북 700, 전남 800, 경북 900, 경남 1000, 제주 1100

□ 지방도 노선번호 부여 원칙
  ◦ 노선번호 앞자리는 지역 고유번호를, 나머지 두자리 번호는 방향성(남북-홀수, 동서-짝수)에 따라 번호 부여 (항목1)
  ◦ 2개 道를 연결하는 경우, 노선 시점부 道의 지방도 고유번호(남북축-남쪽道, 동서축-서쪽道)로 통일 (항목2)
  ◦ 단절된 단 구간 지방도 번호체계는 축 개념을 도입하여 연속된 중·단거리 노선으로 번호 체계 단순화 (항목3)
  - 노선연장 20km이하인 지방도를 조정 대상으로 하되, 道 경계에 인접하여 연계할 노선이 없는 경우 등은 제외
  ◦ 제주특별자치도 설치 및 국제자유도시 조성을 위한 특별법에 따라 제주지역 국도는 지방도로 변경 (항목4)
  - 노선번호의 방향성(남북-홀수, 동서-짝수)을 고려하되, 제주에서 현재 사용되고 있지 않는 1130~40번대 번호 부여
  ※ 제251조 제③항 : 종전의 제주도에 지정된 일반국도를 해제하고, 도지사는 그 해제된 일반국도를 지방도로 인정 (시행일: '07.1.1)

□ 정비소요 예산 추정
　◦ 도로표지종합관리센타(건기연)의 도로표지전산관리시스템상에 등록된 자료를 근거로 정비할 도로표지 수량 산출
　　- 해당 도로관리청의 도로표지 DB작업 지연, 인접구간의 연계된 도로표지 수량 등을 감안하여 할증 15% 적용
　◦ 정비단가는 반사지 교체비 등을 감안 30만원/개 반영

□ 향후계획
　◦ 지자체별 도로정비기본계획에 반영하여 단계적으로 시행
　　- 지자체 도로표지 정비 소요 예산 확보방안 마련
　◦ 다양한 언론매체 등을 통한 대국민 홍보 추진
　※ 붙임 : 도별 지방도 번호개선 방안 및 소요예산(안) 1부

4. 지방도 노선번호 체계개선

<붙임>

도별 지방도 번호개선 방안 및 소요예산(안)

구 분	지방도 노선번호 개선				도로표지 정비 소요예산 추정		
	대상연장 (km)	현행번호	개선(안)	개선사유	교체표지(개)		비용 (천원)
					DB	항중	
합 계	1,241.9	-	48구간	-	2,034	2,339	701,730
경기도	-	소계	-	-	일제정비 旣 완료(`05.3.28)		
강원도	43.4	소계	6구간	-	49	56	16,905
①	6.4	322	372	시점부 노선번호 준용(항목2)	17	20	5,865
②	2.5	325	387	시점부 노선번호 준용(항목2)	5	6	1,725
③	3.6	328	349	시점부 노선번호 준용(항목2)	2	2	690
④	8.8	341	391	시점부 노선번호 준용(항목2)	7	8	2,415
⑤	5.7	402	597	시점부 노선번호 준용(항목2)	8	9	2,760
⑥	16.4	413	415	단구간 노선조정(항목3)	10	12	3,450
충청 북도	277.9	소계	13구간	-	261	300	90,045
①	17.2	313	325	단구간 노선조정(항목3)	8	9	2,760
②	27.2	318	306	시점부 노선번호 준용(항목2)	8	9	2,760
③	1.0	335	531	시점부 노선번호 준용(항목2)	6	7	2,070
④	13.2	402	597	지역 고유번호 부여(항목1)	8	9	2,760
⑤	16.2	507	508	단구간 노선조정(항목3)	27	31	9,315
⑥	86.4	515	333	시점부 노선번호 준용(항목2)	67	77	23,115
⑦	14.3	520	525	단구간 노선조정(항목3)	30	35	10,350
⑧	15.4	583	329	시점부 노선번호 준용(항목2)	8	9	2,760
⑨	15.0	587	302	시점부 노선번호 준용(항목2)	20	23	6,900
⑩	28.3	591	604	시점부 노선번호 준용(항목2)	28	32	9,660
⑪	17.4	594	512	단구간 노선조정(항목3)	26	30	8,970
⑫	18.9	596	693	시점부 노선번호 준용(항목2)	21	24	7,245
⑬	7.4	906	514	지역 고유번호 부여(항목1)	4	5	1,380
충청 남도	101.8	소계	4구간	-	167	192	57,615
①	6.2	591	604	지역 고유번호 부여(항목1)	21	24	7,245
②	56.8	635	713	시점부 노선번호 준용(항목2)	64	74	22,080
③	33.2	643	725	시점부 노선번호 준용(항목2)	70	81	24,150
④	5.6	696	693	단구간 노선조정(항목3)	12	14	4,140

296

구 분	지방도 노선번호 개선				도로표지 정비 소요예산 추정		
	대상연장 (km)	현행 번호	개선 (안)	개선사유	교체표지(개)		비용 (천원)
					DB	할증	
전라북도	112.9	소계	8구간	-	133	153	45,885
①	28.6	635	713	시점부 노선번호 준용(항목2)	20	23	6,900
②	12.1	643	725	시점부 노선번호 준용(항목2)	17	20	5,865
③	10.3	710	707	단구간 노선조정(항목3)	52	60	17,940
④	10.1	713	712	단구간 노선조정(항목3)	13	15	4,485
⑤	11.7	720	732	단구간 노선조정(항목3)	23	26	7,935
⑥	36.9	729	887	시점부 노선번호 준용(항목2)	4	5	1,380
⑦	1.0	816	734	단구간 노선조정(항목3)	-	-	-
⑧	2.2	898	708	단구간 노선조정(항목3)	4	5	1,380
전라남도	150.2	소계	9구간	-	180	207	62,100
①	6.5	729	887	시점부 노선번호 준용(항목2)	-	-	-
②	12.1	810	806	단구간 노선조정(항목3)	20	23	6,900
③	11.6	814	830	단구간 노선조정(항목3)	19	22	6,555
④	49.3	816	734	시점부 노선번호 준용(항목2)	62	71	21,390
⑤	15.2	829	827	단구간 노선조정(항목3)	22	25	7,590
⑥	7.7	831	822	단구간 노선조정(항목3)	6	7	2,070
⑦	15.7	837	827	단구간 노선조정(항목3)	23	26	7,935
⑧	31.9	898	708	시점부 노선번호 준용(항목2)	28	32	9,660
⑨	0.2	1023	1023	시점부 노선번호 준용(항목2)	-	-	-
경상북도	72.4	소계	2구간	-	121	139	41,745
①	65.4	906	514	시점부 노선번호 준용(항목2)	112	129	38,640
②	7.0	907	1011	시점부 노선번호 준용(항목2)	9	10	3,105
경상남도	25.0	소계	1구간	-	20	23	6,900
①	25.0	907	1011	시점부 노선번호 준용(항목2)	20	23	6,900
제주특별자치도	458.3	소계	5구간	-	1,103	1,268	380,535
①	29.0	국95	1135	제주지역 국도해제(항목4), 지역 고유번호 부여(항목1)	102	117	35,190
②	36.6	국99	1139	제주지역 국도해제(항목4), 지역 고유번호 부여(항목1)	63	72	21,735
③	40.6	국11	1131	제주지역 국도해제(항목4), 지역 고유번호 부여(항목1)	81	93	27,945
④	176.1	국12	1132	제주지역 국도해제(항목4), 지역 고유번호 부여(항목1)	518	596	178,710
⑤	176.1	국16	1136	제주지역 국도해제(항목4), 지역 고유번호 부여(항목1)	339	390	116,955

도로의 구조·시설 기준에 관한 규칙

국토교통부령 제1호, 2013. 3.23, 타법개정
국토교통부(간선도로과), 044-201-3893

제1조(목적) 이 규칙은 「도로법」 제37조 및 제61조에 따라 도로를 신설 또는 개량하거나 자동차 전용도로를 지정하는 경우 그 도로의 구조 및 시설에 적용되는 최소한의 기준을 규정함을 목적으로 한다.

제2조(정의) 이 규칙에서 사용하는 용어의 뜻은 다음 각 호와 같다.
1. "자동차"란 「도로교통법」 제2조제17호에 따른 자동차(이륜자동차는 제외한다)를 말한다.
2. "설계기준자동차"란 도로 구조설계의 기준이 되는 자동차를 말한다.
3. "승용자동차"란 「자동차관리법 시행규칙」 제2조에 따른 승용자동차를 말한다.
4. "소형자동차"란 승용자동차와 「자동차관리법 시행규칙」 제2조에 따른 승합자동차·화물자동차·특수자동차 중 경형(輕型)과 소형을 말한다.
5. "대형자동차"란 「자동차관리법 시행규칙」 제2조에 따른 자동차(이륜자동차는 제외한다) 중 소형자동차와 세미트레일러를 제외한 자동차를 말한다.
6. "세미트레일러"란 앞 차축(車軸)이 없는 피견인차(被牽引車)와 견인차의 결합체로서 피견인차와 적재물 중량의 상당한 부분이 견인차에 의하여 지지되도록 연결되어 있는 자동차를 말한다.
7. "고속도로"란 「도로법」 제8조 및 제9조에 따른 고속국도로서 중앙분리대에 의하여 양 방향이 분리되고 입체교차를 원칙으로 하는 도로를 말한다.
8. "일반도로"란 「도로법」에 따른 도로(고속도로는 제외한다)로서

그 기능에 따라 주간선도로(主幹線道路), 보조간선도로, 집산도로(集散道路) 및 국지도로(局地道路)로 구분되는 도로를 말한다.

9. "자동차 전용도로"란 간선도로로서 「도로법」 제61조에 따라 지정된 도로를 말한다.
10. "소형차도로"란 제5조제1항 단서에 따라 설계기준자동차가 소형자동차인 도로를 말한다.
11. "접근관리 설계기법"이란 주도로(主道路)와 부도로(副道路)가 접속하는 지점에서 주행하는 모든 자동차의 안전성과 효율성을 확보하기 위하여 주도로에 접속하는 부도로의 접속 위치, 간격, 기하구조 설계, 교통제어방식 등을 합리적으로 관리하는 설계기법을 말한다.
12. "도로의 계획목표연도"란 도로를 계획하거나 설계할 때 예측된 교통량에 따라 도로를 건설하여 적절하게 유지·관리하는 경우 적정한 수준 이상의 기능이 유지될 수 있을 것으로 보는 기간(도로의 공용개시 계획연도를 시점으로 한다)을 말한다.
13. "도로의 설계서비스수준"이란 도로를 계획하거나 설계할 때의 기준으로서 도로의 통행속도, 교통량과 교통용량의 비율, 교통밀도와 교통량 등에 따른 도로운행 상태의 질을 말한다.
14. "계획교통량"이란 도로의 계획목표연도에 그 도로를 통행할 것으로 예상되는 자동차의 연평균 1일 교통량을 말한다.
15. "설계시간교통량"이란 도로의 계획목표연도에 그 도로를 통행할 시간당 자동차의 대수를 말한다.
16. "도시지역"이란 시가지를 형성하고 있는 지역이나 그 지역의 발전 추세로 보아 시가지로 형성될 가능성이 높은 지역을 말한다.
17. "지방지역"이란 도시지역 외의 지역을 말한다.
18. "설계속도"란 도로설계의 기초가 되는 자동차의 속도를 말한다.
19. "차로"란 자동차가 도로의 정해진 부분을 한 줄로 통행할 수 있도록 차선에 의하여 구분되는 차도의 부분을 말한다.
20. "차로 수"란 양 방향 차로(오르막차로, 회전차로, 변속차로 및 양보차로는 제외한다)의 수를 합한 것을 말한다.

21. "차도"란 자동차의 통행에 사용되며 차로로 구성된 도로의 부분을 말한다.
22. "차선"이란 차로와 차로를 구분하기 위하여 그 경계지점에 표시하는 선을 말한다.
23. "오르막차로"란 오르막 구간에서 저속 자동차를 다른 자동차와 분리하여 통행시키기 위하여 설치하는 차로를 말한다.
24. "회전차로"란 자동차가 우회전, 좌회전 또는 유턴을 할 수 있도록 직진하는 차로와 분리하여 설치하는 차로를 말한다.
25. "변속차로"란 자동차를 가속시키거나 감속시키기 위하여 설치하는 차로를 말한다.
26. "측대"란 운전자의 시선을 유도하고 옆 부분의 여유를 확보하기 위하여 중앙분리대 또는 길어깨에 차도와 동일한 횡단경사와 구조로 차도에 접속하여 설치하는 부분을 말한다.
27. "분리대"란 차도를 통행의 방향에 따라 분리하거나 성질이 다른 같은 방향의 교통을 분리하기 위하여 설치하는 도로의 부분이나 시설물을 말한다.
28. "중앙분리대"란 차도를 통행의 방향에 따라 분리하고 옆 부분의 여유를 확보하기 위하여 도로의 중앙에 설치하는 분리대와 측대를 말한다.
29. "길어깨"란 도로를 보호하고 비상시에 이용하기 위하여 차도에 접속하여 설치하는 도로의 부분을 말한다.
30. "주정차대(駐停車帶)"란 자동차의 주차 또는 정차에 이용하기 위하여 도로에 접속하여 설치하는 부분을 말한다.
31. "노상시설"이란 보도, 자전거도로, 중앙분리대, 길어깨 또는 환경시설대(環境施設帶) 등에 설치하는 표지판 및 방호울타리, 가로등, 가로수 등 도로의 부속물[공동구(共同溝)는 제외한다. 이하 같다]을 말한다.
32. "교통약자"란 「교통약자의 이동편의 증진법」 제2조에 따른 교통약자를 말한다.
33. "이동편의시설"이란 교통약자가 도로를 이용할 때 편리하게 이

동할 수 있도록 하기 위한 시설 및 설비를 말한다.

34. "보도의 유효폭"이란 보도폭에서 노상시설 등이 차지하는 폭을 제외한 보행자의 통행에만 이용되는 폭을 말한다.

35. "보행시설물"이란 보행자가 안전하고 편리하게 보행할 수 있도록 하기 위하여 설치하는 속도저감시설, 횡단시설, 교통안내시설, 교통신호기 등의 시설물을 말한다.

36. "시설한계"란 자동차나 보행자 등의 교통안전을 확보하기 위하여 일정한 폭과 높이 안쪽에는 시설물을 설치하지 못하게 하는 도로 위 공간 확보의 한계를 말한다.

37. "완화곡선(緩和曲線)"이란 직선 부분과 평면곡선 사이 또는 평면곡선과 평면곡선 사이에서 자동차의 원활한 주행을 위하여 설치하는 곡선으로서 곡선상의 위치에 따라 곡선 반지름이 변하는 곡선을 말한다.

38. "횡단경사"란 도로의 진행방향에 직각으로 설치하는 경사로서 도로의 배수(排水)를 원활하게 하기 위하여 설치하는 경사와 평면곡선부에 설치하는 편경사(偏傾斜)를 말한다.

39. "편경사"란 평면곡선부에서 자동차가 원심력에 저항할 수 있도록 하기 위하여 설치하는 횡단경사를 말한다.

40. "종단경사(縱斷傾斜)"란 도로의 진행방향 중심선의 길이에 대한 높이의 변화 비율을 말한다.

41. "정지시거(停止視距)"란 운전자가 같은 차로 위에 있는 고장차 등의 장애물을 인지하고 안전하게 정지하기 위하여 필요한 거리로서 차로 중심선 위의 1미터 높이에서 그 차로의 중심선에 있는 높이 15센티미터의 물체의 맨 윗부분을 볼 수 있는 거리를 그 차로의 중심선에 따라 측정한 길이를 말한다.

42. "앞지르기시거"란 2차로 도로에서 저속 자동차를 안전하게 앞지를 수 있는 거리로서 차로 중심선 위의 1미터 높이에서 반대쪽 차로의 중심선에 있는 높이 1.2미터의 반대쪽 자동차를 인지하고 앞차를 안전하게 앞지를 수 있는 거리를 도로 중심선에 따라 측정한 길이를 말한다.

43. "교통섬"이란 자동차의 안전하고 원활한 교통처리나 보행자 도로횡단의 안전을 확보하기 위하여 교차로 또는 차도의 분기점 등에 설치하는 섬 모양의 시설을 말한다.
44. "연결로"란 입체도로에서 서로 교차하는 도로를 연결하거나 서로 높이가 다른 도로를 연결하여 주는 도로를 말한다.
45. "환경시설대"란 도로 주변지역의 환경보전을 위하여 길어깨의 바깥쪽에 설치하는 녹지대 등의 시설이 설치된 지역을 말한다.

제3조(도로의 구분) ① 도로는 고속도로 및 일반도로로 구분한다.
② 고속도로 중 도시지역에 있는 고속도로는 도시고속도로로 한다.
③ 일반도로의 기능별 구분에 상응하는 「도로법」 제8조에 따른 도로의 종류는 다음 표와 같다.

일반도로	도로의 종류
주간선도로	일반국도, 특별시도·광역시도
보조간선도로	일반국도, 특별시도·광역시도, 지방도, 시도
집산도로	지방도, 시도, 군도, 구도
국지도로	군도, 구도

제4조(도로의 출입 등의 기준) ① 도로에는 자동차 주행의 안전성과 효율성을 확보하기 위하여 접근관리 설계기법을 적용하여야 한다.
② 고속도로와 자동차 전용도로는 다음 각 호의 기준에 적합하여야 한다.
1. 특별한 사유가 없으면 교차하는 모든 도로와 입체교차가 될 것
2. 지정된 곳에 한정하여 자동차만 출입이 허용되도록 할 것

제5조(설계기준자동차) ① 도로의 구분에 따른 설계기준자동차는 다음 표와 같다. 다만, 우회할 수 있는 도로(해당 도로 기능 이상의 기능을 갖춘 도로만 해당한다)가 있는 경우에는 도로의 구분에 관계없이 대형자동차나 승용자동차 또는 소형자동차를 설계기준자동차로 할 수 있다.

도로의 구분	설계기준 자동차
고속도로 및 주간선도로	세미트레일러
보조간선도로 및 집산도로	세미트레일러 또는 대형자동차
국지도로	대형자동차 또는 승용자동차

② 제1항에 따른 설계기준자동차의 종류별 제원(諸元)은 다음 표와 같다.

제원(미터) 자동차종류	폭	높이	길이	축간거리	앞내민길이	뒷내민길이	최소회전반지름
승용자동차	1.7	2.0	4.7	2.7	0.8	1.2	6.0
소형자동차	2.0	2.8	6.0	3.7	1.0	1.3	7.0
대형자동차	2.5	4.0	13.0	6.5	2.5	4.0	12.0
세미트레일러	2.5	4.0	16.7	앞축간거리 4.2 뒤축간거리 9.0	1.3	2.2	12.0

(비고)

1. 축간거리: 앞바퀴 차축의 중심으로부터 뒷바퀴 차축의 중심까지의 길이를 말한다.
2. 앞내민길이: 자동차의 앞면으로부터 앞바퀴 차축의 중심까지의 길이를 말한다.
3. 뒷내민길이: 자동차의 뒷면으로부터 뒷바퀴 차축의 중심까지의 길이를 말한다.

제6조(도로의 계획목표연도) ① 도로를 계획하거나 설계할 때에는 예측된 교통량에 맞추어 도로를 적절하게 유지·관리함으로써 도로의 기능이 원활하게 유지될 수 있도록 하기 위하여 도로의 계획목표연도를 설정하여야 한다.

② 도로의 계획목표연도는 공용개시 계획연도를 기준으로 20년 이내로 정하되, 그 기간을 설정할 때에는 도로의 구분, 교통량 예측의 신뢰성, 투자의 효율성, 단계적인 건설의 가능성, 주변 여건, 주변 지역의 사회·경제계획 및 도시·군계획 등을 고려하여야 한다.

<개정 2012.4.13>

제7조(도로의 설계서비스수준) 도로를 계획하거나 설계할 때에는 도로의 설계서비스수준이 국토해양부장관이 정하는 기준에 적합하도록 하여야 한다.

제8조(설계속도) ① 설계속도는 도로의 기능별 구분에 따라 다음 표의 속도 이상으로 한다. 다만, 지형 상황 및 경제성 등을 고려하여 필요한 경우에는 다음 표의 속도에서 시속 20킬로미터 이내의 속도를 뺀 속도를 설계속도로 할 수 있다. <개정 2011.12.23>

도로의 기능별 구분		설계속도(킬로미터/시간)			
		지방지역			도시지역
		평지	구릉지	산지	
고속도로		120	110	100	100
일반도로	주간선도로	80	70	60	80
	보조간선도로	70	60	50	60
	집산도로	60	50	40	50
	국지도로	50	40	40	40

② 제1항에도 불구하고 자동차 전용도로의 설계속도는 시속 80킬로미터 이상으로 한다. 다만, 자동차 전용도로가 도시지역에 있거나 소형차도로일 경우에는 시속 60킬로미터 이상으로 할 수 있다.

제9조(설계구간) ① 동일한 설계기준이 적용되어야 하는 도로의 설계구간은 주요 교차로(인터체인지를 포함한다)나 도로의 주요 시설물 사이의 구간으로 한다.

② 인접한 설계구간과의 설계속도의 차이는 시속 20킬로미터 이하가 되도록 하여야 한다.

제10조(차로) ① 도로의 차로 수는 도로의 구분 및 기능, 설계시간교통량, 도로의 계획목표연도의 설계서비스수준, 지형 상황, 나누어지거나 합하여지는 도로의 차로 수 등을 고려하여 정하여야 한다.

② 도로의 차로 수는 교통흐름의 형태, 교통량의 시간별·방향별 분포,

그 밖의 교통 특성 및 지역 여건에 따라 홀수 차로로 할 수 있다.
③ 차로의 폭은 차선의 중심선에서 인접한 차선의 중심선까지로 하며, 도로의 구분, 설계속도 및 지역에 따라 다음 표의 폭 이상으로 한다. 다만, 다음 각 호의 어느 하나에 해당하는 경우에는 각 호의 구분에 따른 차로폭 이상으로 하여야 한다. <개정 2011.12.23>
1. 설계기준자동차 및 경제성을 고려하여 필요한 경우: 3미터
2. 「접경지역 지원 특별법」 제2조제1호에 따른 접경지역에서 전차, 장갑차 등 군용차량의 통행에 따른 교통사고의 위험성을 고려하여 필요한 경우: 3.5미터

도로의 구분			차로의 최소 폭(미터)		
			지방지역	도시지역	소형차도로
고속도로			3.50	3.50	3.25
일반도로	설계속도 (킬로미터/시간)	80 이상	3.50	3.25	3.25
		70 이상	3.25	3.25	3.00
		60 이상	3.25	3.00	3.00
		60 이만	3.00	3.00	3.00

④ 제3항에도 불구하고 통행하는 자동차의 종류·교통량, 그 밖의 교통 특성과 지역 여건 등에 따라 필요한 경우 회전차로의 폭과 설계속도가 시속 40킬로미터 이하인 도시지역 차로의 폭은 2.75미터 이상으로 할 수 있다.
⑤ 도로에는 「도로교통법」 제15조에 따라 자동차의 종류 등에 따른 전용차로를 설치할 수 있다. 이 경우 간선급행버스체계 전용차로의 차로폭은 3.25미터 이상으로 하되, 정류장의 추월차로 등 부득이한 경우에는 3미터 이상으로 할 수 있다.

제11조(차로의 분리 등) ① 도로에는 차로를 통행의 방향별로 분리하기 위하여 중앙선을 표시하거나 중앙분리대를 설치하여야 한다. 다만, 4차로 이상인 도로에는 도로기능과 교통 상황에 따라 안전하고 원활한 교통을 확보하기 위하여 필요한 경우 중앙분리대를 설치하여야 한다.
② 중앙분리대 내에는 시설물을 설치할 수 있으며 중앙분리대의 폭은

도로의 구분에 따라 다음 표의 값 이상으로 한다. 다만, 자동차 전용도로의 경우는 2미터 이상으로 한다.

도로의 구분	중앙분리대의 최소 폭(미터)		
	지방지역	도시지역	소형차도로
고속도로	3.0	2.0	2.0
일반도로	1.5	1.0	1.0

③ 중앙분리대에는 측대를 설치하여야 한다. 이 경우 측대의 폭은 설계속도가 시속 80킬로미터 이상인 경우는 0.5미터 이상으로 하고, 시속 80킬로미터 미만인 경우는 0.25미터 이상으로 한다.

④ 중앙분리대의 분리대 부분에 노상시설을 설치하는 경우 중앙분리대의 폭은 제18조에 따른 시설한계가 확보되도록 정하여야 한다.

⑤ 차로를 왕복 방향별로 분리하기 위하여 중앙선을 두 줄로 표시하는 경우 각 중앙선의 중심 사이의 간격은 0.5미터 이상으로 한다.

제12조(길어깨) ① 도로에는 차도와 접속하여 길어깨를 설치하여야 한다. 다만, 보도 또는 주정차대가 설치되어 있는 경우에는 설치하지 아니할 수 있다.

② 차도의 오른쪽에 설치하는 길어깨의 폭은 도로의 구분과 설계속도에 따라 다음 표의 폭 이상으로 하여야 한다. 다만, 오르막차로 또는 변속차로 등의 차로와 길어깨가 접속되는 구간에서는 0.5미터 이상으로 할 수 있다.

도로의 구분			차도 오른쪽 길어깨의 최소 폭(미터)		
			지방지역	도시지역	소형차도로
고속도로			3.00	3.50	3.25
일반도로	설계속도 (킬로미터 /시간)	80 이상	2.00	3.25	3.25
		60 이상 80 미만	1.50	1.0	0.75
		60 미만	1.00	0.75	0.75

③ 일방통행도로 등 분리도로의 차도 왼쪽에 설치하는 길어깨의 폭은 도로의 구분과 설계속도에 따라 다음 표의 폭 이상으로 한다.

도로의 구분			차도 왼쪽 길어깨의 최소 폭(미터)	
			지방지역 및 도시지역	소형차도로
고속도로			1.00	0.75
일반도로	설계속도 (킬로미터/시간)	80 이상	0.75	0.75
		80 미만	0.50	0.50

④ 제2항 및 제3항에도 불구하고 터널, 교량, 고가도로 또는 지하차도에 설치하는 길어깨의 폭은 고속도로의 경우에는 1미터 이상으로, 일반도로의 경우에는 0.5미터 이상으로 할 수 있다. 다만, 길이 1천 미터 이상의 터널 또는 지하차도에서 오른쪽 길어깨의 폭을 2미터 미만으로 하는 경우에는 최소 750미터의 간격으로 비상주차대를 설치하여야 한다.

⑤ 길어깨에는 측대를 설치하여야 한다. 이 경우 측대의 폭은 설계속도가 시속 80킬로미터 이상인 경우에는 0.5미터 이상으로 하고, 80킬로미터 미만이거나 터널인 경우에는 0.25미터 이상으로 한다.

⑥ 차도에 접속하여 노상시설을 설치하는 경우 노상시설의 폭은 길어깨의 폭에 포함되지 아니한다.

제13조(적설지역 도로의 중앙분리대 및 길어깨의 폭) 적설지역(積雪地域)에 있는 도로의 중앙분리대 및 길어깨의 폭은 제설작업을 고려하여 정하여야 한다.

제14조(주정차대) ① 도시지역의 일반도로에 주정차대를 설치하는 경우에는 그 폭이 2.5미터 이상이 되도록 하여야 한다. 다만, 소형자동차를 대상으로 하는 주정차대의 경우에는 그 폭이 2미터 이상이 되도록 할 수 있다.

② 고속도로와 간선도로에 설치하는 버스정류장은 차도와 분리하여 별도로 설치하여야 한다.

제15조(자전거도로) ① 안전하고 원활한 교통을 확보하기 위하여 자전거, 자동차 및 보행자의 통행을 분리할 필요가 있는 경우에는 자전거도로를 설치하여야 한다. 다만, 지형 상황 등으로 인하여 부득이하다고 인

정되는 경우에는 예외로 한다.

② 자전거도로의 구조와 시설기준에 관하여는 「자전거 이용시설의 구조·시설기준에 관한 규칙」에서 정하는 바에 따른다.

제16조(보도) ① 보행자의 안전과 자동차 등의 원활한 통행을 위하여 필요하다고 인정되는 경우에는 도로에 보도를 설치하여야 한다. 이 경우 보도는 연석(緣石)이나 방호울타리 등의 시설물을 이용하여 차도와 분리하여야 하고, 필요하다고 인정되는 지역에는 「교통약자의 이동편의 증진법」에 따른 이동편의시설을 설치하여야 한다.

② 제1항에 따라 차도와 보도를 구분하는 경우에는 다음 각 호의 기준에 따른다.

1. 차도에 접하여 연석을 설치하는 경우 그 높이는 25센티미터 이하로 할 것

2. 횡단보도에 접한 구간으로서 필요하다고 인정되는 지역에는 「교통약자의 이동편의 증진법」에 따른 이동편의시설을 설치하여야 하며, 자전거도로에 접한 구간은 자전거의 통행에 불편이 없도록 할 것

③ 보도의 유효폭은 보행자의 통행량과 주변 토지 이용 상황을 고려하여 결정하되, 최소 2미터 이상으로 하여야 한다. 다만, 지방지역의 도로와 도시지역의 국지도로는 지형상 불가능하거나 기존 도로의 증설·개설 시 불가피하다고 인정되는 경우에는 1.5미터 이상으로 할 수 있다.

④ 보도는 보행자의 통행 경로를 따라 연속성과 일관성이 유지되도록 설치하며, 보도에 가로수 등 노상시설을 설치하는 경우 노상시설 설치에 필요한 폭을 추가로 확보하여야 한다.

제17조(도로공간기능의 활용) ① 주민의 삶의 질 향상을 위하여 도로를 보행환경 개선공간 및 문화정보 교류공간, 대중교통의 수용공간, 환경친화적 녹화공간(綠化空間) 등으로 계획할 수 있다.

② 보행환경 개선이 필요한 지역에는 제2조제35호에 따른 보행시설물을 설치할 수 있다.

제18조(시설한계) ① 차도의 시설한계 높이는 4.5미터 이상으로 한다. 다만, 다음 각 호의 경우에는 시설한계 높이를 축소할 수 있다.
 1. 집산도로 또는 국지도로로서 지형 상황 등으로 인하여 부득이하다고 인정되는 경우: 4.2미터까지 축소 가능
 2. 소형차도로인 경우: 3미터까지 축소 가능
 3. 대형자동차의 교통량이 현저히 적고, 그 도로의 부근에 대형자동차가 우회할 수 있는 도로가 있는 경우: 3미터까지 축소 가능
② 차도, 보도 및 자전거도로의 시설한계는 별표와 같다. 이 경우 도로의 종단경사 및 횡단경사를 고려하여 시설한계를 확보하여야 한다.

제19조(평면곡선 반지름) 차도의 평면곡선 반지름은 설계속도와 편경사에 따라 다음 표의 길이 이상으로 한다.

설계속도 (킬로미터/시간)	최소 평면곡선 반지름(미터)		
	적용 최대 편경사		
	6퍼센트	7퍼센트	8퍼센트
120	710	670	630
110	600	560	530
100	460	440	420
90	380	360	340
80	280	265	250
70	200	190	180
60	140	135	130
50	90	85	80
40	60	55	50
30	30	30	30
20	15	15	15

제20조(평면곡선의 길이) 평면곡선부의 차도 중심선의 길이(완화곡선이 있는 경우에는 그 길이를 포함한다)는 다음 표의 길이 이상으로 한다.

설계속도 (킬로미터/시간)	평면곡선의 최소 길이(미터)	
	도로의 교각이 5도 미만인 경우	도로의 교각이 5도 이상인 경우
120	700/⊖	140
110	650/⊖	130
100	550/⊖	110
90	500/⊖	100
80	450/⊖	90
70	400/⊖	80
60	135/⊖	70
50	130/⊖	60
40	250/⊖	50
30	200/⊖	40
20	150/⊖	30

제21조(평면곡선부의 편경사) ① 차도의 평면곡선부에는 도로가 위치하는 지역, 적설 정도, 설계속도, 평면곡선 반지름 및 지형 상황 등에 따라 다음 표의 비율 이하의 최대 편경사를 두어야 한다.

구분		최대 편경사(퍼센트)
지방지역	적설·한랭 지역	6
	그 밖의 지역	8
도 시 지 역		6
연 결 로		8

② 제1항에도 불구하고 다음 각 호의 어느 하나에 해당하는 경우에는 편경사를 두지 아니할 수 있다.

1. 평면곡선 반지름을 고려하여 편경사가 필요 없는 경우
2. 설계속도가 시속 60킬로미터 이하인 도시지역의 도로에서 도로 주변과의 접근과 다른 도로와의 접속을 위하여 부득이하다고 인정되는 경우

③ 편경사의 회전축으로부터 편경사가 설치되는 차로 수가 2개 이하인 경우의 편경사의 접속설치길이는 설계속도에 따라 다음 표의 편경사 최대 접속설치율에 따라 산정된 길이 이상이 되어야 한다.

설계속도 (킬로미터/시간)	편경사 최대 접속설치율
120	1 / 200
110	1 / 185
100	1 / 175
90	1 / 160
80	1 / 150
70	1 / 135
60	1 / 125
50	1 / 115
40	1 / 105
30	1 / 95
20	1 / 85

④ 편경사의 회전축으로부터 편경사가 설치되는 차로 수가 2개를 초과하는 경우의 편경사의 접속설치길이는 제3항에 따라 산정된 길이에 다음 표의 보정계수를 곱한 길이 이상이 되어야 하며, 노면의 배수가 충분히 고려되어야 한다.

편경사가 설치되는 차로 수	접속설치길이의 보정계수
3	1.25
4	1.50
5	1.75
6	2.00

제22조(평면곡선부의 확폭) ① 차도 평면곡선부의 각 차로는 평면곡선 반지름 및 설계기준자동차에 따라 다음 표의 폭 이상을 확보하여야 한다.

세미트레일러		대형자동차		소형자동차	
평면곡선 반지름 (미터)	최소확폭량 (미터)	평면곡선 반지름 (미터)	최소확폭량 (미터)	평면곡선 반지름 (미터)	최소확폭량 (미터)
150이상~280미만	0.25	110이상~200미만	0.25	45이상~55미만	0.25
90이상~150미만	0.50	65이상~110미만	0.50	25이상~45미만	0.50
65이상~90미만	0.75	45이상~65미만	0.75	15이상~25미만	0.75
50이상~65미만	1.00	35이상~45미만	1.00		
40이상~50미만	1.25	25이상~35미만	1.25		
35이상~40미만	1.50	20이상~25미만	1.50		
30이상~35미만	1.75	18이상~20미만	1.75		
20이상~30미만	2.00	15이상~18미만	2.00		

② 제1항에도 불구하고 차도 평면곡선부의 각 차로가 다음 각 호의 어느 하나에 해당하는 경우에는 확폭을 하지 아니할 수 있다. <개정 2012.4.13>
  1. 도시지역의 일반도로에서 도시·군관리계획이나 주변 지장물(支障物) 등으로 인하여 부득이하다고 인정되는 경우
  2. 설계기준자동차가 승용자동차인 경우

제23조(완화곡선 및 완화구간) ① 설계속도가 시속 60킬로미터 이상인 도로의 평면곡선부에는 완화곡선을 설치하여야 한다.
② 완화곡선의 길이는 설계속도에 따라 다음 표의 값 이상으로 하여야 한다.

설계속도(킬로미터/시간)	완화곡선의 최소 길이(미터)
120	70
110	65
100	60
90	55
80	50
70	40
60	35

③ 설계속도가 시속 60킬로미터 미만인 도로의 평면곡선부에는 다음 표의 길이 이상의 완화구간을 두고 편경사를 설치하거나 확폭을 하여야 한다.

설계속도(킬로미터/시간)	완화곡선의 최소 길이(미터)
50	30
40	25
30	20
20	15

제24조(시거) ① 도로에는 그 도로의 설계속도에 따라 다음 표의 길이 이상의 정지 시거를 확보하여야 한다.

설계속도(킬로미터/시간)	최소 정지시거(미터)
120	215
110	185
100	155
90	130
80	110
70	95
60	75
50	55
40	40
30	30
20	20

② 2차로 도로에서 앞지르기를 허용하는 구간에서는 설계속도에 따라 다음 표의 길이 이상의 앞지르기 시거를 확보하여야 한다.

설계속도(킬로미터/시간)	최소 앞지르기시거(미터)
80	540
70	480
60	400
50	350
40	280
30	200
20	150

제25조(종단경사) ① 차도의 종단경사는 도로의 구분, 지형 상황과 설계속도에 따라 다음 표의 비율 이하로 하여야 한다. 다만, 지형 상황, 주변 지장물 및 경제성을 고려하여 필요하다고 인정되는 경우에는 다음 표의 비율에 1퍼센트를 더한 값 이하로 할 수 있다.

설계속도 (킬로미터/시간)	최대 종단경사(퍼센트)							
	고속도로		간선도로		집산도로 및 연결로		국지도로	
	평지	산지등	평지	산지등	평지	산지등	평지	산지등
120	3	4						
110	3	5						
100	3	5	3	6				
90	4	6	4	6				
80	4	6	4	7	6	9		
70			5	7	7	10		
60			5	8	7	10	7	13
50			5	8	7	10	7	14
40			6	9	7	11	7	15
30					7	12	8	16
20							8	16

② 소형차도로의 종단경사는 도로의 구분, 지형 상황과 설계속도에 따라 다음 표의 비율 이하로 하여야 한다. 다만, 지형 상황, 주변 지장물 및 경제성을 고려하여 필요하다고 인정되는 경우에는 다음 표의 비율에 1퍼센트를 더한 값 이하로 할 수 있다.

[전문개정 2011.12.23]

설계속도 (킬로미터/시간)	최대 종단경사(퍼센트)							
	고속도로		간선도로		집산도로 및 연결로		국지도로	
	평지	산지등	평지	산지등	평지	산지등	평지	산지등
120	4	5						
110	4	6						
100	4	6	4	7				
90	6	7	6	7				
80	6	7	6	8	8	10		
70			7	8	9	11		
60			7	9	9	11	9	14
50			7	9	9	11	9	15
40			8	10	9	12	9	16
30					9	13	10	17
20							10	17

제26조(오르막차로) ① 종단경사가 있는 구간에서 자동차의 오르막 능력 등을 검토하여 필요하다고 인정되는 경우에는 오르막차로를 설치하여야 한다. 다만, 설계속도가 시속 40킬로미터 이하인 경우에는 오르막차로를 설치하지 아니할 수 있다.

② 오르막차로의 폭은 본선의 차로폭과 같게 설치하여야 한다.

제27조(종단곡선) ① 차도의 종단경사가 변경되는 부분에는 종단곡선을 설치하여야 한다. 이 경우 종단곡선의 길이는 제2항에 따른 종단곡선의 변화 비율에 따라 산정한 길이와 제3항에 따른 종단곡선의 길이 중 큰 값의 길이 이상이어야 한다.

② 종단곡선의 변화 비율은 설계속도 및 종단곡선의 형태에 따라 다음 표의 비율 이상으로 한다.

설계속도 (킬로미터/시간)	종단곡선의 형태	종단곡선의 최소 변화 비율(미터/퍼센트)
120	볼록곡선	120
	오목곡선	55
110	볼록곡선	90
	오목곡선	45
100	볼록곡선	60
	오목곡선	35
90	볼록곡선	45
	오목곡선	30
80	볼록곡선	30
	오목곡선	25
70	볼록곡선	25
	오목곡선	20
60	볼록곡선	15
	오목곡선	15
50	볼록곡선	8
	오목곡선	10
40	볼록곡선	4
	오목곡선	6
30	볼록곡선	3
	오목곡선	4
20	볼록곡선	1
	오목곡선	2

③ 종단곡선의 길이는 설계속도에 따라 다음 표의 길이 이상이어야 한다.

설계속도(킬로미터/시간)	종단곡선 최소 길이(미터)
120	100
110	90
100	85
90	75
80	70
70	60
60	50
50	40
40	35
30	25
20	20

제28조(횡단경사) ① 차도의 횡단경사는 배수를 위하여 노면의 종류에 따라 다음 표의 비율로 하여야 한다. 다만, 편경사가 설치되는 구간은 제21조에 따른다.

노면의 종류	횡단경사(퍼센트)
아스팔트 및 시멘트 포장도로	1.5이상 2.0이하
간이포장도로	2.0이상 4.0이하
비포장도로	3.0이상 6.0이하

② 보도 또는 자전거도로의 횡단경사는 2퍼센트 이하로 한다. 다만, 지형 상황 및 주변 건축물 등으로 인하여 부득이하다고 인정되는 경우에는 4퍼센트까지 할 수 있다.

③ 길어깨의 횡단경사와 차도의 횡단경사의 차이는 시공성, 경제성 및 교통안전을 고려하여 8퍼센트 이하로 하여야 한다. 다만, 측대를 제외한 길어깨폭이 1.5미터 이하인 도로, 교량 및 터널 등의 구조물 구간에서는 그 차이를 두지 아니할 수 있다.

제29조(포장) ① 차도, 측대, 길어깨, 보도 및 자전거도로 등은 안정성 및 시공성 등을 고려하여 적절한 두께 및 재질 등의 구조로 포장하여야 한다.

② 차도 및 측대는 교통량, 노상의 상태, 기후조건, 경제성, 시공성 및 유지관리 등을 고려하여 자동차가 안전하고 원활하게 통행할 수 있는 공법으로 포장하여야 한다.

③ 내리막 경사의 평면곡선부 등 도로의 선형(線形) 또는 시거로 인하여 짧은 제동거리가 요구되는 구간의 차도는 미끄럼에 대한 저항이 양호한 형태로 포장하거나 미끄럼방지를 위한 포장시설을 설치하여야 한다.

제30조(배수시설) ① 도로시설의 보전(保全), 교통안전, 유지보수 등을 위하여 도로에는 측구(側溝), 집수정 및 도수로(導水路) 등 적절한 배수시설을 설치하여야 한다. 이 경우 배수시설에 공급되는 전기시설은 침수의 영향을 받지 않도록 설치하여야 한다.

② 배수시설의 규격은 강우(降雨)의 지속 시간 및 강도와 지형 상황에 따라 적절하게 결정되어야 한다.

③ 길어깨는 노면 배수로로 활용할 수 있으며, 길어깨에 붙여서 측구를 설치하는 경우에는 교통안전을 위하여 윗면이 열린 측구를 설치하여서는 아니 된다.

제31조(도로의 교차) 도로의 교차는 특별한 경우를 제외하고는 네 갈래 이하로 하여야 한다.

제32조(평면교차와 그 접속기준) ① 교차하는 도로의 교차각은 직각에 가깝게 하여야 한다.

② 교차로의 종단경사는 3퍼센트 이하이어야 한다. 다만, 주변 지장물과 경제성을 고려하여 필요하다고 인정되는 경우에는 6퍼센트 이하로 할 수 있다.

③ 평면으로 교차하거나 접속하는 구간에서는 필요에 따라 회전차로, 변속차로, 교통섬 등의 도류화시설(도류화시설: 도로의 흐름을 원활하게 유도하는 시설)을 설치하여야 하며, 이에 관하여 필요한 사항은 국토해양부장관이 따로 정한다.

④ 교차로에서 좌회전차로가 필요한 경우에는 직진차로와 분리하여 설치하여야 한다.

제33조(입체교차) ① 고속도로나 주간선도로의 기능을 가진 도로가 다른 도로와 교차하는 경우 그 교차로는 입체교차로 하여야 한다. 다만, 교통량 및 지형 상황 등을 고려하여 부득이하다고 인정되는 경우에는 그러하지 아니하다.

② 고속도로 또는 주간선도로가 아닌 도로가 서로 교차하는 경우로서 교통을 원활하게 처리하기 위하여 필요하다고 인정되는 경우 그 교차로는 입체교차로 할 수 있다.

③ 입체교차를 계획할 때에는 도로의 기능, 교통량, 도로 조건, 주변 지형 여건, 경제성 등을 고려하여야 한다.

제34조(입체교차의 연결로) ① 입체교차의 연결로에 대하여는 제8조, 제10조제3항, 제11조제2항 및 제12조제2항·제3항을 적용하지 아니한다.

② 연결로의 설계속도는 접속하는 도로의 설계속도에 따라 다음 표의 속도를 기준으로 한다. 다만, 루프 연결로(고리 모양으로 생긴 연결로를 말한다)의 경우에는 다음 표의 속도에서 시속 10킬로미터 이내의 속도를 뺀 속도를 설계속도로 할 수 있다.

상급도로의 설계속도 (킬로미터/시간) 하급 도로의 설계속도 (킬로미터/시간)	120	110	100	90	80	70	60	50 이하
120	80-50							
110	80-50	80-50						
100	70-50	70-50	70-50					
90	70-50	70-40	70-40	70-40				
80	70-40	70-40	60-40	60-40	60-40			
70	70-40	60-40	60-40	60-40	60-40	60-40		
60	60-40	60-40	60-40	60-40	60-30	50-30	50-30	
50이하	60-40	60-40	60-40	60-40	60-30	50-30	50-30	40-30

③ 연결로의 차로폭, 길어깨폭 및 중앙분리대의 폭은 다음 표의 폭 이상으로 한다. 다만, 교량 등의 구조물로 인하여 부득이한 경우에는 괄호 안의 폭까지 줄일 수 있다.

횡단면 구성요소 연결로 기준	최소차로 폭(미터)	길어깨의 최소 폭(미터)					중앙분리대 최소 폭(미터)
		한쪽방향 1차로		한쪽방향 2차로	양방향 다차로	가속·감속 차로	
		오른쪽	왼쪽	오른쪽·왼쪽	오른쪽	오른쪽	
A기준	3.50	2.50	1.50	1.50	2.50	1.50	2.50(2.00)
B기준	3.25	1.50	0.75	0.75	0.75	1.00	2.00(1.50)
C기준	3.25	1.00	0.75	0.50	0.50	1.00	1.50(1.00)
D기준	3.25	1.25	0.50	0.50	0.50	1.00	1.50(1.00)
E기준	3.00	0.75	0.50	0.50	0.50	0.75	1.50(1.00)

(비고)
1. 각 기준의 정의
   가. A기준: 길어깨에 대형자동차가 정차한 경우 세미트레일러가 통과할 수 있는 기준
   나. B기준: 길어깨에 소형자동차가 정차한 경우 세미트레일러가 통과할 수 있는 기준
   다. C기준: 길어깨에 정차한 자동차가 없는 경우 세미트레일러가 통과할 수 있는 기준
   라. D기준: 길어깨에 소형자동차가 정차한 경우 소형자동차가 통과할 수 있는 기준
   마. E기준: 길어깨에 정차한 자동차가 없는 경우 소형자동차가 통과할 수 있는 기준

2. 도로등급별 적용기준

상급도로의 도로등급		적용되는 연결로의 기준
고속도로	지방지역	A기준 또는 B기준
	도시지역	B기준 또는 C기준
일 반 도 로		B기준 또는 C기준
소 형 차 도 로		D기준 또는 E기준

④ 연결로의 형식은 오른쪽 진출입을 원칙으로 한다. 이 경우 진출입의 연속성 및 일관성이 유지되도록 하여야 한다.

제35조(입체교차 변속차로의 길이) ① 변속차로 중 감속차로의 길이는 다음 표의 길이 이상으로 하여야 한다. 다만, 연결로가 2차로인 경우 감속차로의 길이는 다음 표의 길이의 1.2배 이상으로 하여야 한다.

본선 설계속도 (킬로미터/시간)			120	110	100	90	80	70	60
연결로 설계속도 (킬로미터/시간)	80	변이구간을 제외한 감속차로의 최소길이 (미터)	120	105	85	60	-	-	-
	70		140	120	100	75	55	-	-
	60		155	140	120	100	80	55	-
	50		170	150	135	110	90	70	55
	40		175	160	145	120	100	85	65
	30		185	170	155	135	115	95	80

② 본선의 종단경사의 크기에 따른 감속차로의 길이 보정률은 다음 표의 비율로 하여야 한다.

본선의 종단 경사(퍼센트)	내리막 경사				
	0~2미만	2이상~3미만	3이상~4미만	4이상~5미만	5이상
감속차로의 길이 보정률	1.00	1.10	1.20	1.30	1.35

③ 변속차로 중 가속차로의 길이는 다음 표의 길이 이상으로 하여야 한다. 다만, 연결로가 2차로인 경우 가속차로의 길이는 다음 표의 길이의 1.2배 이상으로 하여야 한다.

본선 설계속도 (킬로미터/시간)			120	110	100	90	80	70	60
연결로 설계속도 (킬로미터/시간)	80	변이구간을 제외한 가속차로의 최소길이 (미터)	245	120	55	-	-	-	-
	70		335	210	145	50	-	-	-
	60		400	285	220	135	55	-	-
	50		445	330	265	175	100	50	-
	40		470	360	300	210	135	85	-
	30		500	390	330	240	165	110	70

④ 본선의 종단경사의 크기에 따른 가속차로의 길이 보정률은 다음 표의 비율로 한다.

본선의 종단 경사(퍼센트)	오르막 경사				
	0~2미만	2이상~3미만	3이상~4미만	4이상~5미만	5이상
가속차로의 길이 보정률	1.00	1.20	1.30	1.40	1.50

⑤ 변속차로의 변이구간의 길이는 다음 표의 길이 이상으로 하여야 한다.

본선 설계속도 (킬로미터/시간)	120	110	100	90	80	60	50	40
변이구간의 최소 길이(미터)	90	80	70	70	60	60	60	60

제36조(철도와의 교차) ① 도로와 철도의 교차는 입체교차를 원칙으로 한다. 다만, 주변 지장물이나 기존의 교차형식 등으로 인하여 부득이하다고 인정되는 경우에는 예외로 한다.

② 제1항 단서에 따라 도로와 철도가 평면교차하는 경우 그 도로의 구조는 다음 각 호의 기준에 따른다.

1. 철도와의 교차각을 45도 이상으로 할 것
2. 건널목의 양측에서 각각 30미터 이내의 구간(건널목 부분을 포함한다)은 직선으로 하고 그 구간 도로의 종단경사는 3퍼센트 이하로 할 것. 다만, 주변 지장물과 기존 도로의 현황을 고려하여 부득이하다고 인정되는 경우에는 예외로 한다.
3. 건널목 앞쪽 5미터 지점에 있는 도로 중심선 위의 1미터 높이에서 가장 멀리 떨어진 선로의 중심선을 볼 수 있는 곳까지의 거리를 선로방향으로 측정한 길이(이하 "가시구간의 길이"라 한다)는 철도차량의 최고속도에 따라 다음 표의 길이 이상으로 할 것. 다만, 건널목차단기와 그 밖의 보안설비가 설치되는 구간의 경우에는 예외로 한다.

건널목에서의 철도차량의 최고속도(킬로미터/시간)	가시구간의 최소 길이(미터)
50 미만	110
50 이상 70 미만	160
70 이상 80 미만	200
80 이상 90 미만	230
90 이상 100 미만	260
100이상 110 미만	300
110 이상	350

③ 철도를 횡단하여 교량을 가설하는 경우에는 철도의 확장 및 보수

와 제설 등을 위한 충분한 경간장(徑間長)을 확보하여야 하며, 교량의 난간 부분에 방호울타리 등을 설치하여야 한다.

제37조(양보차로) ① 2차로 도로에서 앞지르기시거가 확보되지 아니하는 구간으로서 교통용량 및 안전성 등을 검토하여 필요하다고 인정되는 경우에는 저속자동차가 다른 자동차에게 통행을 양보할 수 있는 차로(이하 "양보차로"라 한다)를 설치하여야 한다.

② 양보차로를 설치하는 구간에는 운전자가 양보차로에 진입하기 전에 이를 충분히 인식할 수 있도록 노면표시 및 표지판 등을 설치하여야 한다.

③ 양보차로는 교통용량 및 안전성 등을 검토하여 적절한 길이 및 간격이 유지되도록 하여야 한다.

제38조(도로안전시설 등) ① 교통사고를 방지하기 위하여 필요하다고 인정되는 경우에는 시선유도시설, 방호울타리, 충격흡수시설, 조명시설, 과속방지시설, 도로반사경, 미끄럼방지시설, 노면요철포장, 긴급제동시설, 안개지역 안전시설, 횡단보도육교(지하횡단보도를 포함한다) 등의 도로안전시설을 설치하여야 한다.

② 도로의 부속물을 설치하는 경우에는 교통약자의 통행 편의를 고려하여야 하며, 필요하다고 인정되는 경우에는 교통약자를 위한 별도의 시설을 설치하여야 한다.

제39조(교통관리시설 등) ① 교통의 원활한 소통과 안전을 도모하고 교통사고를 방지하기 위하여 필요하다고 인정되는 경우에는 신호기 및 안전표지 등의 교통안전시설, 도로표지, 도로명판 등을 설치하여야 하며, 긴급연락시설, 도로교통정보 안내시설, 과적차량검문소, 차량 검지체계(檢知體系) 등의 교통관리시설을 설치할 수 있다.

② 교통체계의 효율성과 안전성을 위하여 필요한 경우에는 도로교통 상황을 파악하고 관리할 수 있는 지능형 교통관리체계를 설치할 수 있다.

제40조(주차장 등) ① 원활한 교통의 확보, 통행의 안전 또는 공중의 편의를 위하여 필요하다고 인정되는 경우에는 도로에 주차장, 버스정류

시설, 비상주차대, 휴게시설과 그 밖에 이와 유사한 시설을 설치하여야 한다.

② 제1항에 따른 시설을 설치하는 경우 본선 교통의 원활한 소통을 위하여 본선의 설계속도에 따라 적절한 변속차로 등을 설치하여야 한다.

제41조(방호시설 등) 낙석, 붕괴, 파랑(波浪), 바람 또는 적설 등으로 인하여 교통 소통에 지장을 주거나 도로의 구조에 손상을 입힐 가능성이 있는 부분에는 울타리, 옹벽, 방호시설, 방풍시설 또는 제설시설을 설치하여야 한다.

제42조(터널의 환기시설 등) ① 터널에는 안전하고 원활한 교통 소통을 위하여 필요하다고 인정되는 경우에는 도로의 설계속도, 교통 조건, 환경 여건, 터널의 제원 등을 고려하여 환기시설 및 조명시설을 설치하여야 한다.

② 화재나 그 밖의 사고로 인하여 교통에 위험한 상황이 발생될 우려가 있는 터널에는 소화설비, 경보설비, 피난설비, 소화활동설비, 비상전원설비 등의 방재시설을 설치하여야 한다.

③ 터널 안의 일산화탄소 및 질소산화물의 농도는 다음 표의 농도 이하가 되도록 하여야 하며, 환기 시의 터널 안 풍속이 초속 10미터를 초과하지 아니하도록 환기시설을 설치하여야 한다.

구 분	농 도
일산화탄소	100ppm
질소산화물	25ppm

제43조(환경시설 등) ① 도로건설로 인한 주변 환경피해를 최소화하기 위하여 필요한 경우에는 생태통로(生態通路) 등의 환경영향저감시설을 설치하여야 한다.

② 교통량이 많은 도로 주변의 주거지역, 정숙을 요하는 시설이나 공공시설 등이 위치한 지역과 환경보존을 위하여 필요한 지역에는 도로의 바깥쪽에 환경시설대나 방음시설을 설치하여야 한다.

제44조(교량 등) ① 교량 등의 도로구조물은 하중(荷重) 조건 및 내진성(耐震性), 내풍안전성(耐風安全性), 수해내구성(水害耐久性) 등을 고려하여 설치하여야 하며, 그 기준에 관하여 필요한 사항은 국토해양부장관이 정한다.

② 교량에는 그 유지·관리를 위하여 필요한 교량 점검로 및 계측시설 등의 부대시설을 설치하여야 한다.

제45조(일시적으로 설치하는 도로에 대한 적용의 특례) 도로나 그 밖의 시설에 관한 공사에 필요하여 일시적으로 사용할 목적으로 설치하는 도로에는 이 규칙을 적용하지 아니하거나 이 규칙에서 정하는 기준을 완화하여 적용할 수 있다.

제46조(사실상의 도로에 대한 적용의 특례) 「도로법」에 따른 도로 외의 도로로서 2차로 이상인 도로에 대하여는 그 도로의 설치 목적 및 기능 등을 고려하여 이 규칙에서 정하는 기준을 적용할 수 있다.

제47조(기존의 도로에 대한 적용의 특례) 확장하거나 개수·보수 공사 등을 하는 기존의 도로에 있어서 이 규칙에서 정하는 기준과 맞지 아니하는 부분이 있는 경우로서 실험에 의하거나 이론적으로 문제가 없다고 인정되는 경우에는 이 규칙에서 정하는 관련 기준을 적용하지 아니할 수 있다.

제48조(도로의 구조 등에 관한 세부적인 기준) 이 규칙에서 정한 사항 외에 도로의 구조 및 시설의 기준에 관한 세부적인 사항은 국토해양부장관이 정하는 바에 따른다.

부 칙 <국토해양부령 제101호, 2009.2.19>

제1조(시행일) 이 규칙은 공포한 날부터 시행한다.

제2조(경과조치) 이 규칙 시행 당시 신설 또는 개량 공사를 시행 중이거나 시행계획이 확정되어 그 실시설계가 시행 중인 도로로서 이 규칙의 규정에 적합하지 아니한 부분이 있는 경우, 해당 부분에 대하여는 종전의 규정에 따른다.

제3조(다른 법령과의 관계) 이 규칙 시행 당시 다른 법령에서 종전의 「도로의 구조·시설기준에 관한 규칙」의 규정을 인용한 경우에 이 규칙 가운데 그에 해당하는 규정이 있으면 이 규칙의 해당 규정을 인용한 것으로 본다.

부　칙 <국토해양부령 제418호, 2011.12.23>

제1조(시행일) 이 규칙은 공포한 날부터 시행한다.
제2조(일반적 경과조치) 이 규칙 시행 당시 신설 또는 개량 공사를 시행 중이거나 시행계획이 확정되어 그 실시설계가 시행 중인 도로로서 이 규칙의 개정규정에 적합하지 아니한 부분이 있는 경우, 해당 부분에 대해서는 종전의 규정에 따른다.

부　칙 <국토해양부령 제456호, 2012.4.13>
(국토의 계획 및 이용에 관한 법률 시행규칙)

제1조(시행일) 이 규칙은 2012년 4월 15일부터 시행한다. <단서 생략>
제2조 생략
제3조(다른 법령의 개정) ①부터 ⑧까지 생략
　⑨ 도로의 구조·시설 기준에 관한 규칙 일부를 다음과 같이 개정한다.
　제6조제2항 중 "도시계획"을 "도시·군계획"으로 한다.
　제22조제2항제1호 중 "도시관리계획"을 "도시·군관리계획"으로 한다.
　⑩부터 <23>까지 생략

부　칙<국토교통부령 제1호, 2013. 3.23>

제1조(시행일) 이 규칙은 공포한 날부터 시행한다. <단서 생략>
제2조부터 제5조까지 생략
제6조(다른 법령의 개정) ①부터 <41>까지 생략
　<42> 도로의 구조·시설 기준에 관한 규칙 일부를 다음과 같이 개정한다.
　제7조, 제32조제3항, 제44조제1항 및 제48조 중 "국토해양부장관"을 각각 "국토교통부장관"으로 한다.
　<43>부터 <126>까지 생략

[별표]
차도 및 보도 등의 시설한계(제18조제2항 관련)

1. 차도의 시설한계

차도에 접속하여 길어깨가 설치되어 있는 도로		차도에 접속하여 길어깨가 설치되어 있지 않은 도로	차도 또는 중앙분리대 안에 분리대 또는 교통섬이 있는 도로
터널 및 100미터 이상인 교량을 제외한 도로의 차도	터널 및 100미터 이상인 교량의 차도		

a 및 e : 차도에 접속하는 길어깨의 폭. 다만, a가 1미터를 초과하는 경우에는 1미터로 한다.
b : H(4미터 미만인 경우에는 4미터)에서 4미터를 뺀 값. 다만, 소형차도로는 H(2.8미터 미만인 경우에는 2.8미터)에서 2.8미터를 뺀 값.
c 및 d : 분리대와 관계가 있는 것이면 도로의 구분에 따라 각각 다음 표에서 정하는 값으로 하고, 교통섬과 관계가 있는 것이면 c는 0.25미터, d는 0.5미터로 한다.

구분	c	d
고속도로	0.25 이상 0.5 이하	0.75 이상 1.00 이하
도시고속도로	0.25	0.75
일반도로	0.25	0.50

H : 시설한계 높이

2. 보도 및 자전거도로의 시설 한계

노상시설을 설치하지 않은 보도 및 자전거도로	노상시설을 설치하는 보도 및 자전거도로

국가지원지방도 노선 지정령

대통령령 제23560호, 2012.1.26, 일부개정
국토교통부(도로정책과), 044-201-3883

「도로법」 제2조제1항제3호에 따라 국가지원지방도의 노선을 별표와 같이 지정한다. <개정 2006.12.21, 2008.11.17>

부　칙 <대통령령 제17349호, 2001.8.25>

① (시행일) 이 영은 공포한 날부터 시행한다.
② (종전의 공사계약이 체결된 도로의 비용부담에 관한 경과조치) 이 영 시행 당시 별표의 개정규정에 의하여 국가지원지방도의 노선으로 지정되는 도로중 이 영 시행전에 도로법 제22조의 규정에 의한 도로관리청 그밖의 공사 시행자가 도로의 공사계약을 체결한 도로의 경우에는 도로법시행령 제30조의3의 규정에 불구하고 공사 시행자인 종전의 도로관리청 등의 비용으로 공사를 계속 시행하여야 한다.
③ (도로표지에 관한 경과조치) 이 영 시행 당시 종전의 규정에 의한 노선번호 및 노선명으로 설치된 도로표지는 이 영에 의한 노선번호 및 노선명으로 바꾸어 설치할 때까지 이를 사용할 수 있다.

부　칙 <대통령령 제19772호, 2006.12.21>

① (시행일) 이 영은 공포한 날부터 시행한다.
② (종전의 공사계약이 체결된 도로의 비용부담에 관한 경과조치) 이 영 시행당시 별표의 개정규정에 따라 국가지원지방도의 노선으로 지정되는 도로 중 이 영 시행 전에 「도로법」 제22조에 따른 도로관리청 그 밖의 공사 시행자가 도로의 공사계약을 체결한 도로의 경우에는 「도로법 시행령」 제30조의3의 규정

에 불구하고 공사 시행자인 종전의 도로 관리청 등의 비용으로 공사를 계속 시행하여야 한다.
③ (도로표지에 관한 경과조치) 이 영 시행당시 종전의 규정에 따른 노선번호 및 노선명으로 설치된 도로표지는 이 영에 따른 노선번호 및 노선명으로 바꾸어 설치할 때까지 사용할 수 있다.

부 칙 <대통령령 제20525호, 2008.1.3>

제1조 (시행일) 이 영은 공포한 날부터 시행한다.
제2조 (도로표지에 관한 경과조치) 이 영 시행 당시 종전의 규정에 따른 노선번호 및 노선명으로 설치된 도로표지는 이 영에 따른 노선번호 및 노선명으로 바꾸어 설치할 때까지 사용할 수 있다.

부칙 <대통령령 제21125호, 2008.11.17>

제1조(시행일) 이 영은 공포한 날부터 시행한다.
제2조(종전의 공사계약이 체결된 도로의 비용부담에 관한 경과조치) 이 영 시행 당시 별표의 개정규정에 따라 국가지원지방도의 노선으로 지정되는 도로 중 이 영 시행 전에 「도로법」 제20조에 따른 도로의 관리청, 그 밖의 공사 시행자가 도로의 공사계약을 체결한 도로의 경우에는 「도로법 시행령」 제30조의3에도 불구하고 공사 시행자인 종전 도로의 관리청 등의 비용으로 공사를 계속 시행하여야 한다.
제3조(도로표지에 관한 경과조치) 이 영 시행 당시 종전의 규정에 따른 노선번호 및 노선명으로 설치된 도로표지는 이 영에 따른 노선번호 및 노선명으로 바꾸어 설치할 때까지 사용할 수 있다.

부 칙 <대통령령 제23560호, 2012.1.26>

제1조(시행일) 이 영은 공포한 날부터 시행한다.
제2조(도로표지에 관한 경과조치) 이 영 시행 당시 종전의 규정에 따른 노선번호 및 노선명으로 설치된 도로표지는 이 영에 따른 노선번호 및 노선명으로 바꾸어 설치할 때까지 사용할 수 있다.

국가지원지방도 노선 지정령

[별표] 국가지원지방도의 노선 <개정 2012.1.26>

노선번호	노선명	기점	종점	중요 경과지	비고
제13호	신지~완도선	전라남도 완도군 신지면	전라남도 완도군 완도읍	명사십리	전라남도 완도군 신지면~완도읍 간 일반국도 제77호선과 중첩
제15호	외나로도~영광선	전라남도 고흥군 봉래면	전라남도 영광군 홍농읍	전라남도 고흥군 포두면·고흥읍·두원면·점암면·과역면·남양면·동강면, 보성군 벌교읍, 순천시(외서면·송광면), 보성군 문덕면, 화순군 남면·동면·이서면·동복면·북면, 곡성군 오산면, 담양군 무정면·담양읍·월산면, 장성군 북하면·북이면 전라북도 고창군 고창읍·아산면·무장면·해리면·상하면·공음면	전라남도 고흥군 봉래면~담양군 담양읍 간 일반국도 제15호선과 중첩, 장성군 북하면~북이면 간 일반국도 제1호선과 중첩 전라북도 고창군 해리면~전라남도 영광군 법성면 간 일반국도 제22호선과 중첩
제20호	포항~영덕선	경상북도 포항시	경상북도 영덕군 축산면	경상북도 포항시 북구(흥해읍·청하면·송라면), 영덕군 남정면·강구면·영덕읍	경상북도 포항시 북구 일부는 일반국도 제31호선과 중첩, 포항시 북구 청하면~영덕군 강구면 간 일반국도 제7호선과 중첩
제22호	여수~순천선	전라남도 여수시 (화양면)	전라남도 순천시	전라남도 여수시(소라면·율촌면), 순천시(해룡면)	전라남도 여수시(소라면)~순천시 간 일반국도 제17호선과 중첩
제23호	천안~서울선	충청남도 천안시	서울특별시 마포구	경기도 안성시(서운면·미양면), 안성시, 안성시(대덕면	경기도 용인시 일부는 일반

330

				·양성면·원곡면), 용인시 처인구(남사면), 화성시(동탄면), 용인시, 성남시 서울특별시 강남구, 영동대교, 성동구, 용산구	국도 제43호선과 중첩 서울특별시 강남구 영동대교 구간 일반국도 제47호선과 중첩, 영동대교 북단 ~ 마포대교 북단 간 일반국도 제46호선과 중첩
제28호	영주~동해선	경상북도 영주시 (봉현면)	강원도 동해시	경상북도 영주시(풍기읍·순흥면·단산면·부석면) 충청북도 단양군 영춘면 강원도 영월군 김삿갓면·중동면, 정선군 신동읍·남면·사북읍, 삼척시(하장면·미로면)	강원도 영월군 중동면 일부는 일반국도 제31호선과 중첩, 영월군 중동면 ~ 정선군 사북읍 간 일반국도 제38호선과 중첩, 삼척시(하장면) 일부는 일반국도 제35호선과 중첩, 삼척시(미로면) ~ 동해시 간 일반국도 제38호선과 중첩
제30호	사천~대구선	경상남도 사천시 (사천읍)	대구광역시 서구	경상남도 진주시(금곡면), 고성군 영오면·개천면, 진주시(이반성면), 함안군 군북면·가야읍·산인면, 창원시 마산회원구(내서읍), 창원시, 창원시 의창구(동읍), 창녕군 부곡면, 밀양시(무안면·청도면)	경상남도 함안군 군북면 ~ 가야읍 간 일반국도 제79호선과 중첩, 창원시 마산회원구(내서읍) ~ 창원시 의창구(동

						읍) 간 일반국도 제14호선과 중첩, 밀양시 (무안면) 일부는 일반국도 제24호선과 중첩
					경상북도 청도군 각남면·이서면	경상북도 청도군 각남면 일부는 일반국도 제20호선과 중첩
					대구광역시 달성군(가창면), 수성구, 남구	대구광역시 서구 일부는 일반국도 제5호선과 중첩
제32호	대전~문경선	대전광역시 유성구	경상북도 문경시		대전광역시 대덕구	대전광역시 대덕구 일부는 제17호선과 중첩
					충청북도 청원군 현도면·문의면·남일면·가덕면·낭성면·미원면, 괴산군 청천면	충청북도 청원군 남일면 일부는 일반국도 제25호선과 중첩, 청원군 미원면 일부는 일반국도 제19호선과 중첩, 괴산군 청천면 일부는 일반국도 제37호선과 중첩
					경상북도 상주시(화북면), 문경시(농암면), 상주시(이안면·함창읍)	
제37호	남원~거창선	전라북도 남원시 (인월면)	경상남도 거창군 마리면		전라북도 남원시(아영면) 경상남도 함양군 백전면·서하면·서상면, 거창군 북상면·위천면	경상남도 함양군 서하면~서상면 간 일반국도 제26호선과 중첩
제39호	양주~동	경기도		경기도	경기도 양주시(장흥면·백석	

		두천선	양주시	동두천시	읍 · 광적면 · 남면 · 온현면)	
제49호	해남~원주선	전라남도 해남군 화원면	강원도 원주시	전라남도 해남군 산이면, 영암군 삼호읍 · 학산면, 무안군 일로읍 · 몽탄면, 나주시	전라남도 영암군 삼호읍 ~ 학산면 간 일반국도 제2호선과 중첩, 나주시 일부는 일반국도 제23호선 및 나주시 국도대체우회도로와 중첩
					광주광역시 광산구 전라남도 장성군 남면 · 황룡면 · 서삼면 · 북일면 전라북도 고창군 고창읍 전라남도 장성군 북이면 · 북하면	전라북도 고창군 고창읍 ~ 전라남도 장성군 북이면 간 국가지원지방도 제15호선과 중첩, 장성군 북이면 ~ 북하면 간 일반국도 제1호선과 중첩
					전라북도 순창군 복흥면, 정읍시, 정읍시(칠보면 · 산외면), 완주군 구이면, 임실군 신덕면 · 신평면 · 관촌면, 진안군 성수면 · 마령면 · 진안읍 · 부귀면 · 정천면 · 상전면 · 동향면, 무주군 안성면 · 설천면	전라북도 정읍시 일부는 일반국도 제21호선 및 일반국도 제30호선과 중첩, 완주군 구이면 일부는 일반국도 제27호선과 중첩, 임실군 관촌면 일부는 일반국도 제17호선과 중첩, 진안군 진안읍 ~ 부귀면 간 일반국도 제26호선과

국가지원지방도 노선 지정령 333

				충청북도 영동군 용화면·상촌면·매곡면·황간면	중첩, 진안군 상전면 일부는 일반국도 제30호선과 중첩, 진안군 동향면 일부는 일반국도 제13호선과 중첩, 무주군 안성면 ~ 적상면 간 일반국도 제19호선과 중첩, 무주군 설천면 일부는 일반국도 제37호선 및 일반국도 제30호선과 중첩
					충청북도 영동군 황간면 일부는 일반국도 제4호선과 중첩
				경상북도 상주시(모동면·모서면·화동면·화서면·화남면·화북면)	경상북도 상주시(화서면) 일부는 일반국도 제25호선과 중첩, 상주시(화북면) ~ 충청북도 괴산군 청천면 간 국가지원지방도 제32호선과 중첩
					충청북도 괴산군 문광면 ~ 괴산읍 간 일반국도 제19호선과 중첩, 괴산군 괴산읍 ~ 음성군 원남면 간 일반국도 제37호선과 중첩
				충청북도 괴산군 청천면·문	강원도 원주시 일부는 일반

					광면·괴산읍·소수면, 음성군 소이면, 충주시(신니면·노은면·앙성면)	국도 제42호선과 중첩
					강원도 원주시(부론면·문막읍·지정면·흥업면·호저면)	
제55호	해남~금산선	전라남도 해남군 북평면	충청남도 금산군 금산읍		전라남도 해남군 북일면, 강진군 신전면·도암면·강진읍·군동면, 장흥군 장흥읍·부산면·유치면, 영암군 금정면, 나주시(세지면·봉황면·산포면·다도면·남평읍), 화순군 화순읍	전라남도 강진군 도암면 ~ 강진읍 간 일반국도 제18호선과 중첩, 강진군 강진읍 ~ 장흥군 장흥읍 간 일반국도 제2호선과 중첩, 장흥군 장흥읍 ~ 나주시(세지면) 간 일반국도 제23호선과 중첩, 나주시(남평읍) 일부는 일반국도 제1호선과 중첩, 화순군 화순읍 ~ 광주광역시 동구 간 일반국도 제22호선과 중첩
					광주광역시 동구, 북구	광주광역시 동구 ~ 전라북도 순창군 쌍치면 간 일반국도 제29호선과 중첩

국가지원지방도 노선 지정령 335

					전라남도 담양군 고서면·봉산면·무정면·담양읍·용면 전라북도 순창군 복흥면·쌍치면, 정읍시(산내면·칠보면·산외면), 완주군 구이면, 임실군 신덕면·신평면·관촌면, 진안군 성수면·마령면·진안읍·부귀면, 완주군 소양면·동상면, 진안군 주천면	전라북도 정읍시(산내면 ~ 칠보면 간) 일반국도 제30호선과 중첩, 전라북도 정읍시(칠보면) ~ 완주군 구이면 간 국가지원지방도 제49호선과 중첩, 완주군 구이면 일부는 일반국도 제27호선과 중첩, 완주군 구이면 ~ 진안군 진안읍 간 국가지원지방도 제49호선과 중첩, 진안군 진안읍 ~ 완주군 소양면 간 일반국도 제26호선과 중첩 충청남도 남일면 ~ 금산읍 간 일반국도 제13호선과 중첩
					충청남도 금산군 남이면·남일면·남이면	
제56호	김포~인제선	경기도 김포시(월곶면)	강원도 인제군 북면		경기도 김포시(통진읍·하성면), 파주시, 파주시(조리읍·광탄면·파주읍·법원읍), 양주시(광적면·남면·은현면), 양주시, 포천시, 포천시(소흘읍), 포천시, 포	경기도 포천시 ~ 포천시(소흘읍) 간 일반국도 제43호선과 중첩, 포천시(내촌

번호	노선명	기점	종점	경유지	비고
				천시(군내면·화현면·내촌면), 가평군 상면, 포천시(화현면·일동면·이동면)	면)~포천시(일동면) 간 일반국도 제37호선과 중첩 경기도 포천시~강원도 철원군 서면 간 일반국도 제47호선과 중첩
				강원도 철원군 서면·근남면, 화천군 상서면·사내면, 춘천시(사북면·서면·신북읍), 춘천시, 춘천시(동면), 홍천군 화촌면·서석면·내면, 양양군 서면·양양읍·강현면, 속초시, 고성군 토성면	강원도 철원군 근남면~양양군 양양읍 간 일반국도 제56호선과 중첩, 양양군 양양읍~속초시 간 일반국도 제7호선과 중첩
제57호	대전~안양선	대전광역시 서구	경기도 안양시	대전광역시 유성구 충청남도 연기군 금남면·동면 충청북도 청원군 강내면·강외면·옥산면·오창읍 충청남도 천안시 동남구(병천면·북면), 천안시 서북구(입장면)	충청남도 천안시 서북구(입장면) 일부는 일반국도 제34호선과 중첩
				경기도 안성시(서운면), 안성시, 안성시(보개면), 용인시 처인구(원삼면), 용인시, 용인시 처인구(포곡읍·모현면), 광주시(오포읍), 성남시, 의왕시	경기도 안성시 일부는 국가지원지방도 제23호선과 중첩, 경기도 용인시 처인구 모현면 일부는 일반국도 제45호선과 중첩, 성남시 일부는 국가지원지

국가지원지방도 노선 지정령 337

						방도 제23호선과 중첩
제58호	나주~부산선	전라남도 나주시 (금천면)	부산광역시 강서구	전라남도 나주시(산포면·다도면·남평읍), 화순군 도암면·춘양면·청풍면·이양면, 보성군 복내면·문덕면, 순천시, 광양시(광양읍), 광양시, 광양시(옥곡면·진월면·다압면)		전라남도 화순군 춘양면 ~ 이양면 간 일반국도 제29호선과 중첩, 순천시(외서면) 일부는 일반국도 제15호선 및 제27호선과 중첩, 순천시 ~ 광양시 간 일반국도 제2호선과 중첩 전라남도 광양시 ~ 경상남도 사천시 간 일반국도 제2호선과 중첩 경상남도 사천시 일부는 일반국도 제3호선과 중첩, 사천시 ~ 통영시(도산면) 간 일반국도 제77호선과 중첩, 통영시(도산면) ~ 거제시 간 일반국도 제14호선과 중첩
				경상남도 하동군 하동읍·적량면·횡천면·양보면·북천면, 사천시(곤명면·곤양면·서포면·용현면), 사천시, 고성군 하이면·하일면·삼산면, 통영시(도산면·광도면), 통영시, 통영시(용남면), 거제시(사동면), 거제시, 거제시(연초면), 거제시, 거제시(장목면)		
제60호	무안~부산선	전라남도 무안군 현경면	부산광역시 기장군 (장안읍)	전라남도 무안군 무안읍, 함평군 엄다면·학교면, 나주시(문평면·다시면), 나주시, 나주시(금천면·산포면·남평읍)		전라남도 무안군 무안읍 ~ 광주광역시 남구 간 일반국도 제1호선과 중첩 광주광역시 남구 ~ 동구 간 일반국도 제22호선과
				광주광역시 남구, 동구, 북구		

				전라남도 담양군 고서면·창평면·대덕면·무정면, 곡성군 오산면·옥과면·겸면·삼기면·곡성읍·고달면	중첩 광주광역시 동구 ~ 전라남도 담양군 고서면 간 일반국도 제29호선과 중첩, 담양군 무정면 ~ 곡성군 겸면 간 일반국도 제13호선과 중첩, 곡성군 겸면 ~ 삼기면 간 일반국도 제27호선과 중첩
				전라북도 남원시(수지면·주천면·운봉읍·인월면·산내면)	전라북도 남원시(운봉읍 ~ 인월면 간) 일부는 일반국도 제24호선과 중첩
				경상남도 함양군 마천면·휴천면·유림면, 산청군 금서면·산청읍·신등면, 합천군 가회면·삼가면·쌍백면, 의령군 봉수면·부림면·유곡면·부림면·지정면, 함안군 대산면·칠서면·칠북면, 창원시 의창구(북면·동읍·대산면), 김해시(한림면·생림면·상동면), 양산시	경상남도 산청군 금서면 ~ 산청읍 간 일반국도 제3호선 및 제59호선과 중첩, 합천군 삼가면 ~ 쌍백면 간 일반국도 제33호선과 중첩, 의령군 부림면 ~ 유곡면 간 일반국도 제20호선과 중첩, 창원시 의창구(동읍) 일부는 국가지원지방도 제30호선과 중첩, 김해시(생림면) 일부는 일반국도 제58호선과 중첩

국가지원지방도 노선 지정령 339

				부산광역시 기장군(정관면)	
제67호	통영~칠곡선	경상남도 통영시	경상남도 칠곡군 왜관읍	경상남도 통영시(광도면), 고성군 거류면·동해면, 창원시 마산합포구(진전면·진북면·진동면·진북면), 함안군 여항면, 창원시 마산회원구(내서읍), 함안군 칠원면·칠서면·칠북면·칠서면, 창녕군 도천면·영산면·계성면·장마면·유어면·이방면, 대구광역시 달성군(구지면)	경상남도 통영시~통영시(광도면) 간 일반국도 제14호선과 중첩, 통영시(광도면)~창원시 마산합포구(진전면) 간 일반국도 제77호선과 중첩, 창원시 마산합포구(진전면~진동면 간) 일반국도 제2호선과 중첩, 창원시 마산합포구(진동면)~함안군 여항면 간 일반국도 제79호선과 중첩, 창원시 마산회원구(내서읍)~창녕군 계성면 간 일반국도 제5호선과 중첩, 창녕군 계성면~유어면 간 일반국도 제79호선과 중첩, 창녕군 유어면~이방면 간 일반국도 제20호선과 중첩 경상북도 고령군 고령읍 일부는 일반국도 제26호선과 중첩, 고

				경상북도 고령군 우곡면·개진면·고령읍·운수면, 성주군 용암면·선남면	령군 고령읍 ~ 운수면 간 일반국도 제33호선과 중첩, 성주군 선남면 ~ 대구광역시 달성군(하빈면) 간 일반국도 제30호선과 중첩
				대구광역시 달성군(하빈면)	
제68호	서천~경주선	충청남도 서천군 장항읍	경상북도 경주시	충청남도 서천군 화양면·한산면, 부여군 양화면·임천면·세도면, 논산시(강경읍·채운면)	충청남도 서천군 화양면 일부는 일반국도 제29호선과 중첩, 부여군 양화면 ~ 임천면 간 일반국도 제29호선과 중첩
				전라북도 익산시(망성면) 충청남도 논산시(연무읍·가야곡면·양촌면·벌곡면), 금산군 진산면·금성면·금산읍·남일면·부리면·제원면 충청북도 영동군 양산면·양강면·영동읍·황간면	충청남도 금산군 진산면 일부는 일반국도 제17호선과 중첩 충청북도 영동군 양강면 ~ 영동읍 간 일반국도 제19호선과 중첩, 영동군 영동읍 ~ 황간면 간 일반국도 제4호선과 중첩, 영동군 황간면 ~ 경상북도 상주시(모동면) 간 국가지원지방도 제49호선과

국가지원지방도 노선 지정령   341

						중첩
					경상북도 상주시(모동면·공성면), 구미시(무을면·선산읍·도개면), 군위군 소보면·군위읍, 의성군 봉양면·의성읍·금성면·가음면·춘산면, 청송군 현서면·안덕면·현동면·부남면, 포항시 북구(죽장면·청하면·신광면), 경주시(강동면·안강읍·현곡면)	경상북도 상주시(공성면) 일부는 일반국도 제3호선과 중첩, 구미시(선산읍) 일부는 일반국도 제33호선과 중첩, 군위군 군위읍 ~ 의성군 봉양면 간 일반국도 제5호선과 중첩, 의성군 의성읍 ~ 금성면 간 일반국도 제28호선과 중첩, 청송군 현서면 일부는 일반국도 제35호선과 중첩, 청송군 현동면 일부는 일반국도 제31호선과 중첩, 경주시(강동면 ~ 안강읍 간) 일반국도 제28호선과 중첩
제69호	부산~울진선	부산광역시 강서구	경상북도 울진군 원남면	경상남도 김해시(대동면·상동면), 양산시(원동면)	경상남도 김해시(상동면) 일부는 국가지원지방도 제60호선과 중첩
				울산광역시 울주군(상북면)	울산광역시 울주군(상북면) 일부는 일반국도 제24호선과 중첩

				경상북도 청도군 운문면 · 금천면, 경산시(남산면 · 자인면 · 진량읍 · 하양읍 · 와촌면), 영천시, 포항시 북구(죽장면), 영덕군 달산면 · 지품면 · 영해면 · 창수면, 울진군 온정면 · 기성면	경상북도 청도군 금천면 일부는 일반국도 제20호선과 중첩, 경산시(하양읍) ~ 영천시 간 일반국도 제4호선과 중첩, 포항시 북구(죽장면) 일부는 일반국도 제31호선 및 국가지원지방도 제68호선과 중첩, 영덕군 지품면 일부는 일반국도 제34호선과 중첩
제70호	청양~춘천선	충청남도 청양군 청양읍	강원도 춘천시 (서면)	충청남도 청양군 운곡면, 예산군 신양면 · 대술면 · 예산읍 · 오가면 · 삽교읍 · 덕산면, 서산시(해미면), 서산시, 서산시(성연면 · 지곡면 · 성연면 · 음암면 · 운산면), 당진시, 당진시(면천면 · 합덕읍 · 우강면), 아산시(선장면 · 신창면 · 염치읍 · 음봉면), 천안시 서북구(직산읍 · 성환읍 · 입장면)	충청남도 예산군 신양면 ~ 오가면 간 일반국도 제32호선과 중첩, 예산군 오가면 ~ 서산시 해미면 간 일반국도 제45호선과 중첩, 서산시 해미면 ~ 지곡면 간 일반국도 제29호선과 중첩, 서산시(운산면) ~ 당진시 간 일반국도 제32호선과 중첩, 아산시(음봉면) 일부는 일반

국가지원지방도 노선 지정령 343

					경기도 안성시(미양면), 안성시, 안성시(대덕면·고삼면·보개면·삼죽면), 용인시 처인구(백암면), 안성시(일죽면), 이천시(모가면·호법면·대월면·부발읍), 이천시, 이천시(백사면), 여주군 흥천면·금사면·대신면, 양평군 지평면·용문면·단월면	국도 제45호선과 중첩 경기도 안성시(보개면) 일부는 국가지원지방도 제57호선과 중첩, 안성시 ~ 안성시(삼죽면) 간 일반국도 제38호선과 중첩, 이천시(부발읍) ~ 이천시 간 일반국도 제3호선과 중첩, 양평군 용문면 ~ 단월면 간 일반국도 제6호선과 중첩, 안성시(삼죽면) 일부는 국가지원지방도 제82호선과 중첩
					강원도 홍천군 서면, 춘천시(남산면·신동면), 춘천시	강원도 홍천군 서면 ~ 춘천시(신동면) 간 일반국도 제46호선 및 국가지원지방도 제86호선과 중첩
제78호	김포~포천선	경기도 김포시(월곶면)	경기도 포천시(이동면)		경기도 김포시(하성면·양촌면), 김포시, 김포시(고촌읍) 서울특별시 강서구	서울특별시 강서구 ~ 경기도 고양시 간 일반국도 제39호선과 중첩
					경기도 고양시, 파주시(광탄면	경기도 파주시(광탄면 ~

					·조리읍·월롱면·파주읍·문산읍·파평면·진동면), 연천군 장남면·백학면·미산면·군남면·연천읍, 포천시(관인면·영북면)	조리읍 간) 국가지원지방도 제56호선과 중첩, 연천군 연천읍 일부는 일반국도 제3호선과 중첩, 포천시 일부는 일반국도 제87호선과 중첩
제79호	창녕~안동선	경상남도 창녕군 유어면	경상북도 안동시 (일직면)	경상남도 창녕군 이방면		경상남도 창녕군 유어면~이방면 간 일반국도 제20호선과 중첩, 창녕군 이방면~경상북도 고령군 고령읍 간 국가지원지방도 제67호선과 중첩
				경상북도 고령군 우곡면·고령읍·운수면, 성주군 용암면·선남면		경상북도 고령군 우곡면~고령읍 간 일반국도 제26호선과 중첩, 고령군 고령읍~운수면 간 일반국도 제33호선과 중첩, 고령군 운수면~성주군 선남면 간 국가지원지방도 제67호선과 중첩, 성주군 선남면~대구광역시 달성군(하빈면) 간 일반국도 제30호선과 중첩 대구광역시 달

국가지원지방도 노선 지정령 345

					대구광역시 달성군(하빈면)	성군(하빈면) ~ 경상북도 칠곡군 왜관읍 간 국가지원지방도 제67호선과 중첩
					경상북도 칠곡군 왜관읍·석적읍·가산면·동명면, 군위군 부계면·산성면·의흥면, 의성군 가음면·춘산면·사곡면·옥산면·점곡면·단촌면	경상북도 칠곡군 가산면 ~ 동명면 간 일반국도 제5호선과 중첩, 의성군 가음면 일부는 국가지원지방도 제68호선과 중첩
제82호	평택~평창선	경기도 평택시(포승읍)	강원도 평창군 평창읍		경기도 화성시(우정읍·장안면·팔탄면·향남읍), 평택시(서탄면), 오산시, 화성시(동탄면), 용인시 처인구(남사면·이동면), 안성시(양성면·고삼면·보개면·삼죽면·죽산면)	경기도 평택시(포승읍) ~ 화성시(장안면) 간 일반국도 제77호선과 중첩, 용인시 처인구(이동면) ~ 안성시(양성면) 간 일반국도 제45호선과 중첩, 안성시(고삼면 ~ 삼죽면 간) 국가지원지방도 제70호선과 중첩, 안성시(죽산면) ~ 충청북도 진천군 광혜원면 간 일반국도 제17호선과 중첩
					충청북도 진천군 광혜원면, 음성군 대소면·삼성면·금	충청북도 음성군 금왕읍 ~ 충주시(신니면) 간 일반

				왕읍·생극면, 충주시(신니면·노은면·가금면), 충주시, 충주시(살미면), 제천시(한수면·덕산면·수산면·청풍면·금성면), 제천시, 제천시(송학면)	국도 제3호선과 중첩, 충주시~제천시(수산면) 간 일반국도 제19호선 및 제36호선과 중첩
				강원도 영월군 주천면	
제84호	강화~원주선	인천광역시 강화군 (강화읍)	강원도 원주시 (부론면)	인천광역시 강화군(선원면·불은면·길상면)	인천광역시 중구 일부는 일반국도 제6호선 및 제42호선과 중첩
				경기도 김포시(대곶면·양촌면) 인천광역시 서구, 동구, 중구, 남구, 연수구, 남동구	인천광역시 중구 ~ 경기도 안산시 간 일반국도 제77호선과 중첩
				경기도 시흥시, 안산시, 화성시(매송면), 수원시, 화성시, 화성시(동탄면), 용인시 처인구(이동면), 용인시, 용인시 처인구(원삼면·백암면), 이천시(호법면·모가면·대월면), 여주군 가남면·점동면	경기도 수원시 일부는 일반국도 제43호선과 중첩, 용인시~용인시 처인구(원삼면) 간 국가지원지방도 제57호선과 중첩
제86호	남양주~춘천선	경기도 남양주시 (진접읍)	강원도 춘천시 (동산면)	경기도 남양주시(진건읍), 남양주시, 남양주시(와부읍·화도읍), 양평군 서종면, 가평군 설악면	경기도 가평군 설악면 일부는 일반국도 제37호선과 중첩
				강원도 홍천군 서면, 춘천시(남산면)	강원도 홍천군 서면 ~ 춘천시(남산면) 간 국가지원지방도 제70호선과 중첩
제88호	하남~영	경기도	경상북도	경기도 광주시(남종면·퇴촌	경기도 하남시

		양선	하남시	영양군 일월면	면), 양평군 강하면·강상면, 여주군 산북면·금사면·대신면·북내면, 양평군 양동면	~ 광주시(퇴촌면) 간 일반국도 제45호선과 중첩, 여주군 금사면 ~ 대신면 간 일반국도 제37호선 및 국가지원지방도 제70호선과 중첩
					강원도 원주시(지정면·호저면), 원주시, 원주시(판부면·신림면), 영월군 주천면·한반도면·북면·한반도면·남면·영월읍·김삿갓면	강원도 원주시(지정면) ~ 원주시 간 일반국도 제42호선과 중첩, 원주시(문막읍 ~ 지정면 간) 국가지원지방도 제49호선과 중첩, 원주시 ~ 원주시(신림면) 간 일반국도 제5호선과 중첩, 영월군 주천면 일부는 국가지원지방도 제82호선과 중첩, 영월군 남면 ~ 영월읍 간 일반국도 제31호선과 중첩, 영월군 김삿갓면 일부는 국가지원지방도 제28호선과 중첩
					경상북도 봉화군 춘양면·법전면·소천면·재산면	경상북도 봉화군 춘양면 ~ 법전면 간 일반국도 제36호선과 중첩, 봉화군 법전면 ~ 영양군 일월면 간 일

					반국도 제31호선과 중첩
제90호	울릉군 순환선	경상북도 울릉군 울릉읍	경상북도 울릉군 울릉읍	경상북도 울릉군 서면·북면	
제96호	태안~청원선	충청남도 태안군 남면	충청북도 청원군 오창면	충청남도 서산시(부석면), 홍성군 서부면·결성면·은하면·광천읍·장곡면, 청양군 비봉면·운곡면·대치면, 공주시(신풍면·우성면), 청양군 목면, 공주시(이인면), 공주시, 공주시(장기면), 연기군 남면·동면	충청남도 홍성군 서부면 일부는 일반국도 제40호선과 중첩, 청양군 비봉면 일부는 일반국도 제29호선과 중첩, 청양군 운곡면 ~ 대치면 간 국가지원지방도 제70호선과 중첩, 공주시(신풍면) 일부는 일반국도 제39호선과 중첩, 공주시(이인면) ~ 공주시 간 일반국도 제40호선과 중첩, 공주시 ~ 공주시(장기면) 간 일반국도 제32호선과 중첩 충청북도 청원군 남이면 ~ 청주시 간 일반국도 제17호선과 중첩, 청주시 일부는 일반국도 제36호선과 중첩
				충청북도 청원군 부용면·남이면, 청주시	
제97호	서귀포~	제주특별자치도	제주특별자치도	제주특별자치도 제주시(구좌	

국가지원지방도 노선 지정령 349

		제 주 선	치도 서귀포시 (표선면)	치 도 제 주 시	읍·조천읍)	
제98호	수도권 순환권		경기도 수원시	경기도 수원시	경기도 수원시, 용인시, 용인시 처인구(양지면), 광주시(도척면·곤지암읍), 여주군 산북면, 양평군 강상면·양평읍·옥천면·서종면, 가평군 청평면, 남양주시(수동면·오남읍·진접읍), 포천시(가산면·내촌면·소흘읍), 양주시, 양주시(백석읍), 파주시(광탄면·조리읍), 고양시, 김포시	경기도 수원시 ~ 용인시 간 일반국도 제42호선과 중첩, 양평군 강상면 일부는 국가지원지방도 제88호선과 중첩, 양평군 양평읍 ~ 옥천면 간 일반국도 제37호선과 중첩, 양평군 서종면 ~ 남양주시(화도읍) 간 국가지원지방도 제86호선과 중첩, 남양주시(화도읍) ~ 가평군 청평면 간 일반국도 제45호선, 제46호선과 중첩, 남양주시(진전읍) ~ 포천시(내촌면) 간 일반국도 제47호선과 중첩, 포천시(내촌면) 일부는 일반국도 제87호선과 중첩, 포천시(소흘읍) 일부는 일반국도 제43호선과 중첩, 양주시(백석읍) 일부는 국가지원지방도 제39호

				인천광역시 서구, 남구, 동구, 중구, 남구, 연수구, 남동구	선과 중첩 인천광역시 서구 ~ 동구 간 일반국도 제6호선과 중첩, 인천광역시 동구 ~ 경기도 안산시 간 일반국도 제77호선과 중첩
				경기도 시흥시, 안산시, 화성시(매송면)	경기도 안산시 ~ 화성시(매송면) 간 국가지원지방도 제84호선과 중첩, 화성시(매송면) ~ 수원시 간 일반국도 제43호선과 중첩

비고 : 괄호 안에 읍·면의 표기가 없는 시의 경우에는 국가지원지방도가 경과하는 해당 시의 동 지역을 말한다.

일반국도 노선 지정령

대통령령 제23562호, 2012.1.26, 일부개정
국토교통부(도로정책과), 044-201-3883

「도로법」 제10조에 따라 일반국도의 노선을 별표와 같이 지정한다.
<개정 2008.1.3, 2008.11.17>

부　칙 <대통령령 제17348호, 2001.8.25>

① (시행일) 이 영은 공포한 날부터 시행한다.
② (종전의 공사계약이 체결된 도로의 비용부담에 관한 경과조치) 이 영 시행 당시 별표의 개정규정에 의하여 일반국도의 노선으로 지정되는 도로중 이 영 시행전에 도로법 제22조의 규정에 의한 도로관리청 그밖의 공사 시행자가 도로의 공사계약을 체결한 도로의 경우에는 도로법 제24조제1항의 규정에 불구하고 공사 시행자인 종전의 도로관리청 등의 비용으로 공사를 계속 시행하여야 한다.
③ (도로표지에 관한 경과조치) 이 영 시행 당시 종전의 규정에 의한 노선번호 및 노선명으로 설치된 도로표지는 이 영에 의한 노선번호 및 노선명으로 바꾸어 설치할 때까지 이를 사용할 수 있다.

부　칙 <대통령령 제20524호, 2008.1.3>

제1조 (시행일) 이 영은 공포한 날부터 시행한다.
제2조 (도로표지에 관한 경과조치) 이 영 시행 당시 종전의 규정에 따른 노선번호 및 노선명으로 설치된 도로표지는 이 영에 따른 노선번호 및 노선명으로 바꾸어 설치할 때까지 사용할 수 있다.

부　칙 <대통령령 제21124호, 2008.11.17>

제1조(시행일) 이 영은 공포한 날부터 시행한다.
제2조(종전의 공사계약이 체결된 도로의 비용부담에 관한 경과조치) 이 영 시행 당시 별표의 개정규정에 따라 일반국도의 노선으로 지정되는

도로 중 이 영 시행 전에 「도로법」 제20조에 따른 도로의 관리청, 그 밖의 공사 시행자가 도로의 공사계약을 체결한 도로의 경우에는 「도로법」 제23조제1항에 불구하고 공사 시행자인 종전 도로의 관리청 등의 비용으로 공사를 계속 시행하여야 한다.

제3조(도로표지에 관한 경과조치) 이 영 시행 당시 종전의 규정에 따른 노선번호 및 노선명으로 설치된 도로표지는 이 영에 따른 노선번호 및 노선명으로 바꾸어 설치할 때까지 사용할 수 있다.

부　　칙 <대통령령 제23562호, 2012.1.26>

제1조(시행일) 이 영은 공포한 날부터 시행한다.

제2조(도로표지에 관한 경과조치) 이 영 시행 당시 종전의 규정에 따른 노선번호 및 노선명으로 설치된 도로표지는 이 영에 따른 노선번호 및 노선명으로 바꾸어 설치할 때까지 사용할 수 있다.

[별표] 일반국도노선 <개정 2012.1.26>

노선번호	노선명	기점	종점	중요 경과지	비고
제1호	목포~신의주선	전라남도 목포시	평안북도 신의주시	전라남도 무안군 삼향읍·청계면·무안읍, 함평군 엄다면·학교면, 나주시(문평면·다시면), 나주시, 나주시(금천면·산포면·남평읍) 광주광역시 남구, 서구, 북구, 광산구 전라남도 장성군 남면·진원면·장성읍·북하면·북이면 전라북도 정읍시(입암면), 정읍시, 정읍시(북면·정우면·태인면·옹동면·감곡면), 김제시(금산면·금구면), 전주시, 완주군 삼례읍, 익산시(춘포면·왕궁면·금마면·여산면) 충청남도 논산시(연무읍·은진면), 논산시, 논산시(부적면·연산면), 계룡시(엄사면), 계룡시 대전광역시 유성구 충청남도 공주시(반포면), 연기군 금남면·남면·서면·조치원읍 충청북도 청원군 강외면 충청남도 연기군 전동면·전의면·소정면, 천안시 동남구(목천읍), 천안시, 천안시 서북구(성거읍·직산읍·성환읍) 경기도 평택시, 평택시(진위면), 오산시, 화성시, 수원시, 의왕시, 군포시, 안양시 서울특별시 금천구, 경기도 광명시, 서울특별시 금천구, 경기도 광명시, 서울특별시 구로구, 영등포구, 성산대교, 마포구, 은평구 경기도 고양시, 파주시(조리읍), 파주시, 파주시(월롱면·파주읍·문산읍·군내면·장단면) 황해도 평산군 남천읍, 서흥군 서흥면, 봉산군 사리원읍 평안남도 평양시, 안주군 신안	

				주면 평안북도 정주군 정주읍, 선천군 선천읍	
제2호	신안~부산선	전라남도 신안군 장산면	부산광역시 중구	전라남도 신안군 신의면·하의면·도초면·비금면·암태면·압해면, 목포시, 무안군 삼향면·일로읍, 영암군 학산면·삼호읍·미안면·학산면, 강진군 성전면·강진읍·군동면, 장흥군 장흥읍·부산면·장동면, 보성군 보성읍·미력면·득량면·조성면·벌교읍, 순천시(별량면), 순천시, 광양시(광양읍), 광양시, 광양시(진월면·진상면·진월면·다압면) 경상남도 하동군 하동읍·적량면·횡천면·양보면·북천면, 사천시(곤명면), 진주시(내동면), 진주시, 진주시(문산읍·진성면·사봉면·일반성면·이반성면), 창원시 마산합포구(진전면·진북면·진동면), 창원시, 창원시 진해구 부산광역시 강서구, 사하구, 서구	
제3호	남해~초산선	경상남도 남해군 미조면	평안북도 초산군 초산면	경상남도 남해군 삼동면·창선면, 사천시, 사천시(용현면·사남면·사천읍·축동면), 진주시(정촌면), 진주시, 진주시(명석면), 산청군 신안면·산청읍·오부면·생초면, 함양군 수동면·안의면, 거창군 마리면·거창읍·주상면·웅양면 경상북도 김천시(대덕면·지례면·구성면), 김천시, 김천시(어모면), 상주시(공성면·청리면), 상주시, 상주시(외서면·공검면·이안면·함창읍), 문경시, 문경시(마성면·문경읍) 충청북도 괴산군 연풍면, 충주시(수안보면·살미면), 충주시, 충주시(이류면·주덕읍·신니면), 음성군 생극면·감곡면	경상남도 진주시 일부는 제2호선과 중첩

일반국도 노선 지정령 355

					경기도 이천시(장호원읍·설성면), 여주군 가남면, 이천시(대월면·부발읍), 이천시, 이천시(신둔면), 광주시(곤지암읍·초월읍), 광주시, 성남시	
					서울특별시 송파구, 잠실대교, 광진구, 중랑구, 노원구, 도봉구	
					경기도 의정부시, 양주시, 양주시(은현면), 동두천시, 연천군 청산면·전곡읍·연천읍·신서면	
					강원도 철원군 철원읍·동송읍, 평강군 평강읍, 이천군 이천면	
					황해도 신계군 신계면, 곡산군 곡산면	
					평안남도 양덕군 양덕읍, 맹산군 맹산면, 영원군 영원면	
					평안북도 회천군 회천읍	
제4호	군산 ~ 경주선	전라북도 군산시 (옥도면)	경상북도 경주시 (감포읍)		전라북도 군산시, 충청남도 서천군 장항읍·마서면·서천읍·종천면·판교면, 부여군 옥산면·홍산면·구룡면·규암면·부여읍·석성면, 논산시(성동면·광석면·부적면·연산면), 계룡시(엄사면), 계룡시	충청남도 논산시 ~ 대전광역시 유성구 간 제1호선과 중첩
					대전광역시 유성구, 서구, 중구, 동구	
					충청북도 옥천군 군북면·군서면·옥천읍·동이면·이원면, 영동군 심천면·영동읍·황간면·매곡면·추풍령면	
					경상북도 김천시(봉산면·대항면), 김천시, 김천시(농소면·남면), 칠곡군 북삼읍·약목면·기산면·왜관읍·지천면	경상북도 김천시 일부는 제3호선과 중첩
					대구광역시 북구, 동구	
					경상북도 경산시(하양읍·와촌면), 영천시(금호읍), 영천시, 영천시(북안면), 경주시(서면·건천읍), 경주시, 경주시(양북면)	
제5호	거제 ~ 중	경상남도	평안북도		경상남도 거제시(하청면·장목	

	강진선	거제시 (연초면)	자성군 중강면	면), 창원시 마산합포구(구 산면), 창원시, 창원시 마산 회원구(내서읍), 함안군 칠 원면·칠서면·칠북면·칠서 면, 창녕군 도천면·영산면· 계성면·장마면·창녕읍·대지 면·대합면·성산면 대구광역시 달성군(구지면·유 가면·현풍면·논공읍·옥포 면·화원읍), 달서구, 남구, 서구, 북구 경상북도 칠곡군 동명면·가산 면, 구미시(장천면), 군위군 효령면·군위읍, 의성군 봉 양면·의성읍·단촌면, 안동 시(일직면·남후면), 안동시, 안동시(서후면·북후면), 영 주시(평은면·이산면·문수 면), 영주시, 영주시(안정 면·봉현면·풍기읍) 충청북도 단양군 대강면·단성 면·단양읍·매포면, 제천시 (금성면), 제천시, 제천시 (봉양읍) 강원도 원주시(신림면·판부 면), 원주시, 원주시(소초 면), 횡성군 횡성읍·공근면, 홍천군 홍천읍·북방면, 춘천 시(동산면·동내면), 춘천시, 춘천시(신북읍·서면·사북 면), 화천군 하남면·화천읍· 상서면, 철원군 근남면·김화 읍·근북면, 평강군 평강읍 함경남도 안변군 가익면(신고 산), 원산시, 문천군 문천면, 고원군 고원읍, 영흥군 영흥 읍, 함흥시, 장진군 신남면 (하갈)·장진면 평안북도 후창군 후창면(후창 강구)	대구광역시 서 구 ~ 북구 간 제4호선 과 중첩
제6호	인 천 ~ 강 릉 선	인천광역시 중 구	강 원 도 강 릉 시 (주문진읍)	인천광역시 동구, 남구, 서구, 계양구 경기도 부천시 서울특별시 강서구, 영등포구, 양화대교, 마포구, 중구, 종 로구, 동대문구, 중랑구 경기도 구리시, 남양주시, 남양	

일반국도 노선 지정령 357

				주시(와부읍·조안면), 양평군 양서면·옥천면·양평읍·용문면·단월면·청운면 강원도 횡성군 서원면·공근면·횡성읍·우천면·둔내면, 평창군 봉평면·용평면·진부면·대관령면, 강릉시(연곡면)	강원도 횡성군 공근면 ~ 횡성읍 간 제5호선과 중첩
제7호	부산 ~ 온성선	부산광역시 중구	함경북도 온성군 유덕면	부산광역시 동구, 부산진구, 연제구, 동래구, 금정구 경상남도 양산시(동면) 부산광역시 기장군(정관면) 경상남도 양산시 울산광역시 울주군(웅촌면·청량면), 남구, 중구, 북구 경상북도 경주시(외동읍), 경주시, 경주시(천북면·강동면), 포항시 남구(연일읍), 포항시, 포항시 북구(흥해읍·청하면·송라면), 영덕군 남정면·강구면·영덕읍·축산면·영해면·병곡면, 울진군 후포면·평해읍·기성면·원남면·근남면·울진읍·죽변면·북면 강원도 삼척시(원덕읍·근덕면), 삼척시, 동해시, 강릉시(옥계면·강동면), 강릉시, 강릉시(사천면·연곡면·주문진읍), 양양군 현남면·현북면·손양면·양양읍·강현면, 속초시, 고성군 토성면·죽왕면·간성읍·거진읍·현내면·고성읍, 통천군 통천면 함경남도 원산시, 고원군 고원읍, 영흥군 영흥읍, 함흥시, 흥남시(서호진), 북청군 북청읍, 단천군 단천읍 함경북도 성진시, 길주군 길주읍, 청진시, 나진시, 경흥군 웅기읍, 경원군 경원면, 온성군 온성면	경상북도 경주시 일부는 제4호선과 중첩 강원도 강릉시 (연곡면 ~ 주문진읍 간) 제6호선과 중첩
제8호	몽금포 ~ 원산선	황해도 장연군	함경남도 원산시	황해도 장연군 장연읍, 은율군 은율면	

			해안면		평안남도 진남포시, 평양시, 강동군 강동면, 양덕군 양덕읍 함경남도 덕원군 부내면(덕원)	
제9호	북청~해산진선	함경남도 북청군 북청읍	함경남도 해산군 해산읍		함경남도 풍산군 풍산면, 갑산군 갑산읍	
제10호	신의주~온성선	평안북도 용천군 부남면	함경북도 온성군 온성면		평안북도 용천군 용암포읍, 신의주시, 의주군 의주읍, 삭주군 청수읍(수풍), 벽동군 벽동면, 초산군 초산면, 강계군 만포읍(만포진), 자성군 자성면·중강면(중강진), 후창군 후창면(후창강구) 함경남도 삼수군 신파면(신갈파진), 해산군 해산읍(해산진) 함경북도 무산군 무산읍, 회령군 회령읍, 종성군 종성면	평안북도 용천군 양하면 ~ 의주군 고진면 간 제1호선과 중첩
제13호	완도~금산선	전라남도 완도군 완도읍	충청남도 금산군 금산읍		전라남도 완도군 군외면, 해남군 북평면·현산면·화산면·삼산면·해남읍·옥천면·마산면·계곡면, 강진군 성전면, 영암군 영암읍·덕진면·도포면·신북면, 나주시(세지면·왕곡면), 나주시, 나주시(노안면) 광주광역시 광산구, 북구 전라남도 담양군 대전면·수북면·담양읍·무정면, 곡성군 오산면·옥과면·입면·곡성읍 전라북도 남원시(대강면), 순창군 적성면·동계면, 임실군 삼계면·오수면·지사면, 장수군 산서면·장수읍·천천면, 진안군 동향면·안천면·용담면	전라남도 강진군 성전면 일부는 제2호선과 중첩, 나주시 일부는 제1호선과 중첩 광주광역시 광산구 일부는 제1호선과 중첩 전라남도 담양군 무정면 ~ 곡성군 옥과면 간 제15호선과 중첩 전라북도 남원시(대강면) ~ 순창군 적성면 간 제24호선과 중첩, 장수군 장수읍 일부는 제19

					호선과 중첩, 장수군 천천면 일부는 제26호선과 중첩, 진안군 안천면 일부는 제30호선과 중첩
				충청남도 금산군 남일면·남이면	
제14호	거제~포항선	경상남도 거제시 (남부면)	경상북도 포항시	경상남도 거제시(동부면·일운면), 거제시, 거제시(연초면), 거제시, 거제시(사등면), 통영시(용남면), 통영시, 통영시(광도면·도산면), 고성군 고성읍·마암면·회화면, 창원시 마산합포구(진전면·진동면), 창원시, 창원시 의창구(동읍), 김해시(진영읍·한림면·주촌면), 김해시	경상남도 창원시 마산합포구(진전면) ~ 창원시 간 제2호선과 중첩
				부산광역시 강서구, 북구, 동래구, 금정구, 해운대구, 기장군(철마면·기장읍·일광면·장안읍)	
				울산광역시 울주군(온양읍·청량면), 남구, 중구, 울주군(범서읍)	울산광역시 울주군 청량면 ~ 울산시 중구 제7호선과 중첩
				경상북도 경주시(외동읍·양남면·양북면), 포항시 남구(오천읍)	경상북도 경주시 외동읍 일부는 제7호선과 중첩, 경주시 양북면 일부는 제4호선과 중첩
제15호	고흥~담양선	전라남도 고흥군 봉래면	전라남도 담양군 담양읍	전라남도 고흥군 동일면·포두면·고흥읍·두원면·점암면·과역면·남양면·동강면, 보성군 벌교읍, 순천시(외서면·송광면), 보성군 문덕면, 화순군 남면·동면·이서면·동복면·북면, 곡성군 오산	전라남도 곡성군 오산면 ~ 담양군 담양읍 간 제13호선과 중첩

				면, 담양군 무정면·담양읍	
제17호	여수~용인선	전라남도 여수시 (돌산읍)	경기도 용인시 처인구 (양지면)	전라남도 여수시, 여수시(소라면·율촌면), 순천시(해룡면), 순천시, 순천시(서면·월등면·황전면), 곡성군 죽곡면·오곡면·곡성읍 전라북도 남원시(금지면·주생면), 남원시, 남원시(사매면), 임실군 오수면·성수면·임실읍·관촌면, 완주군 상관면, 전주시, 완주군 용진면·봉동읍·고산면·화산면·경천면·운주면 충청남도 금산군 진산면·복수면·추부면 대전광역시 동구, 대덕구 충청북도 청원군 현도면·부용면·남이면, 청주시, 청원군 오창읍, 진천군 문백면·진천읍·이월면·광혜원면 경기도 안성시(죽산면·일죽면), 용인시 처인구(백암면·원삼면)	전라남도 순천시 일부는 제2호선과 중첩 전라북도 전주시 일부는 제1호선과 중첩
제18호	진도~구례선	전라남도 진도군 군내면	전라남도 구례군 마산면	전라남도 진도군 고군면·의신면·임회면·진도읍·군내면, 해남군 문내면·황산면·마산면·해남읍·옥천면, 강진군 도암면·강진읍·군동면, 장흥군 장흥읍·안양면, 보성군 회천면·보성읍·미력면·복내면·문덕면, 순천시(송광면·주암면), 곡성군 목사동면·죽곡면·오곡, 순천시(황전면), 구례군 구례읍	전라남도 해남군 해남읍~옥천면 간 제13호선과 중첩, 강진군 강진읍~장흥군 장흥읍 간 제2호선과 중첩, 순천시(송광면) 일부는 제15호선과 중첩, 곡성군 오곡면~순천시(황전면) 간 제17호선과 중첩
제19호	남해~홍천선	경상남도 남해군	강원도 홍천군	경상남도 남해군 상주면·이동면·남해읍·고현면·설천면,	경상남도 하동군 하동읍

일반국도 노선 지정령 361

			미조면	서석면	하동군 금남면·고전면·하동읍·악양면·화개면 전라남도 구례군 토지면·마산면·광의면·용방면·산동면	일부는 제2호선과 중첩 전라남도 구례군 마산면 일부는 제18호선과 중첩
					전라북도 남원시(주천면·이백면), 남원시, 남원시(산동면), 장수군 번암면·장수읍·계남면·장계면·계북면, 무주군 안성면·적상면·무주읍 충청북도 영동군 학산면·양강면·영동읍·용산면, 옥천군 청산면·청성면, 보은군 삼승면·보은읍·산외면·내북면, 청원군 미원면, 괴산군 청안면·청천면·문광면·괴산읍·감물면·장연면, 충주시(살미면), 충주시, 충주시(동량면·금가면·산척면·엄정면·소태면) 강원도 원주시(귀래면·흥업면), 원주시, 원주시(소초면), 횡성군 횡성읍·갑천면·청일면	전라북도 장수군 장수읍 일부는 제13호선과 중첩 충청북도 영동군 영동읍 일부는 제4호선과 중첩, 충주시(살미면)~충주시 간 제3호선과 중첩 강원도 원주시~횡성군 횡성읍 간 제5호선과 중첩
제20호	산청~포항선	경상남도 산청군 시천면	경상북도 포항시		경상남도 산청군 단성면·신안면·생비량면, 의령군 대의면·칠곡면·가례면·의령읍·용덕면·정곡면·유곡면·부림면, 합천군 청덕면, 창녕군 이방면·유어면·대지면·창녕읍·고암면·성산면 경상북도 청도군 풍각면·각남면·화양읍·청도읍·매전면·금천면·운문면, 경주시(산내면·건천읍·현곡면·안강읍·천북면·강동면), 포항시 남구(대송면·연일읍·대송면)	경상남도 산청군 신안면 일부는 제3호선과 중첩 경상북도 경주시 일부는 제4호선과 중첩
제21호	남원~	전라북도	경기도		전라북도 순창군 동계면·적성	전라북도 순창

	이천선	남원시 (대강면)	이천시 (장호원읍)	면·인계면·구림면·쌍치면, 정읍시, 정읍시(북면·정우면·태인면·옹동면·감곡면), 김제시(금산면·금구면), 전주시, 김제시(백구면·공덕면), 익산시(오산면), 군산시(대야면·개정면·옥산면·옥구읍), 군산시, 군산시(개정면), 군산시, 군산시(성산면)	군 인계면 일부는 제27호선과 중첩, 순창군 쌍치면 ~ 정읍시 간 제29호선과 중첩, 정읍시 ~ 전주시 간 제1호선과 중첩, 전주시 일부는 제26호선과 중첩, 군산시 일부는 제4호선과 중첩
				충청남도 서천군 마서면·서천읍·종천면·비인면, 보령시(주산면·웅천읍·남포면), 보령시, 보령시(주교면·주포면·청소면), 홍성군 광천읍·구항면·홍성읍·금마면·홍북면, 예산군 응봉면·오가면·예산읍, 아산시(도고면·신창면), 아산시, 아산시(배방읍), 천안시, 천안시 동남구(목천읍·성남면·수신면·병천면·동면)	충청남도 서천군 장항읍 ~ 서천읍 간 제4호선과 중첩, 천안시 일부는 제1호선과 중첩
				충청북도 진천군 진천읍·덕산면, 음성군 맹동면·금왕읍·생극면·감곡면	
					충청북도 음성군 생극면 ~ 경기도 이천시(장호원읍) 간 제3호선과 중첩
제22호	정읍 ~ 순천선	전라북도 정읍시	전라남도 순천시	전라북도 정읍시(소성면), 고창군 성내면·흥덕면·부안면·아산면·심원면·해리면·상하면·공음면	
				전라남도 영광군 법성면·영광읍·묘량면, 함평군 해보면·월야면	
				광주광역시 광산구, 서구, 동구	광주광역시 광산구 일부

일반국도 노선 지정령 363

					전라남도 화순군 화순읍·동면·동복면, 순천시(주암면·승주읍·서면)	는 제13호선과 중첩, 서구 ~ 동구 간 제1호선과 중첩 전라남도 화순군 동면 ~ 동복면 간 제15호선과 중첩
제23호	강진 ~ 천안선	전라남도 강진군 강진읍	충청남도 천안시		전라남도 강진군 칠량면·대구면·마량면, 장흥군 대덕읍·관산읍·용산면·장흥읍·부산면·유치면, 영암군 금정면, 나주시(세지면), 나주시, 나주시(왕곡면·공산면·동강면), 함평군 학교면·함평읍·대동면·신광면, 영광군 불갑면·군서면·영광읍·묘량면·대마면 전라북도 고창군 대산면·성송면·고수면·고창읍·신림면·흥덕면, 부안군 줄포면·보안면·상서면·행안면·부안읍·동진면, 김제시(죽산면), 김제시, 김제시(백산면·공덕면), 익산시(오산면), 익산시, 익산시(황등면·함열읍·용안면·용동면·망성면) 충청남도 논산시(강경읍·채운면), 논산시, 논산시(광석면·노성면·상월면), 공주시(계룡면), 공주시, 공주시(장기면·의당면·우성면·의당면·정안면), 천안시 동남구(광덕면), 연기군(전의면·소정면), 천안시 동남구(목천읍)	전라남도 장흥군 장흥읍 일부는 제2호선과 중첩, 나주시 일부는 제13호선과 중첩, 영광군 군서면 ~ 영광읍 간 제22호선과 중첩 전라북도 고창군 흥덕면 일부는 제22호선과 중첩 충청남도 논산시 일부는 제4호선과 중첩, 천안시 동남구(광덕면) ~ 천안시 간 제1호선과 중첩
제24호	신안 ~ 울산선	전라남도 신안군 임자면	울산광역시 남구		전라남도 신안군 지도읍, 무안군 해제면·현경면·무안읍, 함평군 함평읍·대동면·나산면·해보면·월야면, 장성군	전라남도 함평군 해보면 일부는 제22호선과 중

				삼서면·삼계면·동화면·황룡면·장성읍·진원면, 담양군 대전면·수북면·담양읍·금성면	첩, 장성군 장성읍 일부는 제1호선과 중첩, 담양군 대전면 ~ 담양읍 간 제13호선과 중첩
				전라북도 순창군 금과면·팔덕면·순창읍·인계면·적성면, 남원시(대강면·주생면·대산면), 남원시, 남원시(이백면·운봉읍·인월면)	전라북도 순창군 적성면 ~ 남원시 대강면 일부는 제13호선과 중첩, 남원시 ~ 남원시(이백면) 간 제19호선과 중첩
				경상남도 함양군 함양읍·지곡면·안의면, 거창군 마리면·거창읍·남하면, 합천군 봉산면·묘산면·합천읍·대양면·율곡면·초계면·적중면·청덕면, 창녕군 이방면·유어면·대지면·창녕읍·고암면, 밀양시(청도면·무안면·부북면), 밀양시, 밀양시(산외면·산내면)	경상남도 함양군 안의면 ~ 거창군 거창읍 간 제3호선과 중첩, 합천군 청덕면 ~ 창녕군 고암면 간 제20호선과 중첩, 창녕군 창녕읍 일부는 제5호선과 중첩
				울산광역시 울주군(상북면·언양읍·범서읍)	울산광역시 남구 일부는 제7호선과 중첩
제25호	진해~청주선	경상남도 창원시(진해구)	충청북도 청주시	경상남도 창원시, 창원시 의창구(동읍), 김해시(진영읍), 창원시 의창구(대산면), 밀양시(하남읍·상남면), 밀양시, 밀양시(산외면·상동면)	경상남도 창원시 ~ 김해시(진영읍) 간 일부는 제14호선과 중첩, 밀양시 일부는 제24호선과 중첩
				경상북도 청도군 청도읍·화양읍, 경산시(남천면), 경산시	경상북도 청도군 청도읍

일반국도 노선 지정령 365

				대구광역시 수성구, 동구, 북구	일부는 제20호선과 중첩 대구광역시 동구 ~ 북구 간 제4호선과 중첩, 수성구 일부는 제5호선과 중첩
				경상북도 칠곡군 동명면·가산면, 구미시(장천면·산동면·해평면·도개면), 의성군 단밀면, 상주시(낙동면), 상주시, 상주시(내서면·화서면·화남면)	경상북도 칠곡군 동명면 ~ 가산면 간 제5호선과 중첩
				충청북도 보은군 마로면·탄부면·장안면·보은읍·수한면·회인면, 청원군 가덕면·남일면	
제26호	군산~대구선	전라북도 군산시 (옥서면)	대구광역시 서구	전라북도 군산시, 군산시(개정면·대야면), 익산시(오산면), 익산시, 김제시(백구면), 전주시, 완주군 소양면, 진안군 부귀면·진안읍, 장수군 천천면·장계면	전라북도 군산시 일부는 제21호선과 중첩, 전주시 일부는 제17호선과 중첩
				경상남도 함양군 서상면·서하면·안의면, 거창군 마리면·거창읍·남하면, 합천군 봉산면·묘산면·야로면	경상남도 함양군 안의면 ~ 거창군 거창읍 간 제3호선과 중첩, 거창군 거창읍 ~ 합천군 묘산면 간 제24호선과 중첩
				경상북도 고령군 쌍림면·고령읍·성산면 대구광역시 달성군(논공읍·옥포면·화원읍), 달서구, 남구	대구광역시 달성군(논공읍) ~ 서구 간 제5호선과 중첩
제27호	고흥~군산선	전라남도 고흥군 금산면	전라북도 군산시	전라남도 고흥군 도양읍·도덕면·풍양면·고흥읍·두원면·점암면·과역면·남양면·동강	전라남도 고흥군 고흥읍 ~ 순천시

				면, 보성군 벌교읍, 순천시 (외서면·송광면·주암면), 곡성군 석곡면·삼기면·겸면·옥과면	(송광면) 간 제15호선과 중첩, 보성군 벌교읍 일부는 제2호선과 중첩, 순천시 (송광면) ~ 곡성군 석곡면 간 제18호선과 중첩
				전라북도 순창군 풍산면·순창읍·인계면, 임실군 덕치면·강진면·운암면, 완주군 구이면, 전주시, 완주군 삼례읍, 익산시(춘포면), 익산시, 익산시(오산면), 군산시(서수면·임피면·성산면)	전라북도 전주시 ~ 완주군 삼례읍 간 제1호선과 중첩, 전주시 일부는 제17호선 및 제26호선과 중첩, 익산시 일부는 제23호선과 중첩, 군산시 일부는 제21호선과 중첩
제28호	영주~포항선	경상북도 영주시	경상북도 포항시 북구 (흥해읍)	경상북도 영주시(장수면), 예천군 감천면·예천읍·개포면·호명면·지보면, 의성군 다인면·단북면·안계면·비안면·봉양면·의성읍·금성면, 군위군 우보면·의흥면·고로면, 영천시(신녕면·화산면·청통면), 영천시, 영천시(임고면·고경면), 경주시(안강읍·강동면), 포항시 남구(연일읍)	경상북도 의성군 봉양면 ~ 의성읍 간 제5호선과 중첩, 경주시 (강동면) 일부는 제7호선과 중첩
제29호	보성~서산선	전라남도 보성군 미력면	충청남도 서산시 (대산읍)	전라남도 보성군 노동면, 화순군 이양면·청풍면·춘양면·능주면·화순읍	전라남도 화순군 화순읍 ~ 광주광역시 동구 간 제22호선과 중첩
				광주광역시 동구, 북구 전라남도 담양군 고서면·봉산면·무정면·담양읍·용면	전라남도 담양군 담양읍 일부는 제24

일반국도 노선 지정령 367

					전라북도 순창군 복흥면·쌍치면, 정읍시, 정읍시(소성면·고부면·영원면·이평면), 부안군 백산면, 정읍시(신태인읍), 김제시(부량면), 김제시, 김제시(백산면·만경읍·청하면), 군산시(대야면·개정면), 군산시, 군산시(성산면)	호선과 중첩, 전라북도 정읍시 ~ 정읍시(소성면) 간 제22호선과 중첩, 김제시 일부는 제23호선과 중첩, 군산시(대야면 ~ 개정면 간) 제21호선과 중첩, 군산시(성산면) 일부는 제27호선과 중첩
					충청남도 서천군 마서면·화양면·기산면·한산면, 부여군 양화면·임천면·장암면·규암면·은산면, 청양군 남양면·청양읍·비봉면, 예산군 광시면, 홍성군 장곡면·홍동면·홍성읍·구항면·갈산면, 서산시(고북면·해미면·음암면), 서산시, 서산시(성연면·지곡면)	충청남도 서천군 마서면 일부는 제21호선과 중첩, 홍성군 홍성읍 일부는 제21호선과 중첩
제30호	부안~ 대구선	전라북도 부안군 보안면	대구광역시 서 구	전라북도 부안군 진서면·변산면·하서면·행안면·부안읍·동진면·백산면, 김제시(부량면), 정읍시(신태인읍·태인면·옹동면·칠보면·산내면), 임실군 강진면·덕치면·청웅면·임실읍·성수면, 진안군 백운면·마령면·진안읍·상전면·안천면, 무주군 부남면·적상면·무주읍·설천면·무풍면	전라북도 부안군 백산면 일부는 제29호선과 중첩, 정읍시(태인면) 일부는 제1호선과 중첩, 임실군 강진면 일부는 제27호선과 중첩, 임실군 성수면 일부는 제17호선과 중첩, 진안군 진안읍 일부는 제26호선과 중첩, 진안군 안천면 일부는 제13

					호선과 중첩, 무주군 적상면~무주읍 간 제19호선과 중첩
				경상북도 김천시(대덕면·증산면), 성주군 금수면·벽진면·성주읍·선남면	경상북도 김천시(대덕면) 일부는 제3호선과 중첩
				대구광역시 달성군(하빈면·다사읍), 달서구	
제31호	부산~신고산선	부산광역시 기장군(일광면)	함경남도 안변군 위익면	부산광역시 기장군(장안읍) 울산광역시 울주군(서생면·온산읍·청량면), 남구, 중구, 북구	울산광역시 중구~북구 간 제7호선과 중첩
				경상북도 경주시(양남면·양북면·감포읍), 포항시 남구(장기면·구룡포읍·동해면), 포항시, 포항시 북구(흥해읍), 포항시 남구(연일읍), 경주시(강동면), 포항시 북구(기계면·죽장면), 청송군 현동면·부남면·부동면·청송읍·파천면·진보면, 영양군 입암면·영양읍·일원면, 봉화군 재산면·소천면·법전면·소천면·석포면	경상북도 경주시(감포읍) 일부는 제4호선과 중첩, 포항시 일부는 제7호선과 중첩
				강원도 태백시, 영월군 상동읍·중동면·영월읍·북면, 평창군 평창읍·방림면·대화면·용평면, 홍천군 내면, 인제군 상남면·기린면·인제읍, 양구군 남면·양구읍·동면, 회양군 내금강면·안풍면·회양면	강원도 평창군 용평면 일부는 제6호선과 중첩
제32호	태안~대전선	충청남도 태안군 소원면	대전광역시 중구	충청남도 태안군 태안읍, 서산시(팔봉면·인지면), 서산시, 서산시(읍암면·운산면), 당진시(정미면), 당진시, 당진시(송악읍·신평면·순성면·우강면·합덕읍), 예산군 신암면·예산읍·대술면·신양면, 공주시(유구읍·신풍면·	충청남도 예산군 예산읍 일부는 제21호선과 중첩, 공주시 일부는 제23호선과 중첩, 공주시

				사곡면·우성면), 공주시, 공주시(장기면·반포면) 대전광역시 유성구, 서구	(반포면) 일부는 제1호선과 중첩
제33호	고성~구미선	경상남도 고성군 고성읍	경상북도 구미시 (선산읍)	경상남도 고성군 상리면, 사천시(정동면·사천읍·축동면), 진주시(정촌면), 진주시, 진주시(집현면·미천면), 산청군 생비량면, 의령군 대의면, 합천군 삼가면·쌍백면·대양면·합천읍·율곡면	경상남도 사천시(사천읍)~진주시 간 제3호선과 중첩, 진주시 일부는 제2호선과 중첩, 산청군 생비량면~의령군 대의면 간 제20호선과 중첩, 합천군 합천읍 일부는 제24호선과 중첩
				경상북도 고령군 쌍림면·고령읍·운수면, 성주군 수륜면·가천면·금수면·벽진면·성주읍·월항면, 칠곡군 기산면·약목면·북삼읍, 구미시, 구미시(고아읍)	경상북도 고령군 쌍림면~고령읍 간 제26호선과 중첩, 성주군 금수면~성주읍 일부는 제30호선과 중첩
제34호	당진~영덕선	충청남도 당진시 당진읍	경상북도 영덕군 영덕읍	충청남도 당진시(송악읍·신평면), 삽교천방조제, 아산시(인주면·영인면·둔포면), 천안시 서북구(성환읍·직산읍·성거읍·입장면)	충청남도 당진시~당진시(신평면) 간 제32호선과 중첩
				충청북도 진천군 백곡면·진천읍·초평면, 증평군 증평읍, 괴산군 청안면·사리면·문광면·괴산읍·칠성면·연풍면	충청북도 진천군 진천읍 일부는 제21호선과 중첩, 괴산군 괴산읍 일부는 제19호선과 중첩, 괴산군 연풍면~경상북도 문경시 간 제3호선과 중첩
				경상북도 문경시(문경읍·마성	

					면), 문경시, 문경시(호계면·산양면), 예천군 용궁면·개포면·유천면·예천읍·호명면, 안동시(풍산읍·서후면), 안동시, 안동시(임하면·임동면), 청송군 진보면, 영덕군 지품면	경상북도 예천군 예천읍 일부는 제28호선과 중첩, 안동시 일부는 제5호선과 중첩, 청송군 진보면 일부는 제31호선과 중첩
제35호	부산 ~ 강릉선	부산광역시 북구	강원도 강릉시	경상남도 양산시(동면), 양산시, 양산시(상북면·하북면) 울산광역시 울주군(삼남면·언양읍·두서면)		울산광역시 울주군(언양읍) 일부는 제24호선과 중첩
				경상북도 경주시(내남면), 경주시, 경주시(건천읍·서면), 영천시(북안면), 영천시, 영천시(금호읍), 영천시, 영천시(화남면·화북면), 청송군 현서면, 안동시(길안면·임하면·남선면), 안동시, 안동시(와룡면·도산면), 봉화군 명호면·법전면·소천면·석포면		경상북도 경주시 ~ 영천시 간 제4호선과 중첩, 안동시 일부는 제5호선 및 제34호선과 중첩, 경상북도 봉화군 법전면 ~ 강원도 태백시 간 제31호선과 중첩
				강원도 태백시, 삼척시(하장면), 정선군 임계면, 강릉시(왕산면·성산면)		강원도 강릉시(성산면) ~ 강릉시 간 고속국도 제4호선과 중첩
제36호	보령 ~ 울진선	충청남도 보령시	경상북도 울진군 근남면	충청남도 보령시(청라면), 청양군 화성면·청양읍·대치면·정산면·목면, 공주시(우성면), 공주시, 공주시(장기면), 연기군 남면·서면·조치원읍		충청남도 보령시 일부는 제21호선과 중첩, 공주시(우성면) ~ 공주시 간 제32호선

						과 중첩, 공주시 일부는 제23호선 및 32호선과 중첩, 연기군 남면 ~ 조치원읍 간 제1호선과 중첩
					충청북도 청원군 강외면·강내면, 청주시, 청원군 내수읍·북이면, 증평군 증평읍·도안면, 음성군 원남면·음성읍·소이면, 충주시(주덕읍·이류면), 충주시, 충주시(살미면), 제천시(한수면·덕산면·수산면), 단양군 단성면·대강면	충청북도 청주시 일부는 제17호선과 중첩, 증평군 증평읍 ~ 도안면 간 제34호선과 중첩, 충주시(주덕읍 ~ 살미면 간) 제3호선과 중첩, 단양군 단성면 ~ 경상북도 영주시 간 제5호선과 중첩
					경상북도 영주시(풍기읍·봉현면·안정면), 영주시, 영주시(이산면), 봉화군 봉화읍·봉성면·법전면·소천면, 울진군 서면·울진읍	경상북도 봉화군 법전면 ~ 소천면 간 제31호선 및 제35호선과 중첩
제37호	거창 ~ 파주선	경상남도 거창군 거창읍	경기도 파주시 (문산읍)	경상남도 거창군 마리면·위천면·주상면·고제면	경상남도 거창군 거창읍 ~ 마리면 간 제3호선과 중첩
					전라북도 무주군 무풍면·설천면·무주읍·부남면	전라북도 무주군 설천면 일부는 제30호선과 중첩, 무주군 무주읍 일부는 제19호선과 중첩
					충청남도 금산군 부리면·남일	충청남도 금산군 추부면

				면·금산읍·금성면·군북면·추부면	일부는 제17호선과 중첩
				충청북도 옥천군 군서면·옥천읍·군북면·안내면, 보은군 수한면·보은읍·속리산면·산외면 경상북도 상주시(화북면)	충청북도 옥천군 옥천읍 일부는 제4호선과 중첩, 보은군 보은읍 일부는 제25호선과 중첩, 괴산군 청안면~괴산읍 간 제19호선과 중첩, 음성군 원남면~음성읍 간 제36호선과 중첩, 음성군 금왕읍~생극면 간 제21호선과 중첩, 음성군 생극면~경기도 이천시(장호원읍) 간 제3호선과 중첩
				충청북도 괴산군 청천면·청안면·문광면·괴산읍·소수면, 음성군 원남면·음성읍·금왕읍·생극면·감곡면	
				경기도 이천시(장호원읍), 여주군 점동면·여주읍·능서면·여주읍·북내면·대신면, 양평군 개군면·양평읍·옥천면, 가평군 설악면·청평면·상면·하면·상면, 포천시(내촌면), 가평군 상면, 포천시(화현면·일동면·신북면·영중면·창수면), 연천군 청산면·전곡읍, 파주시(적성면·파평면)	경기도 양평군 양평읍 일부는 제6호선과 중첩, 연천군 전곡읍 일부는 제3호선과 중첩
제38호	서산~동해선	충청남도 서산시 (대산읍)	강원도 동해시	충청남도 당진시(석문면·송산면·송악읍·신평면), 아산시 (인주면)	충청남도 당진시(신평면)~아산시(인주면) 간 제34호선과 중첩 경기도 안성시(죽산면) 일부는 제17호선과 중첩, 이천시(장호
				경기도 평택시(현덕면·포승읍·안중읍·오성면·고덕면), 평택시, 안성시(공도읍·대덕면), 안성시, 안성시(보개	

				면·삼죽면·죽산면·일죽면), 이천시(설성면·장호원읍)	원읍) ~ 충청북도 음성군 감곡면 간 제3호선·제21호선 및 제37호선과 중첩
				충청북도 음성군 감곡면, 충주시(앙성면·가금면·소태면·엄정면·산척면), 제천시(백운면·봉양읍), 제천시, 제천시(송학면)	충청북도 충주시 (소태면 ~ 산척면 간) 제19호선과 중첩, 제천시(봉양읍) ~ 제천시 간 제5호선과 중첩
				강원도 영월군 한반도면·남면·영월읍·중동면, 정선군 신동읍·남면·사북읍·고한읍, 태백시, 삼척시(도계읍·신기면·미로면), 삼척시	강원도 영월군 영월읍 ~ 중동면 간 제31호선과 중첩, 태백시 일부는 제35호선과 중첩
제39호	부여 ~ 의정부선	충청남도 부여군 (부여읍)	경기도 의정부시	충청남도 부여군 규암면·은산면, 청양군 장평면·정산면, 공주시(신풍면·유구읍), 아산시(송악면), 아산시, 아산시(염치읍·영인면)·아산방조제	충청남도 부여군 부여읍 ~ 규암면 간 제4호선과 중첩, 부여군 규암면 ~ 은산면간 제29호선과 중첩, 청양군 정산면 일부는 제36호선과 중첩, 공주시(신풍면 ~ 유구읍 간) 제32호선과 중첩, 아산시 일부는 제21호선과 중첩, 아산시(영인면 ~ 인주면 간) 제34호

				경기도 평택시(현덕면·안중읍·청북면), 화성시(양감면·향남읍·팔탄면·비봉면·매송면), 안산시, 시흥시, 부천시 인천광역시 계양구 서울특별시 강서구 경기도 김포시(고촌읍) 서울특별시 강서구, 행주대교 경기도 고양시, 양주시(장흥면)	선과 중첩 경기도 부천시 일부는 제6호선과 중첩 경기도 고양시 일부는 제1호선과 중첩
제40호	당진~공주선	충청남도 당진시 합덕읍	충청남도 공주시	충청남도 예산군 고덕면·봉산면·덕산면, 홍성군 갈산면·서부면, 보령시(천북면·오천면·주포면·주교동), 보령시, 보령시(성주면·미산면), 부여군 외산면·내산면·구룡면·규암면·부여읍, 공주시(탄천면·이인면)	충청남도 홍성군 갈산면 일부는 제29호선과 중첩, 보령시(주포면)~보령시 간 제21호선과 중첩, 부여군 구룡면~부여읍 간 제4호선과 중첩
제41호	개성~원산선	경기도 개성시	함경남도 원산시	황해도 금천군 금천면·서촌면(시별) 강원도 이천군 이천면 함경남도 덕원군 부내면(덕원)	
제42호	인천~동해선	인천광역시 중구	강원도 동해시	인천광역시 남구, 남동구 경기도 시흥시, 안산시, 수원시, 용인시, 용인시 처인구(양지면), 이천시(마장면·호법면), 이천시, 이천시(부발읍), 여주군 흥천면·능서면·여주읍·강천면	경기도 안산시 일부는 제39호선과 중첩, 수원시 일부는 제1호선과 중첩, 이천시 일부는 제37호선과 중첩, 여주군 여주읍 일부는 제37호선과 중첩
				강원도 원주시(문막읍·지정면·	강원도 원주시

374

노선번호	노선명	기점	종점	경과지	비고
				호저면), 원주시, 원주시(소초면), 횡성군 우천면·안흥면, 평창군 방림면·평창읍·미탄면, 정선군 정선읍·북평면·여량면·임계면, 강릉시(옥계면)	일부는 제5호선과 중첩, 평창군 방림면 ~ 평창읍 간 제31호선과 중첩
제43호	연기 ~ 고성선	충청남도 연기군 소정면	강원도 고성군 고성읍	충청남도 천안시 동남구(풍세면), 아산시(배방읍·탕정면·음봉면·둔포면)	충청남도 아산시(둔포면) 일부는 제34호선 및 제45호선과 중첩
				경기도 평택시(팽성읍·오성면·청북면), 화성시(양감면·향남읍·팔탄면·봉담읍), 수원시, 용인시, 용인시 처인구(모현면), 광주시(오포읍), 광주시, 광주시(중부면), 하남시	경기도 평택시(오성면) 일부는 제38호선과 중첩, 수원시 일부는 제1호선 및 제42호선과 중첩
				서울특별시 강동구, 천호대교, 광진구	서울특별시 강동구 ~ 광진구 간 제23호선과 중첩
				경기도 구리시, 남양주시(퇴계원면·진건읍·진접읍·별내면), 의정부시, 포천시(소흘읍), 포천시, 포천시(군내면·신북면·영중면·영북면)	경기도 포천시(영중면) 일부는 제37호선과 중첩
				강원도 철원군 갈말읍·김화읍·근동면, 금성군 창도면, 회양군 안풍면	강원도 철원군 김화읍 일부는 제5호선과 중첩
제44호	양평 ~ 양양선	경기도 양평군 양평읍	강원도 양양군 양양읍	경기도 양평군 용문면·단월면·청운면	경기도 양평군 양평읍 ~ 청운면간 제6호선과 중첩
				강원도 홍천군 남면·홍천읍·화촌면·두촌면, 인제군 남면·인제읍·북면, 양양군 서면	강원도 홍천군 홍천읍 일부는 제5호선과 중첩, 인제군 인제읍 일부는 제31호선과 중첩

제45호	서산~가평선	충청남도 서산시 (해미면)	경기도 가평군 청평면	충청남도 예산군 덕산면·삽교읍·오가면·예산읍, 아산시 (도고면·신창면), 아산시, 아산시(염치읍·음봉면·둔포면)	충청남도 예산군 오가면 ~ 아산시 간 제21호선과 중첩, 아산시 ~ 아산시(염치읍) 간 제39호선과 중첩, 아산시(둔포면) 일부는 제34호선과 중첩
				경기도 평택시(팽성읍·고덕면), 평택시, 안성시(원곡면·양성면), 용인시 처인구(이동면), 용인시, 용인시 처인구(포곡읍·모현면), 광주시(오포읍), 광주시, 광주시(중부면·퇴촌면·남종면), 하남시, 남양주시(와부읍·조안면·화도읍)	경기도 평택시 일부는 제38호선과 중첩, 용인시 처인구(이동면) ~ 용인시 간 제44호선과 중첩, 광주시 ~ 하남시 간 제43호선과 중첩, 남양주시(와부읍 ~ 조안면 간) 제6호선과 중첩, 가평군 청평면 일부는 제37호선과 중첩
제46호	인천~고성선	인천광역시 중구	강원도 고성군 간성읍	인천광역시 남구, 부평구	인천광역시 중구 ~ 남구 간 제42호선과 중첩
				경기도 부천시 서울특별시 구로구, 영등포구, 마포대교, 마포구, 용산구, 성동구, 광진구	서울특별시 광진구 ~ 경기도 남양주시(진건읍) 간 제43호선과 중첩
				경기도 구리시, 남양주시(퇴계원면·진건읍), 남양주시, 남양주시(화도읍), 가평군 청	경기도 남양주시(화도읍) ~ 가평군 청평면 간

일반국도 노선 지정령   377

					평면·가평읍	제45호선과 중첩, 가평군 청평면 일부는 제37호선과 중첩
					강원도 춘천시(남산면·서면·신동면·동내면·동면·신북읍), 화천군 간동면, 춘천시(북산면), 양구군 양구읍·남면, 인제군 남면·인제읍·북면	강원도 양구군 남면 일부는 제31호선과 중첩, 인제군 남면 ~ 북면 간 제44호선과 중첩
제47호	안산 ~ 철원선	경기도 안산시	강원도 철원군 김화읍		경기도 군포시, 안양시, 의왕시, 안양시, 과천시 서울특별시 서초구 경기도 과천시 서울특별시 서초구, 강남구, 영동대교, 성동구, 광진구, 중랑구	서울특별시 광진구 ~ 중랑구 간 제3호선 및 제6호선과 중첩
					경기도 구리시, 남양주시(퇴계원면·별내면·진접읍), 포천시(내촌면), 가평군 상면, 포천시(화현면·일동면·이동면)	경기도 남양주시(별내면) 일부는 제43호선과 중첩, 포천시(내촌면 ~ 일동면 간) 제37호선과 중첩
					강원도 철원군 서면	강원도 철원군 김화읍 일부는 제43호선과 중첩
제48호	강화 ~ 서울선	인천광역시 강화군 (양사면)	서울특별시 종로구 세종로		인천광역시 강화군(하점면·송해면·강화읍) 경기도 김포시(월곶면·통진읍·양촌면), 김포시, 김포시(고촌읍)	
					서울특별시 강서구, 양천구, 영등포구, 성산대교, 마포구, 서대문구	서울특별시 영등포구 ~ 마포구 간 일부는 제6호선과 중첩

제50호	옹진~ 개성선	황해도 옹진군 옹진읍	경기도 개성시	황해도 해주시, 연백군 연안읍	
제51호	해주~ 숙천선	황해도 해주시	평안남도 평원군 숙천면	황해도 재령군 재령읍 평안남도 진남포시, 강서군 함종면, 평원군 한천면·영유읍	
제52호	장연~ 신계선	황해도 장연군 장연읍	황해도 신계군 신계면	황해도 해주시, 평산군 남천읍	
제53호	신계~ 평양선	황해도 신계군 신계면	평안남도 평양시	황해도 수안군 수안면 평안남도 중화군 상원면	
제54호	장연~ 사리원선	황해도 장연군 장연읍	황해도 봉산군 사리원읍	황해도 신천군 신천읍, 재령군 재령읍	
제56호	철원~ 양양선	강원도 철원군 김화읍	강원도 양양군 양양읍	강원도 철원군 서면·근남면, 화천군 상서면·사내면, 춘천시(사북면·서면·신북읍), 춘천시, 춘천시(동면), 홍천군 화촌면·서석면·내면, 양양군 서면	강원도 춘천시 (사북면)~춘천시 간 제5호선과 중첩, 홍천군 화촌면 일부는 제44호선과 중첩, 홍천군 내면 일부는 제31호선과 중첩, 양양군 서면~양양읍 간 제44호선과 중첩
제58호	진해~ 청도선	경상남도 창원시 (진해구)	경상북도 청도군 매전면	경상남도 김해시(장유면), 김해시, 김해시(생림면), 밀양시(삼랑진읍), 밀양시, 밀양시(부북면·상동면) 경상북도 청도군 청도읍	경상남도 김해시 일부는 제14호선과 중첩, 밀양시(부북면) 일부는 제24호선과 중첩, 밀양시(상동면)~경상북도 청도군 청도읍

일반국도 노선 지정령 379

						간 제25호선과 중첩
제59호	광양~양양선	전라남도 광양시	강원도 양양군 양양읍		경상남도 하동군 금성면·금남면·고전면·적량면·횡천면·청암면, 산청군 시천면·삼장면·금서면·산청읍·차황면, 거창군 신원면, 합천군 봉산면, 거창군 가조면, 합천군 가야면	경상남도 하동군 금남면 ~ 적량면 간 제19호선과 중첩, 하동군 적량면 ~ 횡천면 간 제2호선과 중첩, 산청군 시천면 일부는 제20호선과 중첩, 합천군 봉산면 일부는 제24호선과 중첩
					경상북도 성주군 수륜면·가천면·금수면, 김천시(조마면·감천면), 김천시, 김천시(개령면·감문면), 구미시(선산읍·옥성면), 상주시(낙동면·중동면), 의성군 다인면, 예천군 풍양면, 문경시(영순면·산양면·산북면·동로면)	경상북도 성주군 수륜면 ~ 금수면 간 제33호선과 중첩, 김천시 일부는 제4호선과 중첩, 구미시(선산읍) 일부는 제33호선과 중첩, 상주시(낙동면) 일부는 제25호선과 중첩, 의성군 다인면 일부는 제28호선과 중첩, 문경시(산양면) 일부는 제34호선과 중첩
					충청북도 단양군 대강면·단성면·단양읍·가곡면·영춘면	충청북도 단양군 단양읍 일부는 제5호선과 중첩
					강원도 영월군 남면·영월읍·중	강원도 영월군 남면 ~ 정선군 남면

				동면, 정선군 신동읍·남면·정선읍·북평면, 평창군 진부면·대관령면, 강릉시(연곡면), 양양군 현북면·서면	간 제38호선과 중첩, 영월군 북면 ~ 영월읍 간 제31호선과 중첩, 정선군 북평면 일부는 제42호선과 중첩, 평창군 진부면 ~ 강릉시 연곡면 간 제6호선과 중첩
제61호	정주~청수선	평안북도 정주군 정주읍	평안북도 삭주군 청수읍	평안북도 구성군 방현면(남시)·구성면, 삭주군 삭주면	
제62호	숙천~영흥선	평안남도 평원군 숙천면	함경남도 영흥군 영흥읍	평안남도 순천군 순천읍·신창면, 맹산군 왕천면(북창)·맹산면	
제63호	신안주~도원선	평안남도 안주군 안주면	평안북도 초산군 도원면	평안북도 박천군 박천면, 운산군 위연면(온정), 초산군 도원면(회목)	
제64호	의주~함흥선	평안북도 의주군 의주읍	함경남도 함흥시	함경북도 구성군 구성면 평안남도 덕천군 덕천면, 영원군 영원면 함경남도 함주군 주지면(지경)	
제65호	평양~자성선	평안남도 평양시	평안북도 자성군 자성면	평안남도 순천군 사인면·순천읍, 개천군 개천읍 평안북도 회천군 회천읍, 강계군 강계읍, 후창군 남신면(가산)	
제67호	칠곡~군위선	경상북도 칠곡군 왜관읍	경상북도 군위군 군위읍	경상북도 칠곡군 석적읍, 구미시, 구미시(산동면·장천면)	경상북도 구미시(산동면 ~ 장천면 간) 일부는 제25호선과 중첩
제71호	갈전~신갈파진선	함경남도 강진군 상남면	함경남도 삼수군 신파면	함경남도 장진군 상남면(속사리)·하동면(운산강구포)	

일반국도 노선 지정령 381

			(갈전)	(신갈파진)		
제72호	위원~하갈선	평안북도 위원군 위원면	함경남도 장진군 신남면 (하갈)	평안북도 위원군 대덕면(광천), 강계군 점촌면·의관면(운송)·용림면(평남진)	
제73호	단천~무산선	함경남도 단천군 단천읍	함경북도 무산군 무산읍	함경남도 단천군 북두일면(용양) 함경북도 길주군 양사면(합수), 무산군 삼사면(유평동), 연사면(사지동)	
제74호	운산~단천선	함경남도 장진군 하동면 (운산)	함경남도 연천군 단천읍	함경남도 풍산군 풍산면·천남면(홍군)	
제75호	가평~화천선	경기도 가평군 설악면	강원도 화천군 사내면	경기도 가평군 청평면·가평읍·북면	경기도 가평군 설악면 일부는 제37호선과 중첩
제76호	갑산~성진선	함경남도 갑산군 갑산면	함경북도 성진시	함경남도 갑산군 진동면(동점) 함경북도 학성군 학서면(업억)	
제77호	부산~파주선	부산광역시 중구	경기도 파주시 (문산읍)	부산광역시 서구, 사하구, 강서구 경상남도 창원시, 창원시 마산합포구(진동면·진북면·진전면), 고성군 동해면·거류면, 통영시(광도면·도산면), 고성군 삼산면·하일면·하이면, 사천시, 남해군 창선면·삼동면·미조면·상주면·이동면·남해읍·고현면·서면	부산광역시 중구 ~ 경상남도 창원시 마산합포구(진전면) 간 제2호선과 중첩, 경상남도 통영시(광도면 ~ 도산면 간) 일부는 제14호선과 중첩, 사천시 ~ 남해군 미조면 간 제3호선과 중첩, 남해군 미조면 ~ 고현면 간 제19호선과 중첩

전라남도 여수시, 여수시(돌산읍·남면·화정면·화양면·화정면), 고흥군 영남면·포두면·도화면·풍양면·도덕면·도양읍·도덕면·풍양면·고흥읍·두원면·점암면·과역면·남양면·대서면, 보성군 조성면·득량면·미력면·보성읍·회천면, 장흥군 안양면·용산면·관산읍·대덕읍, 강진군 마량면, 완도군 고금면·신지면·완도읍·군외면, 해남군 북평면·송지면·현산면·화산면·황산면·문내면·화원면, 목포시, 신안군 압해면, 무안군 운남면·망운면·현경면·해제면, 영광군 염산면·백수읍·홍농읍	전라남도 여수시 ~ 여수시(돌산읍) 간 제17호선과 중첩, 고흥군 포두면 일부는 제15호선과 중첩, 고흥군 도양읍 ~ 고흥읍 간 제27호선과 중첩, 고흥군 고흥읍 ~ 남양면 간 제15호선과 중첩, 보성군 조성면 ~ 보성읍 간 제2호선과 중첩, 보성군 보성읍 ~ 장흥군 안양면 간 제18호선과 중첩, 장흥군 안양면 ~ 강진군 마량면 간 제23호선과 중첩, 해남군 황산면 ~ 문내면 간 제18호선과 중첩, 신안군 압해면 일부 제2호선과 중첩, 무안군 현경면 ~ 해제면 간 제24호선과 중첩
전라북도 고창군 상하면·해리면, 부안군 변산면, 군산시(옥도면), 군산시, 군산시(옥도면)	전라북도 고창군 상하면 ~ 해리면 간 제22호선과 중첩, 부안군 변산면

일반국도 노선 지정령 383

					충청남도 서천군 비인면, 보령시(주산면·웅천읍·남포면), 보령시, 태안군 고남면·안면읍·남면·태안읍, 서산시(팔봉면·인지면), 서산시, 서산시(성연면·지곡면·대산읍), 당진시 (석문면·송산면·송악읍·신평면), 아산시(인주면)	~ 부안읍 간 제30호선과 중첩, 군산시 (옥도면) ~ 군산시 간 제4호선과 중첩 충청남도 서천군 비인면 ~ 보령시 간 제21호선과 중첩, 보령시 일부는 제36호선과 중첩, 태안군 태안읍 ~ 서산시 간 제32호선과 중첩, 서산시 ~ 서산시 (대산읍) 간 제29호선과 중첩, 서산시 (대산읍) ~ 당진시 (신평면) 간 제38호선과 중첩, 당진시 (신평면) ~ 아산시(인주면) 간 제34호선과 중첩
					경기도 평택시(현덕면·포승읍), 화성시(우정읍·장안면·우정읍), 화성시, 안산시, 시흥시	충청남도 아산시(인주면) ~ 평택시 (현덕면) 간 제39호선과 중첩, 평택시 (현덕면 ~ 포승읍 간) 제38호선과 중첩, 평택시(포승읍) ~ 화성시(우정읍) 간 제82호선과 중첩

				인천광역시 남동구, 연수구, 남구, 중구, 동구, 남구, 서구, 계양구	인천광역시 중구 ~ 서울특별시 마포구 간 제6호선 일부와 중첩
				경기도 부천시 서울특별시 강서구, 영등포구, 양화대교, 마포구 경기도 고양시, 파주시, 파주시(탄현면)	
제79호	의령 ~ 창녕선	경상남도 의령군 의령읍	경상남도 창녕군 유어면	경상남도 함안군 군북면·가야읍·함안면·여항면, 창원시 마산합포구(진북면·진동면), 창원시, 창원시 의창구(북면), 창녕군 부곡면·도천면·영산면·계성면·장마면	경상남도 창원시 마산합포구(진동면) ~ 창원시 간 제2호선과 중첩, 창녕군 영산면 일부는 제5호선과 중첩
제80호	혜산진 ~ 길주선	함경남도 혜산군 혜산읍(혜산진)	함경북도 길주군 길주읍	함경북도 길주군 양사면(박암·합수·제덕)	
제81호	나남 ~ 무산선	함경북도 청진시(나남)	함경북도 무산군 무산읍	함경북도 청진시(수성), 부령군 부령면·서상면(고무산), 무산군 동면(풍산)	
제82호	평택 ~ 화성선	경기도 평택시(포승읍)	경기도 화성시(향남읍)	경기도 화성시(우정읍·장안면·팔탄면)	경기도 평택시(포승읍) ~ 화성시(우정읍) 간 제77호선과 중첩
제83호	청진 ~ 은성선	함경북도 청진시	함경북도 은성군 은성면	함경북도 청진시(수성), 부령군 서상면(고무산), 회령군 창두면(고풍산)·회령읍, 종성군 행영면	
제87호	포천 ~ 철원선	경기도 포천시	강원도 철원군	경기도 포천시(가산면·군내면), 포천시, 포천시(신북	경기도 포천시(창수면)

				면·창수면·관인면) 강원도 철원군 동송읍	일부는 제37호선과 중첩
		(내촌면)	철원읍		
제88호	영양~ 울진선	경상북도 영양군 일월면	경상북도 울진군 평해읍	경상북도 영양군 수비면, 울진군 온정면	
제91호	회령~ 경원선	함경북도 회령군 회령읍	함경북도 경원군 경원면	함경북도 경흥군 노서면(서원동)·용덕면(고건원)	
제92호	회령~ 서수라선	함경북도 회령군 회령읍	함경북도 경흥군 노서면 (서수라)	함경북도 경흥군 노서면(서원동)·웅기읍	
제93호	서수라~ 경흥선	함경북도 경흥군 노서면 (서수라)	함경북도 경흥군 경흥면	함경북도 경흥군 노서면·경흥면	
제94호	회령~ 경흥선	함경북도 회령군 회령읍	함경북도 경흥군 경흥면	함경북도 종성군 행영면, 경흥군 노서면·아오지읍	

비고 : 괄호 안에 읍·면의 표기가 없는 시의 경우에는 일반국도가 경과하는 해당 시의 동 지역을 말한다.

도로의유지·보수등에 관한 규칙

국토교통부령 제1호, 2013.3.23. 타법개정
국토교통부(도로운영과), 044-201-3914

제1조(목적) 이 규칙은 도로법 제39조의 규정에 의하여 도로의 유지·안전점검 및 보수에 관하여 필요한 사항을 규정함을 목적으로 한다.

제2조(유지·보수등의 기준) ① 도로의 유지·안전점검 및 보수(이하 "유지·보수등"이라 한다)는 도로의 구조·시설기준에관한규칙이 정하는 기준에 적합하도록 하여야 한다.

②국토교통부장관은 교통안전의 확보와 도로구조의 보존을 위하여 특히 필요하다고 인정되는 도로에 대하여는 유지·보수등에 관한 세부기준을 따로 정할 수 있다. <개정 2008.3.14, 2013.3.23>

제3조(유지·보수등의 계획수립) ① 도로관리청(이하 "관리청"이라 한다)은 매년 1회이상 일정한 기간을 정하여 도로에 관한 현황조사를 실시하고, 그 조사결과에 따라 다음 연도의 도로의 유지·보수등의 계획을 수립하여야 한다.

②제1항의 규정에 의한 도로의 유지·보수등의 계획에는 다음 각호의 사항이 포함되어야 한다.

1. 사업개요(위치·노선명·기간등이 포함되어야 한다)
2. 사업예산
3. 공종별 사업내용
4. 기타 유지·보수등에 관하여 필요한 사항

제4조(도로의 순찰등) ① 관리청은 도로의 상태를 점검하고, 교통의 원활한 소통과 안전을 위하여 관할도로구역 및 접도구역에 대하여 정기순찰 및 수시순찰을 실시하여야 한다. <개정 2001.3.30>

②관리청은 제1항의 규정에 의한 순찰을 하는 때에는 다음 각호의 사항을 점검하여야 한다.

1. 도로의 유지상태
2. 도로의 연결상태
3. 도로의 불법점용 및 접도구역안의 불법행위
4. 기타 도로교통의 안전저해 요인

③관리청은 낙석, 산사태, 폭설, 도로의 침수·유실·결빙등으로 인하여 통행에 위험이 있다고 인정되는 경우에는 관련기관과 협의하여 신속히 통행을 제한하고, 응급복구와 우회소통대책등 필요한 조치를 하여야 한다.

제5조(안전점검) ① 관리청은 도로의 안전관리를 위하여 다음 각호의 시설물에 대하여 정기점검을 실시하고, 그 점검결과를 기록·유지하여야 한다.
1. 노면
2. 교량
3. 터널
4. 지하차도
5. 횡단보도 및 육교
6. 암거 및 배수관
7. 측구 및 배수로
8. 도로표지등 안전시설
9. 기타 도로부속시설물

②제1항제2호 및 제3호의 규정에 의한 교량 및 터널에 대한 안전점검은 시설물의안전관리에관한특별법이 정하는 바에 의한다.

제6조(보수) ① 관리청은 도로의 기능유지와 교통안전을 위하여 수시로 점검을 실시하고 필요한 경우 보수를 하여야 한다.

②관리청은 봄과 가을로 구분하여 연 2회 도로에 대한 정기보수를 실시하여야 한다.

③봄에 실시하는 정기보수는 해빙 또는 홍수 등의 대비에, 가을에 실시하는 정기보수는 폭설 또는 결빙등의 대비에 특히 중점을 두어 실시하여야 한다.

제7조(가로수의 식수 및 관리) ① 가로수의 식수는 다음 각호의 기준에 의하되, 교통안전에 방해가 되거나 시계의 장애, 도로구조의 훼손 기타 시설물의 기능장애를 발생시키지 아니하도록 하여야 한다.
  1. 시가지 및 취락지에는 도로선형과 평행이 되도록 심되, 도로에 접한 보도 또는 중앙분리대(조경용 교목을 심는 경우에 한한다)에 심을 것
  2. 기타 지역에서는 운전자들의 도로선형 유도에 도움을 줄 수 있도록 굽은 길의 바깥쪽등에 중점적으로 심되, 길어깨로부터 2미터이상의 간격을 두고 심을 것
  ②관리청이 아닌 자가 가로수를 심고자 하는 때에는 도로법 제40조의 규정에 의하여 도로점용허가를 받아야 한다.
  ③가로수는 병충해·재해등으로 말라죽은 경우, 도로의 구조 또는 교통상의 장애를 예방하기 위하여 필요한 경우와 가지치기를 하는 경우를 제외하고는 이를 잘라내거나 뿌리뽑지 못한다.

제8조(교차시설등의 유지·보수등) 도로 상호간의 교차 또는 도로에 다른 시설이 교차함으로써 생기는 교차시설 또는 지하차도의 유지·보수등은 해당관리청이 서로 협의하여 정한다.

제9조(재해대책) ① 관리청은 풍수해·설해 기타 재해발생시 피해를 최소화하고 신속한 교통소통을 도모하기 위하여 도로에 대한 재해대책을 수립하여야 한다.
  ②제1항의 규정에 의한 재해대책에는 다음 각호의 사항이 포함되어야 한다.
  1. 재해에 대비한 비상근무체계
  2. 재해취약지구의 지정 및 관리대책
  3. 응급복구 및 교통대책
  4. 소요되는 장비 및 자재의 동원대책
  5. 기타 재해대책에 관하여 필요한 사항

제10조(공사현장의 교통관리) ① 관리청은 도로공사를 시행하는 때에는 작업자 및 보행자의 안전과 교통소통을 위하여 교통관리대책을 수립

하여야 한다.

②제1항의 규정에 의한 교통관리대책에는 다음 각호의 사항이 포함되어야 한다.

 1. 공사안내표지 및 교통통제표지의 설치
 2. 교통안내 신호수의 배치
 3. 우회소통이 필요한 경우 우회도로 안내표지의 설치에 관한 사항
 4. 기타 교통관리대책에 관하여 필요한 사항

③관리청은 관리청이 아닌 자가 도로에 관한 공사를 시행하는 때에는 당해공사시행자로 하여금 제1항 및 제2항의 규정에 의한 교통관리대책을 강구하도록 하여야 한다.

제11조(도로보수원) ① 관리청은 도로의 효율적인 유지·보수등을 위하여 필요한 경우에는 도로를 순회하면서 유지·보수등에 종사하는 자(이하 "도로보수원"이라 한다)를 둘 수 있다.

②도로보수원의 배치기준 및 복무·보수 등에 관하여 필요한 사항은 국토교통부장관이 안전행정부장관과 협의하여 정한다. <개정 2001.3.30, 2008.3.14, 2013.3.23>

제12조(명예도로관리원) ① 관리청은 도로의 유지·관리상 필요하다고 인정되는 경우에는 명예도로관리원을 위촉하여 도로의 유지·보수등에 관한 의견을 청취하거나 도로이용시의 불편사항 등을 파악할 수 있다.

②제1항의 규정에 의한 명예도로관리원의 자격, 위촉방법 기타 필요한 사항은 당해관리청이 정한다.

제13조(도로의 정비점검 및 평가) ① 국토교통부장관은 도로의 유지·보수등에 관한 실태를 파악하기 위하여 봄과 가을로 구분하여 연 2회 도로의 정비점검 및 평가를 실시하여야 한다. <개정 2008.3.14, 2013.3.23>

②제1항의 규정에 의한 정비점검 및 평가에 관한 방법과 기준은 국토교통부장관이 따로 정한다. <개정 2008.3.14, 2013.3.23>

제14조(관리대장등) 관리청은 관할 도로에 관한 다음 각호의 서류 및 관리대장을 갖추어야 한다. <개정 2001.3.30>

1. 도로준공도면
2. 도로대장
3. 교량관리대장
4. 터널관리대장
5. 도로표지대장

제15조(보고) 관리청은 당해연도 12월말을 기준으로 하여 도로의 유지·보수등의 실적을 다음 연도 1월말까지 국토교통부장관에게 보고하여야 한다. 다만, 시도·군도 및 구도의 경우에는 특별시장·광역시장 또는 도지사가 이를 종합하여 보고하여야 한다.
<개정 2008.3.14, 2013.3.23>

부　칙 <건설교통부령 제205호, 1999.8.9>
이 규칙은 1999년 8월 9일부터 시행한다.

부　칙 <건설교통부령 제275호, 2001.3.30>
이 규칙은 공포한 날부터 시행한다.

부　칙 <국토해양부령 제4호, 2008.3.14>
(정부조직법의 개정에 따른 감정평가에
관한 규칙 등 일부 개정령)
이 규칙은 공포한 날부터 시행한다.

부　칙 <국토교통부령 제1호, 2013.3.23>
(국토교통부와 그 소속기관 직제 시행규칙)
제1조(시행일) 이 규칙은 공포한 날부터 시행한다. <단서 생략>
제2조부터 제5조까지 생략
제6조(다른 법령의 개정) ①부터 <42>까지 생략
　<43> 도로의유지·보수등에관한규칙 일부를 다음과 같이 개정한다.
　　제2조제2항, 제11조제2항, 제13조제1항·제2항 및 제15조 본문 중 "국토해양부장관"을 각각 "국토교통부장관"으로 한다.
　　제11조제2항 중 "행정자치부장관"을 "안전행정부장관"으로 한다.
　<44>부터 <126>까지 생략

보도설치 및 관리지침

국토해양부예규 제135호, 제정 2009.11.11.
국토교통부(첨단도로환경과), 1599-0001

제1장 총 칙

1-1 목적

이 지침은 보행자의 통행 안전 및 편리성 확보를 위한 보도 등 보행자 통행시설의 설치 및 관리에 관한 일반적 기술 기준을 정한 것이다.

1-2 적용 범위

이 지침은 「도로의구조시설기준에관한규칙」 제16조에 따라 설치되는 보도 등 보행자 통행시설에 적용한다.

제2장 보 도

2-1 기능

가. 보도는 보행자의 안전하고 쾌적한 통행을 보장하는 구조 및 시설이 되도록 한다.

나. 보도는 보행자의 통행경로를 따라 연속성을 유지하고, 산책, 공원 연결 도로 등 휴식 공간으로 활용되는 장소에는 편의시설 등을 설치할 수 있다.

2-2 종류

보행자 통행시설은 보행자 전용의 보도와 자전거보행자 겸용도로, 횡단시설로 나눈다.

2-3 설치계획

보도는 보행자, 자전거, 자동차 교통량, 기존 보도 및 자전거도로 네트워크 조사 등을 종합적으로 고려하여 설치 계획을 수립한다.

2-4 설치장소

가. 보도의 설치장소는 보행자 교통량, 보행자 교통사고 이력, 보행 네트

워크 등을 종합적으로 고려하여 결정한다.
　　나. 보도는 시가화 지역에 우선하여 설치한다. 지방부 도로에는 어린이 보호구역 연결로 등 반드시 필요한 곳을 선별하여 설치하도록 한다.
　　다. 설치장소의 선정시 이 지침 "2-6. 횡단구성" 편을 참고하여 보도의 설치 가능성도 병행하여 검토하도록 한다.

2-5 형식선정
　　가. 보도는 보행목적, 토지이용 등을 감안하여 형식을 선정한다.
　　나. 보도는 도로의 양측에 설치하는 것을 원칙으로 한다.

2-6 횡단구성
　　가. 보도는 차도로부터 가능한 이격하여 설치하는 것을 원칙으로 하고, 인접하여 설치하는 경우에는 식수대, 연석 등으로 통행을 분리한다.
　　나. 보도 폭은 보행자 교통량 및 목표 보행자 서비스 수준에 따라 정하며, 보도의 최소 유효 폭은 2.0미터(불가피한 경우에는 최소 1.2미터 이상)으로 한다.
　　다. 지방부 도로에는 도로의 이동성을 확보하기 위해 측방여유를 확보하는 등 별도의 방안을 강구해야 한다.

2-7 구조
　　가. 보도와 차도가 인접하여 설치되는 경우에는 연석 등을 이용하여 차도와 보도의 경계를 명확하게 구분한다.
　　나. 보도를 따라, 자동차의 건물 진입을 위한 경사로가 자주 발생하는 경우는 휠체어 사용자 및 자전거 이용자의 통행 편리를 감안하여 보도 면과 차도 면의 높이 차이를 줄인 구조로 한다.
　　다. 보도의 횡단경사는 25분의 1 이하를 원칙으로 하되, 노약자 및 휠체어 이용자 등의 통행 안전을 위하는 경우에는 50분의 1 이하로 하는 것이 바람직하다.
　　라. 보도의 종단경사는 18분의 1 이하가 되도록 한다.
　　마. 연석의 높이는 배수, 자동차의 보도진입 억제 등을 감안하여 결정하며, 자동차의 주행속도가 낮은 도로구간에는 수직형 연석을 설치하

고, 주행속도가 높은 도로에서는 경사형 연석을 설치한다.
※ 지방부 도로에서는 100밀리미터 높이를 갖는 경사형 연석을 설치하는 방안을 적극적으로 강구한다.

2-8 도로교통 안전시설 설치

보도의 기능이 효과적으로 이루어질 수 있도록 방호울타리, 조명시설 등 도로안전시설과 노면표시, 교통안전표지 등 교통안전시설을 설치한다.

2-9 시공

가. 보도 포장은 교통약자를 포함한 보행자의 통행 안전성과 쾌적성을 보장할 수 있는 구조적 기능을 갖추어야 한다.

나. 보도 포장은 내구성, 미끄럼 저항성, 평탄성, 투배수성 등의 기본적 기능을 갖추어야 하며, 지역 환경과 조화되는 형식이 선정되도록 한다.

2-10 유지관리

가. 보도가 제 기능을 항상 유지할 수 있도록 정기적으로 점검하고 유지관리를 시행한다.

나. 보도 포장은 10년 이내의 교체를 원칙적으로 금지한 다. 다만, 보도 포장의 손상이 극심하거나 주변 환경과의 조화 등 특별한 사유가 있는 경우는, 도로법 시행령 제24조의8에 따른 도로관리심의회의 승인을 득한 후 실시하도록 한다.

제3장 자전거보행자 겸용도로

3-1 설치장소

자전거 교통량이 적은 구간에서 보행자와 자전거 이용자가 동시에 통행할 수 있도록 자전거보행자 겸용도로를 설치한다.

3-2 횡단구성

가. 자전거보행자 겸용도로는 차도로부터 가능한 이격하여 설치하는 것을 원칙으로 하고, 인접하여 설치하는 경우에는 식수대, 연석 등을 통해 차도와 분리한다.

나. 폭은 보행자 교통량 및 목표 보행자 서비스수준에 의해 정해진 보도 폭에 자전거의 통행에 필요한 최소 폭을 더한 것으로 한다.

3-3 구조
 가. 자전거보행자 겸용도로의 구조는 자전거도로의 구조 기준 및 보도의 구조 기준을 동시에 만족하도록 한다.
 나. 보행자와 자전거이용자를 시각적으로 분리하기 위해 포장 면의 색상을 달리한다.

제4장 횡단시설

4-1 횡단보도
 횡단보도는 보행자의 통행 안전을 확보할 수 있는 구조를 가져야 한다.

4-2 자전거 횡단도
 자전거의 횡단 안전을 위해 자전거 횡단도를 설치한다.

4-3 입체횡단보도
 입체횡단보도는 보행자의 통행 안전을 확보할 수 있는 구조를 가져야 한다.

제5장 특수구간 보도설치

5-1 학교, 복지시설 등
 유치원, 학교, 고령자 및 장애인 복지시설에 연결되는 보도의 설치는 특별한 주의를 기울인다.

5-2 교차로
 교차로의 보도 등 통행시설은 보행자와 자동차의 상충이 최소화 될 수 있는 구조를 가져야 한다.

5-3 버스정류장 등
 버스정류장 등 보행자가 집중되는 곳에는 보행자 및 자전거 이용자의 통행 안전을 위해 충분한 여유 공간의 확보가 필요하다.

5-4 교통평온화 기법
 어린이보호구역 등 자동차의 속도를 감속시킬 필요가 있는 구간에는 교통평온화 기법을 적극 활용하여 통행의 안전성이 최대한 확보될 수 있도록 한다.

제6장 보도 정비 방안

6-1 유효 보도 폭 확보
 가. 보도의 유효 폭을 확보하기 위해서는 보도 위 공사용 자재, 불법 점유물 등을 반드시 철거한다.
 나. 주민 공청회 등을 거쳐 도로 횡단구성(차로 및 정차대 등) 변경을 통해 유효 보도 폭을 확보하는 방안도 적극적으로 검토한다.

6-2 보도 경사, 단차 등의 정비
 보도의 횡단 및 종단 경사, 단차를 정비하여 고령자, 장애인 등 다양한 보행자의 통행 안전 및 쾌적성을 높인다.

6-3 노상시설 정비
 가. 조명, 가로수, 전신주 등은 일정 공간 내에서 일렬로 배치되어 관리될 수 있도록 한다.
 나. 표지 및 조명 지주는 가능한 통합하여 설치함으로써 지주의 개수를 최소화하고, 가능한 연석 등을 이용하여 고정하는 것으로 한다.

제7장 행정사항

7-1. 재검토기한
 「훈령예규 등의 발령 및 관리에 관한 규정」(대통령훈령 제248호)에 따라 이 예규 발령 후의 법령이나 현실 여건의 변화 등을 검토하여 이 예규의 폐지, 개정 등의 조치를 하여야 하는 기한은 2012년 월 일까지로 한다.

부 칙 <제135호, 2009.11.11>
이 예규는 2009년 월 일부터 시행한다.

농어촌도로의 구조·시설기준에 관한 규칙

행정안전부령 제163호, 2010.10.14. 타법개정
안전행정부(지역발전과), 02-2100-3852

제1조 (목적) 이 규칙은 농어촌도로정비법 제4조제3항의 규정에 의하여 농어촌도로(이하 "도로"라 한다)를 정비하는 경우 그 도로의 구조 및 시설에 관한 일반적·기술적 기준을 규정함을 목적으로 한다.

제2조 (정의) 이 규칙에서 사용하는 용어의 정의는 다음 각호와 같다. <개정 1995.7.28, 2010.10.14>
1. "보도"라 함은 차량 및 자전거의 통행과 분리하여 보행자(소아 및 신체장애인용 의자차를 포함한다. 이하 같다)의 통행에 사용하기 위하여 연석·울타리·노면표시 기타 이와 유사한 공작물로 구별하여 설치되는 도로의 부분을 말한다.
2. 삭제 <1995.7.28>
3. 삭제 <1995.7.28>
4. "차도"라 함은 차량의 통행에 사용되는 도로의 부분(자전거도를 제외한다. 이하 같다)을 말하며 차선으로 구성한다.
5. "차선"이라 함은 1종렬의 자동차를 안전하고 원활하게 통행시키기 위하여 설치되는 띠모양의 차도의 부분을 말하며, 이 경우 차선의 수는 왕복차선을 합한 것을 말한다.
6. "오르막차선"이라 함은 상향구배의 도로에서 설계속도보다 현저하게 저하되는 차량을 다른 차량과 분리하여 통행시키기 위하여 설치되는 차선을 말한다.
7. "회전차선"이라 함은 교차로등에서 자동차를 좌회전 또는 우회전시키거나 백팔십도로 회전시키기 위하여 직진하는 차선과 분리하여 설치되는 차선을 말한다.
8. "변속차선"이라 함은 자동차를 가속시키거나 감속시키기 위하여 설치되는 차선을 말한다.

9. "대기차선"이라 함은 교행이 불가능한 차도에서 마주오는 차량이 안전하고 원활하게 통행할 수 있도록 어느 한 방향의 차량을 일시적으로 대기시키기 위하여 설치되는 차선을 말한다.
10. "중앙분리대"라 함은 차선을 왕복방향별로 분리하게 하고, 측방여유를 확보하기 위하여 도로중앙부에 설치되는 띠모양의 분리대와 측대를 말한다.
11. "분리대"라 함은 차선을 왕복방향별 또는 동일방향별로 분리하기 위하여 설치되는 도로의 부분을 말한다.
12. "길어깨"라 함은 도로의 주요구조부를 보호하거나 차도의 효용을 유지하기 위하여 보도·자전거전용도로·자전거전용차로·차도에 접속하여 설치되는 띠모양의 도로의 부분을 말한다.
13. "측대"라 함은 자동차운전자의 시선을 유도하게 하고, 측방여유를 확보하도록 하기 위하여 차도에 접속하여 중앙분리대 또는 길어깨에 설치하는 띠모양의 부분을 말한다.
14. "교통섬"이라 함은 차량의 안전하고 원활한 교통을 확보하거나, 보행자 또는 자전거의 안전한 도로횡단을 위하여 교차로 또는 차도의 분기점등에 설치되는 섬모양의 시설을 말한다.
15. "노상시설"이라 함은 도로의 부속물(공동구를 제외한다. 이하 같다)로서 보도·자전거전용도로·자전거전용차로·중앙분리대·길어깨 및 환경시설대등에 설치되는 시설을 말한다.
16. "계획교통량"이라 함은 계획·설계할 도로가 통과하는 지역의 발전 및 장래의 자동차교통의 상황등을 참작하여 계획목표연도에 당해도로를 통과할 것으로 예상되는 자동차의 연평균 일일교통량을 말한다.
17. "설계시간교통량"이라 함은 도로설계의 기초로 하기 위하여 계획·설계할 도로에 대한 장래 계획목표연도의 자동차의 시간당 교통량을 말한다.
18. "설계속도"라 함은 도로설계의 기초가 되는 자동차의 속도를 말한다.
19. "정지시거"라 함은 차선(차선이 없는 경우에는 당해차도를 말한

다. 이하 같다)의 중심선상 1미터 높이에서 당해차선의 중심선상에 있는 높이 0.15미터의 물체정점을 볼 수 있는 거리를 당해차선의 중심선에 따라 측정한 길이를 말한다.

20. "환경시설대"라 함은 도로연변의 환경보전을 위하여 도로바깥쪽에 설치되는 녹지대등의 시설이 설치된 지역을 말한다.

제3조 (설계기준차량) ① 도로를 설계함에 있어서 면도·리도 및 농도에 대하여는 중·대형 자동차(농기계류를 포함한다)가 안전하고 원활하게 통행할 수 있도록 하여야 한다. 다만, 지형상황등을 참작하여 부득이하다고 인정하는 경우에는 농도에 대하여는 소형자동차를 대상으로 설계할 수 있다.

② 도로구조설계의 기초가 되는 자동차(이하 "설계기준차량"이라 한다)의 종별 제원은 각각 다음 표와 같다.

제원 자동차 종별	길이	폭	높이	축거	앞내면 길이	뒷내면 길이	최소 회전 반경
소형자동차	4.7	1.7	20.	2.7	0.8	1.2	6.0
중·대형자동차	13.0	2.5	4.0	6.5	2.5	4.0	12.0

비고) 1. 축거: 앞바퀴축의 중심으로부터 뒷바퀴축의 중심까지의 거리를 말한다.
  2. 앞내면길이: 차량의 전면으로부터 앞바퀴축의 중심까지의 거리를 말한다.
  3. 뒷내면길이: 뒷바퀴축의 중심으로부터 차량의 후면까지의 거리를 말한다.

제4조 (설계속도) 설계속도는 도로의 구분에 따라 다음 표의 속도이상으로 한다. 다만, 지형상황 등을 참작하여 부득이하다고 인정하는 경우에는 면도와 리도는 다음 표의 속도에서 시속 20킬로미터를 뺀 속도를 설계속도로 할 수 있다.

구분		설계속도(킬로미터/시)
면도	평지	50
	산지	40
리도		40
농도		20

제5조 (차선 및 차도) ① 도로의 차선수는 도로의 구분에 따라 다음 표의 차선수이상으로 한다. 다만, 교차부에서 회전교통을 수용하기 위한 목적이거나 기타 필요한 경우에는 면도는 3차선 이상, 리도 및 농도는 2차선 이상으로 할 수 있다.

구분	차선수
면도	2
리도	1
농도	1

② 2차선 이상인 도로의 차선폭은 노면표시의 중심선에서 중심선까지로 하며, 그 폭은 3미터 이상으로 한다.

③ 리도 및 농도를 1차선으로 설계할 경우의 차선폭은 다음 표의 폭이상으로 한다. 다만, 지형상황등을 참작하여 부득이하다고 인정하는 경우에는 리도의 차선폭을 4미터 이상으로 할 수 있다.

구분	차선폭 (미터)
리도	5.0
농도	3.0

④ 제2항 및 제3항의 규정에 불구하고 회전차선의 폭은 2.75미터 이상으로 할 수 있다.

제6조 (차선의 분리등) ① 2차선(오르막차선, 회전차선 및 변속차선을 제외한다. 이하 같다)이상의 도로(대향차선을 설치하지 아니하는 도로를 제외한다)에는 차선을 왕복방향별로 분리하기 위하여 중앙분리대를 설치하거나 또는 노면표시를 하여야 한다.

② 중앙분리대의 폭은 1미터 이상으로 한다.
③ 중앙분리대의 분리대는 연석 기타 이와 유사한 공작물로 차도와 구분되도록 설치하여야 한다.
④ 중앙분리대내의 측대의 폭을 0.25미터 이상으로 한다.
⑤ 중앙분리대중의 분리대에 노상시설을 설치하는 경우에 당해 중앙분리대의 폭은 제11조의 규정에 의한 건축한계를 참작하여 정하여야 한다.
⑥ 차선을 왕복방향별로 분리하기 위하여 노면표시를 하는 경우 각 노면표시간의 간격은 0.1미터 이상으로 한다.

제7조 (길어깨) ① 도로에는 차도와 접속하여 차도의 우측에 길어깨를 설치하여야 한다.
② 제1항의 규정에 의한 길어깨의 폭은 도로의 구분 및 보도의 설치에 따라 다음 표의 폭 이상으로 한다. 다만, 지형상 부득이하다고 인정하는 경우에는 길어깨의 폭은 0.5미터 이상으로, 오르막차선 또는 변속차선을 설치하는 부분과 일방향 2차선 이상인 교량, 터널, 고가도로 및 지하차도의 길어깨의 폭은 0.25미터 이상으로 할 수 있다.

(단위 : 미터)

구분	보도를 설치하지 아니하는 경우	보도를 설치하는 경우
면 도	1.0	0.5
리 도	0.75	0.5
농 도	0.5	-

③ 일방통행도로등 분리도로의 차도 좌측에 설치하는 길어깨의 폭은 0.25미터 이상으로 한다.
④ 보도, 자전거전용도로 또는 자전거전용차로를 설치하는 도로에 있어서 주요구조부의 보호나 차도의 효용유지에 지장이 없다고 인정하는 경우에는 차도에 접속하는 길어깨의 폭은 0.25미터까지 축소할 수 있다. <개정 1995.7.28, 2010.10.14>
⑤ 도로의 차도에 접속하는 길어깨에는 측대를 설치하여야 하며 측대

의 폭은 0.25미터 이상으로 한다.

⑥ 도로의 주요구조부를 보호하기 위하여 필요하다고 인정하는 경우에는 보도, 자전거전용도로 및 자전거전용차로에 접속하여 바깥쪽으로 길어깨를 설치하여야 한다. <개정 1995.7.28, 2010.10.14>

⑦ 차도에 접속하는 길어깨에 노상시설을 설치하는 경우에 당해 노상시설의 폭은 이를 길어깨의 폭에 산입하지 아니한다.

제8조 (적설지역도로의 중앙분리대 및 길어깨의 폭) 적설지역에 있는 도로의 중앙분리대 및 길어깨의 폭은 제설작업을 참작하여 정하여야 한다.

제9조 삭제 <1995.7.28>

제10조 (보도) ① 보행자의 안전과 원활한 교통소통을 위하여 필요하다고 인정하는 경우에는 면도와 리도에 보도를 설치할 수 있다.

② 보도의 폭은 다음 표의 폭이상으로 한다.

구분	보도의 최소폭(미터)	
	양측에 보도를 설치하는 경우	한쪽만 보도를 설치하는 경우
면 도	1.0	0.5
리 도	0.75	0.5

③ 보도에 노상시설을 설치하는 경우 당해보도의 폭에 제2항의 규정에 의한 보도의 폭에 당해노상시설이 가로수인 경우에는 0.75미터를, 기타의 시설인 경우에는 0.25미터를 가산한 폭으로 한다. 다만, 지형상황 등으로 인하여 부득이하다고 인정하는 경우에는 가산하지 아니한다.

제11조 (건축한계) 차도·보도 및 자전거전용도로·자전거보행자겸용도로의 건축한계는 별표 1과 같다. <개정 1995.7.28>

제12조 (곡선반경) 차도의 곡선부의 곡선반경은 당해 차도의 설계속도에 따라 다음 표의 길이 이상으로 한다.

설계속도(킬로미터/시)	최소곡선 반경(미터)
70	200
60	140
50	90
40	60
30	30
20	15

제13조 (곡선의 길이) 차도의 곡선부의 중심선길이(완화곡선을 사용하는 경우에는 당해 완화곡선의 길이를 원곡선부에 가산한 길이를 말한다. 이하 "곡선의 길이"라 한다)는 다음 표의 길이이상으로 한다.

| 설계속도(킬로미터/시) | 곡선의 최소길이(미터) | |
	도로의 교각이 5도미만인 경우	도로의 교각이 5도이상인 경우
70	400/θ	80
60	350/θ	70
50	300/θ	60
40	250/θ	50
30	200/θ	40
20	150/θ	30

비고) θ는 도로교각의 값(도)으로 2도 미만인 경우에는 2도로 한다.

제14조 (곡선부의 편구배) 차도의 곡선부에는 당해 도로가 위치하는 지역의 적설정도, 당해 도로의 설계속도·곡선반경·지형상황등을 참작하여 다음 표의 비율 이하의 편구배를 붙여야 한다. 다만, 곡선반경의 길이에 비추어 보아 편구배가 필요없다고 인정하거나 지형상황으로 인하여 부득이하다고 인정하는 경우에는 편구배를 붙이지 아니할 수 있다.

구분	최대편구배(퍼센트)
적 설 한 냉 지 역	6
기 타 지 역	8

제15조 (곡선부의 확폭) 차도의 곡선부의 각 차선의 폭은 당해 곡선부의 곡선반경에 따라 다음 표의 폭만큼 폭을 늘려야 한다.

곡선반경(미터)	차선당 최소 확폭량(미터)
100이상 200미만	0.25
55이상 100미만	0.50
40이상 55미만	0.75
30이상 40미만	1.00
25이상 30미만	1.25
20이상 25미만	1.50
18이상 20미만	1.75
15이상 18미만	2.00

제16조 (완화구간) 도로의 곡선부에 완화구간을 설치하는 경우에는 설계속도에 따라 다음 표의 길이 이상으로 완화구간을 설치하여 편구배를 붙이거나 폭을 늘려야 한다.

설계속도(킬로미터/시)	완화구간의 최소길이(미터)
70	40
60	35
50	30
40	25
30	20
20	15

비고) 3차선 도로인 경우에는 위 표의 길이의 1.2배, 4차선 이상의 도로인 경우에는 1.5배에 해당하는 길이를 완화구간의 길이로 한다.

제17조 (정지시거) ① 도로에는 당해 도로의 설계속도에 따라 다음 표의 정지시거가 확보되도록 하여야 한다.

설계속도(킬로미터/시)	정 지 시 거 (미터)
70	110
60	85
50	65
40	45
30	30
20	20

② 대형차선이 있는 2차선도로에는 필요하다고 인정하는 경우에는 자동차의 앞지르기에 필요한 정지시기가 확보되는 구간을 두어야 한다.

제18조 (종단구배) 차도의 종단구배는 당해 도로의 설계속도와 지형에 따라 다음 표의 표준비율 이하로 하여야 한다. 다만, 지형상황등으로 인하여 부득이하다고 인정하는 경우에는 부득이한 경우의 비율이하로 할 수 있다.

설계속도(킬로미터/시)	종단구배(퍼센트)	
	표준	부득이한 경우
70	4	7
60	5	8
50	6	9
40	7	11
30	8	13
20	10	14

제19조 (오르막 차선) ① 면도의 구간에는 필요하다고 인정하는 경우에 오르막차선을 설치할 수 있다. 다만, 설계속도가 시속 40킬로미터 이하인 경우에는 오르막차선을 설치하지 아니할 수 있다.

② 오르막 차선의 폭은 3미터로 하고, 본선차도에 붙여서 설치하여야 한다.

제20조 (종단곡선) ① 차도의 종단구배가 변경되는 부분에는 종단곡선을 설치하여야 하며, 종단곡선의 변화비율은 당해 차도의 설계속도 및 당해 종단곡선의 형태에 따라 다음 표의 비율이상으로 한다.

설계속도(킬로미터/시)	곡선형	최소종단곡선의 변화비율(미터/퍼센트)
70	볼록곡선	30
	오목곡선	20
60	볼록곡선	20
	오목곡선	20
50	볼록곡선	10
	오목곡선	12
40	볼록곡선	5
	오목곡선	7
30	볼록곡선	3
	오목곡선	4
20	볼록곡선	1
	오목곡선	2

② 종단곡선의 길이는 당해 도로의 설계속도에 따라 다음 표의 이상으로 한다.

설계속도(킬로미터/시)	종단곡선의 최소길이 (미터)
70	60
60	50
50	40
40	35
30	25
20	20

제21조 (횡단구배) ① 편구배를 붙이는 구간을 제외한 차도와 길어깨 및 중앙분리대(분리대를 제외한다)에는 노면의 종류에 따라 다음 표의 비율에 의한 횡단구배를 두어야 한다.

노면의 종류	횡단구배(퍼센트)
아스팔트 및 시멘트콘크리트포장도로	1.5이상 2.0이하
간이포장도로	2.0이상 4.0이하
비포장도로	3.0이상 6.0이하

② 보도 또는 자전거도등에는 특별한 경우를 제외하고는 2퍼센트의 횡단구배를 두어야 한다.

제22조 (포장) ① 차도·자전거도등·측대·차도에 접속하는 길어깨·보도등은 포장하여야 한다. 다만, 교통량이 적거나 기타 특별한 사유로 인하여 포장을 할 필요가 없다고 인정하는 경우에는 그러하지 아니하다.

② 포장은 아스팔트콘크리트포장 또는 시멘트콘크리트포장으로 하고, 계획교통량·자동차의 중량·노상의 지지력·기상상황·경제성등을 고려하여 포장구조를 결정하여야 한다. 다만, 교통량이 적거나 기타 특별한 사정이 있는 경우에는 아스팔트콘크리트포장 또는 시멘트콘크리트포장외의 다른 포장 구조로 할 수 있다.

제23조 (배수시설) 도로에는 필요하다고 인정되는 경우에는 측구 또는 기타 적당한 배수시설을 설치하여야 한다.

제24조 (평면교차 또는 접속) ① 도로가 동일장소에서 동일평면으로 교차하는 경우에는 4갈래 이하를 원칙으로 한다.

② 도로가 동일평면에서 교차하거나 접속하는 경우에는 필요에 따라 회전차선·변속차선 또는 교통섬을 설치하고, 가각부를 곡선으로 정리하여 적당한 정지시기와 교통안전이 확보되도록 하여야 한다.

③ 회전차선 및 변속차선을 설치하는 경우에는 당해 도로의 설계속도에 따라 적절한 속도 변이구간을 설치하여야 한다.

제25조 (입체교차) ① 도로의 교통상황 또는 지형상황 등으로 인하여 입체교차가 필요한 경우 당해 교차방식은 입체교차로 하여야 한다.

② 도로를 입체교차로 하는 경우에 필요하다고 인정하는 때에는 교차도로를 서로 연결하는 도로(이하 "연결로"라 한다)를 설치하여야 한다.

③ 연결로에 대하여는 제4조 내지 제7조, 제11조, 제12조, 제14조, 제16조 내지 제18조 및 제20조의 규정은 이를 적용하지 아니한다.

제26조 (철도등과의 평면교차) ① 도로와 철도 또는 삭도·궤도사업법에 의한 궤도(이하 "철도등"이라 한다)와의 교차는 입체교차로 한다. 다만, 교통상황 또는 지형상황등으로 인하여 부득이하다고 인정하는 경우에는 그러하지 아니하다.

② 도로가 철도등과 동일한 평면에서 교차하는 경우에는 당해도로는 다음 각호의 구조로 하여야 한다.

1. 교차각은 45도 이상으로 한다.
2. 건널목의 양측에서 각각 30미터 이내의 구간(건널목부분을 포함한다)은 직선으로 하고, 그 구간의 도로의 종단구배는 2.5퍼센트 이하로 한다. 다만, 자동차 교통량이 적거나 지형상황등으로 인하여 부득이하다고 인정하는 경우에는 그러하지 아니하다.
3. 가시구간의 길이(건널목 전방 5미터 지점의 도로 중심선상 1미터 높이에서 가장 멀리 떨어진 선로의 중심선을 볼 수 있는 곳까지의 길이를 선로방향으로 측정한 길이를 말한다)는 건널목에서 철도등의 차량의 최고속도에 따라 다음 표의 길이 이상으로 한다. 다만, 건널목차단기 기타 보안설비가 설치되는 부분이나 자동차 교통량과 철도등의 운행횟수가 적은 부분에 있어서는 그러하지 아니하다.

건널목의 차량최고속도(킬로미터/시)	가시구간의 최소길이(미터)
50미만	11
50이상 70미만	160
70이상 80미만	200
80이상 90미만	230
90이상 100미만	260
100이상 110미만	300
110이상	350

제27조 (대기차선) ① 1차선 도로에는 필요하다고 인정하는 경우에는 일정한 지점 또는 구간에 대기차선을 설치하여야 한다.

② 제5조제3항의 규정에 불구하고 대기차선의 폭은 2.75미터 이상으로 한다.

제28조 (교통안전시설등) ① 교통의 원활한 소통과 교통사고의 방지를 위하여 필요하다고 인정하는 경우에는 횡단보도육교(지하횡단보도를 포함한다)·방호울타리·조명시설·표지판·시선유도시설·도로반사경·표지병·긴급제동시설·충격흡수시설·과속방지시설등의 교통안전시설등을 설치하여야 한다.

② 교통안전시설등은 신체장애인등의 통행편의를 참작하여 설치하거나, 신체장애인등을 위한 별도의 시설을 하여야 한다. 다만, 교통상황 또는 지형상황등으로 인하여 부득이하다고 인정하는 경우에는 그러하지 아니하다.

제29조 (이용자 편의시설) 안전하고 원활한 교통의 확보 또는 공중의 편의를 위하여 필요하다고 인정하는 경우에는 도로에 주차장·휴게시설·버스정류시설·비상주차대·기타 이와 유사한 시설을 설치할 수 있다.

제30조 (방호시설) 낙석·붕괴·파랑등으로 인하여 교통에 지장을 주거나 도로구조에 손상을 줄 우려가 있는 부분에는 방호울타리·옹벽 기타 적당한 방호시설을 설치하여야 한다.

제31조 (터널) 터널에는 안전하고 원활한 교통의 확보를 위하여 필요하다고 인정하는 경우에는 당해 도로의 계획교통량·설계속도 및 터널의

길이를 참작하여 환기시설 및 조명시설과 통신시설·경보시설·소화시설 기타의 비상용 시설을 설치하여야 한다.

제32조 (환경시설대등) 교통량이 많은 도로연변의 주거지역, 정숙을 요하는 시설 또는 공공시설등의 환경보존을 위하여 필요하다고 인정하는 지역에는 도로 바깥쪽에 환경시설대 또는 방음시설을 설치하여야 한다.

제33조 (교량·고가도로등) ① 교량·고가도로 기타 이와 유사한 구조의 도로는 강구조·콘크리트구조 기타 이에 준하는 구조로 하여야 한다.
② 제1항의 규정에 의한 도로의 구조설계에 적용하는 설계기준자동차하중은 차량하중 및 차선하중으로 한다.
③ 제2항의 규정에 의한 차량하중 및 차선하중의 기준은 별표 2와 같다.

제34조 (부대공사등의 특례) 이 규칙은 도로 기타시설에 관한 공사에 부대하여 일시적으로 사용할 목적으로 설치하는 도로에 관하여는 이를 적용하지 아니하거나 그 기준을 완화하여 적용할 수 있다.

부　칙 <내무부령 제573호, 1992.11.26>

① (시행일) 이 규칙은 공포한 날부터 시행한다.
② (공사시행중인 도로등에 대한 경과조치) 이 규칙 시행당시 공사가 시행중이거나 시행계획이 확정되어 실시설계가 진행중인 도로에 대하여는 이 규칙에 불구하고 종전의 예에 의한다.

부　칙 <내무부령 제654호, 1995.7.28>
(자전거이용시설의구조·시설기준에관한규칙)

① (시행일) 이 규칙은 공포한 날부터 시행한다.
② 생략
③ (다른 법령의 개정) 농어촌도로의구조·시설기준에관한규칙중 다음과 같이 개정한다.
　　제2조제2호 및 제3호를 삭제한다.

제2조제12호 및 동조제15호중 "자전거도·자전거차도"를 "자전거전용도로·자전거자동차겸용도로"로 한다.

제7조제4항 및 동조제6항중 "자전거도"를 각각 "자전거전용도로"로, "자전거차도"를 각각 "자전거자동차겸용도로"로 한다.

제9조를 삭제한다.

제11조 및 별표 1의 제2호중 "자전거도로등"을 "자전거전용도로·자전거보행자겸용도로"로 한다.

부 칙 <행정안전부령 제163호, 2010.10.14>
(자전거 이용시설의 구조·시설 기준에 관한 규칙)

제1조(시행일) 이 규칙은 공포한 날부터 시행한다.

제2조 생략

제3조(다른 법령의 개정) ① 농어촌도로의구조·시설기준에관한규칙 일부를 다음과 같이 개정한다.

제2조제12호·제15호 및 제7조제4항·제6항 중 "자전거자동차겸용도로"를 각각 "자전거전용차로"로 한다.

② 생략

제4조 및 제5조 생략

[별표 1] 차도및보도등의건축한계[제11조관련]
[별표 2] 설계기준자동차하중의기준[제33조제3항과관련]

농어촌도로의 구조·시설기준에 관한 규칙 413

[별표 1] <개정 1995.7.28>

차도 및 보도등의 건축한계(제11조관련)

1. 차도의 건축한계

접속하여 길어깨가 설치되어 있는 차도		접속하여 길어깨가 설치되어 있지 아니한 도로의 차도	차도중에 분리대 또는 교통섬과 관계가 있는 부분
터널 및 길이 100미터 이상인 교량을 제외한 부분	터널 및 길이 100미터 이상인 교량		
(도해)	(도해) 측대(측대가 없는 경우에는 0.25m)	(도해)	(도해) 분리대 또는 교통섬

비고 : H (통과높이) : 4.5미터. 다만, 지형상황 등으로 인하여 부득이하다고 인정하는 경우에는 4.2미터(대형자동차의 교통량이 현저히 적고, 당해 도로 인근에 대형자동차가 우회할 수 있는 도로가 있는 경우에는 3미터)로 할 수 있다.

  a 및 e : 차도에 접속하는 길어깨의 폭. 다만, a가 1미터를 초과하는 경우에는 1미터로 한다.

  b : H(4미터 미만인 경우에는 4미터)에서 4미터를 뺀 값

  c : 0.25미터

  d : 0.5미터

2. 보도 및 자전거전용도로·자전거보행자겸용도로의 건축한계

노상시설을 설치하지 아니한 보도 및 자전거전용도로·자전거보행자겸용도로	노상시설을 설치하는 보도 및 자전거전용도로·자전거보행자겸용도로
(도해 2.5m)	(도해 2.5m 노상시설)
보도 또는 자전거전용도로·자전거보행자겸용도로의 폭	노상시설의 설치에 필요한 부분을 뺀 보도 또는 자전거 전용도로·자전거보행자겸용 도로의 폭

[별표 2]

설계 기준 자동차 하중의 기준(제33조제3항과 관련)

1. 차량하중(DB)의 기준

   가. 차량의 크기

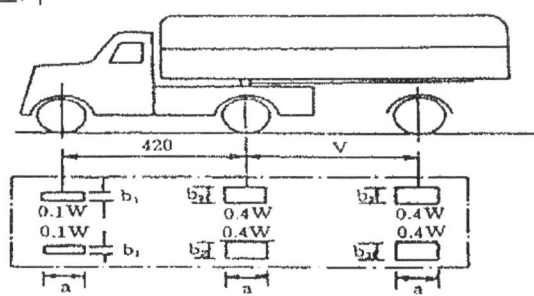

   <비 고>
   1. V는 420센티미터 내지 900센티미터로 최대응력을 생기게 하는 길이이다.
   2. W는 설계기준자동차의 전륜축과 중륜축을 합한 하중이다.
   3. 길이의 단위는 센티미터이다.

   나. 차량의 점유폭

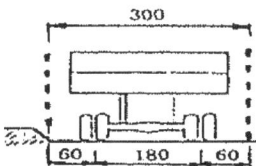

   다. 차량하중(DB)의 크기

하중	총중량	전륜하중 (킬로그램)	중륜하중 (킬로그램)	후륜하중 (킬로그램)	b_1전륜폭 (센티미터)	b_2중후륜폭 (센티미터)	a차륜접지폭 (센티미터)
DB-24	43.2	2,400	9,600	9,600	12.5	50	20
DB-18	32.4	1,800	7,200	7,200	12.5	50	20
DB-13.5	24.3	1,350	5,400	5,400	12.5	50	20

2. 차선하중(DL)의 기준

   DL-24   DL-18

   집중하중(모멘트 : 10,800킬로그램   집중하중(모멘트 : 8,100킬로그램
            전단력 : 15,600킬로그램   전단력 : 11,700킬로그램

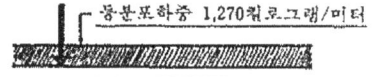
등분포하중 1,270킬로그램/미터

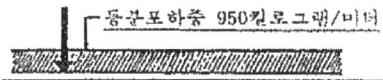
등분포하중 950킬로그램/미터

도로와 다른 도로 등과의 연결에 관한 규칙

국토해양부령 제456호, 일부개정 2012. 4.13.

제1조 (목적) 이 규칙은 「도로법」 제64조에 따라 도로에 다른 도로, 통로, 그 밖의 시설을 연결시키려는 경우의 허가기준, 허가절차, 설치기준과 그 밖에 필요한 사항을 정하여 교통의 안전과 원활한 소통을 확보하고 도로 구조를 보전함을 목적으로 한다.
[전문개정 2010.9.15]

제2조 (정의) 이 규칙에서 사용하는 용어의 뜻은 다음 각 호와 같다.
1. "변속차로"란 자동차를 가속시키거나 감속시키기 위하여 설치하는 가속차로, 감속차로 및 테이퍼를 말한다.
2. "테이퍼"란 주행하는 자동차의 차로 변경을 원활하게 유도하기 위하여 차로가 분리되는 구간이나 차로가 접속되는 구간에 설치하는 삼각형 모양의 차도 부분을 말한다.
3. "부대시설"이란 주행하는 자동차의 안전을 위하여 도로에 설치하는 가드레일, 낙석방지시설, 사설(私設) 안내표지, 노면표시 및 분리대 등을 말한다.
4. "부가차로"란 변속차로로 연결되는 사업부지 사이에 설치하는 차로를 말한다.
5. "교차로"란 세갈래교차로, 네갈래교차로, 회전교차로, 입체교차로 등 둘 이상의 도로가 교차되거나 접속되는 공간을 말한다.
6. "교차로 영향권"이란 교차로 부근에서 교차로로 인하여 차량 운행이 영향을 받는 구간을 말한다.
7. "연결로"란 입체교차하는 도로에서 서로 교차하는 도로를 연결하거나 서로 높이 차이가 있는 도로를 연결해 주는 도로를 말한다.

[전문개정 2010.9.15]

제3조 (적용 범위) ① 이 규칙은 「도로법」(이하 "법"이라 한다) 제10조제1항에 따른 일반국도(법 제20조제2항이 적용되는 일반국도는 제외한다. 이하 "일반국도"라 한다)의 차량 진행 방향의 우측으로 진입하거나 진출할 수 있도록 다른 도로, 통로 또는 그 밖의 시설(이하 "다른 도로등"이라 한다)을 도로의 차량 진행 방향의 우측에 연결(교차에 의한 연결은 제외한다)하는 경우에 적용한다.

② 제1항에 따라 연결하는 경우 외에는 「도로의 구조·시설기준에 관한 규칙」에서 정하는 바에 따른다. 다만, 이 경우에도 연결허가의 신청은 제4조제1항 및 제2항에 따른다.

[전문개정 2010.9.15]

제4조 (연결허가의 신청 등) ① 법 제64조제2항에 따라 일반국도에 다른 도로등을 연결하려면 별지 제1호서식의 도로 등의 연결허가신청서를 도로관리청(이하 "관리청"이라 한다)에 제출하여야 한다.

② 제1항에 따른 도로 등의 연결허가신청서에는 다음 각 호의 서류를 첨부하여야 한다.

  1. 연결계획서
  2. 변속차로, 부가차로, 회전차로(이하 "변속차로등"이라 한다) 및 부대시설 등의 설계도면
  3. 주요 지하매설물 관리자의 의견서(주요 지하매설물이 있는 점용지역에서 연결공사를 하는 경우에만 해당한다)

③ 제2항제1호에 따른 연결계획서에는 다음 각 호의 사항이 포함되어야 한다.

  1. 사업 개요(목적, 규모, 기간 및 투자계획과 필요한 경우 교통수요분석 등을 포함할 것)
  2. 변속차로등의 설치계획
  3. 부대시설의 설치계획
  4. 연결공사 중의 안전관리대책 및 교통관리대책
  5. 도로 연결의 목적이 되는 시설물의 법정 주차 대수(시설물이 있는 경우에 한정한다)

④ 제2항제2호에 따른 변속차로등의 설계도면의 작성은 별표 1및 별표 2에서 정하는 작성요령과 설치방법에 따라야 한다.

⑤ 일반국도에 다른 도로등을 연결시키려는 자는 제1항에 따른 연결허가를 신청하기 전에 관리청에 연결을 신청하려는 도로의 구간이 제6조에 따른 연결허가 금지구간에 해당하는지에 대한 확인을 요청할 수 있다. 이 경우 요청을 받은 관리청은 특별한 사유가 없으면 이에 따라야 한다.

⑥ 제1항에 따른 연결허가를 신청한 자가 연결허가를 받은 후 연결허가기간을 연장하거나 허가내용을 변경하려면 별지 제2호서식의 연결허가기간 연장신청서또는 별지 제3호서식의 연결허가 변경신청서를 관리청에 제출하여야 한다.

[전문개정 2010.9.15]

제5조 (도시지역 등에서의 연결허가 기준) ① 관리청은 「국토의 계획 및 이용에 관한 법률」 제6조제1호에 따른 도시지역(이하 "도시지역"이라 한다)에서 일반국도에 다른 도로등을 연결하려는 경우로서 일반국도가 다음 각 호의 어느 하나에 해당하는 경우에는 해당 계획에 적합하도록 허가(제4조 제6항에 따른 연장허가 및 변경허가를 포함한다. 이하 같다)하여야 한다. [개정 2012.4.13 제456호(국토의 계획 및 이용에 관한 법률 시행규칙)]

1. 해당 일반국도가 「국토의 계획 및 이용에 관한 법률」 제2조제4호에 따른 도시·군관리계획(이하 "도시·군관리계획"이라 한다)에 따라 정비되어 있는 경우

2. 다른 도로등의 연결허가신청일에 해당 일반국도에 대하여 「국토의 계획 및 이용에 관한 법률」 제85조에 따른 단계별 집행계획 중 제1단계 집행계획(이하 "집행계획"이라 한다)이 수립되어 있는 경우

② 관리청은 시공 중인 일반국도에 다른 도로등을 연결하려는 경우에는 해당 도로공사에 지장을 주지 아니하는 범위에서 허가할 수 있다. 이 경우 관리청은 그 연결허가구간에 대하여 별지 제4호 서식에

따른 도로 등의 연결허가 신청구간 도로시설물 현황조서를 작성하고 설계를 변경하는 등 필요한 조치를 하여야 한다.
[전문개정 2010.9.15]

제6조 (연결허가의 금지구간) 관리청은 다음 각 호의 어느 하나에 해당하는 일반국도의 구간에 대해서는 다른 도로등의 연결을 허가해서는 아니된다. 다만, 제1호, 제2호, 제4호, 제5호 및 제6호는 도시지역에 있는 일반국도로서 도시·군관리계획에 따라 이미 정비되어 있거나 다른 도로등의 연결허가신청일 당시 집행계획이 수립되어 있는 경우에는 적용하지 아니한다. [개정 2012.4.13 제456호(국토의 계획 및 이용에 관한 법률 시행규칙)]

1. 곡선반경이 280미터(2차로 도로의 경우에는 140미터) 미만인 곡선구간의 안쪽 차로 중심선에서 장애물까지의 거리가 별표 3에서 정하는 최소거리 이상이 되지 아니하여 시거(視距)를 확보하지 못하는 경우의 안쪽 곡선구간

2. 종단(縱斷) 기울기가 평지는 6퍼센트, 산지는 9퍼센트를 초과하는 구간. 다만, 오르막 차로가 설치되어 있는 경우 오르막 차로의 바깥쪽 구간에 대해서는 연결을 허가할 수 있다.

3. 일반국도와 다음 각 목의 어느 하나에 해당하는 도로를 연결하는 교차로에 대하여 별표 4에 따른 교차로 영향권 산정기준에서 정한 영향권 이내의 구간

   가. 「도로법」 제2조제1호에 따른 도로
   나. 「농어촌도로 정비법」 제4조에 따른 면도(面道) 중 2차로 이상으로 설치된 면도
   다. 2차로 이상이며 그 차도의 폭이 6미터 이상이 되는 도로
   라. 관할 경찰서장 등 교통안전 관련 기관에 대한 의견조회 결과, 도로 연결에 따라 교통의 안전과 소통에 현저하게 지장을 초래하는 것으로 인정되는 도로

4. 별표 4의2에 따른 교차로 주변의 변속차로등의 설치제한거리 이내의 구간[5가구 이하의 주택과 농어촌 소규모 시설(「건축법」 제

14조에 따라 건축신고만으로 건축할 수 있는 소규모 축사 또는 창고 등을 말한다)의 진출입로를 설치하는 경우는 제외한다]
　5. 터널 및 지하차도 등의 시설물 중 시설물의 내부와 외부 사이의 명암 차이가 커서 장애물을 알아보기 어려워 조명시설 등을 설치한 경우로서 다음 각 목의 어느 하나에 해당하는 구간
　　가. 설계속도가 시속 60킬로미터 이하인 일반국도: 해당 시설물로부터 300미터 이내의 구간
　　나. 설계속도가 시속 60킬로미터를 초과하는 일반국도: 해당 시설물로부터 350미터 이내의 구간
　6. 교량 등의 시설물과 근접되어 변속차로를 설치할 수 없는 구간
　7. 버스 정차대, 측도(側道) 등 주민편의시설이 설치되어 이를 옮겨 설치할 수 없거나 옮겨 설치하는 경우 주민 통행에 위험이 발생될 우려가 있는 구간
[전문개정 2010.9.15]

제7조 (변속차로등의 포장 등) ① 변속차로등은 접속되는 도로부분을 수직으로 잘라낸 부분에 그 도로의 포장과 같은 강도를 유지할 수 있는 두께 및 재료로 포장을 하여야 한다.
② 변속차로등은 노면의 배수에 지장이 없도록 그 횡단(橫斷) 기울기가 접속되는 도로와 같거나 그 도로보다 완만하게 포장을 하여야 한다.
[전문개정 2010.9.15]

제8조 (변속차로) 변속차로는 다음 각 호의 기준에 적합하게 설치하여야 한다.
　1. 길이는 별표 5에서 정한 기준 이상으로 할 것
　2. 폭은 3.25미터 이상으로 할 것
　3. 자동차의 진입과 진출을 원활하게 유도할 수 있도록 노면표시를 할 것
　4. 테이퍼와 사업부지에 접하는 변속차로의 접속부는 곡선반경이 15미터 이상인 곡선으로 처리할 것
　5. 성토부, 절토부 등 비탈면의 기울기는 접속되는 도로와 같거나 그

도로보다 완만하게 설치할 것
   [전문개정 2010.9.15]

제8조의2 (부가차로) 부가차로는 다음 각 호의 기준에 적합하게 설치하여야 한다.
   1. 길이는 특별한 사정이 없으면 500미터 이하로 할 것
   2. 폭은 3미터 이상으로 할 것
   3. 사업부지와 부가차로의 접속부는 곡선반경이 15미터 이상인 곡선으로 처리할 것
   [전문개정 2010.9.15]

제9조 (배수시설) 배수시설은 다음 각 호의 기준에 적합하게 설치하여야 한다.
   1. 노면의 빗물 등을 처리할 수 있도록 「도로의 구조·시설 기준에 관한 규칙」 제2조제29호에 따른 길어깨(이하 "길어깨"라 한다)의 바깥쪽에 연석(緣石)을 설치할 것
   2. 기존의 배수체계에 지장이 없도록 연결할 것
   3. 접속되는 도로의 배수시설이 변속차로등의 설치로 인하여 매립될 경우에는 기존의 배수관보다 큰 규격의 배수관을 설치하여 배수처리에 지장이 없도록 하고, U형 측구(側溝) 등 배수시설이 이미 정비되어 있는 경우에는 배수처리에 지장이 없도록 같은 단면의 배수관을 설치할 수 있으며, 배수시설에 퇴적되는 토사 등을 쉽게 제거하기 위하여 20미터 이내의 일정한 간격으로 뚜껑이 있는 맨홀을 설치할 것
   4. 변속차로등으로 연결되는 시설물의 오수(汚水) 또는 빗물이 접속되는 도로로 흘러가지 않도록 배수시설을 별도로 설치할 것. 이 경우 배수시설은 격자형 철제 뚜껑이 있는 유효 폭 30센티미터 이상, 유효 깊이 60센티미터 이상의 U형 콘크리트 측구로 할 것
   [전문개정 2010.9.15]

제10조 (분리대) 분리대는 다음 각 호의 기준에 적합하게 설치하여야 한다.

1. 변속차로의 진출입부를 제외한 사업부지의 전면에는 자동차의 무질서한 진출입을 방지할 수 있도록 접속되는 도로의 길어깨 바깥쪽에 분리대를 설치할 것
2. 분리대는 화단, 가드레일 또는 그 밖에 이와 유사한 공작물로 설치하되, 안전사고를 예방하기 위하여 필요한 경우에는 변속차로의 진입부에 충격흡수시설을 설치할 것
3. 분리대는 높이 0.3미터 이상으로 설치하되, 시거장애가 없도록 할 것
4. 분리대를 화단으로 설치할 경우 그 폭은 1미터 이상으로 하고 그 분리대 노면에 빗물 등이 고이지 않도록 하되, 필요한 경우에는 변속차로등의 배수시설과는 별도로 폭 30센티미터 이상의 격자형 철제 뚜껑이 있는 U형 콘크리트 측구를 설치할 것
5. 야간에 운전자가 분리대를 알아볼 수 있도록 분리대에 빛을 강하게 반사할 수 있는 반사지를 붙이거나 시선유도표지등을 설치할 것
6. 기존에 설치된 변속차로와 연결하여 다른 시설의 변속차로를 추가로 설치할 때에는 연결된 시설을 통합된 하나의 시설로 보아 그것에 적합한 연속된 분리대를 설치할 것

[전문개정 2010.9.15]

제11조 (변속차로등의 길어깨) 길어깨는 다음 각 호의 기준에 적합하게 설치하여야 한다.
1. 변속차로의 길어깨는 접속되는 도로의 길어깨와 동등한 구조로 폭 1미터 이상으로 설치할 것. 다만, 길어깨가 보도로도 이용되는 경우에는 보도의 폭을 확보할 수 있도록 하여야 한다.
2. 변속차로등의 노면이 변속차로등으로 연결되는 시설물의 주차공간으로 잠식될 우려가 있는 경우에는 길어깨 바깥쪽에 연석, 가드레일 또는 울타리 등을 설치할 것
3. 변속차로의 길어깨에는 폭 0.25미터 이상의 측대를 설치할 것
4. 변속차로의 길어깨 바깥쪽에는 가드레일 등을 설치할 수 있는 보호 길어깨를 확보할 것

[전문개정 2010.9.15]

제12조 (부대시설) 변속차로등의 부대시설은 다음 각 호의 기준에 적합하게 설치하여야 한다.
  1. 가드레일, 낙석 방지시설 등의 안전시설은 현지의 여건이나 비탈면의 지형조건에 맞게 설치할 것
  2. 변속차로등의 노면표시는 접속되는 도로와 같은 규격으로 하고 분리대가 설치되지 않은 부분 등에는 안전지대표시를 할 것

[전문개정 2010.9.15]

제13조 (공사시행) 해당 변속차로등을 제외하고 차량의 진출입로가 없는 경우에는 공사시행의 효율성을 높이고 공사용 차량의 안전한 진출입을 위하여 모든 시설공사 중에서 변속차로등의 공사를 먼저 시행하여야 한다.

[전문개정 2010.9.15]

제14조 삭제 [2002.4.27.]

부   칙

① (시행일) 이 규칙은 1999년 8월 9일부터 시행한다.
② (다른 도로등에 관한 경과조치) 이 규칙 시행 당시 종전의 규정에 의하여 연결허가를 받았거나 연결허가를 신청중인 다른 도로등에 관하여는 종전의 규정에 의한다.

부   칙 (2002.4.27, 제204호)

① (시행일) 이 규칙은 공포한 날부터 시행한다.
② (연결로등의 설치 등에 관한 적용례) 제6조제3호 단서, 제8조의2, 별표 2, 별표 4 및 별표 5의 개정규정은 이 규칙 시행후 최초로 연결허가를 신청하는 연결로등부터 적용한다.
③ (도로연결 재허가에 관한 조경과조치) 이 규칙 시행 당시 종전의 규정에 의하여 허가기간이 정하여진 도로연결허가를 받은 시설이 허가기간이 만료되어 새로 허가를 받아야 하는 경우 시설물의 용도에 변경이

없는 경우에 한하여 종전의 규정을 적용하여 허가할 수 ㅇ있다. 다만, 도로의 여건 변화로 인하여 교통의 안전과 소통에 현저한 지장을 초래할 우려가 있는 경우에는 이 규칙을 적용한다. [신설 2005.12.30]

부 칙 (2002.12.31.)
(국토의계획및이용에관한법률시행규칙)

제1조(시행일) 이 규칙은 2003년 1월 1일부터 시행한다.

제2조, 제3조 및 제5조 생략

제4조(다른 법령의 개정) ① 내지 ⑤ 생략

⑥ 도로와다른도로등의연결에관한규칙중 다음과 같이 개정한다.
 제5조의 제목 및 본문중 "도시계획구역"을 각각 "도시지역"으로, "도시계획"을 각각 "도시관리계획"으로 한다.

⑦ 내지 ⑪ 생략

부 칙 (2003.10.08.)

① (시행일) 이 규칙은 공포한 날부터 시행한다.

② (도시지역안의 도로에 관한 적용례) 제6조의 개정규정은 이 규칙 시행 후 최초로 연결허가를 신청하는 분부터 적용한다.

부 칙 (2005.12.30, 제486호)

① (시행일) 이 규칙은 공포한 날부터 시행한다.

② (연결허가금지구간 등에 관한 적용례) 제6조, 별표 4, 별표 4의2, 별표 5의 개정규정은 이 규칙 시행 후 최초로 연결허가를 신청하는 분부터 적용한다.

부 칙 (2008. 5.13, 제10호)

제1조 (시행일) 이 규칙은 공포한 날부터 시행한다.

제2조 (도시지역 등에서의 연결허가 기준 등에 관한 적용례) 제5조, 제6조 및 별표 2의 개정규정은 이 규칙 시행 후 최초로 연결허가를 신청하는 분부터 적용한다.

부　칙 (2010. 9.15, 제282호)

제1조(시행일) 이 규칙은 2010년 9월 23일부터 시행한다.
제2조(배수시설에 관한 적용례) 제9조의 개정규정은 이 규칙 시행 후 최초로 연결허가를 신청하는 경우부터 적용한다.

부　칙 (2012.4.13, 제456호)
(국토의 계획 및 이용에 관한 법률 시행규칙)

제1조(시행일) 이 규칙은 2012년 4월 15일부터 시행한다.
　　　　　[단서 생략]
제2조 생략
제3조(다른 법령의 개정) ①부터 ⑦까지 생략
　　⑧도로와 다른 도로 등과의 연결에 관한 규칙 일부를 다음과 같이 개정한다.
　　　제5조제1항제1호 중 "도시관리계획"을 각각 "도시·군관리계획"으로 한다.
　　　제6조 각 호 외의 부분 단서 중 "도시관리계획"을 "도시·군관리계획"으로 한다.
　　⑨부터 [23]까지 생략

별표1 변속차로등의 설계도면 작성요령(제4조제4항 관련)
별표2 변속차로등의 설치방법(제4조제4항 관련)
별표3 곡선구간의 곡선반경 및 장애물까지의 최소거리(제6조제1호 관련)
별표4 교차로 영향권 산정 기준(제6조제3호 관련)
별표4의2 교차로 주변의 변속차로등의 설치제한거리(제6조제4호 관련)
별표5 변속차로의 최소길이(제8조제1호 관련)
서식1 도로 등의 연결허가신청서
서식2 도로 등의 연결허가기간 연장신청서
서식3 도로 등의 연결허가 변경신청서

[별표 1] <개정 2010.9.15>

변속차로등의 설계도면 작성요령(제4조제4항 관련)

도면명	작성요령
위치도	1/50,000(또는 1/25,000) 축척의 지형도에 연결 시설물의 위치 표시
평면도	연결부 주변의 지형·지물을 1/1,200 이상 축척으로 작성(접속되는 도로의 중앙선, 포장 끝선, 길어깨선, 도로부지 경계선, 접도구역선, 「도로의 구조·시설 기준에 관한 규칙」 제32조제3항에 따른 도류화시설, 배수시설, 분리대, 그 밖의 시설물의 위치 등을 표시. 다만, 도로대장 또는 국가지리정보체계구축 기본계획에 따라 제작된 기본도가 있는 경우에는 이와 연계하여 작성)
종단면도	세로 방향 1/1,200 이상, 가로 방향 1/100 이상 축척으로 작성[측점(測點)은 20미터 간격으로 하되, 땅의 표면 높이가 급격히 변하는 지점을 추가 측점으로 설치]
횡단면도	측점마다 1/100 이상 축척으로 작성(배수시설, 분리대, 도로의 중심선, 도로부지 및 접도구역의 경계선 등을 표시. 횡단면의 범위는 시공계획 폭 양쪽으로 연결 시설물의 영향이 미치는 부분까지 포함)
구조물도	각종 구조물의 규격과 위치를 명확히 알 수 있도록 정확한 치수로 표시하여 작성
부대공사도	변속차로등과 관련하여 설치되는 부대시설(방호시설, 노면표시 등)에 대한 상세도 작성

[별표 2] <개정 2010.9.15>

변속차로등의 설치방법(제4조제4항 관련)

1. 직접식 변속차로 설치
 가. 1개소 연결의 경우

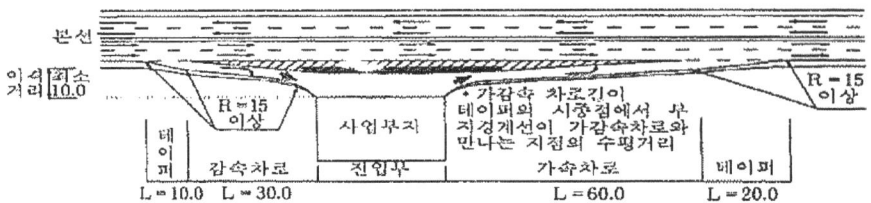

 나. 2개소 이상연결의 경우

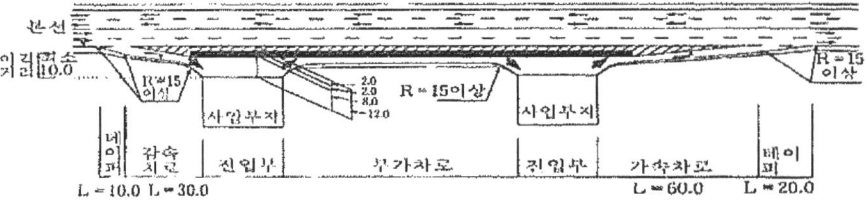

2. 평행식 변속차로 설치
 가. 1개소 연결의 경우

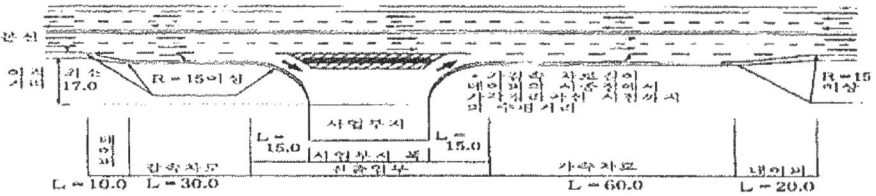

 나. 2개소 이상 연결의 경우

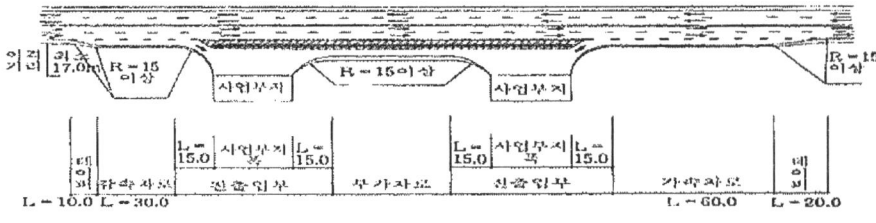

비고
1. 위 표 중 R은 곡선반경, L은 길이를 말하며 그 단위는 미터로 한다.
2. 사업부지와 변속차로등의 연결지점은 부지경계선 중 차량의 원활한 소통에 지장이 없는 범위에서 해당 부지의 상황을 고려하여 정한다.

[별표 3] <개정 2010.9.15>

곡선구간의 곡선반경 및 장애물까지의 최소거리
(제6조제1호 관련)

(단위: 미터)

구 분	4차로 이상				2차로		
곡선반경	260	240	220	200	120	100	80
최소거리	7.5	8	8.5	9	7	8	9

비고: 최소거리는 곡선구간의 안쪽 차로 중심선에서 장애물까지의 최소거리를 말한다.

[별표 4] <개정 2010.9.15>
교차로 영향권 산정 기준(제6조제3호 관련)

1. 변속차로가 설치되었거나 설치예정인 평면교차로의 영향권은 본선 또는 교차도로에서 교차로에 진입하는 감속차로 테이퍼의 시작점부터 교차로를 지나 교차도로 또는 본선에 진입하는 가속차로 테이퍼의 종점까지의 범위로 한다.

<예시도> 변속차로가 설치되었거나 설치 예정인 평면교차로의 영향권

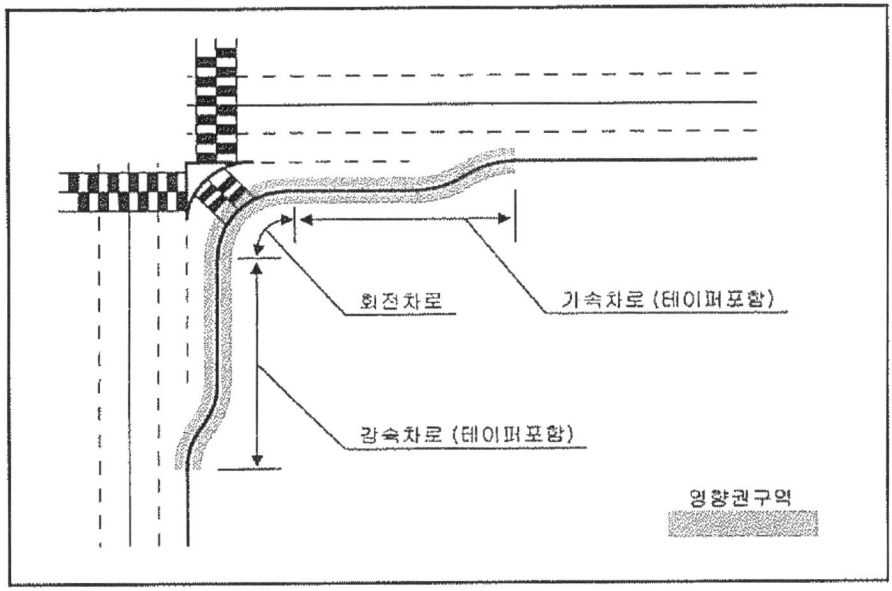

2. 변속차로가 설치되지 않은 평면교차로의 영향권의 산정기준은 다음 각 목과 같다.
   가. 교차로 영향권의 최소길이는 다음 표와 같다.

설계속도 (킬로미터/시간)	교차로 영향권 길이(미터)	
	비도시지역	도시지역
50	50	30
60	70	40
70	90	60
80	120	80

나. 교차로 영향권의 길이 측정기준은 아래 예시도와 같이 차량의 정지선에서부터 적용하며, 세갈래교차로의 직진 차로부에는 교차로 중심에서부터 적용한다.

<예시도> 변속차로가 설치되지 아니한 평면교차로의 영향권

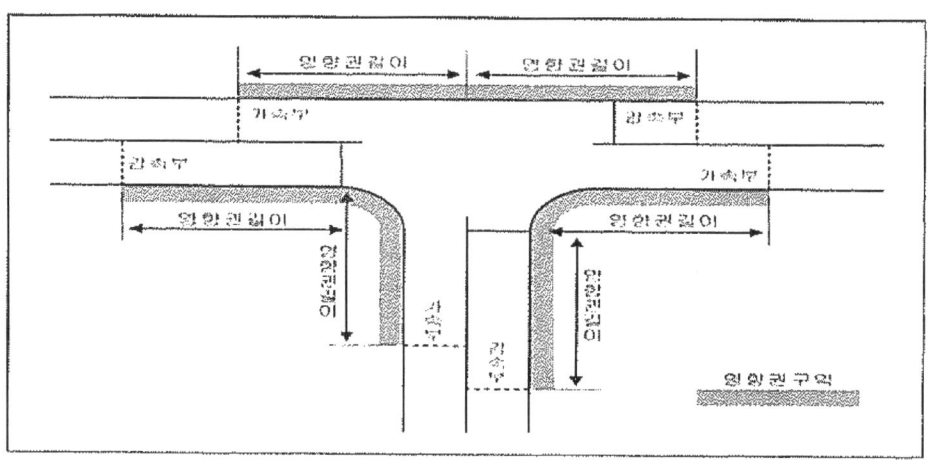

3. 입체교차로에서의 영향권은 본선 또는 교차도로의 감속차로 테이퍼의 시작점부터 연결로를 지나 교차도로 또는 본선의 가속차로 테이퍼의 종점까지의 범위로 한다.

<예시도 1> 입체교차로에서의 영향권

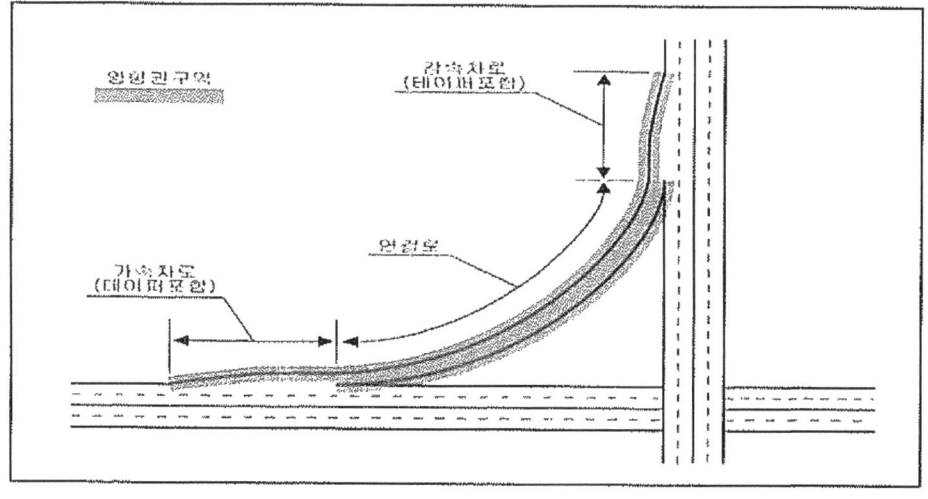

<예시도 2> 입체교차로에서의 영향권

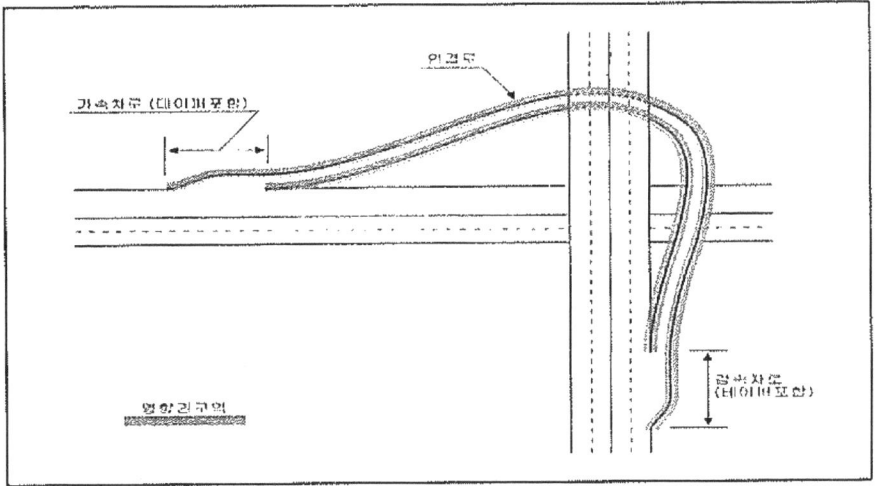

[별표 4의2] <개정 2010.9.15>

교차로 주변의 변속차로등의 설치제한거리(제6조제4호 관련)

(단위: 미터)

구 분	4차로 이상	2차로
교차로 영향권으로부터 변속차로 등의 설치제한거리	60	45

비 고
1. 평면교차로 주변의 영향권 및 설치제한거리 예시도

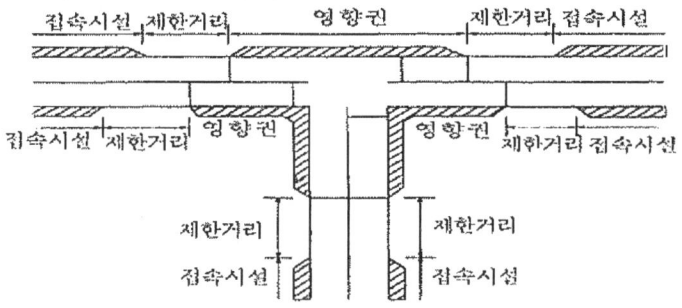

2. 입체교차로의 경우 연결로가 접속된 본선 또는 교차도로의 연결로 접속부 전방·후방으로 설치제한거리를 적용한다.

<예시도> 입체교차로 주변의 영향권 및 설치제한거리

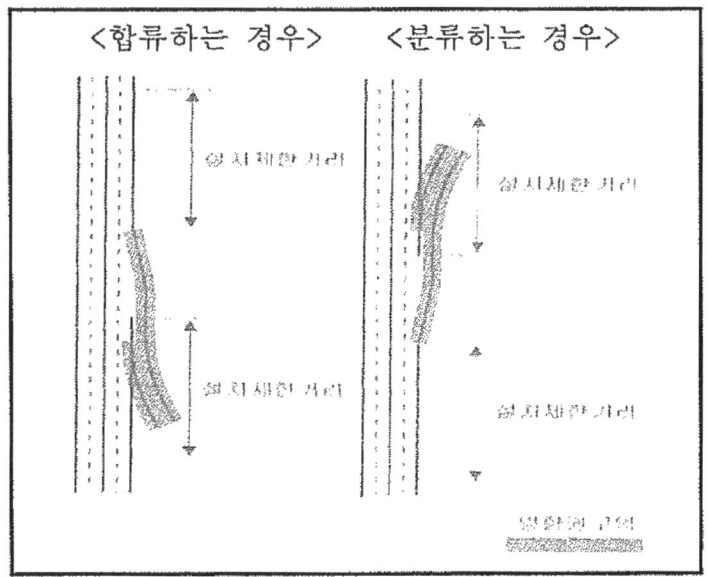

[별표 5] <개정 2010.9.15>

변속차로의 최소길이(제8조제1호 관련)

(단위 : 미터)

시설	주차 대수 (가구 수)	변속차로의 길이 (테이퍼의 길이는 제외됨)		테이퍼의 길이	
		감속차선	가속차선	감속부	가속부
1. 공단 진입로 등	-	45 (30)	90 (65)	15 (10)	30 (20)
2. 휴게소·주유소 등	-	45 (30)	90 (65)	15 (10)	30 (20)
3. 자동차정비업소 등	-	30 (20)	60 (40)	10 (10)	20 (20)
4. 사도·농로·마을진입로 또는 그 밖에 이와 유사한 교통용 통로 등	-	20 (15)	40 (30)	10 (10)	20 (20)
5. 판매시설 및 일반 음식점 등	10대 이하	20 (15)	40 (30)	10 (10)	20 (20)
	11대 이상 30대 이하	30 (20)	60 (40)	10 (10)	20 (20)
	31대 이상	45 (30)	90 (65)	15 (10)	30 (20)
6. 주차장·건설기계주기장·운수시설·의료시설·운동시설·관람시설·집회시설 및 위락시설 등	30대 이하	30 (20)	60 (40)	10 (10)	20 (20)
	31대 이상	45 (30)	90 (65)	15 (10)	30 (20)
7. 공장·숙박시설·업무시설·근린생활시설 및 기타시설	20대 이하	20 (15)	40 (30)	10 (10)	20 (20)
	21대 이상 50대 이하	30 (20)	60 (40)	10 (10)	20 (20)
	51대 이상	45 (30)	90 (65)	15 (10)	30 (20)
8. 주택 진입로 등	(5가구 이하)	-	-	도로모서리의 곡선화 (곡선반경: 3미터)	
	(100가구 이하)	30 (20)	60 (40)	10 (10)	20 (20)
	(101가구 이상)	45 (30)	90 (65)	15 (10)	30 (20)
9. 농어촌 소규모 시설(소규모 축사 또는 창고 등)	-	-	-	도로 모서리의 곡선화 (곡선반경: 3미터)	

* 주
1) 위 표는 4차로 이상 도로에 대한 기준입니다. 다만, ( )는 2차로 도로에 대한 기준입니다.
2) 연결로가 인접되어 변속차로가 중복된 경우 중복된 차로의 길이는 주차대수를 합산하여 그 합산된 주차대수에 해당하는 길이로 하고, 주차대수를 적용할 수 없는 시설물과 중복되는 경우에는 그 중 큰 값을 기준으로 합니다.
3) 위 표 시설란 제5호부터 제7호까지의 주차 대수를 산정할 때에는 「주차장법 시행령」 별표 1의 설치기준에 따릅니다.

[별지 제1호서식] <개정 2010.9.15>   (앞면)

도로 등의 연결허가신청서

처리기간: 21일

※ 아래와 뒷면의 신청안내와 작성방법을 읽고 기재합니다.

신청인	① 성 명 (법인명)		② 생년월일·외국인등록번호 (사업자등록번호)	
	③ 주 소			전자우편
	④ 연 락 처	전화		휴대전화
⑤ 연결 목적				
⑥ 점용장소·점용면적			(m²)	
⑦ 점용기간				
⑧ 공사실시방법				
⑨ 공사시기		년 월 일 ~ 년 월 일		
⑩ 도로복구방법				
⑪ 도로종류 및 노선명				
⑫ 연결시설 등의 종류 및 명칭				

「도로법」 제38조, 제64조 및 「도로와 다른 도로 등과의 연결에 관한 규칙」 제4조에 따라 도로에 다른 도로, 통로, 그 밖의 시설을 연결하기 위하여 위와 같이 허가를 신청합니다.

년   월   일

신청인   (서명 또는 인)

지방국토관리청장
국도관리사무소장   귀하
도지사

※ 구비서류
1. 연결계획서 1부
2. 설계도면 1부(변속차로, 부가차로, 회전차로 및 부대시설 등의 설계도면을 말함. 점용장소의 면적은 1/1,200 이상의 평면도에 도로 중심선에서의 좌우거리 및 위치를 표시함)
3. 주요 지하매설물 관리자의 의견서 1부(주요 지하매설물이 있는 점용지역에서 연결공사를 하는 경우에만 해당함)

⑬ 수수료: 1,000원

※ 신청안내 (뒷면)

근거법률	○도로구역에서의 도로점용은 도로관리청의 허가를 받아야 합니다(법 제38조제1항). ○도로 연결허가기간을 연장하려면 도로관리청의 허가를 받아야 합니다(법 제64조제2항).
처리절차	신청인 → 처리기관 신청서 → 접수 → 현지조사 → 검토 발급 ← 허가서 ← 결제 ←
유의사항	○허가를 받지 않고 도로를 점용하면 2년 이하의 징역 또는 700만원 이하의 벌금에 처하며, 변상금이 부과됩니다(법 제97조제3호 및 제94조). ○허가를 받은 자는 관계 규정에 따라 점용료를 내야 하며, 허가면적을 초과하여 점용하면 300만원 이하의 과태료가 부과됩니다(법 제41조 및 제101조). ○점용기간을 연장하려면 허가기간이 끝나기 1개월 전까지 연장허가를 받아야 합니다.

※ 작성방법

①란은 법인인 경우 그 명칭 및 대표자의 성명을 적습니다.
②란은 개인인 경우 생년월일 또는 외국인등록번호(외국인인 경우만 해당됨)를 적고, 법인인 경우 법인등록번호 또는 사업자등록번호를 적습니다.
⑤란은 휴게소·주유소·공장·아파트·진입로 등 연결 목적을 적습니다.
⑦란은 「도로법 시행령」 제28조제5항제1호부터 제5호까지 및 제8호에 따른 점용물인 경우 10년 이내로 적고, 그 밖의 점용물인 경우 3년 이내로 적습니다.
⑪란은 일반국도 노선번호를 적습니다.(예: 국도 ○○호선 등)
⑬란에는 수입인지를 붙입니다.

[별지 제2호서식] <개정 2010.9.15> (앞면)

도로 등의 연결허가기간 연장신청서 ※ 아래와 뒷면의 신청안내와 작성방법을 읽고 기재합니다.				처리기간
			3일
신청인	① 성 명 (법인명)		② 생년월일·외국인등록번호 (법인·사업자등록번호)
	③ 주 소		전자우편
	④ 연락처	전화	휴대전화
⑤ 허가번호			
⑥ 당초 허가기간			
⑦ 연결 목적			
⑧ 점용장소·점용면적			(m²)
⑨ 도로 종류 및 노선명			
⑩ 연결시설 등의 종류 및 명칭			
⑪ 연장 사유			

「도로법」 제38조, 제64조 및 「도로와 다른 도로 등과의 연결에 관한 규칙」 제4조제6항에 따라 도로와 다른 도로, 통로, 그 밖의 시설의 연결허가기간 연장을 신청합니다.

년   월   일

신청인   (서명 또는 인)

지방국토관리청장
국도관리사무소장   귀하
도지사

※ 구비서류: 없음	수수료
	없음

210mm×297mm(일반용지 60g/m²(재활용품))

※ 신청안내 (뒷면)

근거법률	○도로구역에서의 도로점용은 도로관리청의 허가를 받아야 합니다(법 제38조제1항). ○도로연결허가기간을 연장하려면 도로관리청의 허가를 받아야 합니다(법 제64조제2항).
처리절차	신청인 | 처리기관 신청서 → 접 수 → 현지조사 → 검 토 발 급 ← 허가서 ← 결 재 ←
유의사항	○허가를 받지 않고 도로를 점용하면 2년 이하의 징역 또는 700만원 이하의 벌금에 처하며, 변상금이 부과됩니다(법 제97조제3호 및 제94조). ○허가를 받은 자는 관계 규정에 따라 점용료를 내야 하며, 허가면적을 초과하여 점용하면 300만원 이하의 과태료가 부과됩니다(법 제41조 및 제101조). ○점용기간을 연장하려면 허가기간이 끝나기 1개월 전까지 연장허가를 받아야 합니다.

※ 작성방법

①란은 법인인 경우 그 명칭 및 대표자의 성명을 적습니다.

②란은 개인인 경우 생년월일 또는 외국인등록번호(외국인인 경우만 해당됨)를 적고, 법인인 경우 법인등록번호 또는 사업자등록번호를 적습니다.

⑤란은 기 허가받은 허가번호를 적습니다.

⑦란은 휴게소·주유소·공장·아파트·진입로 등 연결 목적을 적습니다.

⑨란은 일반국도 노선번호를 적습니다(예: 국도 ○○호선 등)

[별지 제3호서식] <개정 2010.9.15> (앞면)

도로 등의 연결허가 변경신청서				처리기간
※ 아래와 뒷면의 신청안내와 작성방법을 읽고 기재합니다.			10일
신청인	① 성 명 (법인명)	② 생년월일・외국인등록번호 (법인・사업자등록번호)	
	③ 주 소		전자우편
	④ 연락처	전화	휴대전화
⑤ 허가번호			
⑥ 허가기간			
⑦ 연결 목적			
⑧ 점용장소・점용면적			(㎡)
⑨ 도로 종류 및 노선명			
⑩ 연결시설 등의 종류 및 명칭			
⑪ 변경내용			

「도로법」 제38조, 제64조 및 「도로와 다른 도로 등과의 연결에 관한 규칙」 제4조제6항에 따라 도로와 다른 도로, 통로, 그 밖의 시설의 연결허가 변경을 신청합니다.

년 월 일

신청인 (서명 또는 인)

지방국토관리청장
국도관리사무소장 귀하
도지사

※ 구비서류: 변경내용 관계 도서	수수료
	없음

210mm×297mm(일반용지 60g/㎡(재활용품))

※ 신청안내 (뒷면)

근거법률	○도로구역에서의 도로점용은 도로관리청의 허가를 받아야 합니다(법 제38조제1항). ○도로 등의 연결허가를 변경하려면 도로관리청의 허가를 받아야 합니다(법 제64조제2항).
처리절차	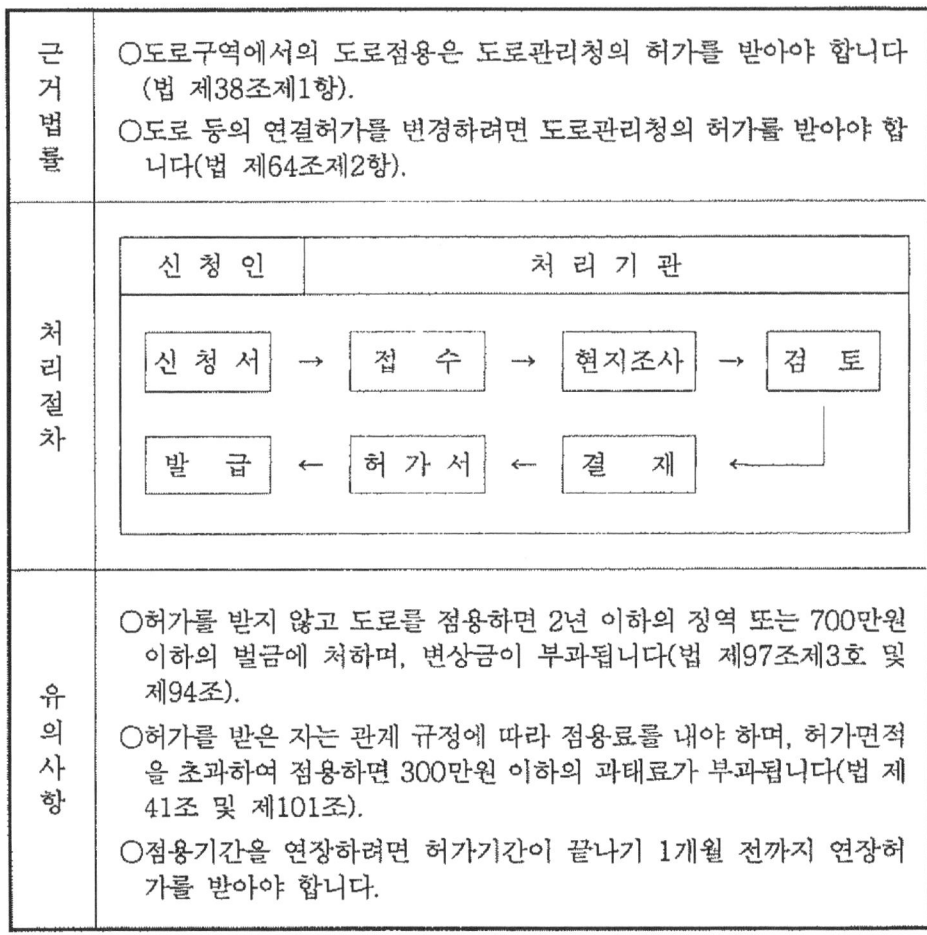
유의사항	○허가를 받지 않고 도로를 점용하면 2년 이하의 징역 또는 700만원 이하의 벌금에 처하며, 변상금이 부과됩니다(법 제97조제3호 및 제94조). ○허가를 받은 자는 관계 규정에 따라 점용료를 내야 하며, 허가면적을 초과하여 점용하면 300만원 이하의 과태료가 부과됩니다(법 제41조 및 제101조). ○점용기간을 연장하려면 허가기간이 끝나기 1개월 전까지 연장허가를 받아야 합니다.

※ 작성방법

①란은 법인인 경우 그 명칭 및 대표자의 성명을 적습니다.
②란은 개인인 경우 생년월일 또는 외국인등록번호(외국인인 경우만 해당됨)를 적고, 법인인 경우 법인등록번호 또는 사업자등록번호를 적습니다.
⑤란은 기 허가받은 허가번호를 적습니다.
⑦란은 휴게소·주유소·공장·아파트·진입로 등 연결 목적을 적습니다.
⑨란은 일반국도 노선번호를 적습니다(예: 국도 ○○호선 등).

[별지 제4호서식] <개정 2010.9.15>

도로 등의 연결허가 신청구간 도로시설물 현황조서

① 신청인	성명 (법인명)		주소					
② 도로의 종류 및 노선명								
③ 연결시설 등의 종류 및 명칭								
④ 도로의 연결지점								
⑤ 사용 목적								
⑥ 도로시설물 시공현황		⑦시공물량				⑧미시공물량		
		시설명	단위	물량	사업비	시설명	단위	물량	사업비

년   월   일

작성자: (서명 또는 인)

유의사항	현황조서에는 도로시설물의 물량 및 사업비에 대한 산출 근거자료와 시공물량 사진을 첨부할 것

210mm×297mm(일반용지 60g/㎡(재활용품))

도로표지 규칙

국토교통부령 제1호, 2013.3.23. 타법개정
국토교통부(도로운영과), 044-201-9316

제1조(목적) 이 규칙은 「도로법」 제52조의 규정에 의한 도로표지의 종류·규격 등 도로표지에 관하여 필요한 사항을 정함으로써 원활한 도로교통과 도로이용자의 편의를 도모함을 목적으로 한다.
<개정 2005.12.30>

제2조(도로표지의 구분) 도로표지는 다음 각 호와 같이 구분한다.
<개정 2005.12.30>
1. 경계표지 : 도·시(특별시 및 광역시를 포함한다. 이하 같다)·군·읍 또는 면사이의 행정구역의 경계를 나타내는 표지
2. 이정표지 : 목표지까지의 거리를 나타내는 표지
3. 방향표지 : 방향 또는 방면을 나타내는 표지
4. 노선표지 : 주행노선 또는 분기노선을 나타내는 표지
5. 기타표지 : 제1호 내지 제4호의 어느 하나에 해당하지 아니하는 휴게소표지, 관광지표지, 양보차로표지, 오르막차로표지, 유도표지, 예고표지, 보행인표지, 주차장표지, 지점표지, 출구감속유도표지, 시설물표지, 긴급신고표지, 자동차전용도로표지, 시종점표지, 돌아가는길표지, 매표소표지, 고속국도유도표지 및 아시안하이웨이안내표지

제3조(안내지명의 선정 및 표기방법) ① 도로표지에 표기되는 안내지명의 선정 및 표기방법은 별표1과 같다. <개정 2005.12.30>
② 제1항의 규정에 불구하고 도시지역의 경우에는 국토교통부장관의 승인을 얻은 후에 지명을 안내하는 도로표지에 갈음하여 도로명을 안내하는 도로표지를 설치할 수 있다. <신설 2005.12.30, 2008.3.14, 2013.3.23>

제4조(도로표지의 표지판·글자 및 지주의 규격 등) ① 도로표지의 종류에 따른 표지판의 규격, 글자의 규격 및 지주의 규격은 별표 2와 같다. 다만, 교통의 상황 등에 따라 필요하다고 인정하는 경우에는 글자의 규격을 조정할 수 있다. <개정 2005.12.30>

② 도로표지의 종류에 따른 상세규격과 설치방법 등은 별표 3과 같다. <신설 2005.12.30>

③ 제1항의 규정에 불구하고 다음 각 호의 어느 하나에 해당하는 경우에는 도로표지판의 규격을 조정할 수 있다. 이 경우 별표 3의 규정에 의한 글자 및 기호의 배열상태가 유지되어야 한다. <개정 2005.12.30>

　1. 도로의 교차형태, 교통의 상황 등에 비추어 보아 별표 3에서 정한 도로표지의 규격이 적합하지 아니한 경우(방향표지인 경우에 한한다)

　2. 표시하려는 지명의 글자수가 3자를 초과하여 별표 3에서 정한 대로 표기하기 어려운 경우

　3. 제1항 단서의 규정에 의하여 도로표지에 사용하는 글자의 규격을 조정하는 경우

[제목개정 2005.12.30]

제5조(글자의 표기) ① 삭제 <2005.12.30>

② 도로표지에 사용하는 글자는 한글과 영문을 병기하는 것을 원칙으로 한다. 다만, 관광지표지의 경우에는 필요에 따라 한글에 영문 및 한자를 병기하여 표기할 수 있다. <개정 2000.3.18>

③ 고유명사의 영문표기는 문화체육관광부장관이 정하는 국어의 로마자표기법에 의하고, 보통명사에 대한 영문표기 및 약어의 표기는 국토교통부장관이 따로 정한다. <개정 2000.3.18, 2008.3.14, 2013.3.23>

[제목개정 2005.12.30]

제6조(도로표지의 색채) ① 도로표지의 바탕색은 녹색으로 한다. 다만, 다음 각 호의 어느 하나에 해당하는 도로표지의 바탕색은 청색으로

하고, 기타표지 중 관광지표지의 바탕색은 갈색으로 한다. <개정 2000.3.18, 2003.5.24, 2005.12.30>

1. 도시지역(광역시·시지역중 읍·면지역을 제외한 지역과 특별시를 말한다. 이하 같다)의 도로중 고속국도·일반국도 및 자동차전용도로외의 도로에 설치하는 경계표지·이정표지·방향표지 및 노선표지. 다만, 고속국도의 진입로를 안내하는 고속국도유도표지 및 분기점표지와 특별시 또는 광역시의 주간선도로에 설치하는 도로표지로서 지방지역(도시지역외의 지역을 말한다. 이하 같다)의 도로와의 연결 등 도로표지의 원활한 기능발휘를 위하여 특별시장 또는 광역시장이 특별히 필요하다고 인정하는 도로표지는 녹색으로 한다.
2. 기타표지 중 휴게소표지, 유도표지, 보행인표지, 주차장표지, 시설물표지, 긴급신고표지, 자동차전용도로표지 및 매표소표지(자동요금징수차로예고표지에 한한다)

② 도로표지의 글자 및 기호의 색은 백색으로 한다.

③ 도시지역의 도로의 방향표지에 당해 도시지역밖의 주요도시명을 동시에 나타내고자 하는 때에는 녹색바탕의 사각형안에 백색글자를 사용한다.

④ 제2항의 규정에 불구하고 도로표지에 노선번호를 표시하는 때에는 특별시도·광역시도 또는 시도의 경우에는 백색바탕에 청색글자를, 고속국도 및 일반국도의 경우에는 청색바탕에 백색글자를, 지방도의 경우에는 황색바탕에 청색글자를 각각 사용한다.
<개정 2000.3.18>

⑤ 고속국도의 인터체인지번호를 표시하는 때에는 흑색바탕에 백색글자를 사용한다.

⑥ 고속국도의 분기점을 안내하는 방향표지는 분기되는 고속국도뿐만 아니라 분기되는 고속국도가 다음에 만나게 될 고속국도까지 안내할 수 있으며, 이 경우 백색바탕에 녹색글자를 사용하여 안내한다. <신설 2005.12.30>

⑦ 도로표지의 지주는 검은 회색으로 하되, 용융아연도금을 한 지주에는 색칠을 하지 아니할 수 있으며, 도로표지의 뒷면은 사용재료의 종류에 따라 색칠의 필요성여부를 결정한다.
<개정 2003.5.24, 2005.12.30>

제7조 삭제 <2005.12.30>

제8조(색채의 규격) 도로표지에 사용하는 반사지색채의 규격은 별표 6과 같다.

제9조 삭제 <2005.12.30>

제10조(조명장치) 도로표지의 내용을 읽기 쉽도록 하기 위하여 도로표지에 조명장치를 할 수 있다.

제11조(도로표지의 설치기준) 도로표지는 다음 각호의 기준에 의하여 설치하여야 한다.
1. 도로이용자의 주의를 끌 수 있도록 뚜렷할 것
2. 도로이용자가 가고자 하는 방향을 결정할 수 있는 거리에서 읽을 수 있는 크기일 것
3. 글자·기호 및 바탕은 밤에도 잘 읽을 수 있도록 반사되어야 할 것
4. 설치방향은 차량의 진행방향과 직각인 방향에 설치하되, 도로형태와 설치방법에 따라 10도이내의 안쪽에 설치할 것
5. 교통신호기 또는 안전표지의 지시내용과 틀리거나 혼란을 초래하지 아니하도록 할 것

제12조(도로표지의 설치장소) 도로표지의 설치장소는 다음 각호의 기준에 의하여 이를 선정하여야 한다.
1. 도로이용자가 잘 읽을 수 있도록 시야가 좋은 곳을 선정하고, 부득이한 경우를 제외하고는 곡선구간·절토면 및 가로수 등으로 시야에 장애가 되는 곳을 피할 것
2. 교통에 장애가 되거나 위험이 따르지 아니하는 곳일 것
3. 동일한 장소에 2이상의 도로표지가 있는 경우에는 그 설치위치를 적절히 조정할 것

4. 도로표지는 지주에 설치하되, 도로여건상 지주에 설치하는 것이 적당하지 아니한 경우에는 이를 가로등·전주·육교 기타 공작물에 설치할 것
5. 교통신호기 또는 안전표지의 내용을 인지하는데 장애가 되지 아니하도록 설치위치를 적절히 조정할 것

제13조(도로표지의 기능저해금지등) ① 도로관리청은 「도로법」(이하 "법"이라 한다) 제40조의 규정에 의하여 공작물의 설치 또는 수목의 식재를 위한 점용허가를 하는 때에는 도로표지가 잘 보이지 아니하거나 색상이 혼동되는 등 도로표지의 기능장애가 없도록 하여야 한다. <개정 2005.12.30>

② 도로관리청은 접도구역안에 설치 또는 식재된 공작물 또는 수목이 도로표지를 잘 보이지 아니하게 하는 등 도로표지의 기능을 저해하여 교통의 안전에 대한 위험발생이 우려되는 경우 이를 예방하기 위하여 필요하다고 인정되는 때에는 당해 공작물 또는 수목의 소유자 또는 점유자에게 법 제50조제6항의 규정에 의한 조치를 명하여야 한다.

제14조(도로표지 설치시의 절차) ① 도로관리청은 도로표지를 제작 또는 설치하고자 하는 때에는 도로표지를 설치·보완할 대상도로의 구간과 이와 접속·연결되는 도로가 포함된 도로망도를 작성하고, 도로표지의 안내지명 및 설치지점 등에 대한 기본계획을 수립하여야 한다.

② 도로관리청은 도로표지의 설치장소 또는 도로표지에 표시되는 지명·시설명·가로명 등을 정하고자 하는 때에는 미리 도로이용자·관계전문가·도로교통업무를 담당하는 경찰공무원 등의 의견을 들어야 한다.

③ 도로관리청은 도로가 다른 도로관리청이 관할하는 행정구역을 통과하는 경우 그 경계부근의 안내지명을 선정함에 있어서는 반드시 관계 도로관리청의 의견을 들어 지명표시의 연계성이 유지되도록 하여야 한다.

④ 국토교통부장관은 고속국도·일반국도·지방도 또는 도시지역의 주

간선도로·보조간선도로를 신설·개축(공사구간의 연장이 1킬로미터 이상이고, 교차로의 수가 3개 이상인 경우에 한한다)하는 도로관리청에 대하여 건설공사의 준공 180일 전까지 설치하고자 하는 도로표지의 설치장소·규격 및 문안 등에 대한 설계도를 제출할 것을 요청할 수 있다. 이 경우 도로관리청은 특별한 사정이 없는 한 이에 응하여야 한다. <신설 2003.5.24, 2008.3.14, 2013.3.23>

⑤ 국토교통부장관은 제4항의 규정에 의하여 도로표지의 설계도를 제출받은 때에는 제출받은 날부터 45일 이내에 설계내용의 적정성을 검토하고, 그 결과를 해당 도로관리청에 통보하여야 한다. <신설 2003.5.24, 2008.3.14, 2013.3.23>

제15조(도로표지의 관리) ① 국토교통부장관은 도로표지의 효율적인 관리를 위하여 도로관리청간에 도로표지의 설치장소·안내지명 등 도로표지 관련정보를 공유할 수 있는 도로표지정보관리체계(이하 "도로표지정보관리체계"라 한다)를 구축·운영한다. <개정 2008.3.14, 2013.3.23>

② 도로관리청은 도로표지정보관리체계에서 제공하는 별지 제1호서식의 도로표지대장에 도로표지의 종류·설치위치·사진 및 유지보수 등에 관한 사항을, 별지 제2호서식의 도로안내지명관리대장에 도로의 노선 및 구간별 원·근거리 안내지명을 각각 입력하여 관리하여야 한다.

③ 국토교통부장관은 도로관리청의 도로표지 설치·관리실태를 조사하여 필요하다고 인정하는 경우에는 관할 도로관리청에 도로표지의 신설 또는 변경을 권고할 수 있다.
<개정 2008.3.14, 2013.3.23>

④ 제2항의 도로표지대장과 도로안내지명관리대장은 전자적 처리가 불가능한 특별한 사유가 없으면 전자적 처리가 가능한 방법으로 작성·관리하여야 한다. <신설 2007.12.13>

[전문개정 2003.5.24]

제16조(시행세칙) 이 규칙에서 정한 것외에 도로표지에 관한 세부사항은 국토교통부장관이 따로 정한다. <개정 2008.3.14, 2013.3.23>

부　칙 <건설교통부령 제89호, 1997.1.20>

① (시행일) 이 규칙은 공포한 날부터 시행한다.
② (이미 설치된 도로표지에 관한 경과조치) 이 규칙 시행당시 종전의 규정에 의하여 설치된 도로표지는 이 규칙에 의한 도로표지로 바꾸어 설치할 때까지는 이 규칙에 의한 도로표지와 함께 사용할 수 있다.

부　칙 <건설교통부령 제230호, 2000.3.18>

① (시행일) 이 규칙은 공포한 날부터 시행한다.
② (이미 설치된 도로표지에 관한 경과조치) 이 규칙 시행당시 종전의 규정에 의하여 설치된 도로표지는 이 규칙에 의한 도로표지로 바꾸어 설치할 때까지는 이 규칙에 의한 도로표지와 함께 사용할 수 있다.

부　칙 <건설교통부령 제263호, 2000.10.4>

① (시행일) 이 규칙은 공포한 날부터 시행한다.
② (이미 설치된 도로표지에 관한 경과조치) 이 규칙 시행당시 종전의 규정에 의하여 설치된 도로표지는 이 규칙에 의한 도로표지로 바꾸어 설치할 때까지는 이 규칙에 의한 도로표지와 함께 사용할 수 있다.

부　칙 <건설교통부령 제357호, 2003.5.24>

① (시행일) 이 규칙은 공포한 날부터 시행한다. 다만, 제15조제2항 및 별지 제1호서식의 개정규정은 2003년 8월 1일부터 시행한다.
② (이미 설치된 도로표지에 관한 경과조치) 이 규칙 시행 당시 종전의 규정에 의하여 설치된 도로표지는 이 규칙에 의한 도로표지로 바꾸어 설치할 때까지는 이 규칙에 의한 도로표지와 함께 사용할 수 있다.

부　칙 <건설교통부령 제489호, 2005.12.30>

① (시행일) 이 규칙은 공포한 날부터 시행한다.
② (이미 설치된 도로표지에 관한 경과조치) 이 규칙 시행당시 종전의 규정에 의하여 설치된 도로표지는 이 규칙에 의한 도로표지로 바꾸어 설치할 때까지는 이 규칙에 의한 도로표지와 함께 사용할 수 있다.

부　　칙 <건설교통부령 제594호, 2007.12.13>
(전자정부 구현을 위한 개발이익환수에
관한 법률 시행규칙 등 일부개정령)

이 규칙은 공포한 날부터 시행한다.

부　　칙 <국토해양부령 제4호, 2008.3.14>
(정부조직법의 개정에 따른 감정평가에
관한 규칙 등 일부 개정령)

이 규칙은 공포한 날부터 시행한다.

부　　칙 <국토교통부령 제1호, 2013.3.23>
(국토교통부와 그 소속기관 직제 시행규칙)

제1조(시행일) 이 규칙은 공포한 날부터 시행한다. <단서 생략>
제2조부터 제5조까지 생략
제6조(다른 법령의 개정) ①부터 <43>까지 생략

<44> 도로표지규칙 일부를 다음과 같이 개정한다.
제3조제2항, 제5조제3항, 제14조제4항 전단, 같은 조 제5항, 제15조제1항·제3항, 제16조, 별표 1 제1호아목, 같은 표 제2호아목 및 별표 3 제4호바목 중 "국토해양부장관"을 각각 "국토교통부장관"으로 한다.

<45>부터 <126>까지 생략

[별표 2] <개정 2005.12.30>
도로표지판, 글자 및 지주의 규격(제4조제1항 관련)

1. 일반사항

    가. 이 표에서 제시한 표지종류별 규격 및 설치방법은 각급 도로에 적용하여 사용할 수 있으며, 제2조제5호의 기타표지를 일반도로상에 설치할 경우 별도의 규정이 없는 한 고속국도상의 규격 및 설치방법을 준용한다.

    나. 자동차전용도로에 설치하는 도로표지는 고속국도에 설치하는 도로표지의 규격과 설치방법을 준용하는 것을 원칙으로 한다. 다만, 도로구조상 고속국도에 설치하는 도로표지의 규격 및 설치방법을 준용하기 어려운 경우에는 그러하지 아니하다.

    다. 4차로 이상인 고속국도의 방향표지는 문형식으로 설치하는 것을 원칙으로 하고, 이 때 표지판의 개수는 3개 이하로 하며 도로표지의 규격을 가로로 크게 조정할 수 있다.

    라. 지방지역 및 도시지역의 도로의 주간선도로에는 필요한 경우 도로표지를 문형식으로 설치할 수 있다.

    마. 지방지역의 도로에서 방향표지를 현수식으로 설치하는 경우 그 규격과 설치방법은 410-2(B), 410-4를 준용한다.

    바. 도시지역의 도로에 관광지표지를 설치하는 때에는 설치위치에 따라 406계열 표지를 준용하거나 갈색바탕의 411표지(보행인표지)를 설치한다.

    사. 제4조의 규정에 의하여 도로표지의 규격을 조정하는 경우 쉽게 알아볼 수 있도록 하기 위하여 부득이한 경우를 제외하고는 이 표에서 제시한 규격보다 크게 조정하여야 한다.

450

2. 지방지역의 도로(고속국도를 제외한다)

구분	표지번호	종별	지주 형식	표지판의 규격(cm)		글자의 세로규격(cm)		지주의 규격(mm)							
								왕복2차로 이하			왕복2차로 이상				
				왕복2차로 이하	왕복4차로 이상	왕복2차로 이하	왕복4차로 이상	복주식	편지식·현수식		복주식	편지식·현수식			
									지주	가로재		지주	가로재		
경계 표지	401-1	면계표지	복주식 편지식	140×70	140×70	30	30	60.5 (3.2)	165.2 (4.5)	60.5 (3.2)	60.5 (3.2)	165.2 (4.5)	60.5 (3.2)		
	401-2	군계표지		300×200	300×200	40	40	139.8 (4.5)	318.5 (6.0)	139.8 (4.5)	139.8 (4.5)	318.5 (6.0)	139.8 (4.5)		
	401-3	도계표지		360×220	360×220	45	45	165.2 (4.5)	355.6 (6.3)	165.2 (4.5)	165.2 (4.5)	355.6 (6.3)	165.2 (4.5)		
이정 표지	402-1	1지명이정표지	복주식 편지식	250×100	300×110	30	33	101.6 (4.0)	267.4 (6.0)	101.6 (4.0)	101.6 (4.0)	267.4 (6.0)	114.3 (4.5)		
	402-2	2지명이정표지		250×180	300×200	30	33	114.3 (4.5)	267.4 (6.0)	139.8 (4.5)	139.8 (4.5)	318.5 (6.0)	139.8 (4.5)		
	402-3	3지명이정표지		250×220	300×240	30	33	139. (4.5)	318.5 (6.0)	165.2 (4.5)	165.2 (4.5)	355.6 (6.3)	165.2 (4.5)		
	402-4	좌우이정표지		250×180	300×200	30	33	114.3 (4.5)	267.4 (6.0)	114.3 (4.5)	139.8 (4.5)	318.5 (6.0)	139.8 (4.5)		
방향 표지	403-1	3방향예고표지	복주식 편지식	445×220	500×250	30	35	190.7 (4.5)	355.6 (9.0)	216.3 (4.5)	216.3 (4.5)	355.6 (9.0)	267.4 (6.0)		
	403-2	3방향표지		445×220	500×250	30	35								
	403-3	2방향예고표지		360×220	400×250	30	35	165.2 (4.5)	355.6 (6.3)	190.7 (4.5)	190.7 (4.5)	355.6 (9.0)	190.7 (4.5)		
	403-4	2방향표지		360×220	400×250	30	35								
	403-5	2방향예고표지		360×220	400×250	30	35								
	403-6	2방향표지		360×220	400×250	30	35								
	403-7	1지명방향표지		160×60	160×60	25	25	60.5 (3.2)	165.2 (4.5)	60.5 (3.2)	60.5 (3.2)	165.2 (4.5)	60.5 (3.2)		
	403-8	2지명방향표지		160×120	160×120	25	25	89.1 (3.2)	216.3 (4.5)	89.1 (3.2)	89.1 (3.2)	216.3 (4.5)	89.1 (3.2)		
	403-9	2지명방향표지		160×120	160×120	20	20								
	403-10	3방향표지	현수식	185×135(3EA)	185×135(3EA)	30	30		355.6 (6.3)	267.4 (6.0)	267.4 (6.0)			355.6 (6.3)	267.4 (6.0)
	403-11	2방향표지		185×135(2EA)	185×135(2EA)	30	30		318.5 (6.0)	190.7 (4.5)	190.7 (4.5)			318.5 (6.0)	190.7 (4.5)
	403-12	악식방향표지	복주식	180×180	200×200	25	30					114.3 (4.5)			
	403-13	악식2방향예고표지		180×130	200×150	25	30					101.6 (4.0)			

		문형식								
노선표지	403-14	2지명차로지정표지		330×280(2EA)						
	403-15	1지명차로지정표지		330×280(2EA)						
	403-16	광폭차로지정표지		560×280						
	404-1(A)	단일노선표지	단주식	120×110	120×110	24	24	101.6 (4.0)		101.6 (4.0)
	404-1(B)	단일노선표지		120×120	120×120	24	24	114.3 (4.5)		114.3 (4.5)
	404-2(A)	중복노선표지		120×160	120×160	24	24	139.8 (4.5)		139.8 (4.5)
	404-2(B)	중복노선표지		120×200	120×200	24	24			
	404-3	분기점표지		110×170	110×170	24	24	114.3 (4.5)		114.3 (4.5)
휴게소표지	405-1	소형휴게소표지	복주식	180×90	180×90				76.3 (3.2)	76.3 (3.2)
	405-2	중형휴게소표지		200×90	200×90	24	24	89.1 (3.2)		89.1 (3.2)
	405-3	대형휴게소표지		200×90	200×90					
관광지표지	406	관광지표지	복주식 편지식	190×100	250×140	25	30	89.1 (3.2)	139.8 (4.5)	89.1 (3.2)
				250×180	300×200	30	33	114.3 (4.5)	318.5 (6.0)	139.8 (4.5)
				250×220	300×240	30	33	139.8 (4.5)		165.2 (4.5)
										355.6 (6.3) 165.2 (4.5)
양보차로표지	407-1	양보차로예고표지	단주식	140×50	140×50	15	15	76.3 (3.2)		76.3 (3.2)
	407-2	양보차로표지		140×50	140×50	15	15			
	407-3	양보차로끝표지		125×50	125×50	15	15			
오르막차로표지	407-4	오르막차로예고표지	단주식	140×50	140×50	15	15	76.3 (3.2)		76.3 (3.2)
	407-5	오르막차로표지		140×50	140×50	15	15			
	407-6	오르막차로끝표지		125×50	125×50	15	15			
유도표지	408	유도표지	단주식 복주식	170×80	170×80	26	26	101.6 (4.0)	114.3 (4.5)	101.6 (4.0) 76.3 (3.2)
예고표지	409	자동차전용도로예고표지	복주식 편지식	250×175	250×175	30	30		267.4 (6.0)	114.3 (4.5) 267.4 (6.0) 114.3 (4.5)

3. 도시지역의 도로(고속국도를 제외한다)

구분	표지번호	종별	지주형식	표지판의 규격(cm)	글자의 체크규격(cm)	지주의 규격(mm)				
						단주식	복주식	편지식·현수식		가로계
								지주		
방향표지	410-1(A)	3방향예고표지	편지식	445×220	30			355.6(9.0)		216.3(4.5)
	410-1(B)	3방향예고표지			30					
	410-1(C)	3방향예고표지			30					
	410-1(D)	3방향예고표지			30					
	410-1(E)	3방향예고표지			30					
	410-2(A)	3방향표지			30					
	410-2(B)	3방향표지	현수식	185×135(2EA)	30			355.6(6.3)		267.4(6.0)
	410-2(C)	3방향표지			30					
	410-3	2방향예고표지	편지식	360×220	30			355.6(6.3)		165.2(4.5)
	410-4	2방향표지	현수식	185×135(2EA)	30			318.5(6.0)		190.7(4.5)
	410-5(A)	2방향표지	편지식	300×200	30			318.5(6.0)		139.8(4.5)
	410-5(B)	2방향표지	복주식	300×80	30		101.6(4.0)			
	410-5(C)	2방향표지	편지식·현수식	185×135(2EA)	30		101.6(4.0)	267.4(6.0) 318.5(6.0)		101.6(4.0) 190.7(4.5)
	410-5(D)	2방향표지	단주식·복주식	150×170	30	139.8(4.5)	76.3(3.2)			
	410-6	방향표지	단주식·복주식	140×100	30	101.6(4.0)	60.5(3.2)			
보행인표지	411	보행인표지	단주식·복주식	95×30	8	60.5(3.2)				

주차장 표지	412-1	주차장예고표지	단주식	70×90	76.3 (3.2)			
	412-2	주차장표지		70×70	60.5 (3.2)			
이정 표지	413-1	1지명이정표지	복주식 편지식	300×110		101.6 (4.0)	267.4 (6.0)	114.3 (4.5)
	413-2	2지명이정표지		300×200		139.8 (4.5)	318.5 (6.0)	139.8 (4.5)
	413-3	3지명이정표지		300×240		165.2 (4.5)	355.6 (6.3)	165.2 (4.5)
분기점 표지	414-1	분기점표지	단주식	130×200	139.8 (4.5)			
	414-2	분기점표지		130×120	101.6 (4.0)			
지점 표지	415	지점표지		150×60				60.5 (3.2)

4. 지방지역 및 도시지역의 도로(고속국도를 제외한다)의 문형식표지

차로구별	표지판의 규격(cm)	비고
편도 1차로	290×200	
편도 2차로	500×200	
편도 3차로	600×200	

5. 고속국도

구분	표지번호	종별	지주 형식	표지판의 규격(cm)			글자의 세로규격(cm)			지주의 규격(mm)					
										왕복2차로 이하			왕복4차로 이상		
				왕복2차로 이하	왕복4차로 이하	왕복4차로 이상	왕복2차로 이하	왕복4차로 이하	왕복4차로 이상	목주식	편지식·현수식		목주식	편지식·현수식	
											지주	가로제		지주	가로제
경계표지	420	도계표지		365×150	365×150		50	50	50	139.8(4.5)	318.5(6.0)	139.8(4.5)	139.8(4.5)	318.5(6.0)	139.8(4.5)
이정표지	421-1	1지명이정표지	목주식 편지식	350×115	435×145		50	50	60	114.3(4.5)	267.4(6.0)	139.8(4.5)	139.8(4.5)	318.5(6.0)	165.2(4.5)
	421-2	2지명이정표지		350×285	435×290		50	50	60	216.3(4.5)	355.6(9.0)	216.3(4.5)	216.3(4.5)	355.6(9.0)	267.4(6.0)
	421-3	3지명이정표지		350×295	435×350		50	50	60	216.3(4.5)	355.6(9.0)	190.7(4.5)	267.4(6.0)	406.4(9.0)	267.4(6.0)
방향표지	422-1	1차출구예고표지 (2방향)	문형식	330×280	330×280										
				2급자											
			목주식 편지식	350×285	420×355		40	50		190.7(4.5)	355.6(9.0)	216.3(4.5)	267.4(6.0)	457.2(9.0)	267.4(6.0)
				3급자											
				400×285	480×355										
	422-2	2차출구예고표지 (2방향)	문형식	330×280	330×280		60	60							
				2급자											
			목주식 편지식	350×285	420×355		40	50		190.7(4.5)	355.6(9.0)	216.3(4.5)	267.4(6.0)	457.2(9.0)	267.4(6.0)
				3급자											
				400×285	480×355										

구분	번호	명칭	형식	크기1	크기2	수치1	수치2	\	\	\	\	\	\
방향표지	422-3	출구점예고표지 (1지명)		260×145	260×145	60	60	114.3 (4.5)	267.4 (6.0)	114.3 (4.5)	114.3 (4.5)	267.4 (6.0)	114.3 (4.5)
	422-4	출구점예고표지 (2지명)	부주식 편지식	330×280	330×280			190.7 (4.5)	355.6 (9.0)	190.7 (4.5)	190.7 (4.5)	355.6 (9.0)	190.7 (4.5)
	422-5	출구점표지 (1지명)		260×145	260×145			114.3 (4.5)	267.4 (6.0)	114.3 (4.5)	114.3 (4.5)	267.4 (6.0)	114.3 (4.5)
	422-6	출구점표지 (2지명)		330×280	330×280			190.7 (4.5)	355.6 (9.0)	190.7 (4.5)	190.7 (4.5)	355.6 (9.0)	190.7 (4.5)
	422-7	3차출구예고표지 (2방향)	부주식 편지식 (2급자 / 3급자) / 문형식	350×285 / 400×285	420×355 / 480×355	60	50	190.7 (4.5)	355.6 (9.0)	216.3 (4.5)	267.4 (6.0)	457.2 (9.0)	267.4 (6.0)
	423-1	1차출구예고표지 (3방향)	부주식 편지식 (2급자 / 3급자) / 문형식	330×280 / 440×285 / 450×285	330×280 / 480×355 / 530×355	60 / 50	60 / 40	267.4 (6.0)	406.4 (9.0)	267.4 (6.0)	267.4 (6.0)	457.2 (9.0)	267.4 (6.0)
	423-2	2차출구예고표지 (3방향)	부주식 편지식 (2급자 / 3급자) / 문형식	330×280 / 440×285 / 450×285	480×355 / 530×355	60 / 50	60 / 40	216.3 (4.5)	406.4 (9.0)	267.4 (6.0)	267.4 (6.0)	457.2 (9.0)	267.4 (6.0)

번호	명칭	형식	규격 (2급지 400×285 / 480×355, 3급지 450×285 / 530×355)						
423-3	3차출구예고표지(3방향)	복주식/편지식		40		216.3 (4.5)	406.4 (9.0)	267.4 (6.0)	267.4 (6.0)	457.2 (9.0)	267.4 (6.0)
423-4	출구예고표지(3방향)	문형식	330×280	60	50				
423-5	나가는곳표지	복주식	300×120	40	60	114.3 (4.5)			114.3 (4.5)	
424-1	3방향1차예고표지	복주식	550×295	40	40	216.3 (4.5)	406.4 (9.0)	267.4 (6.0)	216.3 (4.5)	406.4 (9.0)	267.4 (6.0)
424-2	3방향2차예고표지	복주식/편지식	550×295	40	40	216.3 (4.5)			216.3 (4.5)	
424-3	2방향1차예고표지	복주식	405×295	40	40	216.3 (4.5)	355.6 (9.0)	216.3 (4.5)	216.3 (4.5)	355.6 (9.0)	216.3 (4.5)
424-4	2방향2차예고표지	복주식/편지식	405×295	40	40	89.1 (3.2)			89.1 (3.2)	
425-1	방향표지(1방향)	복주식	185×100	30	30	114.3 (4.5)			114.3 (4.5)	
425-2	방향표지(2방향)	복주식	370×100	30	30					
425-3	방향표지	편지식	330×280	40	40		355.6 (9.0)	190.7 (4.5)		355.6 (9.0)	190.7 (4.5)
425-4	방향표지		330×280(2EA)	60	60		457.2 (9.0)	190.7 (4.5)		457.2 (9.0)	190.7 (4.5)
426-1	문기점표지	단주식	130×200	24	24	139.8 (4.5)		139.8 (4.5)		
426-2	노선표지		120×130	24	24	101.6 (4.0)		101.6 (4.0)		

노선표지

분류		번호	종구감속유도표지	단주식	규격												
출구감속 유도표지		426-3	출구감속유도표지	단주식	65×150		22	22	89.1 (3.2)		101.6 (4.0)	267.4 (6.0)	89.1 (3.2)		114.3 (4.5)	267.4 (6.0)	114.3 (4.5)
시설물 표지		427-1	하천표지	복주식	220×140	250×165	40	50			165.2 (4.5)	355.6 (6.3)			165.2 (4.5)	355.6 (6.3)	165.2 (4.5)
		427-2	교량표지	복주식 편지식	220×140	250×165	40	40									
		427-3	터널표지		340×225	340×225	50	50									
		427-4	비상주차장표지	단주식	70×110												
		427-5	정규장표지	복주식	242×120		24	24	76.3 (3.2)		101.6 (4.0)		76.3 (3.2)		101.6 (4.0)		
		427-6	도로관리기관표지	복주식 편지식	160×120		22	22			89.1 (3.2)	216.3 (4.5)			89.1 (3.2)	216.3 (4.5)	89.1 (3.2)
		427-7	긴급제동시설표지	복주식 편지식	340×225		50	50			165.2 (4.5)	355.6 (6.3)			165.2 (4.5)	355.6 (6.3)	165.2 (4.5)
휴게소 표지		428-1 428-2	소형휴게소예고표지 소형휴게소진입표지	복주식	242×150		24	24			114.3 (4.5)				114.3 (4.5)		
		428-3	중형휴게소예고표지	복주식 편지식	400×280		50	50			190.7 (4.5)	355.6 (9.0)			190.7 (4.5)	355.6 (9.0)	216.3 (4.5)
		428-4 428-5	중형휴게소지예고표지 중형휴게소진입표지	복주식 편지식	400×360	400×360					267.4 (6.0)	406.4 (9.0)			267.4 (6.0)	406.4 (9.0)	267.4 (6.0)
		428-6	중형휴게소진입표지	복주식 편지식	400×280						190.7 (4.5)	355.6 (9.0)			190.7 (4.5)	355.6 (9.0)	216.3 (4.5)
		428-7 428-8	간이매점예고표지 간이매점진입표지	복주식	242×170	242×170	30	30			114.3 (4.5)				114.3 (4.5)		
긴급 신고 표지		429	긴급신고표지	단주식	76.5×90		13	13	76.3 (3.2)				76.3 (3.2)				

자동차전용도로표지	430-1	자동차전용도로표지	단주식	76.5×90			76.3 (3.2)			76.3 (3.2)		
	430-2	자동차전용도로해제표지		76.5×90								165.2 (4.5)
	430-3	자동차전용도로표지	복주식 편지식	360×220	40	40		165.2 (4.5)	355.6 (6.3)	165.2 (4.5)	355.6 (6.3)	165.2 (4.5)
	430-4	고속도로중점예고표지	문형식	360×220	40	40						
시점점 표지	431-1	시점표지	단주식	140×150	26	26	114.3 (4.5)			114.3 (4.5)		
	431-2	중점표지		140×150								
돌아가는길 표지	432	돌아가는길표지	단주식 복주식	160×85	24	24	101.6 (4.0)	76.3 (3.2)		101.6 (4.0)	76.3 (3.2)	
매표소 표지	433-1	매표소예고표지	복주식 편지식	300×225	50	50		165.2 (4.5)	318.5 (6.0)	165.2 (4.5)	318.5 (6.0)	165.2 (4.5)
	433-2											
	433-3	자동요금정수자로표고표지	문형식	330×280	50	50						
오르막 자로 표지	434-1	오르막차로예고표지	복주식	240×95	30	30		101.6 (4.0)		101.6 (4.0)		101.6 (4.0)
	434-2	오르막차로시점표지		240×95	30	30						
	434-3	오르막차로종점표지		240×95	30	30						
고속국도 유도표지	435	고속국도유도표지	단주식	110×170	24	24	114.3 (4.5)	114.3 (4.5)		114.3 (4.5)		
아시안하이웨이 안내표지	436	아시안하이웨이안내표지	복주식 편지식	250×165	30	50		114.3 (4.5)	267.4 (6.0)	216.3 (4.5)	355.6 (9.0)	267.4 (6.0)
				435×290								

주) 1. 지주 및 가로재의 재질은 KSD 3566(일반구조용 탄소강관)을 기준으로 한다.
2. 표지판의 두께는 3밀리미터를 기준으로 한다.
3. ( )안의 수치는 지주의 두께이다

(단위:센티미터)

설치방법	설 치 도		
단주식	(응답도로)	(시도)	(고속국도)
복주식	(일반도로)	(시도)	(고속국도)
편지식			(보도)

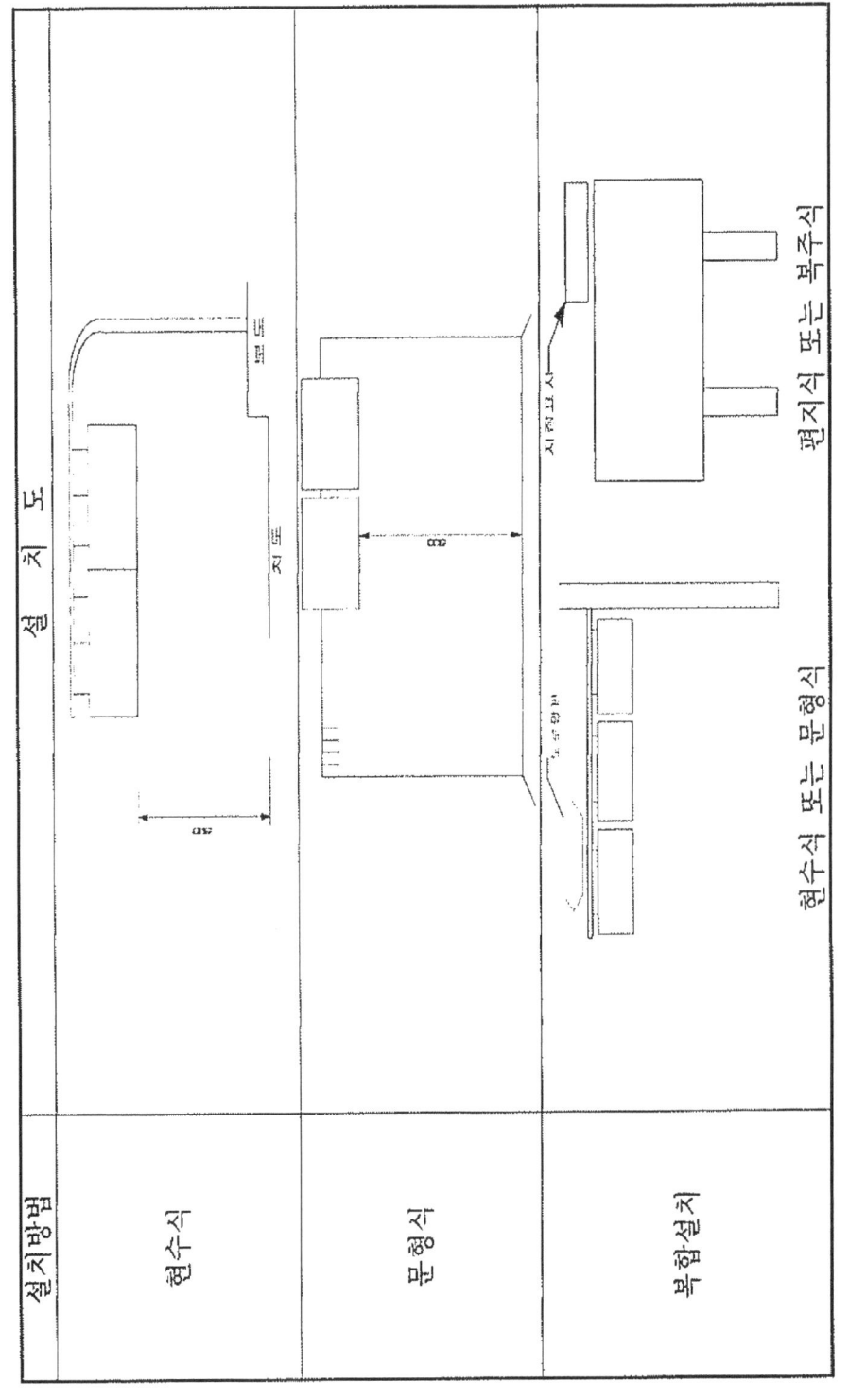

5. 도로표지의 규격상세 및 설치방법
가. 지방지역의 도로(고속국도를 제외한다)

표지번호 및 명칭	도로표지 규격 상세	설치방법 및 장소	비고
401-1 면계표지	(의령면 / 남면 표지 그림)	○ 노선의 시점에서 종점을 향하여 오른쪽 길옆에 설치한다. ○ 일반국도외의 도로에서 도시지역과 군지역의 경계를 이루는 경우의 표지판의 바탕색은 도시지역에서 지방지역으로 향하는 경우는 녹색바탕을, 지방지역에서 도시지역으로 향하는 경우는 청색바탕으로 한다. ○ 4차로 이상 도로에서는 일면으로 설치하며 2차로 도로에서는 필요에 따라 양면식으로 설치한다. ○ 영어의 표기는 특별시·광역시·시·군·읍·면의 행정구역 단위명을 생략한다. (노선중심, 면계 도식 그림)	"자도"의 숫자는 왕복을 말한다. 이하 같다. ※규격상세도에 사용되는 지명, 노선번호, 도로명 등은 설치 상황과 일치하지 아니할 수 있다.

도로표지 규칙 461

표지번호 및 명칭	도로표지 규격 상세	설치방법 및 장소	비고
401-2 군계표지	남양주시 Namyangju / 화도읍	401-1의 설치방법 및 장소 참조	
401-3 도계표지	충청북도 Chungcheongbuk-do / 음성군 원남면 Eumseong		

표지번호 및 명칭	도로표지 규격 상세	설치방법 및 장소	비고
402-1 1지명 이정표지	정평 18 km Cheongpyeong	○ 설치기준은 다음과 같다. ① 설치간격은 4길로미터를 원칙으로 한다. ② 위의 ①의 경우와 관계없이 별도로 주요교차나 주거지역을 지나 500미터내외 지점에 설치한다. 위의 ①에 의하여 설치하는 표지와 ②에 의하여 설치하는 표지가 1킬로미터 이내인 경우에는 ①의 표지를 생략한다. 2지명(402-2) 또는 3지명(402-3)으로 설치하되, 다음의 경우에는 1지명(402-1)표지를 사용할 수 있다. ① 도선의 종점으로 향하는 지점으로서 2~3지명이 필요없는 경우 ② 도청소재지 등 대도시를 향할 때	국선부, 지정물 등으로 시야확 보가 어려운 경우 위치를 다소 변경하여 설치 한다.
402-2 2지명 이정표지	서울 35 km Seoul 안양 16 km Anyang		

표지번호 및 명칭	도로표지 규격 상세	설치방법 및 장소	비고
402-3 3지명 이정표지	임실 Imsil 106 km 무주 Muju 26 km 설천 Seolcheon 4 km	402-1의 설치방법 및 장소 참조	

표지번호 및 명칭	도로표지 규격 상세	설치방법 및 장소	비고
402-4 좌우 이정표지	강릉 25km Gangneung ↓ 32km 태백 Taebaek ↑	○ 교차로의 좌우회전방향에 주요도시가 있는 경우에 설치한다. ○ 교차로 전방 150~300미터 지점에 설치한다. 150m	

도로표지 규격 465

표지번호 및 명칭	도로표지 규격 상세	설치방법 및 장소	비고
403-1(A) 3방향 예고표지	전주 Jeonju / 임실 Imsil ⑰ / ⑲ 장수 Jangsu / ㉔ 순창 Sunchang / 719 / 719 / 300m	○ 도로의 교차지점으로부터 전방 300~500m 의 지점의 오른쪽 길옆에 일면으로 설치한다. ○ 4차로 이상의 일반국도, 지방도 및 주요 간선 도로에서는 교차지점으로부터 전방 1길로미 터 지점에 필요에 따라 추가로 설치한다. ○ 주행속도가 빠른 구간에는 반드시 설치한다. ○ 2차로도로에서도 필요에 따라 설치할 수 있 다.	

표지번호 및 명칭	도로표지 규격 상세	설치방법 및 장소	비고
403-1(B) 3방향 예고표지	청평 Cheongpyeong / 현리 Hyeon-ri / 서울 Seoul / 일동 Ildong / 37 47 300m	403-1(A)의 설치방법 및 장소 참조	
403-1(C) 3방향 예고표지	보은 Boeun / 영동IC Yeongdong IC / 구미 Gumi / 대전 Daejeon / 4 19 4 400m		

표지번호 및 명칭	도로표지 규격 상세	설치방법 및 장소	비고
403-2 3방향표지	교문사거리 ③ 동두천 Dongducheon ㊲ 연천 Yeoncheon 　 전곡 Jeongok　368 남면	○ 도로의 교차지점으로부터 전방 10~30미터 지점의 오른쪽 길옆에 일면으로 설치한다.	우측 상단에 지점표지를 복합으로 설치한다.

표지번호 및 명칭	도로표지 규격 상세	설치방법 및 장소	비고
403-3(A) 2방향 예고표지	(도로표지 이미지: 사천 Sacheon, 진주IC Jinju IC, 마산 Masan, 국도 10, 지방도 2, 300m)	▫ 도로의 교차지점으로부터 전방 300~500미터 지점의 오른쪽 길옆에 설치한다. ▫ 4차로 이상의 일반국도, 지방도 및 주요간선도로에는 교차로부터 전방 1킬로미터 지점에 필요에 따라 추가로 설치한다. ▫ 주행속도가 빠른 구간에는 반드시 설치한다. ▫ 2차로도로에는 필요에 따라 설치한다. (평면도: 교차로 양측 300~600m 지점 설치 표시)	

표지번호 및 명칭	도로표지 규격 상세	설치방법 및 장소	비고
403-3(B) 2방향 예고표지	춘천 Chuncheon 청평 Cheongpyeong / 37 46 ← / 46 / 300m / 서울 Seoul ↓	403-3(A)의 설치방법 및 장소 참조	
403-3(C) 2방향 예고표지	고령 Goryeong 거창 Geochang ← 24 / 함양 Hamyang ↑ 3 / 300m		

470

표지번호 및 명칭	도로표지 규격 상세	설치방법 및 장소	비고
403-4 2방향표지	도롱삼거리 서울 구리 Seoul Guri ⑥ ㊻ 춘천 Chuncheon ㊻	• 도로의 교차지점으로부터 전방 10~30미터 지점의 오른쪽 길옆에 설치한다. 10~30m 10~30m	우측상단에 지점표지를 복합으로 설치한다.

도로표지 규격 471

표지번호 및 명칭	도로표지 규격 상세	설치방법 및 장소	비고
403-5 2방향 예고표지	김천 Gimcheon ③ ← ④ 송이 ④ → 대구 Daegu 300m	◦ 도로의 교차지점으로부터 전방 300-500 미터 지점의 오른쪽 길옆에 설치한다. ◦ 4차로 이상의 일반국도지방도 및 주요간선도로에는 교차로부터 전방 1길로미터 지점에 필요에 따라 추가로 설치한다. ◦ 주행속도가 빠른 구간에는 반드시 설치한다. ◦ 2차로도로에는 필요에 따라 설치한다. 300-500m	

표지번호 및 명칭	도로표지 규격 상세	설치방법 및 장소	비고
403-6 2방향표지	청평교차로 남양주 ← 46 — 3746 → 가평 Namyangju　　　　Gapyeong	• 도로의 교차지점으로부터 전방 10-30 미터 지점의 오른쪽 길옆에 설치한다. 10-30m	우측상단에 지점표지를 복합으로 설치한다.

도로표지 규칙

표지번호 및 명칭	도로표지 규격 상세	설치방법 및 장소	비고
403-7(A) 1지명 방향표지	한희마을 ↑	• 지명이 소규모 부락을 안내하는 경우에 설치하도록 하며, 지역여건에 따라 1지명 혹은 2지명으로 한다. • 일면 혹은 양면으로 분기되는 방향에 설치함을 원칙으로 하되, 반대편에도 설치할 수 있다.	필요에 따라 편지식 또는 복합식으로 설치할 수 있다.
403-7(B) 1지명 방향표지	이인 1in ↖	• 403-7(B)는 입체교차로에서 사용한다. • 필요에 따라 영문표기는 생략할 수 있다.	

표지번호 및 명칭	도로표지 규격 상세	설치방법 및 장소	비고
403-8(A) 2지명 방향표지	상천3리 → Sangcheon3(sam)-ri / ← 상천4리 Sangcheon4(sa)-ri	○ 소규모 행정구역(리, 면 단위)을 안내하는 경우에 설치하도록 하며, 지역권에 따라 1지명 혹은 2지명으로 한다. ○ 일면 혹은 양면으로 분기되는 방향에 설치함을 원칙으로 하되, 반대편에도 설치할 수 있다. ○ 403-8(B)는 입체교차로에서 사용한다. ○ 필요에 따라 영문표기는 생략할 수 있다.	
403-8(B) 2지명 방향표지	석성 Seokseong / 탄천 Tancheon ↗ 799		

표지번호 및 명칭	도로표지 규격 상세	설치방법 및 장소	비고
403-9 2지명방향표지	동해 Donghae / 삼척 Samcheok	○ 국지도로에서 간선도로나 보조간선도로로 진입하는 지점에 설치한다. ○ 좌회전 진행이 가능한 경우에는 좌우지명을 표기한다.	
403-10 3방향표지 403-11 2방향표지		※ 403-10 3방향표지의 경우, 410-2(B), (C) 3방향표지의 설치방법 및 장소를 준조한다. 단, 좌측상단의 도로명판을 설치하지 아니하고 우측상단에 지점표지를 복합으로 설치한다. ※ 403-11 2방향표지의 경우, 410-4 2방향표지의 설치방법 및 장소를 준조한다. 다만, 좌측상단의 도로명판을 설치하지 아니하고 우측상단에 지점표지를 복합으로 설치한다.	

표지번호 및 명칭	도로표지 규격 상세	설치방법 및 장소	비고
403-12 약식 3방향표지	(도로표지 이미지: 이천 Icheon 84 ←, 가남 Ganam ↓, 송림리 Songnim-ri ↓, 금당리 Geumdang-ri ↑)	○ 왕복4차로 이하의 도로에서 왕복2차로 인 군도 이하의 국지도로가 분기되는 경우, 또는 왕복 2차로 이하인 군도 이하 국지도로에서 3방향표지(403-2) 대신 설치할 수 있다. ○ 도로의 교차지점으로부터 전방 10~30 미터 지점의 오른쪽 길옆에 설치하며, 전방 300~500미터 지점에는 우선방향 예고표지를 설치한다.	

도로표지 규칙 477

표지번호 및 명칭	도로표지 규격 상세	설치방법 및 장소	비고
403-13 약식 2방향 예고표지	만리포 Mallipo / 태안 Taean ↑ 300m / 팔봉 Palbong ← 32	ㅇ 왕복4차로 이하의 도로에서 왕복2차로인 군도 이하의 국지도로가 분기되는 경우, 또는 왕복 2차로 이하인 군도 이하의 국지도로에서 2방향예고표지(403-3) 대신 설치할 수 있다. ㅇ 도로의 교차지점으로부터 전방 300~500미터 지점의 오른쪽 길옆에 설치하며, 전방 10~30미터 지점에는 약식방향표지를 설치한다.	

표지번호 및 명칭	도로표지 규격 상세	설치방법 및 장소	비고
403-14 2지명 차로지정 표지	수원 Suwon 의왕 Uiwang → 인덕원 Indeogwon 평촌 Pyeongchon →	○ 2차로 이상의 도로에서 다음 각호의 사유로 교통흐름의 명확한 분기가 필요한 경우에 설치할 수 있다. ① 본선 진행시 안전운행상 필요한 때 ② 본선 출구로 나가서 다시 방향이 제 분기되는 다차로인 교차로가 나타날 때 ③ 고가도로 또는 지하도로의 진입부 전방에서 차로별 진행방향의 안내가 필요할 때 ④ 그 밖에 복잡한 교차로가 존재하여 차로지정이 필요한 때 ○ 문형식으로 설치하며, 도시지역의 도로 및 고속국도에도 적용할 수 있다. ○ 도로의 형상 및 차로별 안내지명을 감안하여 403-14, 403-15, 403-16형의 표지 중 선택하여 설치한다. ○ 차로지정 화살표는 각 차로의 중앙에 위치하도록 한다.	

480

표지번호 및 명칭	도로표지 규격 상세	설치방법 및 장소	비고
403-15 1지명 차로지정표지			
403-16 광폭차로 지정표지		403-14의 설치방법 및 장소 참조	

표지번호 및 명칭	도로표지 규격 상세		설치방법 및 장소	비고
404-1 (A), (B) 단일 노선표지	일반국도 1	일반국도 동(同) 38	• 설치간격은 4킬로미터로 하며, 이 정표지와 다음 이정표지의 중간지점에 설치한다. • 주요 교차로를 지나 100미터 이내의 지점에 설치한다. 일면으로 설치하며, 각각 주행방향의 오른쪽 길옆에 설치한다. • 육교나 고가도로 등에 부착하여 설치할 수 있다.	도시지역의 도로에서도 준용할 수 있다. 필요에 따라 편지식 또는 복합지식으로 설치할 수 있다.
404-2 (A), (B) 중복 노선표지	일반국도 1 24	일반국도 1 19 24		

도로표지 규칙 481

표지번호 및 명칭	도로표지 규격 상세	설치방법 및 장소	비고
404-3 분기점표지	(분기점 Junction 46 500m) (분기점 Junction 46 500m) (분기점 Junction 46 500m)	방향예고표지와 방향표지를 보조하여 해당 교차로를 안내할 수 있도록 교차로부터 각각 전방 1.5킬로미터, 500미터, 100미터 지점에 일면으로 주행방향의 오른쪽 길섶에 설치한다.	필요에 따라 편지식 또는 복합식으로 설치할 수 있다.

표지번호 및 명칭	도로표지 규격 상세	설치방법 및 장소	비고
405-1,2,3 휴게소표지 (소형, 중형, 대형공용)	강촌 Gangchon 1km 화도 Hwado 1km	• 휴게소로부터 전방 1킬로미터 또는 500미터 지점에 일면으로 주행방향의 오른쪽 길옆에 설치한다. • 가스충전소일 경우 주유기 심벌내에 LPG를 표기한다.	

도로표지 규칙 483

표지번호 및 명칭	도로표지 규격 상세	설치방법 및 장소	비고
406 관광지표지	해인사 海印寺 Haeinsa ←	○ 관광지표지는 단독으로 설치하는 것을 원칙으로 하며, 필요에 따라 방향표지에 병기할 수 있다. ○ 일반 또는 양면으로 설치하며 주행방향의 오른쪽 길섶에 설치한다. ○ 지방지역의 관광지표지는 당해관광지로부터 반경 10km 범위내에 있는 주요 진입도로의 교차점 등 적정한 위치에 반경 5km 범위도 설치하며, 도시지역은 주요도로의 교차점 등 적절한 위치에 있는 주요도로의 교차점 등 적절한 위치에 3개소 이내로 설치한다. ○ 고속국도의 경우 적절한 위치의 별도의 관광지표지를 설치할 수 있으며, 이 때 관광지표지에는 해당 출구명과 출구번호, 출구까지의 이정거리를 병기할 수 있다. ○ 필요에 따라 고속국도 및 자동차전용도로부터 진출하여 다른 도로와 접속되는 적절한 위치에는 해당 지역의 관광지를 안내하는 종합관광지표지를 설치할 수 있다. ○ 관광지표지의 화살표는 필요에 따라 하단부에 위치하여 좌우로 표기할 수 있다. 또한, 지도 한글의 우측에 배치함 수 있다. 관광지까지의 이정거리도 표기할 수 있다.	필요에 따라 규정된 더 큰 규격을 사용할 수 있으며, 이 경우 편지식으로 설치할 수 있다.

표지번호 및 명칭	도로표지 규격 상세	설치방법 및 장소	비고
407-1 양보차로 예고표지	양보차로 Yield Lane ↰ 150m	양보차로의 시점(407-2) 및 그 시점으로부터 전방 150미터 지점(407-1)과 종점(407-3)에 각각 설치한다.	
407-2 양보차로 표지	저속차우측통행 Slower Traffic Keep Right		
407-3 양보차로 끝 표지	양보차로 끝 Yield Lane End		

표지번호 및 명칭	도로표지 규격 상세	설치방법 및 장소	비고
407-4 오르막차로 예고표지	오르막차로 Climbing Lane 150m	오르막차로의 시점(407-5) 및 끝 시점으로부터 전방 150미터 지점(407-4)과 종점(407-6)에 각각 설치한다.	
407-5 오르막차로 표지	저속차우측통행 Slower Traffic Keep Right		
407-6 오르막차로끝 표지	오르막차로끝 Climbing Lane End		

표지번호 및 명칭	도로표지 규격 상세	설치방법 및 장소	비고
408 항도표지	부산항 Busan Port ↑	▪중요시설물 등을 안내할 수 있도록 주된 진입지점으로부터 적절한 간격을 두고 5회이내에 걸쳐 안내한다. ▪단주식 일면으로 주행방향의 오른쪽 길옆에 설치한다. 시설물 ─── 1Km	필요에 따라 편지식 또는 복합식으로 설치할 수 있다.

도로표지 규칙 487

표지번호 및 명칭	도로표지 규격 상세	설치방법 및 장소	비고
409 자동차 전용도로 예고표지		○ 일반도로에서 자동차 전용도로가 시작되는 지점으로부터 각 전방 1.5킬로미터, 500미터 지점에 설치한다.	

나. 도시지역의 도로(고속국도를 제외한다)

표지번호 및 명칭	도로표지 규격 상세	설치방법 및 장소	비고
410-1(A) 3방향 예고표지	(도로표지 그림: 퇴계원 Toegyewon, 중진 Chungjin, 남양주 Namyangju, 구리시청 Guri City Hall, 43, 6/46, 43, 300m)	○ 도시지역의 도로인 경우에는 시가지 부의 중요지명을 표시하는 부분에 대하여만 녹색바탕 시가행인에 지명을 구분하여 사용한다. ○ 관광지를 표기하는 경우에는 갈색바탕 시가행인에 구분하여 표시한다. ○ 시내의 일반국도인 경우에는 표지의 바탕색은 녹색으로 한다. ○ 필요한 경우에는 교차로부터 주거리 예고표지를 설치한다. ○ 410-1(A,B,C) 의 경우 모두 같다.	(그림: 100-300m 표시)

도로표지 규칙 489

490

표지번호 및 명칭	도로표지 규격 상세	설치방법 및 장소	비고
410-1(B) 3방향 예고표지	고양 Goyang / 성산동 Seongsan-dong / 목동 Mok-dong / 연세대 Yonsei Univ / 150m	410-1(A)의 설치방법 및 장소 참조	
410-1(C) 3방향 예고표지	평창동 Pyeongchang-dong / 광화문 Gwanghwamun / 종각 Jonggak / 신촌 Sinchon / 150m		

표지번호 및 명칭	도로표지 규격 상세	설치방법 및 장소	비고
410-1(D) 3방향 예고표지	원효로 Wonhyoro / 여의도 Yeouido / 노량진 Noryangjin / 영등포 Yeongdeungpo / 500m	○ 410-1(A)와 같으며 직전방향이 지하도 또는 고가차도인 경우에는 교차로로부터 전방 300~500미터 지점의 오른쪽 길엎에 설치한다.	
410-1(E) 3방향 예고표지	부산 Busan / 울산 Ulsan / 불국사 Bulguksa / 첨성대 Cheomseongdae / 300m		

표지번호 및 명칭	도로표지 규격 상세	설치방법 및 장소	비고
410-2(A) 3방향표지	대학로 Daehangno / 훈련원로 Hullyeonwonno / 청량리 Cheongnyangni 신설동 Sinseol-dong / 종로4가 Jongno4(sa)-ga / 혜화동 Hyehwa-dong	○ 410-1(A)와 같으며, 도로의 교차지점으로부터 전방 10-30미터 지점의 오른쪽 길엽에 일면식으로 설치한다. (10-30m 도식)	좌측상단에 도로명판을 복합으로 설치한다.

표지번호 및 명칭	도로표지 규격 상세	설치방법 및 장소	비고
410-2(B) 3방향표지	자란로 Jararno / 배꽃로 Baekkot-ro / 평택역 Pyeongtaek Stn (45) ← / 수원 Suwon · 오산 Osan (1) / 원곡 Wongok (45) ↑	현수식으로 설치한다. (10-30m)	관측상단에 도로명판을 복합으로 설치한다.
410-2(C) 3방향표지	동작대로 Dongjakdaero / 이수교차로 Isu Jct (88) ↓ / 서초IC Seocho IC · 예술의전당 Art Center (92) ← / 과천 Gwacheon (47) ↑		

도로표지 규칙

표지번호 및 명칭	도로표지 규격 상세	설치방법 및 장소	비고
410-3 2방향 예고표지	시청 City Hall 서울역 Seoul Station ㉑ ← 국립현충원 Nat'l Cemetery ㉛ 300m	◦ 410-1(A)와 같다.	

표지번호 및 명칭	도로표지 규격 상세	설치방법 및 장소	비고
410-4 2방향표지	훈련원로 Hullyeonwonno / 시청 City Hall 서울역 Seoul Stn / 국립현충원 Nat'l Cemetery 31	○ 410-2(B)와 같으며, 현수식으로 설치한다.	좌측상단에 도로명판을 복합으로 설치한다.

표지번호 및 명칭	도로표지 규격 상세	설치방법 및 장소	비고
410-5(A) 2방향표지	양재동 Yangjae-dong ← ③① ↱ 신사동 Sinsa-dong ↓	ㅇ 입체교차로·갈림길·녹지대 등에 설치한다.	

표지번호 및 명칭	도로표지 규격 상세	설치방법 및 장소	비고
410-5(B) 2방향표지	양재동 Yangjae-dong / 신사동 Sinsa-dong	○ 일방통행구간에 설치한다.	
410-5(C) 2방향표지	노량진 Noryangjin / 여의도 Yeouido	○ 지하도나 고가도로의 입구 오른쪽 분기점에 설치한다.	

표지번호 및 명칭	도로표지 규격 상세	설치방법 및 장소	비고
410-5(D) 2방향표지	시 청 City Hall ↓ / 노량진 Noryangjin ↑	○ T형 도로 등에서 2방향을 안내하는 경우에 설치한다. ○ 단주식 또는 부착식으로 설치한다.	

표지번호 및 명칭	도로표지 규격 상세	설치방법 및 장소	비고
410-6 방향표지	테헤란로 Teheranno ↖	○ 교차로나 고가도로 등 필요한 곳에 일면식으로 설치한다.	

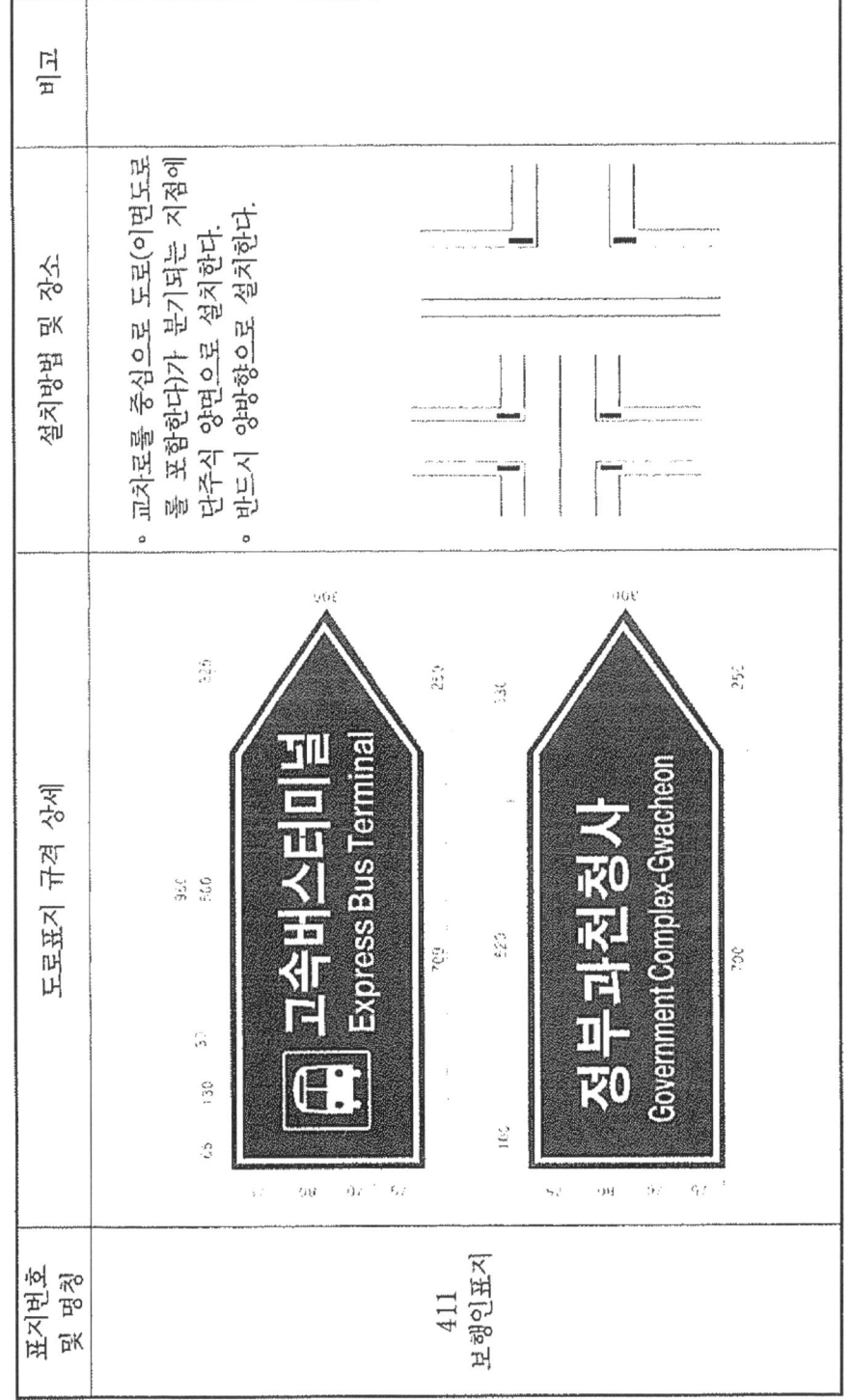

표지번호 및 명칭	도로표지 규격 상세	설치방법 및 장소	비고
412-1 주차장 예고표지	주차 Parking ↑ 100m	○ 필요한 지점에 일면식으로 설치하며 지방지역의 도로에 적용할 수 있다.	
412-2 주차장표지	주차 Parking		

표지번호 및 명칭	도로표지 규격 상세	설치방법 및 장소	비고
413-1 1지명이정표지 413-2 2지명이정표지 413-3 3지명이정표지	✈김포공항 24km Gimpo Airport 여의도 8km Yeouido 반포교 3km Banpogyo(Br)	①설치간격은 4킬로미터를 원칙으로 한다. ②주요교차로를 지나 500미터내외의 지점에 설치한다. ③시가지 건물밀집지역을 지나 교외부로 향할 때에는 건물밀집지역을 지나 500미터 내외의 지점에 설치한다. ④402-1·402-2·402-3 계열의 설치방법을 준용한다. ※ 413-1 1지명이정표지 및 413-2 2지명이정표지의 경우, 각각 402-1 1지명이정표지 및 402-2 2지명이정표지의 규격 및 설치방법·장소를 참조한다.	건물, 지장물 등 도시여건에 따라 설치하지 아니할 수 있다.

표지번호 및 명칭	도로표지 규격 상세	설치방법 및 장소	비고
414-1,2 분기점표지	천호대로 Cheonhodaero 50 2.5km / 월계로 Wolgyero 300m	자동차전용도로에서 해당 교차로를 안내할 수 있도록 교차로부터 각각 전방 2.5킬로미터, 1.5킬로미터, 300미터 지점에 일면으로 주행방향의 오른쪽 길옆에 설치한다.	
415 지점표지	혜화동사거리 Hyehwa-dong Jct	교차로에 위치한 신호등 지주의 4~5미터 높이에 설치할 수 있다.	

도로표지 규칙 503

다. 고속국도

표지번호 및 명칭	도로표지 규격 상세	설치방법 및 장소	비고
420 도계표지	경상북도 Gyeongsangbuk-do	○ 고속국도상 시·도간 경계지점에 설치한다. ○ 경계표지는 표지번호 401~3을 준용할 수 있으며, 이 경우 하단부의 음면표기는 하지 아니한다. 도시 중 음 면 명칭	

표지번호 및 명칭	도로표지 규격 상세	설치방법 및 장소	비고
421-1 1지명 이정표지	부산 Busan 40 km	○ 교차로를 지나 1킬로미터 내외 지점에 설치하며, 최대간격은 10킬로미터를 넘지 아니하도록 한다. ○ 3지명(421-3) 또는 2지명(421-2)으로 설치하며, 노선의 중점구간 등으로 2-3지명이 필요 없는 경우에는 1지명(421-1)으로 설치한다. ○ 부주식 또는 편지식으로 설치한다.	
421-2 2지명 이정표지	대전 Daejeon 143 km 수원 Suwon 23 km		

표지번호 및 명칭	도로표지 규격 상세	설치방법 및 장소	비고
421-3 3지명 이정표지	대전 Daejeon 143 km 천안 Cheonan 75 km 수원 Suwon 23 km	421-1의 설치방법 및 장소 참조	

표지번호 및 명칭	도로표지 규격 상세	설치방법 및 장소	비고
422-1(A) 1차출구 예고표지 (2방향)	7 언양분기점 / 울산 Ulsan 16 1km / 대구 Daegu 경주 Gyeongju 1	○ 출구감속차로의 시점으로부터 전방 2킬로미터 지점에 설치한다.	
422-1(B) 1차출구 예고표지 (2방향)	6 군포IC 47 2km / 군포 Gunpo / 부곡 Bugok 50 / 원주 Wonju 북수원 N.Suwon 50		

표지번호 및 명칭	도로표지 규격 상세	설치방법 및 장소	비고
422-1(C) 1차 출구 예고표지 (2방향)		422-1(A)의 설치방법 및 장소 참조 ◦ 필요에 따라 출구방향의 도로명을 병기할 수 있으며, 민자고속도로의 경우에는 아래 그림과 같이 청색바탕의 사각형 내에 백색 문자를 사용하여 안내할 수 있다. ◦ 출구방향의 도로를 이용하여 다른 고속국도와 연결되는 때에는 연결되는 고속국도의 도로명과 노선번호를 422-1(D)와 같이 표기할 수 있다.	
422-1(D) 2차 출구 예고표지 (2방향)			

표지번호 및 명칭	도로표지 규격 상세	설치방법 및 장소	비고
422-2(A) 2차출구 예고표지 (2방향)	대구 Daegu / 경주 Gyeongju / 울산 Ulsan / 7 연양분기점	○ 출구감속차로의 시점으로부터 전방 1킬로미터 지점에 설치한다.	
422-2(B) 2차출구 예고표지 (2방향)	원주 Wonju / 북수원 N.Suwon / 부곡 Bugok / 군포 Gunpo / 6 군포 IC		

510

표지번호 및 명칭	도로표지 규격 상세	설치방법 및 장소	비고
422-2(C) 2차출구 예고표지 (2방향)		422-2(A)의 설치방법 및 장소 참조	
422-2(D) 2차출구 예고표지 (2방향)			

표지번호 및 명칭	도로표지 규격 상세	설치방법 및 장소	비고
422-3 출구점 예고표지 (1지명)	6 국도/K 47 군포 Gunpo 150m	○ 자동차전용도로 출구감속차로의 시점으로부터 전방 150미터 지점에 설치한다.	

도로표지 규칙 511

표지번호 및 명칭	도로표지 규격 상세	설치방법 및 장소	비고
422-4 출구점 예고표지 (2지명)	40 안성 IC 38 안성 Anseong / 평택 Pyeongtaek 150m	○ 고속국도 출구감속차로의 시점으로부터 전방 150미터 지점에 설치한다. ○ 고속국도에서 1지명 안내시에 적용 할 수 있다. ○ 분기점이 다차로인 경우에는 문형식으로 설치할 수 있다. (도식: 150m)	

표지번호 및 명칭	도로표지 규격 상세	설치방법 및 장소	비고
422-5 출구점 표지 (1지명)	(도로표지 이미지: 군포 47, Gunpo, 군도 6)	○ 자동차전용도로 출구감속차로의 시점에 설치한다.	

도로표지 규칙 513

표지번호 및 명칭	도로표지 규격 상세	설치방법 및 장소	비고
422-6 출구점표지 (2지명)	40 한성 IC / 38 안성 Anseong 평택 Pyeongtaek ↗	○ 고속국도 출구감속차로의 시점에 설치한다. ○ 고속국도에서 1지명 안내시에 적용 할 수 있다.	

표지번호 및 명칭	도로표지 규격 상세	설치방법 및 장소	비고
422-7 3지출구 예고표지 (2방향)	대전 Daejeon / 논산 Nonsan ← / 북(N) 25 / 서울 Seoul / 500m	○ 출구감속차로의 시점으로부터 전방 500미터 지점에 설치한다. ○ 1차 및 2차출구예고표지를 문형식으로 설치하는 경우에 적용한다.	

표지번호 및 명칭	도로표지 규격 상세	설치방법 및 장소	비고
423-1 1차 출구 예고표지 (3방향)		○ 첫 번째 출구감속차로의 시점으로부터 각각 전방 2킬로미터(423-1), 1킬로미터(423-2), 150미터(423-4) 지점에 설치한다. 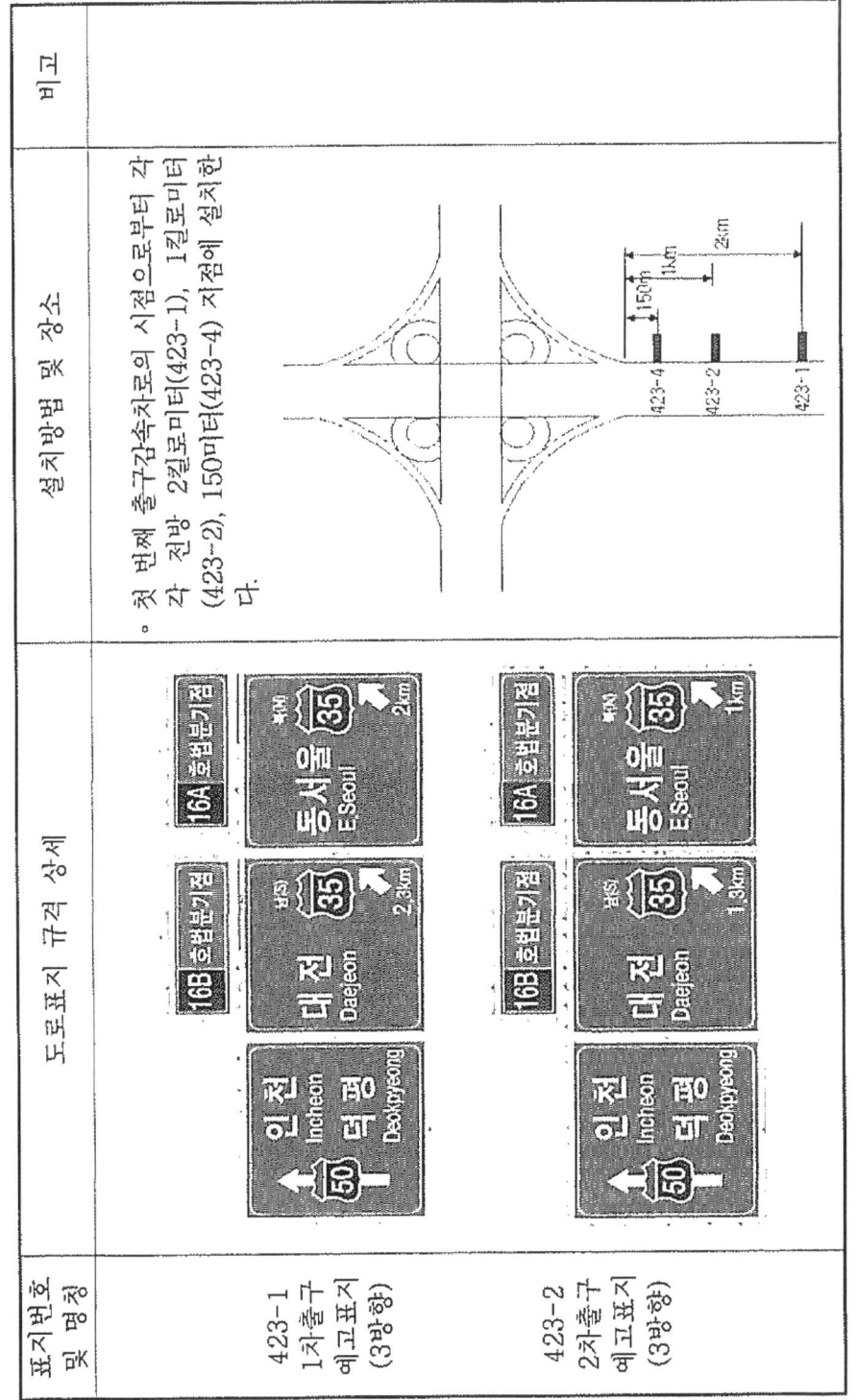	
423-2 2차 출구 예고표지 (3방향)			

표지번호 및 명칭	도로표지 규격 상세	설치방법 및 장소	비고
423-3 3차출구 예고표지 (3방향)	(도로표지 그림: 인천 Incheon, 덕평 Deokpyeong, 북(N) 35, 동서울 E.Seoul, 500m, 남(S) 35, 대전 Daejeon)	○ 출구감속차로의 시점으로부터 전방 500미터 지점에 필요시 설치한다. ○ 1차 및 2차출구예고표지를 문형식으로 설치하는 경우에 적용한다.	
423-4 출구점 예고표지 (3방향)	(도로표지 그림: 16A 출발분기점 북(N) 35 동서울 E.Seoul 150m / 16B 출발분기점 남(S) 35 대전 Daejeon 450m / 인천 Incheon 덕평 Deokpyeong 50)	423-1의 설치방법 및 장소 참조	

표지번호 및 명칭	도로표지 규격 상세	설치방법 및 장소	비고
423-5 나가는곳 표지	(도로표지: "40 나가는곳 Exit" 화살표 포함)	○ 고속국도 인터체인지의 도로가 분리되는 안전지대의 끝에 설치한다. ○ 분기점의 경우 방향표지(425-4)를 설치한다.	

표지번호 및 명칭	도로표지 규격 상세	설치방법 및 장소	비고
424-1 3방향1차 예고표지 (평면교차로)	대구 Daegu 현풍 Hyeonpung 창녕 Changnyeong 합천 Hapcheon 45 24(N) 24(S) 2km	○ 평면교차지점으로부터 전방 2킬로미터 지점에 설치한다. ○ 2차예고표지는 전방 1킬로미터 지점에 설치한다.	
424-2 3방향2차 예고표지 (평면교차로)	대구 Daegu 현풍 Hyeonpung 창녕 Changnyeong 합천 Hapcheon 45 24(N) 24(S) 1km		2Km

표지번호 및 명칭	도로표지 규격 상세	설치방법 및 장소	비고
424-3 2방향1차 예고표지 (평면교차로)	광주 Gwangju 남원 Namwon ⑫ 2km / 남장수 S.Jangsu ⑲	▫ 평면교차지점으로부터 전방 2킬로미터 지점에 설치한다. ▫ 2차예고표지는 전방 1킬로미터 지점에 설치한다.	
424-4 2방향2차 예고표지 (평면교차로)	광주 Gwangju 남원 Namwon ⑫ 1km / 남장수 S.Jangsu ⑲		

표지번호 및 명칭	도로표지 규격 상세	설치방법 및 장소	비고
425-1 방향표지 (1방향)	[도로표지: 서울 Seoul, 국도 1]	○ 고속국도의 진입분기점에 설치한다. ○ 기타의 도로에서 고속국도의 진입지점의 맞은편에 설치한다. ○ 일반국도의 경우 입체교차로에서 사용할 수 있다. [설치 위치도: 고속도로, 기타도로, 425-1,2, 425-3]	
425-2 방향표지 (2방향)	[도로표지: 북(N) 서울 Seoul 1 / 남(S) 부산 Busan 1]		

표지번호 및 명칭	도로표지 규격 상세	설치방법 및 장소	비고
425-3 방향표지	(방향표지 이미지: 북(N) 1 서울 Seoul ← / 남(S) 1 부산 Busan ↑ / 100m)	○ 인터체인지 영업소에서 고속국도 진입 분류점까지의 거리가 150미터이상 되는 곳인 경우에는 분류지점으로부터 전방 100미터 지점에 설치한다.	
425-4 방향표지	(방향표지 이미지: 북(N) 35 동서울 E.Seoul ↗ / 남(S) 35 대전 Daejeon ←)	○ 425-1,2와 같다. 다만, 편지 식(T자)의 형태이다.	

표지번호 및 명칭	도로표지 규격 상세	설치방법 및 장소	비고
426-1 분기점표지	(분기점 Junction / 1 / 2.5km)	◦ 방향예고표지와 방향표지를 보조하여 해당 분기점(Jct)을 안내할 수 있도록 분기점으로부터 각각 전방 2.5킬로미터, 1.5킬로미터 지점에 설치한다.	필요에 따라 편지식 또는 복합식으로 설치 할 수 있다.
426-2 (A),(B) 노선표지	(고속국도 1 / 고속국도 남(S) 55)	◦ 주요교차로(인터체인지, 분기점)를 지나 500미터 내외의 지점에 설치하고 최대 간격은 10킬로미터를 넘지 않도록 한다. 방위를 표기하는 경우에는 426-2(B)형 표지를 사용한다.	

표지번호 및 명칭	도로표지 규격 상세	설치방법 및 장소	비고
426-3 출구감속 유도표지	(100m, 200m, 300m 출구감속유도표지 도안)	○ 첫 번째 출구감속차로의 시점으로부터 전방 300미터, 200미터, 100미터 지점에 각각 설치한다.	

표지번호 및 명칭	도로표지 규격 상세	설치방법 및 장소	비고
427-1 하천표지	낙동강 Nakdonggang(Riv)	○ 하천을 가로지르는 큰 교량(연장 100미터 이상)의 교량주로부터 각각 전방 200미터(427-1), 100미터(427-2) 지점에 설치한다.	
427-2 교량표지	곤지암교 Gonjiamgyo(Br)		

표지번호 및 명칭	도로표지 규격 상세	설치방법 및 장소	비 고
427-3 터널표지	도내터널 Donae Tunnel 500m 앞	ㅇ 터널입구로부터 전방 500미터 지점에 설치한다.	
427-4 비상주차장 표지	200m	ㅇ 승용차 5대미만의 비상주차대인 경우 4차로 고속국도는 비상주차대 감속차로의 시점으로부터 전방 200미터 지점, 2차로 고속국도는 비상주차대 감속차로의 시점으로부터 전방 100미터 지점에 설치한다.	

표지번호 및 명칭	도로표지 규격 상세	설치방법 및 장소	비고
427-5 정류장표지	(버스 정류장 표지 그림, 200m)	○ 버스정류장으로 진입하는 감속차로의 시점으로부터 전방 200미터 지점에 설치한다.	

표지번호 및 명칭	도로표지 규격 상세	설치방법 및 장소	비고
427-6(A) 도로관리 기관표지	도로관리기관 대구국도유지 건설사무소 불편신고:053-605-6053	○ 도로관리기관이 변경되는 지점에 설치할 수 있다(지방도급 이상 도로에 설치하며, 도시지역은 제외한다). ○ 고속국도의 경우 생략할 수 있다.	
427-6(B) 도로관리 기관표지	도로관리기관 수원시청 불편신고:031-228-2114		

표지번호 및 명칭	도로표지 규격 상세	설치방법 및 장소	비고
427-7 긴급제동 시설표지	긴급제동시설 Emerg Escape Ramp ↖ 1km	○ 긴급제동시설의 시점으로부터 전방 500m 터~1킬로미터 지점 및 진입부에 설치한다.	

표지번호 및 명칭	도로표지 규격 상세	설치방법 및 장소	비고
428-1 소풍휴게소 예고표지	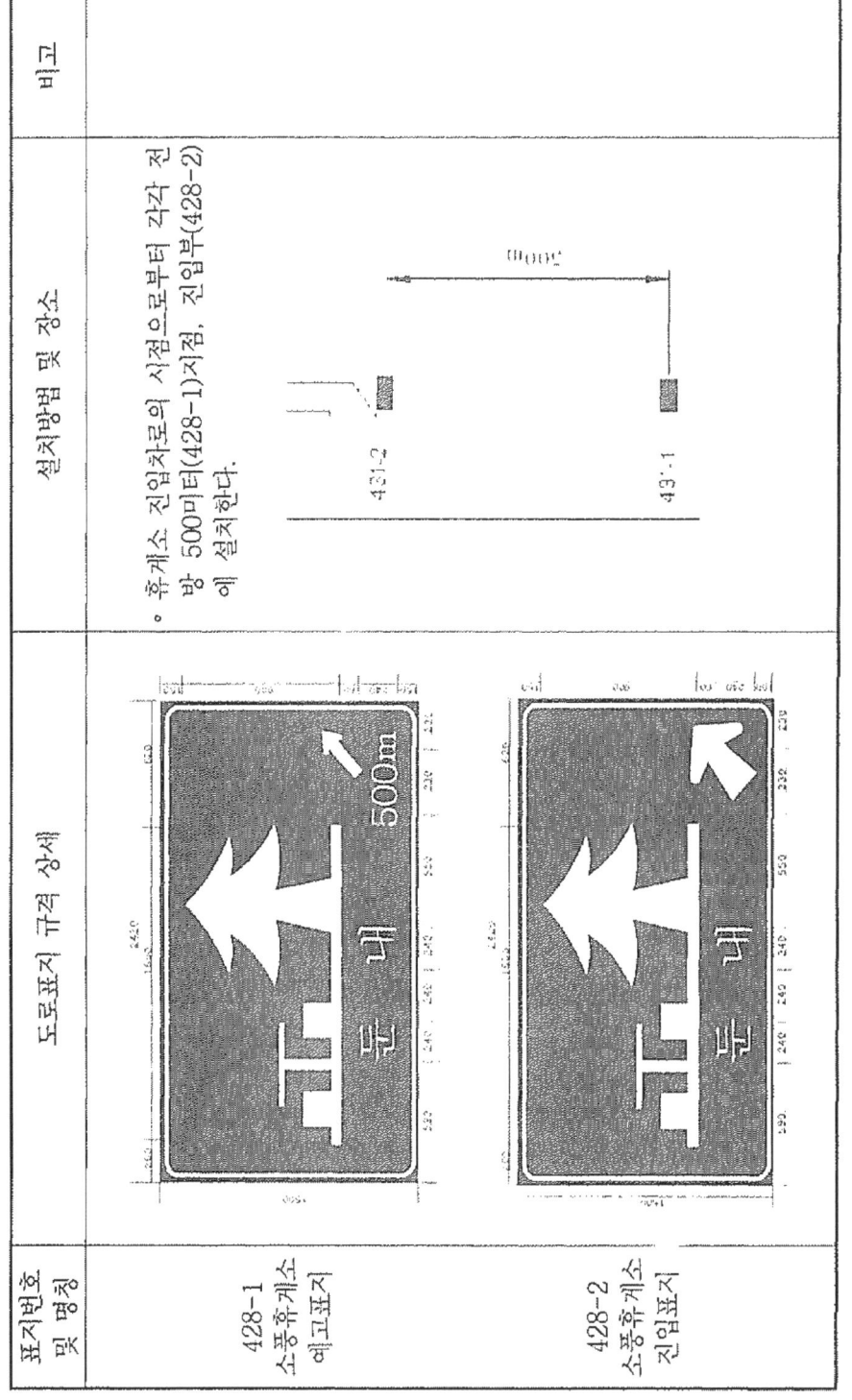	○ 휴게소 진입차로의 시점으로부터 각각 전방 500미터(428-1)지점, 진입부(428-2)에 설치한다.	
428-2 소풍휴게소 진입표지			

표지번호 및 명칭	도로표지 규격 상세	설치방법 및 장소	비고
428-3 종합휴게소 1차예고 표지	🍴 🔧🚗 죽암 Jugam 5km	○ 휴게소 진입차로의 시점으로부터 각각 전방 5킬로미터(1차), 2킬로미터(2차), 1킬로미터(3차), 500미터(진입) 지점에 설치한다. 500m 1km 2km 5km 428-6 428-5 428-4 428-3 ○ 가스충전소일 경우 주유기 심볼내에 LPG를 표기한다.	
428-4 종합휴게소 2차예고 표지	🍴 🔧🚗 죽암 Jugam 2km 옥산 Oksan 23km 다음휴게소 Next Service Area		

표지번호 및 명칭	도로표지 규격 상세	설치방법 및 장소	비고
428-5 종합휴게소 3차예고표지	주암 Jugam 1km / 다음휴게소 Next Service Area / 옥산 Oksan 22km		
428-6 종합휴게소 진입표지	금강 Geumgang 500m	428-3의 설치방법 및 장소 참조	

표지번호 및 명칭	도로표지 규격 상세	설치방법 및 장소	비고
428-7 간이매점 예고표지		ㅇ 간이매점 진입차로의 시점으로부터 각각 전방 500미터(428-7) 지점, 진입부(428-8)에 설치한다.	
428-8 간이매점 진입표지			

도로표지 규격 533

표지번호 및 명칭	도로표지 규격 상세	설치방법 및 장소	비고
429 긴급신고 표지	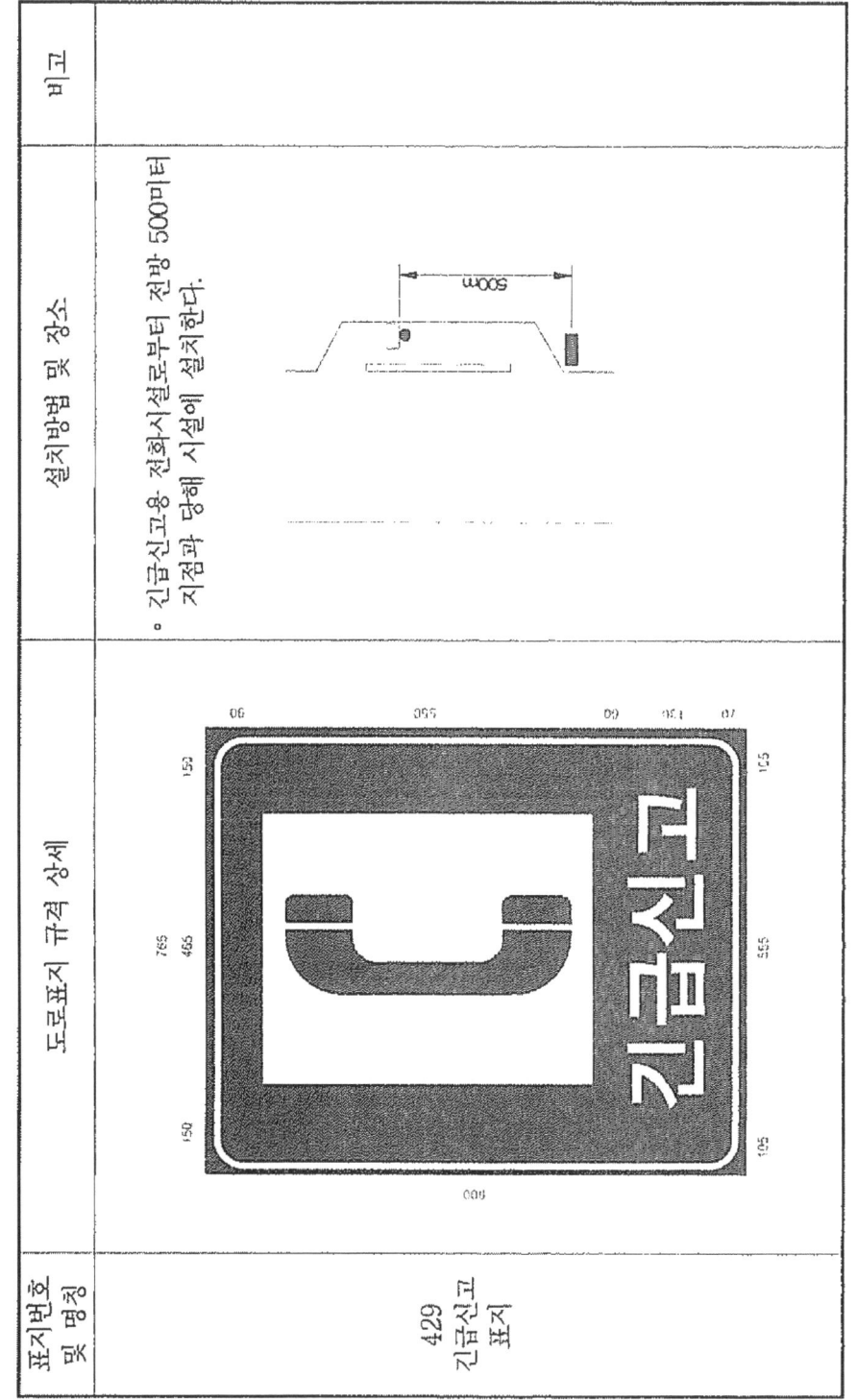	긴급신고용 전화시설로부터 전방 500미터 지점과 당해 시설에 설치한다.	

표지번호 및 명칭	도로표지 규격 상세	설치방법 및 장소	비고
430-1 자동차전용도로표지		○ 430-1은 자동차전용도로의 시점에 설치한다. ○ 430-2는 자동차전용도로의 종점에 설치한다. ○ 자동차 그림에 사선으로 그은 선은 적색반사지를 사용한다.	
430-2 자동차전용도로해제표지			

표지번호 및 명칭	도로표지 규격 상세	설치방법 및 장소	비고
430-3 자동차전용도로 끝표지	자동차전용도로 끝 Motorway End 1.5km	○ 자동차전용도로가 끝나는 곳으로부터 각각 전방 1.5킬로미터, 500미터 지점에 설치한다.	
430-4 고속국도 종점예고표지	경부고속도로 종점 Motorway End 2km	○ 고속국도가 끝나는 곳으로부터 각각 전방 2킬로미터, 1킬로미터 지점에 설치한다.	

표지번호 및 명칭	도로표지 규격 상세	설치방법 및 장소	비고
431-1,2 시종점표지		○ 431-1(시점표지)는 고속국도의 시점에 설치한다. ○ 431-2(종점표지)는 고속국도가 끝나는 곳으로부터 전방 100미터~150미터 지점에 설치한다.	
432 돌아가는길 표지		○ 돌아가는 길이 있음을 알릴 필요가 있는 곳으로부터 전방 500미터 지점에 설치한다. ○ 일반국도 및 시도의 경우에도 사용할 수 있다.	

도로표지 규칙 537

표지번호 및 명칭	도로표지 규격 상세	설치방법 및 장소	비고
433-1 매표소 예고표지 (2km)	표받는곳 Tollgate 2km	• 매표소로부터 각각 전방 2킬로미터, 1킬로미터 지점에 설치한다. • 인터체인지의 경우에는 적절한 위치에 거리를 조정하여 설치할 수 있다. • 일반국도 및 시도의 경우에도 사용할 수 있다. • 433-1의 경우는 표기방향'을 '표받는곳 (2km 및 1km)'으로, 433-2의 경우는 '요금내는곳(2km 및 1km)'으로 한다.	
433-2 매표소 예고표지 (1km)	요금내는곳 Tollgate 1km		
433-3 자동요금 징수차로 예고표지	요금내는곳 Tollgate 2km / 하이패스전용 H-pass Only 2km	• 요금내는곳으로부터 각각 전방 2킬로미터, 1킬로미터 지점에 설치한다. • 요금내는곳의 앞에 요금지불 방법에 대한 사항을 추가로 표기할 수 있다.	

표지번호 및 명칭	도로표지 규격 상세	설치방법 및 장소	비고
434-1 오르막차로 예고표지	오르막차로 Climbing Lane 1km	○ 오르막차로의 시점(434-2) 및 그 시점으로부터 전방 1킬로미터 지점(434-1)과 종점(434-3)에 각각 설치한다.	
434-2 오르막차로 시점표지	저속차우측통행 Slower Traffic Keep Right		
434-3 오르막차로 끝표지	오르막차로끝 Climbing Lane End		

표지번호 및 명칭	도로표지 규격 상세	설치방법 및 장소	비고
435 고속국도 유도표지	(판교IC / Pan-gyo IC 표지 3종: 직진↑, 좌회전←, 우회전↓)	○ 고속국도 인터체인지로부터 반경 1.5킬로미터 범위내의 일반국도, 지방도 및 도시지역의 도로 중 주간선도로·보조간선도로가 서로 만나는 교차로마다 설치한다. 다만, 방향표지로 안내하는 경우에는 설치하지 아니한다. ○ 고속국도 인터체인지로부터 반경 2.5킬로미터 범위 내에서 주요교차로 등에 필요시 추가 설치할 수 있다. ○ 교차로로부터 전방 50미터~100미터 지점에 설치한다.	

540

표지번호 및 명칭	도로표지 규격 상세	설치방법 및 장소	비고
436 아시안 하이웨이 안내표지	아시안하이웨이 Asian Highway AH1 일본-한국-중국-인도-터키 Japan-Korea-China-India-Turkey	○ 아시안하이웨이 노선 시점에 설치하며, 이후 설치간격은 100킬로미터로 한다.	

[별표 4] 삭제 <2005.12.30>
[별표 5] 삭제 <2005.12.30>
[별표 6] <개정 2005.12.30>

도로표지 반사지 색채의 규격(제8조관련)

반사지 색도 기준

색	색도좌표의 범위								Y값의 한계(%)	
	1		2		3		4		상한	하한
	x	y	x	y	x	y	x	y		
흰색	0.303	0.300	0.368	0.360	0.340	0.393	0.274	0.329	--	27
노랑	0.498	0.412	0.557	0.442	0.479	0.520	0.438	0.472	45	15
빨강	0.648	0.351	0.735	0.265	0.629	0.281	0.565	0.346	15	2.5
주황	0.558	0.352	0.636	0.364	0.570	0.429	0.506	0.404	30	14
녹색	0.026	0.399	0.166	0.364	0.286	0.446	0.207	0.771	12	2.5
청색	0.140	0.035	0.244	0.210	0.190	0.255	0.065	0.216	10	1
갈색	0.430	0.340	0.610	0.390	0.550	0.450	0.430	0.390	9	1

[별표 7] 삭제 <2005.12.30>

도로표지 규칙 543

[별지 제1호서식] <개정 2003.5.24> (앞쪽)

표지일련번호							관리기관명	

도로표지대장

도로의종류(자동차전용도로)	(가□, 부□)	노선번호(도로명)	( )	설계속도(제한속도)	km/hr (km/hr)	차로수 도로폭	차로 (m)
표지종류		표지번호		표지규격	cm× cm	지주형식	
설치위치	시·도 시·군 읍·면 동·리 번지안 (지점에서 m위치 상행선방향□ 하행선방향□)					자 체 관리번호	
						표 지 판 설 치 일	. . .
						표 지 판 교 체 일	. . .
현황사진(근거리)			현황사진(원거리)			참고사항	
천연색사진 (7.5cm×6.0cm)			천연색사진 (7.5cm×6.0cm)				

(뒤쪽)

표지일련번호							
표지판의 변동사항				지주의 변동사항			
날짜	내용			날짜		내용	
표지판의 기재사항(방향표지에 한함)						현황사진(추가)	
구분		안내지명		노선번호			
		지명 1	지명 2	화살표 위		화살표 앞	
				도로종류	번호	도로종류	번호
진행 방향	원거리						
	근거리						
회전 방향	좌측(내)						
	좌측(외)						
	우측(내)						
	우측(외)						
※ 회전방향은 화살표의 머리 쪽 방향(입체교차로는 통과 후 진행방향)을 기준						천연색사진 (7.5cm×6.0cm)	
뒷면 기재사항							

[별지 제2호서식] <신설 2003.5.24>

도로안내지명관리대장

[제정일 :   년   월   일]

도로종류·노선번호		(도로명 :)		도로관리청	
시점		종점		도로연장	km

안내지명의 순서도(예)			원·근거리 안내지명(예)				비고(예) (개정일자)
좌측 중요지명	경유하는 안내지명	우측 중요지명	가→아		아→가		
			원거리	근거리	원거리	근거리	
	■ 아		-	-	-	-	
사 ■			아	-	다	마	
	○ 바		-	-	-	-	바(신설) (00.00.00.)
			아	사	다	마	
	마 ⊙		-	-	-	-	
			사	마	가	라	
라 ◎	■ 다		-	-	-	-	
			마	라	가	나	
	나 ○		-	-	-	-	나(변경) (00.00.00.)
			다	나	가	-	
	■ 가						

작성요령
1. 방향표지로 안내할 지명을 3개 등급(중요지, 준중요지, 주요지)으로 구분하여 선정
   가. 중요지 : 당해 노선의 원거리 지명으로 사용되는 인지도가 높은 지명
   나. 주요지 : 당해 노선의 근거리 지명으로 사용되는 인지도가 보통인 지명
   다. 준중요지 : 주요지급 지명 중 지리적 여건상 원거리 지명으로 사용되는 지명
   라. 경유지 : 전후 안내지명간 경계점으로 이용되는 인지도가 낮은 지명
2. 안내지명의 순서도에 다음과 같은 기호를 사용하여 표기
   가. 지방지역의 지명 : ■중요지, ⊙준중요지, ◎주요지, ○경유지
   나. 도시지역의 지명 : ▓중요지, ◈준중요지, ◇주요지, ○경유지
   다. 각 도로노선은 직선 또는 절곡된 선을 이용하여 상징적으로 표현
3. 도로의 구간별 원·근거리 안내지명은 진행방향(상·하행)별로 작성
4. 신설·변경된 지명은 우측 비고란에 표기하고, 괄호안에 개정일자를 표기
5. 안내지명 순서도 등의 종방향 길이(칸수)는 안내지명의 수에 맞추어 설정

국도유지·보수운영에 관한 규정

국토교통부훈령 , 2013.8.29., 일부개정
국토교통부(도로운영과), 044-201-3911

제1장 총칙

제1조(목적) 이 규정은 「도로법」 제23조 및 「도로의유지·보수등에 관한 규칙」에 따라 국토관리사무소가 행하는 국도의 유지·보수와 이에 따른 장비의 운영관리에 관하여 필요한 사항을 규정함을 목적으로 한다.

제2조(정의) 이 규정에서 사용하는 용어의 뜻은 다음과 같다.
1. "유지·관리구역"이란 「도로법」 제10조에 따른 일반국도(이하 "국도"라 한다)의 도로구역과 접도구역을 말한다.
2. "도로 및 시설물"이란 「도로법」 제2조 및 같은 법 시행령 제2조에 따른 시설물·공작물 및 도로부속물 등을 말한다.
3. "국도관리원"이란 「국도관리원 관리규정」 제2조제1호의 사람으로서, 국도를 수시로 순회하면서 도로 및 시설물을 감시·보호하고, 국도의 유지·보수에 필요한 작업에 종사하는 자를 말한다.
4. 삭제 <2013. 8. .>
5. "조종원"이란 국도유지보수용장비를 조종·운전 또는 관리하는 기계원과 운전원을 말한다.
6. "정비사"란 국도유지보수용장비의 정비업무에 종사하는 사람을 말한다.
7. "장비"란 국토교통부가 국도의 유지·보수를 위하여 보유하는 다음 각목의 기계류를 말한다.
   가. 「건설기계관리법」 제2조제1항에 따른 건설기계류
   나. 「자동차관리법」 제2조에 따른 자동차류
   다. 기타 국도의 유지·보수에 사용되는 기계기구류 및 시험기구류
   라. 가 및 나목의 기계류에 부속되어 고유의 기능을 발휘하는 부수

장치류
　　마. 차량의 운행제한 단속에 사용되는 계측기류
8. "공기구"란 장비의 정비에 사용되는 시험기기, 측정기기, 공작기계 및 공구 등을 말한다.
9. "부속품"이란 장비의 기능을 회복 또는 발휘시키는데 필요한 기계요소와 정비작업에 필요한 소재류 등 장비의 부분품을 말한다.

제3조(적용범위) 국토관리사무소가 수행하는 국도의 유지·보수 및 그 관리업무에 관하여 다른 법령에 규정된 것을 제외하고는 이규정을 적용한다.

제4조(관리책임자) 국도관리의 총괄적인 관리책임자는 관할 지방국토관리청장(이하 "청장"이라 한다)이 되고, 직접적인 책임자는 해당 국토관리사무소장이 된다.

제2장 유지·보수

제5조(시설물의 점검) 국토관리사무소장(이하 "기관장"이라 한다)은 다음 각 호의 시설물에 대하여 연 2회 이상 정기점검을 실시하고, 그 점검결과를 기록·보관하여야 한다. 다만, 교량과 터널에 대하여는 「시설물의 안전관리에 관한 특별법」에서 정하는 바에 따라 안전점검 또는 정밀안전진단을 실시하되, 연장이 100미터 미만인 교량은 같은 법 제2조의 2종 시설물에 준하여 점검을 실시하여야 한다.
1. 노면
2. 교량
3. 터널
4. 지하차도
5. 횡단보도육교
6. 암거 및 배수관
7. 측구 및 도수로

8. 도로표지
9. 낙석방지시설
10. 조명시설
11. 시선유도표지등 기타 부대안전시설
12. 차량운행제한 단속검문소의 건물 및 시설
13. 제설대책관련시설

제6조(유지·보수계획의 수립) 기관장은 해당연도 사업예산이 배정된 날부터 1개월 이내에 예산집행지침, 시설물 점검결과, 교통량 및 기후 등 제반사항을 고려하여 관할구역 국도의 유지·보수사업계획을 수립하고 청장의 승인을 받아야 한다.

제7조(유지·보수) 기관장은 포장도로 보수, 교량 보수, 도로표지 설치, 차량의 운행제한 단속, 도로제설 등 국도의 유지·보수를 하고자 할 때에는 다음 각 호의 기준 또는 지침에 따라야 한다.
1. 도로표지제작·설치 및 관리지침
2. 도로안전시설 설치 및 관리지침
3. 시설물의 안전점검 및 정밀안전진단 지침
4. 공사시방서 및 기술지도서
5. 도로 공사장 교통관리지침
6. 차량의 운행제한 규정
7. 도로제설업무 수행요령
8. 기타 관련 지침 및 지시사항

제8조(일상보수) 기관장은 도로 및 시설물의 기능유지를 위하여 일상점검을 실시하고, 필요시 국도관리원을 배치하여 유지·보수를 하여야 한다.

제9조(정기보수) ① 기관장은 봄철과 가을철에 정기보수를 실시하여야 한다. 이 경우, 제5조에 따른 점검결과를 고려하여야 한다.
② 봄철에는 해빙기, 강우, 홍수 등에 대비하여 정기보수를 실시하여야 한다.

③ 가을철에는 월동에 대비하여 적설 및 결빙을 예상한 소요자제 비축과 장비의 정비를 포함하여 정기보수를 실시하여야 한다.

제10조(긴급보수) 기관장은 재해 또는 불가항력적인 사유로 국도의 긴급보수가 필요한 경우에는 즉시 응급조치를 취하고, 그 결과를 청장에게 보고하여야 하며, 특히 중요한 사항은 국토교통부장관(이하 "장관"이라 한다)에게 보고하여야 한다.

제11조(자료관리) ① 기관장은 제8조부터 제10조까지의 규정에 따라 보수를 실시한 때에는 다음 각 호의 서류를 작성하여 갖추어 두어야 한다.
 1. 작업지시서(계획 및 실적을 포함한다)
 2. 국도관리원의 작업일지
 3. 공사관리대장
 4. 도로대장
 5. 교량관리대장
 6. 터널관리대장
 7. 도로표지대장
② 제1항 각 호의 서류내용 중 해당 항목이 전산화 된 경우에는 해당 전산프로그램에 입력하여 관리하여야 한다.

제12조(순찰) ① 기관장은 관내국도 모든 노선에 대하여 월간 순찰계획을 수립하여 주1회 이상 정기순찰을 실시하여야 한다.
② 기관장은 재해발생이 예상되거나 기타 필요한 경우에는 수시로 순찰을 실시하여야 한다.
③ 기관장이 제1항 및 제2항에 따라 순찰을 하는 때에는 다음 각 호의 사항을 점검하여 필요한 조치를 취하고, 순찰내용을 기록하여 유지하여야 한다.
 1. 도로 및 시설물의 유지상태
 2. 도로의 불법점용 및 연결
 3. 접도구역내의 불법행위
 4. 노면결빙 등 기타 도로교통의 안전저해요인

제3장 국도관리원

제13조(국도관리원의 운용) 기관장은 국도를 효율적으로 관리하기 위하여 필요한 경우에는 국도관리원을 작업규모에 따라 다음 각 호와 같은 방법으로 배치하여 운용할 수 있다.
 1. 협동작업이 필요한 경우 : 작업의 효율성을 높이기 위하여 국도관리원을 국토관리사무소에 기동보수반으로 통합운용
 2. 원거리 지역 또는 단순보수작업 : 일정 담당구간을 지정하여 현지 국도관리원을 현장에 배치

제14조(국도관리원 반장) ① 기관장은 국도관리원을 효율적으로 운용하기 위하여 국도관리원중에서 반장 1명을 둘 수 있다.
 ② 국도관리원 반장은 기관장 지휘하에 국도관리원과 국도관리원 조장을 총괄 감독하고, 도로의 유지·보수작업이 원활이 수행될 수 있도록 작업수행현황 및 근태상황 등을 수시로 점검·파악하며, 필요시 보고 등 적절한 조치를 하여야 한다.

제15조(국도관리원 조장) ① 기관장은 국도관리원 4명이상 10명이하를 1개조로 편성하여 운용할 수 있으며, 그 중에서 조장 1명을 둘 수 있다.
 ② 국도관리원 조장은 국도관리원 반장 지휘하에 소속 국도관리원을 감독하고, 국도관리원의 작업현황 및 근태현황을 상시 점검하여 담당구역내의 도로 및 시설물의 유지·보수에 필요한 작업을 실시하여야 한다.

제16조(국도관리원의 임무) 국도관리원의 임무는 다음 각 호와 같다.
 1. 현지 국도관리원은 담당구간을 1일 1회이상 순회하여 도로교통에 지장을 주는 경미한 사항은 즉시 현지조치하고, 중요사항은 기관장에게 보고하여 조치되게 하여야 한다.
 2. 교량신축이음부의 이물질 제거 및 교량배수구 청소 등 교량기능의 저해요인을 미리 제거하여야 한다.
 3. 담당구간내의 도로표지를 포함한 각종 교통안전 시설의 훼손·망

실·청소 및 설치상태를 확인하여야 하고, 모자라는 부분을 발견한 때에는 현지 시정조치를 하여야 하며, 현지 시정이 불가능한 때에는 즉시 기관장에게 보고하여야 한다.
4. 암거, 배수관, 도수로 등의 배수에 지장이 있는 퇴적물은 즉시 제거하여야 한다.
5. 측구의 잡초 또는 퇴적물을 제거하여 배수가 원활히 될 수 있도록 하여야 한다.
6. 길어깨의 유실을 방지·보호하고, 교통의 안전과 미관을 저해할 수 있는 잡초는 제거하여야 한다.
7. 포장도의 노면은 항시 청결히 유지하고, 포장면의 파손현황을 수시로 기관장에게 보고하여야 한다.
8. 「도로법」 제38조를 위반하여 도로를 불법으로 점용하는 행위와 제49조에 따른 접도구역 내에서의 금지행위를 감시하고, 위법행위를 발견한 때에는 즉시 기관장에게 보고하여야 한다.
9. 강우·강설시에는 담당구간을 수시로 순회하여 도로피해 또는 노면결빙의 우려가 있는 곳은 현지조치 등 적절한 예방대책을 강구하고, 피해가 발생하였을 때에는 즉시 그 상황을 기관장에게 보고하여야 한다.
10. 차량통행에 지장이 있는 장애물은 즉시 제거하여야 한다.
11. 제1호부터 제10호까지외의 시설물의 유지·관리도 철저히 하여야 한다.

제17조(국도관리원의 근무요령) ① 국도관리원은 근무시간 중에는 반드시 국도관리원복을 입고 작업도구를 지녀야 하며, 근무위치를 표시하는 깃발을 세워야 한다.
② 국도관리원은 배치된 작업장을 정당한 이유없이 벗어나서는 안된다.
③ 국도관리원은 근무시간외에도 수해·설해·산사태등 재해가 발생하여 기관장이 근무를 지시하는 때에는 근무할 의무를 진다.

제18조(안전관리자 임명) ① 기관장은 국도의 유지·보수공사현장의 안전

관리를 위하여 안전관리자를 두어야한다.
② 제1항에 따른 안전관리자는 국토관리사무소에서 직접 시행하는 유지·보수의 경우에는 소속직원중에서 임명하고, 도급으로 시행하는 유지·보수의 경우에는 도급자로 하여금 선임하도록 하여야 한다.
③ 안전관리자는 항상 공사현장내의 안전사항을 점검하여 사고예방을 철저히 하여야한다.

제19조(작업현장의 교통관리) 기관장은 국도의 유지·보수공사현장의 원활한 교통소통을 위하여 제7조에 따른「도로 공사장 교통관리지침」에 따라 교통관리를 하여야 한다.

제20조 삭제 <2013. 8. >

제4장 도로이용불편신고센터

제21조(도로이용불편신고센터 설치 및 운영) 기관장은 도로이용자들이 도로이용과 관련된 불편사항을 신고할 수 있도록 도로이용불편신고센터(이하 "신고센터"라 한다)를 설치하고 다음 각 호에 따라 운영하여야 한다.
 1. 도로이용불편사항의 신고가 있을 경우에는 즉시 시정하거나 기타 필요한 조치를 취하고, 그 결과를 신고인에게 알려야 한다.
 2. 신고센터에 별지 제1호서식에 따른 도로이용불편신고대장을 갖추고 두고 신고내용과 조치내용을 기록하고 유지하여야 한다
 3. 신고센터의 운영이 활성화 될 수 있도록 정기적인 홍보 등 필요한 조치를 강구하여야 한다.

제22조(신고센터 운영실적 보고) ① 기관장은 신고센터 운영실적을 반기별로 반기 다음 달 10일까지 별지 제2호서식에 따른 도로이용불편신고센터운영실적보고서를 작성하여 청장에게 보고하여야 한다.
② 청장은 제1항에 따른 보고서를 취합하여 반기 다음 월 15일까지 장관에게 보고하여야 한다.

제23조(명예도로관리위원) ① 기관장은 도로의 유지·관리에 대한 의견을 듣고 도로이용불편사항, 도로적설상황 및 도로교통소통상황 등을 파

악하기 위하여 20명이내로 명예도로관리위원을 둘 수 있다.

② 제1항에 따른 명예도로관리위원은 다음 각 호의 자 중에서 위촉한다.
  1. 관할국도 인근마을의 이장
  2. 관할구역내에 거주하면서 도로관리업무에 종사한 경험이 있는 자
  3. 관할구역내의 노선버스 운전자 또는 모범택시운전자
  4. 기타 관할구역내 주민으로부터 신망이 두터운 자

③ 제2항에 따라 명예도로관리위원으로 위촉된 자에게는 예산의 범위에서 일정액의 활동비를 지급할 수 있다.

④ 명예도로관리위원의 운용에 관한 세부사항은 현지실정에 맞도록 기관장이 정한다.

제5장 장비의 운용

제24조(장비의 도색 및 번호표시) 기관장은 소관 장비 중 굴삭기, 덤프트럭 등 작업용 장비는 오렌지색으로, 과적단속차량은 「차량의 운행제한 규정」 제14조제12항에 따라 각각 도색하고, 별도로 지정하는 고유번호를 표시하여 운용·관리 하여야 한다.

제25조(관리문서 비치) 기관장은 「물품관리법」에 따른 관련문서를 비치·관리하여야 한다. 다만, 다음 각 호의 항목이 전산화 되어 당해 전산프로그램에 입력·관리하는 경우에는 그러하지 아니하다.
  1. 별지 제3호서식에 따른 장비이력대장
  2. 자동차 등록증
  3. 건설기계 등록증

제26조(관리전환) 기관장은 도로유지·보수업무 수행상 필요에 따라 장비를 관리전환하려면 장관의 승인을 받아야 한다.

제27조(장비인수 결과보고) 기관장은 장비를 구입 하거나 관리전환 등으로 장비를 인수한 때에는 10일 이내에 청장 및 장관에게 별지 제4호서식에 따른 장비인수보고 및 별지 제5호 서식에 따른 장비관리전환보고를 하여야 한다.

제28조(작업 또는 운행지시) 기관장은 장비에 대한 작업 또는 운행을 지시할 때에는 별지 제6호 서식에 따른 장비운행지시서를 작성하고 그 내용을 기록하고, 유지하여야 한다.

제29조(조종일지의 비치) 기관장은 별지 제7호 서식에 따른 장비조종(운행)일지를 작성하여 장비의 일일작업 또는 운행내용을 기록하고, 유지하여야 한다.

제30조(장비운용실적 기록 유지) 기관장은 매월 별지 제8호 서석에 따른 장비운용실적을 작성하고 그 내용을 기록하고, 유지하여야 한다.

제31조(목적외 사용금지) 장비는 국도유지보수사업 및 이에 수반한 업무에 한정하여 사용하여야 한다. 다만, 제34조에 따라 장비를 지원하거나, 장관의 지시가 있을 경우 또는 미리 장관의 승인을 받은 경우에는 그러하지 아니한다.

제32조(유류의 지급기준) 기관장은 장비에 사용하는 연료 및 운활유 등의 유류를 장비 및 지역특성 등을 고려하여 적정하게 지급하여야 한다.

제6장 관급대여 및 지원

제33조(관급대여) ① 기관장은 임대 또는 도급공사 등의 계약에 따라 자체보유 장비를 임대하거나 도급계약자(이하 "상대계약자"라 한다)에게 관급으로 대여할 경우에는 상대계약자로부터 사업목적, 작업내용, 작업용도, 장비명, 규격, 대수, 지원기간 및 작업장소 등이 적힌 장비관급대여청구서를 받아 검토 후 조치하여야 한다.

② 기관장은 제1항에 따른 장비를 대여할 때에는 제28조에 따라 조치하여야 한다.

제34조(장비지원) ① 기관장은 지방자치단체의 장이 다음 각 호의 사업을 위하여 장비의 지원을 요청한 때에는 장비를 일시 지원할 수 있다.
 1. 수해, 한해, 설해 등 재해복구사업
 2. 지자체가 관리하는 교량의 점검

② 제1항에 따라 장비를 지원하고자 할 때에는 지방자치단체의 장으로부터 사업목적, 작업내용, 작업용도, 장비명, 규격, 대수, 지원기간 및 장소 등이 적힌 장비지원요청서를 받아야 하며, 장비지원시에는 작업내용, 작업용도, 장비명, 규격, 대수, 기간 및 조종원 성명 등을 구체적으로 밝힌 지원승인내용을 요청기관에 알려야 한다.

제35조(지원장비의 관리) ① 기관장은 제34조에 따라 지원한 장비의 모든 관리책임에 대하여는 지원받은 기관의 장이 지도록 하여야 한다. 다만, 자동차보험과 관련된 사고에 대하여는 보험처리가 가능하도록 협조하여야 한다.

② 기관장은 지원기간 중 장비운용에 필요한 유류와 장비조종원의 숙식비(국내여비 규정에 따른 여비를 말한다) 및 타이어 수선 등 경미한 현장수리비는 지원받은 기관에서 부담하는 것을 원칙으로 한다. 다만, 재해복구를 위하여 지원하는 경우에는 장비지원기관에서 부담할 수 있다.

제36조(지원실적보고등) ① 지원장비의 조종원은 지원기간중 장비조종일지를 매일 작성하여 지원받은 기관의 공사감독관 또는 관리책임자의 확인을 받아야 한다.

② 기관장은 지원된 장비의 운용실적을 제30조에 따라 기록하고 유지하여야 한다.

제7장 기술검사

제37조(기술검사의 실시) ① 기관장은 장비를 효율적으로 사용하고 관리하기 위하여 다음 각 호의 기술검사를 실시하여야 한다.

1. 입고기술검사 : 제40조에 따른 중정비, 대정비를 위하여 정비고 등에 입고할 때에 실시하는 검사
2. 출고기술검사 : 제40조에 따른 중정비, 대정비 완료 후에 정비고 등에서 출고할 때에 실시하는 검사

3. 인수·인도기술검사 : 장비의 신규취득, 관리전환, 대여·반납, 지원 등 인계인수시에 실시하는 검사

② 제1항에 따른 기술검사는 별도로 정하는 별지 제9호 기술검사표에 따라 실시하여야 한다.

제38조(관리실태검사) 장관은 장비의 관리상태를 파악하기 위하여 필요하다고 판단되는 때에는 관리실태검사를 실시 할 수 있다.

제8장 장비의 정비

제39조(예방정비) ① 기관장은 장비의 고장을 미리 예방하고, 장비의 수명을 연장시키기 위하여 다음 각 호의 예방정비를 실시하여야 한다.

1. 일일정비 : 매일 작업 전, 작업 중, 작업 후 조종원이 별지 제7호서식 장비조종(운행)일지에 따라 실시하는 정비
2. 주간정비 : 차량 및 건설기계를 매주 1회 이상 정비사의 도움을 받아 별지 제10호서식 주간정비작업표에 따라 조종원이 실시하는 정비
3. 월간정비 : 차량 및 건설기계를 매월 1회 이상 조종원의 도움을 받아 별지 제11호서식 월간정비작업표에 따라 정비사가 실시하는 정비

② 기관장은 제1항에 따른 주간 및 월간 예방정비를 위하여 장비별로 월간정비계획표를 작성하고 그에 따라 정비하여야 한다.

제40조(정비의 구분) 장비에 대한 정비는 정비내용에 따라 다음 각 호와 같이 구분한다.

1. 소정비
   점검, 주유, 조정, 청소, 윤활유와 간단한 소부속품의 교환정비 등 일일 또는 주간정비
2. 중정비
   브레이크, 스프링, 유압모터, 디퍼렌셜 등 비교적 중요한 결합체에 대한 교환이나 분해수리로서 1이상 2이하 개소의 부분적인 고장개소의 정비

3. 대정비
      엔진, 토크컨버터, 변속기, 메인유압펌프 등 주요부품의 완전 분해수리 또는 중정비에 속하는 정비개소를 동시에 여러 개소 실시하는 정비

제41조(연간 정비계획의 수립) 기관장은 해당년도 예산이 배정된 날부터 15일 이내에 모든 장비 중 대정비가 필요한 장비는 별지 제12호서식에 따른 연간장비정비계획을 수립하고 시행하여야 한다.

제42조(외주정비) ① 기관장은 고장이 발생한 장비를 자체적으로 정비할 수 없다고 판단되거나, 부득이 한 경우에는 이를 정부가 허가한 정비업체에 의뢰하여 정비하게 할 수 있다.
   ② 기관장이 제1항에 따라 장비를 외주 정비하는 경우에는 검사관을 임명하여 정비작업과정을 확인하게 하여야 한다.

제43조(정비작업의 기록유지) ① 기관장은 정비사가 수행한 일일정비작업 내용을 별지 제13호서식에 따른 정비작업일지에 기록하고, 유지하여야 한다.
   ② 기관장은 자체정비 또는 외주정비가 완료된 중정비, 대정비 작업에 대하여 별지 제14호서식에 따른 정비작업완료 결과를 기록하고, 유지하여야 한다.

제44조(운용 및 정비 실적기록 유지) 기관장은 장비별로 장비운용 및 정비실적등을 별지 제3호서식 장비이력대장에 기록하고, 유지하여야 한다.

제9장 부속품

제45조(관리문서의 비치) 기관장은 「물품관리법」에 따른 관련문서를 비치·관리하여야 하며, 특히 다음 각 호의 물품관리문서를 갖추어 두어야 한다. 다만, 다음 각 호의 항목이 전산화 되어 당해 전산프로그램에 입력·관리하는 경우에는 그러하지 아니하다.
   1. 별지 제15호서식에 따른 부속품관리 및 출납카드
   2. 별지 제16호서식에 따른 소모품관리 및 출납카드

3. 별지 제17호서식에 따른 부속품 재고현황
4. 별지 제18호서식에 따른 부속품 청구·출급증 및 반납·인수증
5. 별지 제19호서식에 따른 수입보고서

제46조(부속품의 관리전환) 기관장은 부속품 수급상 필요하다고 판단될 때에는 국토관리사무소 상호간에 부속품을 관리전환 할 수 있다.

제10장 보 칙

제47조(망실 또는 훼손보고) ① 물품출납공무원 또는 물품운용관은 관리하는 장비가 망실 또는 훼손되었을 때에는 지체없이 그 내용을 「물품관리법 시행령」 제47조제1항에 따라 기관장에게 보고하여야 한다.
② 분임물품관리관은 물품출납공무원 또는 물품운용관으로부터 제1항에 따른 장비의 망실 또는 훼손사실을 보고받은 때에는 지체없이 물품관리관에게 그 내용을 알려야 한다.
③ 물품관리관은 그 소관장비의 망실 또는 훼손 사실이 발생한 때에는 내용을 장관에게 보고하고, 필요한 조치를 하여야 한다.

제48조(불용결정) 기관장이 운용 또는 관리하고 있는 장비를 불용결정하려면 「물품관리법」 제35조에서 정하는 바에 따라 조치하되, 폐품장비는 기관장이 불용결정 및 처분하고, 그 결과를 장관에게 보고하여야 한다. 다만, 불용결정 대상장비가 장비수급계획에 반영되지 않은 장비인 경우에는 장관의 사전승인을 받아야 한다.

제49조(전산프로그램 운용 및 관리) 기관장은 다음 각 호에 대하여 전산으로 기록하고 유지관리 하여야 한다.
1. 별지 제3호서식에 따른 장비이력대장
2. 별지 제4호서식에 따른 장비인수보고
3. 별지 제5호서식에 따른 장비관리전환보고
4. 별지 제6호서식에 따른 장비운행지시서
5. 별지 제7호서식에 따른 장비조종(운행)일지
6. 별지 제8호서식에 따른 장비운용실적
7. 별지 제9호서식에 따른 기술검사표

8. 별지 제10호서식에 따른 주간정비 작업표
   9. 별지 제11호서식에 따른 월간정비 작업표
   10. 별지 제12호서식에 따른 연간장비정비계획
   11. 별지 제13호서식에 따른 정비작업일지
   12. 별지 제14호서식에 따른 정비작업완료보고서
   13. 별지 제15호서식에 따른 부속품관리 및 출납카드
   14. 별지 제16호서식에 따른 소모품관리 및 출납카드
   15. 별지 제17호서식에 따른 부속품재고현황
   16. 별지 제18호서식에 따른 부속품청구·출급증 및 반납·인수증
   17. 별지 제19호서식에 따른 수입보고서
   18. 별지 제20호서식에 따른 부속품수급실적
   19. 별지 제21호서식에 따른 부속품수입현황
   20. 별지 제22호서식에 따른 부속품출급현황
   21. 별지 제23호서식에 따른 고정식축중계 고장·수리 관리대장

제50조(재검토기한) 「훈령·예규 등의 발령 및 관리에 관한 규정」(대통령 훈령 제248호)에 따라 이 훈령을 발령한 후의 법령이나 현실 여건의 변화 등을 검토하여 이 훈령의 폐지, 개정 등의 조치를 하여야 하는 기한은 2015년 8월 23일까지로 한다.

부 칙 <제370호, 2009.8.24>

제1조(시행일) 이 훈령은 2009년 8월 24일부터 시행한다.
제2조(종전 훈령의 폐지) 종전의 「국도유지·보수운영규정」(건설교통부 훈령 제426호)는 폐지한다.

부 칙 <제163호, 2013.4.30>

이 훈령은 발령한 날부터 시행한다.

부 칙 <제9999호, 2013.8.29>

이 규정은 2013. 8. 29일부터 시행한다.

[별지 제1호서식] 도로이용불편신고대장
[별지 제2호서식] 도로이용불편신고센타 운영실적 보고서
[별지 제3호서식] 장비 이력 대장
[별지 제4호서식] 장비인수보고
[별지 제5호서식] 장비관리전환보고
[별지 제6호서식] 장비운행지시서
[별지 제7호서식] 장비조종(운행)일지
[별지 제8호서식] 장비운용실적
[별지 제9호서식] 기술검사표(TECHNICAL INSPECTION REPORT)
[별지 제10호서식] 주간정비 작업표
[별지 제11호서식] 월간정비 작업표
[별지 제12호서식] 장비정비계획
[별지 제13호서식] 정비작업 일지
[별지 제14호서식] 정비작업 완료보고
[별지 제15호서식] 부속품 관리 및 출납카드
[별지 제16호서식] 소모품관리 및 출납카드
[별지 제17호서식] 부속품재고현황
[별지 제18호서식] 부속품 청구·출급증 및 반납·인수증
[별지 제19호서식] 수입보고서
[별지 제20호서식] 부속품수급실적
[별지 제21호서식] 부속품수입현황
[별지 제22호서식] 부속품출급현황
[별지 제23호서식] 고정식 축중계 고장·수리 관리대장

<별지 제1호서식>

도로이용불편신고대장

연번	접수일 (접수자)	신고 방법	신고자		신고내용	조치결과 (계획)	회신 일자	결재	비 고
			성명 (전화)	주 소					

<별지 제2호서식>

도로이용불편신고센터 운영실적 보고서

금회/누계

○ 접수 및 처리 현황(00.00.00 ~ 00.00.00)

사무 소별	접수현황					처리현황		
	계	우편	전화	전송	기타	완료	이송	조치중
계								
본청								
○○국도								
○○국도								
○○국도								

○ 유형별 불편사례 현황

금회/누계

불편사례	사무소별				
	계	본청	○○국도	○○국도	○○국도
계					
1. 샛길 등 배수로 정비					
2. 보정도, 파손(균열, 손상방향, 포트홀등) 보수					
3. 횡단보도 및 교차로개선, 정비					
4. 잇단(포장,보강공수신,마손					
5. 낙석, 토사제거					
6. 가드레일 설치, 정비					
7. 차선도색 및 노면표지 정비					
8. 전호담으로 이용불편(차단도,신호)					
9. 가속방지턱 설치, 제거					
10. 버스방지책 설치, 제거					
11. 우회도로전환 및 거치대 설치					
12. 도로안전시설 설치, 정비					
13. 안도 및 보도 설치, 정비					
14. 교통단속 지도단속					
15. 도로 및 교통안전표지 설치,정비					
16. 교통사고 신고					
17. 연출단지 정비					
18. 교통섭 하자 수정					
19. 반속시선 설치					
20. 신호기 설치, 정비					
21. 잠초제거					
22. 선형개량 요구					
23. 구조물(교량 등)공원 등, 마손					
24. 노면방호, 차선 등					
25. 기타					

<별지 제3호서식>

장비 이력 대장

정부물품분류번호 :
규   격 :
등 록 번 호 :
등 록 일 자 :
형   식 :
차   종 :
차   령 :

장 비 명 :
고 유 번 호 :
제 작 회 사 :
장비 취득 금액 :
차대 일련 번호 :
연   식 :

1. 원동기

구분 용도	제작회사	형 식	일련번호	실린더수	정격출력		직경 X 행정(mm)	비고
					PS	RPM		
주기계								
보조기계								

2. 장비주요제원

형식승인번호		승차정원	명	
길이	mm	최대적재량	kg	
너비	mm	연료종류		
높이	mm	연비	Km/L	
중중량	Kg	차대번호		
배기량	cc	냉각수용량	L	
정격출력	ps			

		타이어규격(전륜)		L
		타이어규격(후륜)		L
		주행구동방식		
		변속기운활유용량		L
		연료탱크용량		L
		유압계통유압유용량		L
		밧데리(V,AH,EA)	V AH	EA

3. 부수품

연번	명칭	제작회사	형식	규격	비고

4. 참고사항

	취득일자	취득구분	취득가격	관련문서	납품자
취득					
	처분일자	처분사유	처분방법	처분금액	관련문서	처분처
처분						

5. 장비운용실적   장비번호 :

<table>
<tr><th colspan="2">운용기간</th><th colspan="2">가동실적</th><th colspan="5">업무종류</th><th colspan="2">연료
사용량</th><th colspan="2">엔진유
사용량</th><th colspan="2">기어유
사용량</th><th colspan="2">구리스
사용량</th><th colspan="2">기타
사용량
(타이어,
샷날등)</th><th>조
정
비</th><th colspan="2">계</th></tr>
<tr><td>년도</td><td>월</td><td></td><td></td><td>순찰
업무
도로법인
정비</td><td>도로
정비
구조물
정비점검</td><td>시설물
정비
차량운행
제한단속</td><td></td><td></td><td></td><td>금액</td><td></td><td>금액</td><td></td><td>금액</td><td></td><td>금액</td><td></td><td>금액</td><td></td><td colspan="2">금액</td></tr>
<tr><td></td><td></td><td></td><td></td><td>하천
정비
장비
관리</td><td>제설
작업
민원처리
업무</td><td>수해복구
작업
기타
업무</td><td></td><td></td><td></td><td></td><td></td><td></td><td></td><td></td><td></td><td></td><td></td><td></td><td></td><td colspan="2"></td></tr>
<tr><td></td><td></td><td></td><td></td><td></td><td></td><td></td><td></td><td></td><td></td><td></td><td></td><td></td><td></td><td></td><td></td><td></td><td></td><td></td><td></td><td colspan="2"></td></tr>
<tr><td></td><td></td><td></td><td></td><td></td><td></td><td></td><td></td><td></td><td></td><td></td><td></td><td></td><td></td><td></td><td></td><td></td><td></td><td></td><td></td><td colspan="2"></td></tr>
<tr><td></td><td></td><td></td><td></td><td></td><td></td><td></td><td></td><td></td><td></td><td></td><td></td><td></td><td></td><td></td><td></td><td></td><td></td><td></td><td></td><td colspan="2"></td></tr>
<tr><td></td><td></td><td></td><td></td><td></td><td></td><td></td><td></td><td></td><td></td><td></td><td></td><td></td><td></td><td></td><td></td><td></td><td></td><td></td><td></td><td colspan="2"></td></tr>
<tr><td></td><td></td><td></td><td></td><td></td><td></td><td></td><td></td><td></td><td></td><td></td><td></td><td></td><td></td><td></td><td></td><td></td><td></td><td></td><td></td><td colspan="2"></td></tr>
</table>

6. 정비실적

장비번호 :

년	월	일	자체 및 위탁여부	정비구분	고장일자	착수일자	완료일자	인건비		부속품비	기타 소재비	정비비 소계	정비내역	정비시까지 거리(시간) 계
								자체	외주					

<별지 제4호서식>

장 비 인 수 보 고

1. 일반현황

물품명	정부물품분류번호	규격	차종또는기종	고유번호	최초취득일자	내용연수(년)	취득방법
제품명	회계명	형식	제작회사	등록번호	연식	취득금액(천원)	인수시계기(km, hr)

2. 특기사항

3. 사진대지

전 면	후 면
측 면	배 면

붙임 : 기술검사표 1부.

<별지 제5호서식>

장 비 관 리 전 환 보 고

1. 일반현황

물품명	정부물품 분류번호	규격	차종또는 기종	고유번호	최초 취득일자	내용연수 (년)	취득방법
제품명	회계명	형식	제작회사	등록번호	연식	취득금액 (천원)	인수시계기 (km, hr)

2. 특기사항

3. 인계인수사항
 ○ 인수(인도)일자 :
 ○ 인수(인도)장소 :
 ○ 인수자 : 소속   직위   성명   (인)
 ○ 인도자 : 소속   직위   성명   (인)

4. 사진대지

전 면	측 면

붙임 : 기술검사표 1부

<별지 제6호서식>

장비운행지시서

결재	담당	장비계장	과장	소장

작업일 :　　.　.　.　(　)　(　　)

작 업 종 류			노선명(호선)	작업장소	투 입 장 비			인원	
대분류	중분류	소분류			장비명	규격	고유번호	운전원	탑승자

<별지 제7호서식>

장비조종(운행)일지

날씨 :

결재	장비운용관	보수과장	소 장

장비명		규격		고유번호	

작업노선 및 장소		작 업 종 류		
노선명	작업장소	대분류	중분류	소분류

1. 작업시간총괄

총작업시간			실작업시간		휴 지 시 간				계기누계			
부터	까지	계	시	분	작업대기	정비시간	기타	계	구분	부터	까지	계

2. 작업시간총괄

	작업구간		작업시간			계기거리 또는 시간			연료및유류사용량	
	부터 : 까지		부터	까지	계	부터	까지	계	구분	사용량
작업내역										

3. 작업인원·사용자재 및 작업량

작 업 인 원				작 업 량	투 입 자 재
운전원	명	보수원	명		

4. 장비 일일 점검표

장비점검개소	상 태			정비개소·내역
	작업전	작업중	작업후	
1.조향장치,제동장치				
2.타이어및제동장치				
3.동력전달장치,주행장치				
4.부수장치등				

조종원 성명   ㊞   노선담당자또는 사용자   ㊞

<별지 제8호서식>

장비운용실적

사무소명 :

년 월 부터   년 월 까지

장비명	규격	고유번호	계	일상관리					일상유지보수			재해응급복구			실작업시간	운전경비(천원)					장비상각비
				순찰업무	도로정비	시설물정비	도로부대정비	구조물장비점검	차량운행관제단속	안전점검정비	하천정비	수해복구작업	장비관리	민원처리	기타업무	계	계	조종원노임	유류비	소모품비	
																	정비비(천원)	정비사노임	외주인건비	부속품비 기타재료비	

결재	계	계장	과장	소장

<별지 제9호서식>

기술검사표(TECHNICAL INSPECTION REPORT)

검사종류 :　　　　　　　　　　　　　　　　　　　　　　　　　　검사일자 :　　년　월　일

장비제원	기관제원
○ 장 비 명 : ○ 등록번호 : ○ 제작회사 : ○ 일련번호 : ○ 거리누계 :	○ 제작회사 : ○ 형 식 : ○ 일련번호 : ○ 실린더수 : ○ 정격출력 : ○ 밧데리 수량및용량 :

1. 일반사항(GENERAL)
   가. 운전전 정비상태　　　　　　( )
   나. 윤활유 주입상태　　　　　　( )
   다. 외관 상태　　　　　　　　　( )

2. 조향장치(POWER STEERING SYSTEM)
   가. 조향기어상태　　　　　　　 ( )
   나. 조향동력장치　　　　　　　 ( )
   다. 레버, 페달, 게이지상태　　 ( )
   라. 기타(　　　　　　　　　) ( )

3. 제동장치(BRAKE SYSTEM)
   가. 제동매압 및 연결부　　　　　( )
   나. 제동 라이닝 상태　　　　　　( )
   다. 공기탱크 및 압력게기상태　　( )
   라. 기타(　　　　　　　　　) ( )

4. 주행장치(CONTROL SYSTEM)
   가. 차륜의 상태　　　　　　　　( )
   나. 타이어 압력　　　　　　　　( )
   다. 기타(　　　　　　　　　) ( )

5. 기관(ENGINE)
   가. 엔진헤드상태　　　　　　　 ( )
   나. 엔진상태　　　　　　　　　 ( )
   다. 오일펌프　　　　　　　　　 ( )
   라. 오일필터　　　　　　　　　 ( )
   마. 래디에타　　　　　　　　　 ( )
   바. 쎌발모터　　　　　　　　　 ( )
   사. 소음기상태　　　　　　　　 ( )
   아. 연료계통　　　　　　　　　 ( )
   자. 기타(　　　　　　　　　) ( )

6. 완충장치(SUSPENSION SYSTEM)
   가. 스프링장치　　　　　　　　 ( )
   나. 기타(　　　　　　　　　) ( )

7. 동력전달장치(DRIVE SYSTEM)
   가. 마스터클러치　　　　　　　 ( )
   나. 트랜스밋숀　　　　　　　　 ( )
   다. 프로펠러샤프트　　　　　　 ( )
   라. 차동기　　　　　　　　　　 ( )
   마. 기타(　　　　　　　　　) ( )

8. 車體외부및운전상태(FRAME DRIVER CONDISION)
   가. 휀체상태　　　　　　　　　 ( )
   나. 점도우　　　　　　　　　　 ( )
   다. 운전석　　　　　　　　　　 ( )
   라. 기타(　　　　　　　　　) ( )

9. 등화장치(ELECTRIC SYSTEM)
   가. 차량등의 상태　　　　　　　( )
   나. 속도계 계기상태　　　　　　( )
   다. 경음기 및 후사경상태　　　　( )
   라. 기타(　　　　　　　　　) ( )

10. 유압장치(HYDRAULIC SYSTEM)
    가. 유압작동상태　　　　　　　( )
    나. 유압밸브 및 실린더상태　　( )
    다. 기타(　　　　　　　　　) ( )

11. 전자제어장치(ELECTRON SYSTEM)
    가. 검지기 및 조정장치　　　　( )
    나. 기타(　　　　　　　　　) ( )

12. 기타사항(MISCELLANEOUS SYSTEM)
    가. (　　　　　　　　　　　) ( )
    나. (　　　　　　　　　　　) ( )

비고 및 특기사항

조종원	검사원	입회자

<별지 제10호서식>

주간정비 작업표

년   월   일

결재	조종원	계 장	과 장	소 장

장비명		규격		고유번호	
등록번호		정비일자		거리및시간누계	

정비점검내역

연번	점검 및 정비 부분	상태	비 고(소요 부속품 등)
1	각부 주유 및 조임상태		
2	공구 및 부수장치		
3	엔진오일 등 각종오일		
4	오일필터 등 각종 필터		
5	부동액, 휀밸트, 밧데리, 냉각수		
6	타이어		
7	드레그링크 및 타이롯드		
8	브레이크 및 주차브레이크		
9	마스터클러치, 스티어링 기어		
10	연료탱크		
11	각종메타 및 계기류		
12	프레임 및 기타용접개소		
13	기관작동상태		
14	휀벨트 등 각종벨트		
15			
16			
17			
18			
19			
20			
21			
22			
23			
24			
특기사항			

확인자 : 정비사   (인)

국도유지・보수운영에 관한 규정 575

<별지 제11서식>

월간정비 작업표
년 월 일

결재	정비사	계장	과장	소장

장비명		규격		고유번호	
등록번호		정비일자		거리및시간누계	

정비점검내역

연번	정비부분	상태	비고
1	각부 주유 및 조임상태		
2	공구 및 부수장치		
3	엔진오일 등 각종오일		
4	오일필터 등 각종 필터		
5	부동액, 밧데리, 냉각수		
6	타이어		
7	드레그링크 및 타이롯드		
8	브레이크 및 주차브레이크		
9	마스터클러치, 스티어링 기어		
10	연료탱크		
11	각종메타 및 계기류		
12	프레임 및 기타용접개소		
13	휀벨트 등 각종벨트		
14	노즐, 크랑크케이스, 벨브		
15	변속장치		
16	하부구동장치		
17	각부전기배선		
18	연료, 오일 등 각종펌프		
19	발전기 시동기		
20	유압계통		
21			
22			
23			
24			
25			
26			
27			
28			
29			
30			
31			
32			
특기사항			

확인자 : 조종원   (인)

<별지 제12호서식>

○○○○년도 장비정비계획

사무소명 :

결재	담당	계장	과장	소장

장비명	규격	고유번호	연식	가동실적 시간/거리 누계	정비실적(천원)		정비 및 수 정비계획			소요 정비비(천원)	정비방법(자체외주)	비고
					전년도	누계	소정비	중정비	대정비	계		

576

사무소명 :

장비명	규격	고유번호	연식	가동 실적 시간/거리 누계	정비실적(천원)		정 비 계 획					비고
					전년도	누계	계	정 비 횟 수		소요 정비비 (천원)	정비 방법 (자체외주)	
								소정비	중정비	대정비		

<별지 제13호서식>

정비작업 일지

년 월 일

결재	담당	계장	과장	소장

장 비 명	고유번호	운전원	작업내용	작업시간		실작업시간
				시작	종료	

근무시간		실작업시간		휴지시간	

부속품 및 유류사용 내역

연번	장비명	품 명	단위	수량	비고

정비사 :   ㊞
　　　　　　　　　㊞
　　　　　　　　　㊞

국도유지・보수운영에 관한 규정 579

<별지 제14호서식>

정비작업 완료보고

년   월   일

결재	담당	계장	과장	소장

장비명		규격		고유번호	
고장일자		착수일자		완료일자	
정비구분		증빙서번호		거리및시간 누계	

1. 정비비총괄

계	인 건 비			부속품비 및 소재비		
	소 계	자 체	외 주	소 계	부속품비	기타소재비

2. 정비내역

연번	정 비 부 분	공 수	공 임	산 출 근 거
1				
2				
3				
4				
5				
6				
7				
8				
9				
10				
11				
12				
13				
14				
15				
16				
17				
18				
19				
20				
21				
22				
23				

3. 정비작업 세부 내역

연번	구 분	품 명	규 격	수 량	단 가	금 액	비 고
1							
2							
3							
4							
5							
6							
7							
8							
9							
10							
11							
12							
13							
14							
15							
16							
17							
18							
19							
20							
21							
22							
23							
24							
25							
26							
27							
28							
29							
	부속품계						
	소재류계						
	총 계						

<별지 제15호서식>

부속품 관리 및 출납카드

정부물품분류번호		품명					카드번호			재고위치			고유번호	비고
규격		단위												
		수 입			출 급				재 고					
회계명		수량	단가	금액	수량	단가	금액	수량	단가	금액				
정리일자	정리구분	증빙서번호												

국도유지・보수운영에 관한 규정

<별지 제16호서식>

소모품관리및출납카드

정부물품분류번호	회계명	정리구분	증빙서번호	품명 규격 단위					카드번호				재고위치			비고
				수입			출				재고					
정리일자				수량	단가	금액	수량	단가	금액		수량	단가	금액	고유번호		

<별지 제17호서식>

부 속 품 재 고 현 황

작업일자 :　　년　월　일

정부물품분류번호	품 명	규 격	단위	재고수량	금 액	재고위치	카드번호	비고

<별지 제18호서식>

부속품 청구·출급증 및 반납·인수증

아래 물품을 청구·출급과 반납··인수를
승인함.
　　　년　　월　　일

결재	물품운용관 출납공무원	출납공무원	물품관리관

증빙서번호			규 격	청구 및 출급				고유번호	반납 및 인수				
연번	물품분류번호	품명		회계	수량	단가	금액		반납장비	상태	수량	사유	조치

〈별지 제19호서식〉

수입명령:제　　　　　　　　　호

수 입 보 고 서

회계명:　　　　　　　　　　　　　　예산과목:

연번	품명	종명	규격	단위	수량	단가	금액	구분	비고
1									
2									
3									
4									
5									
6									
7									
8									
9									
10									
11									
12									
13									
14									
15									
16									
17									
18									
19									
20									
21									
22									
23									
24									
25									
26									
27									
28									
29									
30									
계									

위의 물품을 인수하여 입고하였음을 보고합니다.

창고 책임자　성명　㊞
물품출납공무원　성명　㊞
카드기록원:

년　　월　　일

성명　㊞

<별지 제20호서식>

부 속 품 수 급 실 적

사무소명 :

연번	장비명	이월재고			년 월 일 부터 수 입				년 월 일 까지 출				현 재		
		품목	수량	금액	품목	수량	금액		품목	수량	금액		품목	수량	금액
1															
2															
3															
4															
5															
6															
7															
8															
9															
10															
11															
12															
13															
14															
15															
16															
17															
18															
19															
20															
21															
22															
23															
24															

<별지 제21호서식>

부속품수입현황

기간: 년 월 일부터 년 월 일까지

수입일자	정부물품분류번호	품명	규격	단위	수량	금액	비고

<별지 제22호서식>

부속품출급현황

기간 : 년 월 일부터 년 월 일 까지

출급일자	정부물품분류번호	품명	규격	단위	수량	단가	금액	고유번호	비고

<별지 제23호서식>

고정식 축충계 고장·수리 관리대장

연번	장비명	고유번호	형식 일련번호	접수일	고장현황		수리현황				사용 정문소	각(개) 번호
					문서번호	고장내역	수리업체	반문일자/회수일자	수리내역	금 액		

사설안내표지 설치 및 관리 지침

국토교통부예규 제36호, 2013.4.30, 일부개정
국토교통부(도로운영과), 044-201-3910

1. 목 적
   본 규정은 도로구역내에 설치하는 각종 사설안내표지의 규격, 설치 및 관리 등에 관하여 필요한 사항을 구체적으로 규정함으로써 사설안내표지의 난립을 방지하고 도로이용자의 편의와 교통안전을 도모함을 목적으로 한다.

2. 사설안내표지의 정의
   사설안내표지는 주요 공공시설, 공용시설 또는 관광·휴양시설 등의 관리주체가 당해 시설물을 안내하기 위하여 도로구역 내에 설치하는 표지를 말한다.

3. 사설안내표지의 설치 대상
   다음 각호의 시설 중 당해 도로관리청이 다수의 도로이용자를 위한 안내표지가 필요하다고 인정하는 시설

   <표 6-1> 사설안내표지의 설치 대상

구 분	시설의 종류
산업·교통 분야	▪ 산업입지및개발에관한법률에의한 국가·일반·도시첨단산업단지 ▪ 유통산업발전법에 의한 공동집배송센터 및 대규모점포 ▪ 물류시설의개발및운영에관한법률에 의한 물류터미널 ▪ 농수산물유통및가격안전에관한법률에 의한 농수산물종합유통센터 ▪ 여객자동차운수사업법에 의한 여객자동차터미널 ▪ 항공법에 의한 공항 ▪ 항만법에 의한 지정항만 및 지방항만 ▪ 철도사업법에 의한 역 ▪ 주차장법에 의한 노외주차장 ▪ 도로법령에 의거 도로연결허가를 받은 휴게소(대형승합차 10대이상의 부설주차장을 갖춘 관광휴게시설에 한함)

관광·휴양 분야	▪ 관광진흥법에 의한 관광지 ▪ 온천법에 의한 온천원보호지구 ▪ 국토의계획및이용에관한법률에 의한 유원지 ▪ 도시공원및녹지등에관한법률에 의한 규모 1만m^2 이상의 공원 ▪ 문화재보호법에 의한 시·도지정문화재 또는 문화재자료로 지정된 건축물, 사적지, 명승지 등 관광명소 ▪ 관광진흥법에 의한 전문휴양업, 종합휴양업 또는 종합유원시설업으로 등록된 관광시설 ▪ 개별법에 근거한 농촌체험마을 등의 체험마을
공공·공용 분야	▪ 국가기관, 지방자치단체, 공공기관의 운영에 관한 법률에 의한 공공기관 ▪ 국가 또는 지방자치단체가 국민생활의 복지증진을 위하여 설치하는 공공·문화체육시설(도서관, 시민회관, 종합운동장 등) ▪ 박물관 및 미술관 진흥법에 의거 등록된 제1종 박물관 및 미술관 ▪ 종합사회복지관 ▪ 초중등교육법 또는 고등교육법에 의한 학교 및 유아교육법에 의한 유치원 ▪ 대사관, 영사관 등 주한 외국공관 및 국제기구 ▪ 장사등에관한법률에 의한 공설묘지·공설화장시설·공설봉안시설 및 같은 법 제14조제1항제4호의 묘지 ▪ 사단법인 또는 재단법인으로 등록된 종교단체의 사찰, 성단, 교회, 순교기념지로써 당해시설물이 500m^2이상 ▪ 체육시설의 설치·이용에 의한 등록체육시설 ▪ 청소년활동진흥법에 의한 청소년수련원, 청소년야영장 및 유스호스텔 ▪ 관광진흥법에 의한 관광호텔 및 휴양콘도미니엄 ▪ 주택법에 의한 300세대 이상의 공동주택

4. 적용기준 및 적용범위

가. 사설안내표지는 이를 설치하고자 하는 시설의 관리주체 또는 소유자가 당해 도로를 관리하는 도로관리청의 허가를 받아 설치하되, 도로구역내의 사설안내표지는 이용자의 편의제공 및 교통안전과 밀접한 관계가 있으므로 극히 제한적으로 설치 허가해야 한다.

나. 법 제24조에 의한 도로구역내에서 사설안내표지를 설치하고자 할

때 본 규정을 적용한다. 단 자동차 전용도로에는 사설안내표지를 설치할 수 없다.
다. 공공시설물에 대한 안내표지로서 전국적으로 통일된 기준을 정하여 운영하는 경우에는 표지판의 형태, 도안, 색상, 상징그림 등에 대해 당해 기준에 따라 설치할 수 있다. 단, 주변환경 및 교통안전, 미풍양속에 저해되지 않아야 한다.

5. 사설안내표지의 크기

가. 사설안내표지의 크기는 시설물의 종류·특성 및 외래이용객을 위한 부설주차장의 규모에 따라 도로관리청의 판단에 의해 아래의 기준 이하의 규격으로 설치 허가하여야 한다.
  ○ 1,200㎜×850㎜ : 국가기관 및 지방자치단체(광역시·도, 군·구청)
  ○ 1,200㎜×550㎜ : 사설안내표지판을 단독으로 설치시
  ○ 1,200㎜×350㎜ : 사설안내표지판을 연립으로 설치하는 경우
나. 글자수가 비교적 많아서 정해진 규격에 표기하기 어려운 경우나, 당해 도로관리청이 안내하고자 하는 시설의 특성 및 규모상 필요하다고 인정하여 규격확대가 필요한 경우에는 표지판의 가로·세로의 규격을 20% 내외에서 조정할 수 있다. 단, 도시지역 외의 지역에 위치한 왕복 4차로 이상의 도로변에 사설 관광지표지를 설치하는 경우에는 도로관리청의 판단에 따라 표지판의 가로·세로 규격을 50% 범위내에서 확대할 수 있다.

6. 사설안내표지의 색상 및 조명

가. 표지판의 바탕색상은 규칙에 정한 녹색, 청색 등 각종 도로표지의 색상과 혼동을 일으킬 우려가 있는 색채나 적색을 사용하여서는 안된다. 또한 관광시설을 안내하는 경우에는 관광지표지와 동일한 갈색 바탕의 표지판(이하 '사설관광지표지'라 한다)을 사용하여야 한다.
나. 지주 및 표지판의 바탕 또는 글씨에 교통안전을 위해 야광 도료나 반사지를 사용하여서는 안된다. 단, 관공서 등 공공시설 안내표지

및 사설관광지표지는 필요에 따라 사용할 수 있다.
다. 간판의 조명을 사용하여서는 안된다.
라. 관공서 등의 공공시설은 흰색바탕에 청색글자를 사용하는 것을 원칙으로 한다.
마. 지주는 일반표지의 지주와 동일한 검은 회색 또는 스텐재질을 사용한다.

7. 안내문안 및 도안
  가. 표지판의 안내문안은 시설(지역)명, 상징마크, 방향 및 거리 이외의 문자를 표기하여서는 안된다.
  나. 표지판의 도안과 색상은 설치하고자 하는 자의 신청에 의하여 당해 도로관리청이 미관·풍치를 저해하지 않는 범위내에서 허가한다.
  다. 상징마크의 경우 기술표준원에서 고시된(KS A 0901) 시설관련 상징그림 사용을 원칙으로 한다.

8. 설치장소 및 표시방법
  가. 사설안내표지의 설치장소는 도로표지의 기능발휘에 방해하지 않도록 선정하고, 특히 보행인의 통행에 불편을 초래하지 않는 장소에 설치한다.
  나. 사설안내표지는 안내하고자 하는 시설의 주요 진입로(사도 등)와 도로법상의 도로가 만나는 교차점 주변의 도로변에 1개소에 한하여 설치할 수 있다. 단, 왕복 4차로 이상인 도시지역 외의 지역의 도로에서는 교차점 전방 200~250m 지점의 양측 도로변에 각 1개소의 진입로 예고표지를 추가 설치할 수 있다.
  다. 나목의 규정에도 불구하고 도시지역 외의 지역에 위치한 사설관광지표지의 경우에는 당해 관광명소 또는 관광시설 로부터 반경 10km 범위내에서 주요 진입로와 동급 이상의 도로가 교차되는 지점에 주행방향별로 각 1개소씩 추가 설치할 수 있다. 단, 최대 5개소를 초과할 수 없다. 도시지역 내에 위치한 사설관광지표지는 당해 관광지로부터 반경 5km 범위내에 있는 주요 진입도로의 교차점 등 적절한 위치에 5개소 이내로 주행방향의 오른쪽 길옆에 설치한다.

9. 설치방법
   가. 복주식 또는 편지식으로 복합설치하고, 시가지내에서는 편지식으로 설치할 수 있다.
   나. 동일지역내에 2개소 이상 시설이 있고 동일 진입로를 이용하는 경우와 동일장소에 2개 이상의 표지판을 설치하는 경우, 하나의 지주 이용 간판에 통합하여 연립으로 설치하여야 한다. 이 경우 1개의 표지판의 크기는 최소의 규격으로 설치하되 연립표지 전체의 크기는 주변경관과 지형지물을 감안하여 시설유형별 크기를 당해 도로관리청이 정한다.
   다. 지주를 이용하여 사설안내표지를 설치할 경우에는 규칙에서 정한 각종 도로표지의 기능을 저해하지 않도록 설치하여야 한다.
      (1) 건물밀집지역이 아닌 교외부에서는 길어깨 끝단보다 표지의 차도측 끝단이 차도 바깥쪽으로 최소한 50센티미터 이상 되도록 설치하여야 한다.
      (2) 보도가 설치된 시가지부에서는 측구를 포함한 포장면 끝단보다 표지의 차도측 끝단이 차도 바깥쪽으로 최소한 20센티미터 이상 되도록 설치하여야 한다.
      (3) 표지판의 높이는 표지의 하단부가 노면보다 최소한 2.5 m 이상 높게 설치하여야 한다.
      (4) 1), 2)의 규정에도 불구하고 기존도로의 길어깨 폭이 협소한 경우에는 변경하여 설치하되 차량이나 보행인의 통행에 지장을 초래하지 않도록 적정한 높이를 유지하여 설치하여야 한다.
   라. 지주를 이용하지 않는 특수형식의 사설안내표지는 차량이나 보행인의 통행에 지장을 초래하지 않는 범위내에서 적절히 설치하여야 한다.

10. 허가대상의 제한
    가. 본 규정 제2항에 해당되는 시설로서 공공성, 공익성 및 편리성이 있는 경우로만 제한하며 광고성이 내포되어 있는 사설안내표지는 허가하여서는 안된다.

11. 설치허가 절차

도로구역내의 사설안내표지의 설치허가는 법 제22조에 의거 당해도로를 관리하는 도로관리청이 하며, 허가절차는 법 제40조의 도로점용허가에 따른다.

12. 허가신청서 처리

가. 피허가자는 법 제40조에 의해 도로점용허가 신청서를 당해도로관리청에 제출하여야 한다.

나. 신청서를 접수한 당해 도로관리청은 현지를 조사하고 관련부서의 의견을 청취한 후 제4항에 의거 허가대상 사설안내표지인 경우에만 허가한다.

다. 도로관리청은 도로의 공사에 따른 철거 등 필요한 조건을 부여할 수 있고 필요한 경우 허가내용을 변경하여 허가할 수 있다.

라. 허가시에는 사설안내표지 허가번호를 부여하고 피허가자로 하여금 당해 표지판의 뒷면 우측(또는 좌측)하단에 허가받은 사항을 명시토록 하여야 한다.

  (1) 허가번호 부여 방법 : ○○ 시·군   94   95

  (허가행정청명)　(최초허가년도)　(그해의 허가일련번호)

  (2) 표기방법은 흰색바탕에 검정글씨로 <그림 6-1>과 같이 허가사항을 표기하여 육안으로 쉽게 볼 수 있도록 한다.

  (3) 설치방법은 도료를 사용하여 표기하거나 라벨 등 별도의 재료를 이용할 수 있으며, 그 크기는 15cm×10cm를 표준으로 하고 표지판의 크기·높이에 따라 적절히 조정할 수 있다.

<그림 6-1> 허가사항 표기방법

허가번호	과천시-00123
허가기간	'00.10.12.~'02.03.25
시 설 명	과천시립 도서관
표지규격	1,200mm x 300mm
전화번호	02-504-7717

마. 도로관리청은 도로점용료 부과 및 징수절차에 의거 점용료를 징수하여야 한다.

13. 사설안내표지의 관리
    가. 사설안내표지판의 관리는 노후, 탈색, 훼손 등 도로변 경관을 저해하지 않도록 피허가자가 관리하여야 한다.
    나. 사설안내표지의 내용을 변경하고자 할 때에는 당해 도로관리청의 허가를 받아야 한다.
    다. 도로관리청은 사설안내표지의 상태를 조사하여 유지관리가 불량한 경우에는 피허가자에게 시정조치를 요구하여야 하며, 피허가자가 이를 이행하지 않을 때에는 허가취소, 철거 등 제재를 가할 수 있다.

14. 사설안내표지에 대한 기록유지
    도로관리청은 본 규정에 의거 관내 사설안내표지의 설치 및 유지관리에 관한 제반사항을 사설안내표지대장 서식에 따라 작성하여 보존하여야 한다.

15. 도로관리청의 별도 관리지침 운영
    가. 도로관리청은 관내 도로구역내 사설안내표지의 연립설치가 용이하도록 통일된 지주형태 및 표지판과 지주와의 결합방법 등에 대한 표준 모델을 규정할 수 있다.
    나. 관내 시설 유형별 통일된 디자인을 적용하도록 할 경우 적색을 제외한 녹색 및 청색, 또는 오렌지색 등의 다양한 색상을 사용하게 할 수 있으며 도로관리청은 지주의 난립을 방지하기 위해 도로시설물 관리자와 협의하여 벽, 가로등 등의 지주를 활용하도록 유도할 수 있다.
    다. 도로관리청은 지역 특성에 따라 사설안내표지의 난립을 방지하기 위해 국토교통부에서 정한 허가대상, 설치방법 등에 대하여 추가 제한 규정을 설정하여 허가 할 수 있다.
    라. 도로관리청은 관내 도로구역 내에 이미 설치된 사설안내표지에 대한 개선 및 정비방안을 지속적으로 수립·관리하여야 한다.

16. 경과조치
  가. 이 규정의 시행전에 이미 설치 허가된 사설안내표지는 이 규정에 의한 사설안내표지로 본다.
  나. 도로관리청은 허가기간이 만료되어 재허가시에는 본 규정에 의거 설치허가 하여야 한다.

부　　칙 <제36호, 2013.4.30>

이 지침은 발령한 날부터 시행한다.

사설안내표지 설치 및 관리지침 599

[별첨] 사설 안내표지대장

사설안내표지대장

<전면>

허가번호	00군-94-001					
설치위치	노 선 번 호			허가업자		
	도 시(군) 읍(면) 리 번지 시 구 동		피허가자	허가기간		
	지점 Km 시점에서 종점방향 종점에서 시점방향			성 명		
				주 소		
차도폭	m	길어깨(보도)의 폭 m	차도(보도)로 부터의 높이 m	표지판규격	가로/세로	색상
위치도	위치도			사진		

도시·군계획시설의 결정·구조 및 설치기준에 관한 규칙

국토교통부령 제22호, 2013.8.30., 일부개정
국토교통부(도시정책과), 044-201-3710

제1장 총 칙

제1조(목적) 이 규칙은 「국토의 계획 및 이용에 관한 법률」 제43조제2항의 규정에 의한 도시·군계획시설의 결정·구조 및 설치의 기준과 동법시행령 제2조제3항의 규정에 의한 기반시설의 세분 및 범위에 관한 사항을 규정함을 목적으로 한다. <개정 2005.7.1, 2012.6.28>

제2조(도시·군계획시설결정의 범위) ① 기반시설에 대한 도시·군관리계획결정(이하 "도시·군계획시설결정"이라 한다)을 함에 있어서는 당해 도시·군계획시설의 종류와 기능에 따라 그 위치·면적 등을 결정하여야 하며, 시장·공공청사·문화시설·도서관·연구시설·사회복지시설·장례식장·종합의료시설 등 건축물인 시설로서 그 규모로 인하여 특별시·광역시·특별자치시·시 또는 군(광역시의 관할구역에 있는 군을 제외한다. 이하 같다)의 공간이용에 상당한 영향을 주는 도시·군계획시설인 경우에는 건폐율·용적률 및 높이의 범위를 함께 결정하여야 한다. <개정 2012.6.28>

② 항만·공항·유원지·유통업무설비·학교(제88조제3호에 따른 학교로 한정한다) 및 운동장에 대하여 도시·군계획시설결정을 하는 경우에는 그 시설의 기능발휘를 위하여 설치하는 중요한 세부시설에 대한 조성계획을 함께 결정하여야 한다. 다만, 다른 법률에서 해당 법률에 따른 허가, 승인, 인가 등을 받음에 따라 「국토의 계획 및 이용에 관한 법률」 제30조에 따른 도시·군관리계획의 결정을 받은 것으로 의제되는 경우에는 그 시설의 기능발휘를 위하여 설치하는 중요한 세부시설에 대한 조성계획은 해당 도시·군계획시설사업의 실시계획 인가를 받기 전까지 결정할 수 있다.
<개정 2005.7.1, 2010.3.16, 2012.6.28>

③ 주차장, 공원, 녹지, 유원지, 광장, 학교, 운동장, 공공청사, 문화시설, 도서관, 청소년수련시설 및 종합의료시설을 다음 각 호의 어느 하나에 해당하는 지역 등 재해에 취약한 지역(이하 "재해취약지역"이라 한다)이나 그 인근에 설치하는 경우에는 저류시설 및 주민대피시설 등을 포함하여 도시·군계획시설결정을 할 수 있다. <신설 2012.10.31>

1. 「국토의 계획 및 이용에 관한 법률」 제37조제1항제5호에 따른 방재지구(이하 "방재지구"라 한다)
2. 「급경사지 재해예방에 관한 법률」 제2조제1호에 따른 급경사지(이하 "급경사지"라 한다)
3. 「자연재해대책법」 제12조에 따른 자연재해위험지구 및 같은 법 제16조에 따라 수립되는 풍수저감종합계획에서 자연재해의 발생 위험이 높은 것으로 평가된 지역

[제목개정 2012.6.28]

[시행일:2012.7.1] 제2조제1항 중 특별자치시 또는 특별자치시장에 관한 규정

제3조(도시·군계획시설의 중복결정) ① 토지를 합리적으로 이용하기 위하여 필요한 경우에는 둘 이상의 도시·군계획시설을 같은 토지에 함께 결정할 수 있다. 이 경우 각 도시·군계획시설의 이용에 지장이 없어야 하고, 장래의 확장가능성을 고려하여야 한다. <개정 2008.9.5, 2012.6.28>

② 도시지역에 도시·군계획시설을 결정할 때에는 제1항에 따라 둘 이상의 도시·군계획시설을 같은 토지에 함께 결정할 필요가 있는지를 우선적으로 검토하여야 하고, 공공청사, 문화시설, 체육시설, 도서관, 사회복지시설 및 청소년수련시설 등 공공·문화체육시설을 결정하는 경우에는 시설의 목적, 이용자의 편의성 및 도심활성화 등을 고려하여 둘 이상의 도시·군계획시설을 같은 토지에 함께 설치할 것인지 여부를 반드시 검토하여야 한다. <신설 2008.9.5, 2012.6.28, 2012.10.31>

[제목개정 2012.6.28]

제4조(입체적 도시·군계획시설결정) ① 도시·군계획시설이 위치하는 지역의 적정하고 합리적인 토지이용을 촉진하기 위하여 필요한 경우에는 도시·군계획시설이 위치하는 공간의 일부만을 구획하여 도시·군계획시설결정을 할 수 있다. 이 경우 당해 도시·군계획시설의 보전, 장래의 확장가능성, 주변의 도시·군계획시설 등을 고려하여 필요한 공간이 충분히 확보되도록 하여야 한다. <개정 2012.6.28>

② 제1항의 규정에 의하여 도시·군계획시설을 설치하고자 하는 때에는 미리 토지소유자, 토지에 관한 소유권외의 권리를 가진 자 및 그 토지에 있는 물건에 관하여 소유권 그 밖의 권리를 가진 자와 구분지상권의 설정 또는 이전 등을 위한 협의를 하여야 한다. <개정 2012.6.28>

③ 도시지역에 건축물인 도시·군계획시설이나 건축물과 연계되는 도시·군계획시설을 결정할 때에는 도시·군계획시설이 위치하는 공간의 일부만을 구획하여 도시·군계획시설결정을 할 수 있는지를 우선적으로 검토하여야 한다. <신설 2008.9.5, 2012.6.28>

④ 도시·군계획시설을 결정하는 경우에는 시설들을 유기적으로 배치하여 보행을 편리하게 하고 대중교통과 연계될 수 있도록 하여야 한다. <신설 2012.10.31>

[제목개정 2012.6.28]

제4조의2(도시·군계획시설을 통한 도시활성화) ① 도시지역에 도시·군계획시설결정을 하는 경우에는 도시재생계획과 연계하여 도시를 활성화시킬 수 있도록 하여야 한다.

② 도로 및 철도 등 교통시설은 토지이용계획을 고려하여 결정하고 교통 결절점(結節點)에는 이용빈도가 높은 시설을 배치하여 토지의 압축적 활용가능성을 높일 수 있도록 하여야 한다.

[본조신설 2012.10.31]

제5조(도시·군계획시설의 규모) 도시·군계획시설은 당해 지역 기능의 유지 및 증진에 기여할 수 있도록 장래의 수요 및 다른 시설의 대체활용

가능성 등을 고려하여 적정한 규모로 결정하여야 하며, 부당하게 과대하거나 과소한 규모로 결정하여서는 아니된다. <개정 2012.6.28, 2012.10.31>

[제목개정 2012.6.28]

제6조(건축물인 도시·군계획시설의 구조 및 설비) ① 건축물인 도시·군계획시설은 그 구조 및 설비가 「건축법」에 적합하여야 한다. <개정 2005.7.1, 2012.6.28, 2012.10.31>

② 국가 또는 지방자치단체가 설치하거나 소유하는 건축물인 시설로서 연면적 5천제곱미터 이상인 공공청사, 문화시설, 도서관, 사회복지시설 및 청소년수련시설은 「녹색건축물 조성 지원법」 제16조에 따른 녹색건축의 인증과 같은 법 제17조에 따른 건축물의 에너지효율등급 인증을 받아야 한다. <신설 2012.10.31>

[제목개정 2012.6.28]

제7조(장애인 등을 위한 편의시설) 도시·군계획시설에는 「장애인·노인·임산부 등의 편의증진보장에 관한 법률」이 정하는 바에 따라 장애인·노인·임산부 등을 위한 각종 편의시설을 우선적으로 설치하여야 한다. <개정 2004.12.3, 2012.6.28>

[제목개정 2004.12.3]

제8조(환경·문화·경관의 보호) ① 도시·군계획시설결정을 하는 경우에는 환경, 생태계 및 자연경관의 훼손을 최소화하여야 한다.

② 도시·군계획시설은 온실가스 배출량과 에너지소비량을 줄이고 친환경적인 도시를 만들 수 있도록 하여야 한다.

③ 도시·군계획시설은 역사적, 문화적 또는 향토적 가치가 있는 자원을 보전·육성할 수 있도록 결정하여야 한다.

④ 도시·군계획시설은 도시경관을 형성하는 주요 요소로서 주변 지역의 경관을 선도할 수 있도록 결정하여야 한다.

⑤ 도시·군계획시설은 설치되는 장소에 적합한 규모와 구조미를 갖추도록 하여 시각적인 연속성과 경관자원에 대한 조망을 확보하고 주변의 경관과 조화를 이루도록 결정하여야 한다.

[전문개정 2012.10.31]

제8조의2(도시안전 및 건강) ① 도시·군계획시설은 재해로 인한 도시·군계획시설물의 피해를 최소화하고 재해로부터 주변지역을 보호할 수 있도록 결정하여야 한다.

② 도시·군계획시설은 범죄 발생을 줄일 수 있는 구조로 설치하고 주민의 육체적·정신적 건강을 높일 수 있도록 하여야 한다.
[본조신설 2012.10.31]

제8조의3(자연상태의 물순환 회복) 도시·군계획시설은 불투수면(不透水面)에서 발생하는 빗물 유출을 최소화하여 자연상태의 물순환 회복에 이바지할 수 있도록 결정하여야 한다.
[본조신설 2013.8.30]

제2장 교통시설
제1절 도로

제9조(도로의 구분) 도로는 다음 각호와 같이 구분한다.
<개정 2004.12.3, 2005.10.7, 2010.10.14, 2012.6.28, 2012.10.31>
1. 사용 및 형태별 구분
   가. 일반도로 : 폭 4미터 이상의 도로로서 통상의 교통소통을 위하여 설치되는 도로
   나. 자동차전용도로 : 특별시·광역시·특별자치시·시 또는 군(이하 "시·군"이라 한다)내 주요지역간이나 시·군 상호간에 발생하는 대량교통량을 처리하기 위한 도로로서 자동차만 통행할 수 있도록 하기 위하여 설치하는 도로
   다. 보행자전용도로 : 폭 1.5미터 이상의 도로로서 보행자의 안전하고 편리한 통행을 위하여 설치하는 도로
   라. 보행자우선도로: 폭 10미터 미만의 도로로서 보행자와 차량이 혼합하여 이용하되 보행자의 안전과 편의를 우선적으로 고려하여 설치하는 도로
   마. 자전거전용도로 : 하나의 차로를 기준으로 폭 1.5미터(지역 상

황 등에 따라 부득이하다고 인정되는 경우에는 1.2미터) 이상의 도로로서 자전거의 통행을 위하여 설치하는 도로

바. 고가도로 : 시·군내 주요지역을 연결하거나 시·군 상호간을 연결하는 도로로서 지상교통의 원활한 소통을 위하여 공중에 설치하는 도로

사. 지하도로 : 시·군내 주요지역을 연결하거나 시·군 상호간을 연결하는 도로로서 지상교통의 원활한 소통을 위하여 지하에 설치하는 도로(도로·광장 등의 지하에 설치된 지하공공보도시설을 포함한다). 다만, 입체교차를 목적으로 지하에 도로를 설치하는 경우를 제외한다.

2. 규모별 구분

　가. 광로
　　(1) 1류 : 폭 70미터 이상인 도로
　　(2) 2류 : 폭 50미터 이상 70미터 미만인 도로
　　(3) 3류 : 폭 40미터 이상 50미터 미만인 도로

　나. 대로
　　(1) 1류 : 폭 35미터 이상 40미터 미만인 도로
　　(2) 2류 : 폭 30미터 이상 35미터 미만인 도로
　　(3) 3류 : 폭 25미터 이상 30미터 미만인 도로

　다. 중로
　　(1) 1류 : 폭 20미터 이상 25미터 미만인 도로
　　(2) 2류 : 폭 15미터 이상 20미터 미만인 도로
　　(3) 3류 : 폭 12미터 이상 15미터 미만인 도로

　라. 소로
　　(1) 1류 : 폭 10미터 이상 12미터 미만인 도로
　　(2) 2류 : 폭 8미터 이상 10미터 미만인 도로
　　(3) 3류 : 폭 8미터 미만인 도로

3. 기능별 구분

　가. 주간선도로 : 시·군내 주요지역을 연결하거나 시·군 상호간을 연결하여 대량통과교통을 처리하는 도로로서 시·군의 골격을

형성하는 도로
　나. 보조간선도로 : 주간선도로를 집산도로 또는 주요 교통발생원과 연결하여 시·군 교통의 집산기능을 하는 도로로서 근린주거구역의 외곽을 형성하는 도로
　다. 집산도로(集散道路) : 근린주거구역의 교통을 보조간선도로에 연결하여 근린주거구역내 교통의 집산기능을 하는 도로로서 근린주거구역의 내부를 구획하는 도로
　라. 국지도로 : 가구(가구 : 도로로 둘러싸인 일단의 지역을 말한다. 이하 같다)를 구획하는 도로
　마. 특수도로 : 보행자전용도로·자전거전용도로 등 자동차 외의 교통에 전용되는 도로

제10조(도로의 일반적 결정기준) 도로의 일반적 결정기준은 다음 각 호와 같다. <개정 2004.12.3, 2005.7.1, 2010.3.16, 2012.6.28, 2012.10.31>
1. 도로의 효용을 높이기 위하여 당해 도로가 교통의 소통에 미치는 영향이 최대화 되도록 할 것
2. 도로의 종류별로 일관성 있게 계통화된 도로망이 형성되도록 하고, 광역교통망과의 연계를 고려할 것
3. 도로의 배치간격은 다음 각목의 기준에 의하되, 시·군의 규모, 지형조건, 토지이용계획, 인구밀도 등을 감안할 것
　가. 주간선도로와 주간선도로의 배치간격 : 1천미터 내외
　나. 주간선도로와 보조간선도로의 배치간격 : 500미터 내외
　다. 보조간선도로와 집산도로의 배치간격 : 250미터 내외
　라. 국지도로간의 배치간격 : 가구의 짧은변 사이의 배치간격은 90미터 내지 150미터 내외, 가구의 긴변 사이의 배치간격은 25미터 내지 60미터 내외
4. 국도대체우회도로 및 자동차전용도로에는 집산도로 또는 국지도로가 직접 연결되지 아니하도록 할 것
5. 도로의 폭은 당해 시·군의 인구 및 발전전망을 감안한 교통수단별

교통량분담계획; 당해 도로의 기능과 인근의 토지이용계획에 의하여 정할 것
6. 차로의 폭은 「도로의 구조·시설기준에 관한 규칙」 제10조의 규정에 의할 것
7. 보도, 자전거도로, 분리대, 주·정차대, 안전지대, 식수대 및 노상공작물 등 필요한 시설의 설치가 가능한 폭을 확보할 것
8. 연석, 장애물 및 차선 등을 설치하여 차로, 보도 및 자전거도로 등으로 공간을 구획하는 경우에는 특정 교통수단 또는 이용주체에게 불리하지 아니하도록 공간 배분의 형평성을 고려할 것
9. 도로의 선형은 근린주거구역, 지역 공동체, 도로의 설계속도, 지형·지물, 경제성, 안전성, 향후의 유지·관리 등을 고려하여 정할 것
10. 도로가 전력·전화선 등을 가설하거나 변압기탑·개폐기탑 등 지상시설물이나 상하수도·공동구 등 지하시설물을 설치할 수 있는 기반이 되도록 할 것
11. 기존 도로를 확장하는 경우에는 원칙적으로 한쪽 방향으로 확장하도록 하고, 도로의 선형, 보상비, 공사의 난이도, 공사비, 주변 토지의 이용효율, 다른 공공시설과의 관계 등을 종합적으로 고려하며, 도로부지에 국·공유지가 우선적으로 편입되도록 할 것
12. 일반도로, 보행자전용도로 및 보행자우선도로의 경우에는 장애인·노인·임산부·어린이 등의 이용을 고려할 것
13. 보전녹지지역·생산녹지지역·보전관리지역·생산관리지역·농림지역 및 자연환경보전지역에는 원칙적으로 다음 각 목의 도로에 한정하여 설치하여야 한다.
   가. 당해 지역을 통과하는 교통량을 처리하기 위한 도로
   나. 도시·군계획시설에의 진입도로
   다. 도시·군계획사업 및 다른 법령에 의한 대규모 개발사업이 시행되는 구역과 연결되는 도로
   라. 지구단위계획구역에 설치하는 도로 및 지구단위계획구역과 연결되는 도로

마. 기존 취락에 설치하는 도로 및 기존 취락과 연결되는 도로
14. 개발이 되지 아니한 주거지역·상업지역 및 공업지역에는 지역개발에 필요한 주간선도로 및 보조간선도로에 한하여 설치하고, 주간선도로 및 보조간선도로외의 도로는 지구단위계획을 수립한 후 이에 의하여 설치할 것

제11조(용도지역별 도로율) ① 용도지역별 도로율은 다음 각 호의 구분에 따르며, 「도시교통정비 촉진법」 제15조에 따른 교통영향분석·개선대책, 건축물의 용도·밀도, 주택의 형태 및 지역여건에 따라 적절히 증감할 수 있다. <개정 2010.3.16, 2011.11.1>
1. 주거지역 : 20퍼센트 이상 30퍼센트 미만. 이 경우 주간선도로의 도로율은 10퍼센트 이상 15퍼센트 미만이어야 한다.
2. 상업지역 : 25퍼센트 이상 35퍼센트 미만. 이 경우 주간선도로의 도로율은 10퍼센트 이상 15퍼센트 미만이어야 한다.
3. 공업지역 : 10퍼센트 이상 20퍼센트 미만. 이 경우 주간선도로의 도로율은 5퍼센트 이상 10퍼센트 미만이어야 한다.

② 삭제 <2008.9.5>

제12조(도로의 구조 및 설치에 관한 일반적 기준) ① 도로의 구조 및 설치에 관한 일반적 기준은 다음 각호와 같다. <개정 2005.7.1, 2008.9.5, 2012.10.31, 2013.8.30>
1. 녹지지역·관리지역·농림지역 및 자연환경보전지역에는 녹지·우량농지·산림의 훼손과 생태계파괴를 최소화하기 위하여 환경친화적으로 설치하고, 향후 시·군의 개발여건을 고려할 것
2. 보행자의 안전과 교통소통을 촉진하기 위하여 필요한 경우에는 지하 또는 고가로 할 것
3. 주간선도로 및 자동차전용도로를 설치하는 경우에는 그 기능이 제대로 발휘될 수 있도록 교차방식을 입체교차방식으로 하고, 일정한 진·출입로외의 지점에서는 자동차가 당해 도로에 진출입하지 못하도록 할 것
4. 일반도로 및 보행자우선도로는 보행자의 안전하고 쾌적한 이용을

보장하기 위하여 조도, 소음, 진동, 매연 및 분진 등의 환경기준을 충족하여야 하며, 화장실·공중전화·우편함·긴의자·녹지·휴식공간 등 보행자의 편익을 위한 시설을 적정한 위치에 설치하여 쾌적한 보행공간을 조성할 것

5. 도로의 배수시설에는 노면의 배수에 지장을 주지 아니하는 범위 안에서 빗물이 땅속에 스며들게 유도하고 노면에서 유출되는 빗물을 최소화하기 위한 빗물관리시설 설치를 고려할 것
6. 도로의 조명시설의 구조 및 설치에 관하여는 「산업표준화법」 제12조에 따른 한국산업표준의 도로조명기준에 의할 것
7. 재해취약지역에는 도로 설치를 가급적 억제하고 부득이 설치하는 경우에는 재해발생 가능성을 충분히 고려하여 설치할 것
8. 도로 설치로 인하여 노면의 빗물이 인근 저지대 주거지 등으로 들어가지 아니하도록 할 것

② 도로 및 부대시설의 구조·설치에 관하여 이 규칙에 규정된 것을 제외하고는 「도로의 구조·시설기준에 관한 규칙」이 정하는 바에 의한다. <개정 2005.7.1>

③ 제2항의 규정에 불구하고 지형여건 등으로 불가피한 경우 집산도로·국지도로 및 특수도로의 구조 및 설치기준은 도로교통 안전에 지장이 없는 범위 안에서 도시·군계획시설사업 실시계획 인가권자 소속 도시계획위원회(해당 도시·군계획시설사업의 실시계획 인가권자에게 소속된 위원회를 말한다. 이하 제14조의3제2항, 제15조제4항 및 제33조제1항제3호에서 같다)의 심의를 거쳐 이를 완화할 수 있다. 이 경우 도시계획위원회의 심의는 「국토의 계획 및 이용에 관한 법률」 제90조제1항의 규정에 의한 실시계획 공람을 하기 전에 거쳐야 한다. <신설 2004.12.3, 2005.7.1, 2012.6.28, 2012.10.31>

제13조(노선 및 노선번호) ① 도로의 노선은 당해 도로의 폭·선형 등 도로의 구조적 특성, 도로의 연결상태, 교통체계 등을 고려하여 원칙적으로 기점 및 종점이 연속되도록 정하여야 한다.

② 노선번호는 도로의 기능에 따라 주간선도로·보조간선도로·집산도로 및 국지도로로 구분하여 체계적으로 부여하여야 한다. 다만, 「도로법」에 의한 고속국도·일반국도 및 국가지원지방도의 경우에는 「도로법」이 정하는 바에 의한다. <개정 2005.7.1>

③ 노선번호는 시·군의 규모, 도로망의 형태 및 교통상의 기능 등을 고려하여 순차적으로 부여하며, 새로운 노선의 신설에 대비하여 결번을 둘 수 있다.

④ 주간선도로의 경우 노선의 대체적인 방향이 남북방향인 것에 대하여는 서쪽에 있는 노선부터 홀수의 노선번호를 순차적으로 부여하고, 노선의 대체적인 방향이 동서방향인 것에 대하여는 남쪽에 있는 노선부터 짝수의 노선번호를 순차적으로 부여한다. 다만, 주간선도로망이 방사형인 경우에는 북쪽에 있는 노선부터 시계방향으로 일련번호를 부여할 수 있다.

⑤ 주간선도로외의 도로의 경우 가까이 있는 주간선도로의 시점쪽에 있는 노선부터 당해 주간선도로의 노선번호 다음에 일련번호를 덧붙인 노선번호를 순차적으로 부여하는 것을 원칙으로 한다.

제14조(도로모퉁이의 길이 등) ① 도로의 교차지점에서의 교통을 원활히 하고 시야를 충분히 확보하기 위하여 필요한 경우 도로모퉁이의 길이를 별표의 기준 이상으로 하여야 한다.

② 도로의 교차방식을 교통섬·변속차로 등을 설치하는 방식에 의하거나 로터리를 설치하는 방식에 의하는 경우에는 제1항의 규정에 불구하고 도로모퉁이의 길이를 당해 교차방식에 적합한 비율로 조정할 수 있다.

③ 도로모퉁이부분의 보도와 차도의 경계선은 원호(圓弧) 또는 복합곡선이 되도록 하고, 곡선반경은 제9조제3호의 기능별 분류에 따라 다음 각호의 구분에 의한다. 이 경우 교차하는 도로의 기능별 분류가 서로 다른 때에는 교차지점의 곡선반경은 곡선반경이 큰 도로의 기준을 적용한다.

1. 주간선도로 : 15미터 이상

2. 보조간선도로 : 12미터 이상
3. 집산도로 : 10미터 이상
4. 국지도로 : 6미터 이상

④ 제3항에도 불구하고 다음 각 호의 어느 하나의 경우에는 횡단거리 단축 및 회전차량의 감속을 위하여 도로모퉁이의 곡선반경을 줄일 수 있다. <신설 2012.10.31>

1. 「도로교통법」 제12조제1항에 따라 지정된 어린이 보호구역 및 같은 법 제12조의2제1항에 따라 지정된 노인 및 장애인 보호구역
2. 「교통약자의 이동편의 증진법」 제2조제1호에 따른 교통약자(이하 "교통약자"라 한다)의 통행이 빈번하여 횡단거리의 단축 및 회전차량의 감속이 요구되는 지점
3. 「교통약자의 이동편의 증진법」 제18조에 따라 지정된 보행우선구역
4. 「보행안전 및 편의증진에 관한 법률」 제9조에 따라 지정된 보행환경개선지구
5. 보행자우선도로의 진입지점

제14조의2(보도의 결정기준) ① 도로에는 도로 폭, 보행자의 통행량, 주변 토지이용계획 및 지형여건 등을 고려하여 차도와 분리된 보도를 설치하는 것을 고려하여야 한다.

② 제1항에도 불구하고 보도가 설치되지 아니한 기존 도로에 대해서는 다음 각 호의 우선순위를 고려하여 보도 신설, 길가장자리구역 정비 및 안전시설물 설치 등 보행자의 안전한 통행을 위하여 필요한 조치들을 검토하여야 한다.

1. 보행자 교통사고 발생량
2. 교통약자의 통행량
3. 학교, 공공청사 및 대중교통시설 등 주요 보행유발시설과 생활권의 연결
4. 보행 흐름의 연속성

5. 보행자의 통행량
[본조신설 2012.10.31]

제14조의3(보도의 구조 및 설치기준) ① 보도의 구조 및 설치기준은 다음 각 호와 같다. <개정 2013.8.30>
   1. 보도와 인접한 차도의 경계에는 연석이나 높낮이를 달리한 턱, 식수대, 방호울타리 또는 자동차 진입억제용 말뚝 등을 설치하여 차도로부터 보행자를 안전하게 보호하고 차량의 무단침입을 방지할 것
   2. 보도의 폭은 보행자의 통행량과 주변 토지이용현황을 고려하여 결정하되, 보행자와 교통약자의 통행을 위하여 「도로법」의 기준에 따라 충분한 유효 폭을 확보할 것
   3. 보도에 가로수 등 노상시설을 설치할 경우 유효 폭을 침해하지 아니하도록 하며, 시설물 설치에 필요한 폭과 보도와 시설물 사이에 완충공간을 추가로 확보할 것
   4. 나무나 화초를 심는 경우 그 식재면(植栽面)의 높이를 보도의 바닥 높이보다 낮게 할 것. 다만, 경관, 보행자 안전 및 나무나 화초의 보호 등을 위하여 필요한 경우는 그러하지 아니하다.
   5. 노상시설물은 보행자의 안전, 지속가능성, 내구성, 유지·보수, 지역별 특성 및 심미성 등을 고려한 지방자치단체별 디자인계획에 따라 형태, 색상 및 재질을 선택하여 일관성이 있도록 설치할 것
   6. 보행자의 통행 경로를 따라 연속성과 일관성이 있도록 설치할 것
   7. 바닥은 보행에 적합한 표면을 유지할 수 있도록 평탄성, 지지력, 미끄럼저항성, 내구성, 투수성(透水性) 및 배수성(排水性)을 갖춘 구조로 설치할 것
   8. 노면에서 유출되는 빗물을 최소화하도록 빗물이 땅에 잘 스며들 수 있는 구조로 하거나 식생도랑, 저류·침투조 등의 빗물관리시설을 설치할 것
   ② 제1항에도 불구하고 도시·군계획시설사업 실시계획 인가권자 소속 도시계획위원회의 심의를 거쳐 보행자우선도로에 설치하는 보

도의 설치 기준을 완화하거나 강화하여 적용할 수 있다.
③ 제1항에서 규정한 사항 외에 보도의 구조 및 설치에 관하여는 「교통약자의 이동편의 증진법」 및 「도로의 구조·시설 기준에 관한 규칙」이 정하는 바에 따른다.
[본조신설 2012.10.31]

제15조(횡단보도) ① 횡단보도는 도로를 횡단하는 보행자의 안전과 편의를 위하여 다음 각 호의 사항을 고려하여 결정한다. <개정 2012.10.31>
  1. 보행자의 통행이 빈번한 지점으로 통행흐름을 자연스럽게 연결하여 보행자의 우회거리 및 횡단거리를 최소화할 수 있는 지점에 설치할 것
  2. 보행자의 안전, 운전자의 가시성(可視性) 및 교차로의 교통 흐름을 고려하여 설치할 것
  3. 도로 곡선부, 급경사 구간 및 터널 입구에서 100미터 이내의 도로 구간 등 교통안전과 흐름에 심각한 지장을 초래할 우려가 있는 경우에는 설치하지 아니할 것
  4. 구조는 평면횡단보도로 할 것. 다만, 도로의 효율성 및 보행자의 안전을 위하여 필요하거나 주변여건상 평면횡단보도를 설치하기 곤란한 경우에는 자동차전용도로, 주간선도로 및 철도건널목 등에 입체횡단보도를 설치할 수 있다.
② 평면횡단보도의 구조 및 설치기준은 다음 각호와 같다. <개정 2012.10.31>
  1. 횡단보도의 경계를 명확히 표시하고, 횡단보도표지를 설치할 것
  2. 도로의 폭에 따라 교통섬·안전지대 등을 설치할 것
  3. 점자표시 및 야광표시 등을 설치하고, 야간 보행자의 안전을 위하여 필요한 경우에는 별도의 횡단보도 조명을 설치할 것
  4. 보도와의 경계에 턱이 있는 경우에는 교통약자의 통행에 지장을 주지 아니하도록 「교통약자의 이동편의 증진법」에 적합한 턱낮추기 시설을 설치할 것

5. 교통약자의 통행이 빈번한 구간, 보행자우선도로와 교차하는 지점, 자동차 출입시설이나 주거단지의 진입로 등 보행자의 안전과 보행경로의 연속성을 우선적으로 고려할 필요가 있는 경우에는 횡단보도의 노면을 보도와 동일한 높이로 연결하는 고원식(高原式) 횡단보도를 설치할 것

③ 입체횡단보도의 구조 및 설치기준은 다음 각호와 같다. <개정 2004.12.3>

1. 횡단보도교(육교) 및 지하횡단보도로 구분할 것
2. 횡단보도교 및 지하횡단보도의 구조는 다음 각목의 기준에 의할 것
   가. 폭은 다음의 기준에 의할 것
      (1) 1분당 보행자수가 80인 미만인 경우 : 1.5미터 이상
      (2) 1분당 보행자수가 80인 이상 120인 미만인 경우 : 2.25미터 이상
      (3) 1분당 보행자수가 120인 이상 160인 미만인 경우 : 3.0미터 이상
      (4) 1분당 보행자수가 160인 이상 200인 미만인 경우 : 3.75미터 이상
      (5) 1분당 보행자수가 200인 이상 240인 미만인 경우 : 4.5미터 이상
   나. 계단부의 단높이는 15센티미터(지형·지물 등 주변여건상 부득이한 경우에는 18센티미터) 이하로 하고, 단폭은 30센티미터(지형·지물 등 주변여건상 부득이 한 경우에는 26센티미터) 이상으로 할 것
   다. 보도교의 높이가 3미터를 초과하는 경우에는 계단폭 이상(직계단인 경우에는 1.2미터 이상)인 계단참을 설치할 것. 다만, 지형·지물 등 주변여건상 부득이 한 경우에는 그러하지 아니하다.
   라. 계단이 아닌 경사로의 기울기는 18분의 1 이하로 할 것. 다만, 지형상 곤란한 경우에는 12분의 1까지 완화할 수 있다.

마. 보도교의 양옆에는 높이 1미터 이상의 난간을 설치하고, 각 계단모서리의 발디딤부분에는 미끄럼방지처리를 하며, 오르내리는 부분과 보도교의 윗부분에는 제12조제1항제6호의 규정에 의한 조명시설을 설치할 것

④ 제1항 내지 제3항의 규정에 불구하고 지형여건 등으로 불가피한 경우 집산도로·국지도로 및 특수도로에 설치하는 횡단보도의 설치기준은 도로교통 안전에 지장이 없는 범위 안에서 도시·군계획시설사업 실시계획 인가권자 소속 도시계획위원회의 심의를 거쳐 이를 완화할 수 있다. 이 경우 도시계획위원회의 심의는「국토의 계획 및 이용에 관한 법률」제90조제1항의 규정에 의한 실시계획 공람을 하기 전에 거쳐야 한다. <신설 2004.12.3, 2005.7.1, 2012.6.28, 2012.10.31>

제16조(지하도로 및 고가도로의 결정기준) ① 지하도로 및 고가도로의 결정기준은 다음 각호와 같다. <개정 2003.7.1, 2004.12.3, 2005.10.7, 2012.6.28, 2012.10.31>
  1. 다음 각목의 1에 해당하는 지역에 설치할 것
    가. 지상교통의 원활한 소통을 위하여 토지를 입체적으로 이용할 필요가 있는 지역
    나. 주변 토지이용계획상 인구집중이 예상되는 지역으로서 교통의 원활한 처리를 위하여 지하 또는 공중에 도로를 설치할 필요가 있는 지역
    다. 운동장·공연장·시장 등 다수의 주민이 이용하는 시설이 있는 지역으로서 교통의 원활한 처리를 위하여 지하 또는 공중에 도로를 설치할 필요가 있는 지역
  2. 광역도시계획, 도시·군기본계획, 도시·군관리계획 및 도시·주거환경정비기본계획과 부합되는지의 여부를 고려할 것
  3. 교통정비기본계획 등 교통시설의 설치에 관한 계획을 고려할 것
  4. 기존의 도로·지하도로·고가도로·역광장 등 인접시설과의 기능상

의 유기적 연계성을 고려할 것
   5. 폭우로 인한 침수 등을 방지하기 위하여 재해취약지역에는 지하도로를 설치하지 아니할 것. 다만, 배수시설을 설치하는 경우에는 그러하지 아니하다.
② 제1항의 규정에 불구하고 지하공공보도시설에 대한 결정기준에 관하여는 따로 국토교통부령으로 정한다. <신설 2005.10.7, 2008.3.14, 2013.3.23>

제17조(지하도로 및 고가도로의 구조 및 설치기준) ① 지하도로 및 고가도로의 구조 및 설치기준은 다음 각호와 같다. <개정 2005.10.7, 2012.6.28>
   1. 장래의 도로의 확장가능성 등을 고려하여 지하·지상 및 공중의 도로망에 대한 도시·군관리계획을 수립한 후 이에 따라 설치할 것
   2. 수도공급설비·하수도·공동구 그 밖의 도시·군계획시설의 설치가 계획되어 있거나 필요하다고 인정되는 구간에는 지표면으로부터 4미터 이내에 지하도로를 설치하지 아니할 것
   3. 주변건축물의 안전을 충분히 고려할 것
② 제1항의 규정에 불구하고 지하공공보도시설에 대한 구조 및 설치기준에 관하여는 따로 국토교통부령으로 정한다.
<신설 2005.10.7, 2008.3.14, 2013.3.23>

제18조(보행자전용도로의 결정기준) 보행자전용도로의 결정기준은 다음 각호와 같다.
   1. 차량통행으로 인하여 보행자의 통행에 지장이 많을 것으로 예상되는 지역에 설치할 것
   2. 도심지역·부도심지역·주택지·학교 및 하천주변지역 등에서는 일반도로와 그 기능이 서로 보완관계가 유지되도록 할 것
   3. 보행의 쾌적성을 높이기 위하여 녹지체계와의 연관성을 고려할 것
   4. 보행자통행량의 주된 발생원과 버스정류장·지하철역 등 대중교통시설이 체계적으로 연결되도록 할 것

5. 보행자전용도로의 규모는 보행자통행량, 환경여건, 보행목적 등을 충분히 고려하여 정하고, 장래의 보행자통행량을 예측하여 보행형태, 지역의 사회적 특성, 토지이용밀도, 토지이용의 특성을 고려할 것
6. 보행네트워크 형성을 위하여 공원·녹지·학교·공공청사 및 문화시설 등과 원활하게 연결되도록 할 것

제19조(보행자전용도로의 구조 및 설치기준) 보행자전용도로의 구조 및 설치기준은 다음 각호와 같다. <개정 2005.7.1, 2012.10.31, 2013.8.30>
1. 차도와 접하거나 해변·절벽 등 위험성이 있는 지역에 위치하는 경우에는 안전보호시설을 설치할 것
2. 보행자전용도로의 위치, 폭, 통행량, 주변지역의 용도 등을 고려하여 주변의 경관과 조화를 이루도록 다양하게 설치할 것
3. 적정한 위치에 화장실·공중전화·우편함·긴의자·차양시설·녹지 등 보행자의 다양한 욕구를 충족시킬 수 있는 시설을 설치하고, 그 미관이 주변지역과 조화를 이루도록 할 것
4. 소규모광장·공연장·휴식공간·학교·공공청사·문화시설 등이 보행자전용도로와 연접된 경우에는 이들 공간과 보행자전용도로를 연계시켜 일체화된 보행공간이 조성되도록 할 것
5. 보행의 안전성과 편리성을 확보하고 보행이 중단되지 아니하도록 하기 위하여 보행자전용도로와 주간선도로가 교차하는 곳에는 입체교차시설을 설치하고, 보행자우선구조로 할 것
6. 필요시에는 보행자전용도로와 자전거도로를 함께 설치하여 보행과 자전거통행을 병행할 수 있도록 할 것
7. 점자표시를 하거나 경사로를 설치하는 등 장애인·노인·임산부·어린이 등의 이용에 불편이 없도록 할 것
8. 노면에서 유출되는 빗물을 최소화하도록 빗물이 땅에 잘 스며들 수 있는 구조로 하거나 식생도랑, 저류·침투조 등의 빗물관리시설을 설치하고, 나무나 화초를 심는 경우에는 그 식재면의 높이를

보행자전용도로의 바닥 높이보다 낮게 할 것

9. 역사문화유적의 주변과 통로, 교차로부근, 조형물이 있는 광장 등에 설치하는 경우에는 포장형태·재료 또는 색상을 달리하거나 로고·문양 등을 설치하는 등 당해 지역의 특성을 잘 나타내도록 할 것
10. 경사로는 「장애인·노인·임산부 등의 편의증진보장에 관한 법률 시행규칙」 별표 1 제1호 가목(3) 및 나목의 기준에 의할 것. 다만, 계단의 경우에는 그러하지 아니하다.
11. 차량의 진입 및 주정차를 억제하기 위하여 차단시설을 설치할 것

제19조의2(보행자우선도로의 결정기준) 보행자우선도로의 결정기준은 다음 각 호와 같다.
1. 도시지역 내 간선도로의 이면도로로서 차량통행과 보행자의 통행을 구분하기 어려운 지역 중 보행자의 통행이 많은 지역에 설치할 것
2. 보행자의 안전을 위하여 경사가 심한 곳에는 설치하지 아니할 것
3. 보행자우선도로는 차량속도, 차량통행량 및 보행자의 통행량을 고려한 사전검토계획을 수립하여 설치할 것. 이 경우 차량속도는 시속 30킬로미터 이하로 계획할 것
4. 안전하고 쾌적한 보행을 위하여 보행자전용도로 및 녹지체계 등과 최단거리로 연결되도록 할 것
[본조신설 2012.10.31]

제19조의3(보행자우선도로의 구조 및 설치기준) 보행자우선도로의 구조 및 설치기준은 다음 각 호와 같다. <개정 2013.8.30>
1. 보행자의 통행 안전성을 확보하기 위하여 보행자우선도로의 일부 구간 또는 전 구간에 보행안전시설 및 차량속도저감시설 등을 설치할 것
2. 차량 및 보행자의 원활한 통행을 위하여 보행자우선도로에 노상주차는 허용하지 아니할 것. 다만, 도로 폭, 차량통행량, 보행자의

통행량 및 주변 토지이용현황 등을 고려하여 필요한 경우에는 그러하지 아니하다.
3. 보행자의 통행 부분의 바닥은 블록이나 석재 등 보행자가 보행하는데 편안함을 느낄 수 있는 재질을 사용하고, 보행자우선도로가 일반도로의 보도와 교차할 경우 교차지점에는 보행자를 보호할 수 있는 구조로 바닥을 설치할 것
4. 빗물로 차량과 보행자의 통행이 불편하지 아니하도록 배수시설을 갖출 것
5. 보행자의 다양한 활동을 충족하면서 차량통행에 방해가 되지 아니하도록 적정한 위치에 보행자를 위한 편의시설을 설치할 것
6. 노면에서 유출되는 빗물을 최소화하도록 빗물이 땅에 잘 스며들 수 있는 구조로 하거나 식생도랑, 저류·침투조 등의 빗물관리시설을 설치하고, 나무나 화초를 심는 경우에는 그 식재면의 높이를 보행자우선도로의 바닥 높이보다 낮게 할 것

[본조신설 2012.10.31]

제20조(자전거전용도로의 결정기준) 자전거전용도로의 결정기준은 다음 각호와 같다.
1. 통근·통학·산책 등 일상생활에 필요한 교통을 위하여 필요한 경우에는 당해 지역의 토지이용현황을 고려하여 자전거전용도로를 따로 설치하거나 일반도로에 자전거전용차로를 확보할 것
2. 자전거전용도로는 단절되지 아니하고 버스정류장 및 지하철역과 서로 연계되도록 설치할 것
3. 학교·공공청사·도서관·문화시설 등과 원활하게 연결되도록 설치할 것

제21조(자전거전용도로의 구조 및 설치기준) ① 자전거전용도로의 구조 및 설치기준은 다음 각호와 같다. <개정 2012.10.31, 2013.8.30>
1. 노면에서 유출되는 빗물을 최소화하도록 빗물이 땅에 잘 스며들 수 있는 구조로 하거나 식생도랑, 저류·침투조 등의 빗물관리시설을 설치하고, 나무나 화초를 심는 경우에는 그 식재면의 높이를

자전거전용도로의 바닥 높이보다 낮게 할 것
    2. 일반도로에 자전거전용차로를 확보하는 경우에는 다음 각목의 기준에 의할 것
        가. 자전거이용자의 안전을 위하여 차도와의 분리대 등 안전시설을 설치할 것
        나. 자전거전용차로의 표지를 설치하고, 차도와의 경계를 명확히 할 것
    3. 자전거전용도로를 설치하는 경우에는 다음 각목의 기준에 의할 것
        가. 자전거전용도로와 대중교통수단과의 연계지점에는 자전거보관소를 설치할 것
        나. 자전거전용도로가 일반도로와 교차할 경우 자전거 이용에 불편이 없도록 자전거전용도로 우선구조로 설치할 것
② 제1항에 규정된 사항외에 자전거전용도로의 구조 및 설치에 관하여는 「자전거이용 활성화에 관한 법률」이 정하는 바에 의한다. <개정 2005.7.1>

제2절 철 도

제22조(철도) 이 절에서 "철도"라 함은 다음 각호의 시설을 말한다. <개정 2005.7.1>
    1. 「철도건설법」 제2조제1호의 규정에 의한 철도
    2. 「도시철도법」 제3조제1호의 규정에 의한 도시철도
    3. 삭제 <2005.7.1>
    4. 「한국철도시설공단법」 제7조 및 「한국철도공사법」 제9조제1항의 규정에 의한 사업의 시설

제23조(철도의 결정기준) 철도의 결정기준은 다음 각호와 같다. <개정 2012.10.31>
    1. 지역의 성장에 따른 장래의 시설확장, 건설비 등 경제적 측면 등을 고려하여 결정하되, 적정한 규모의 철로·철도역·철도차량기지

등으로 구분할 것
2. 전국적인 철도체계와 관련하여 다른 교통수단과의 관계를 종합적으로 검토할 것
3. 노선은 주변지역의 토지이용계획 및 건축물의 이용현황, 하천 등의 통과에 따른 기술적 사항 및 건설비 등을 고려하여 결정할 것
4. 철도역은 여객 및 화물의 집산이 쉽게 이루어지도록 다른 교통수단과 연결되는 곳에 설치하되, 여객수와 화물수송량이 많은 지역에는 여객전용역과 화물전용역을 구분할 것
5. 철도역은 제1종전용주거지역·보전녹지지역 및 보전관리지역외의 지역에 설치할 것
6. 도시지역을 지상으로 통과하는 철도는 지역공동체를 단절시키지 아니하도록 노선을 계획하고, 지역 주민이 소통할 수 있는 공간을 충분히 확보할 것
7. 생태계가 단절되지 아니하도록 생태통로를 확보하고 중요한 녹지축은 보전할 것

제24조(철도의 구조 및 설치기준) 철도의 구조 및 설치기준은 다음 각호와 같다. <개정 2005.7.1>
1. 철도역에는 장애인·노인·임산부·어린이 등을 위한 엘리베이터 또는 에스컬레이터를 설치할 것
2. 제1호에 규정된 사항외에 철도의 구조 및 설치에 관하여는 「철도건설법」 또는 「도시철도법」이 정하는 바에 의할 것

제3절 항 만

제25조(항만) 이 절에서 "항만"이란 다음 각 호의 시설을 말한다. <개정 2005.7.1, 2008.9.5, 2009.12.14, 2010.3.16, 2011.11.1>
1. 「항만법」 제2조제5호에 따른 항만시설
2. 「어촌·어항법」 제2조제5호에 따른 어항시설
3. 「마리나항만의 조성 및 관리 등에 관한 법률」 제2조제2호에 따른 마리나항만시설

제26조(항만의 결정기준 및 구조·설치기준) ① 항만의 결정기준은 다음 각 호와 같다. <개정 2010.3.16, 2012.10.31>
　　1. 항만의 규모는 화물의 수량·종류, 여객의 수, 대상지역의 지형·지물, 해륙의 교통수단 상호간의 연계성과 장래의 화물·여객의 증가 및 선박의 대형화에 따른 시설 확충 등을 고려하여 결정할 것
　　2. 항만기능을 원활히 하고 해운교통과 내륙교통이 신속하게 변환될 수 있도록 도로·철도 등 교통수단의 배치가 용이한 지역에 결정할 것
　　3. 마리나항만은 주변 항만 및 마리나항만을 이용하는 선박의 안전과 경제성 등을 고려하여 결정할 것
　　4. 항만 및 마리나항만은 도시활성화를 위하여 주변의 토지이용계획 및 도시 경관을 고려하여 결정할 것
② 제1항에 규정된 사항외에 항만의 결정·구조 및 설치에 관하여는 「항만법」, 「어촌·어항법」 또는 「마리나항만의 조성 및 관리 등에 관한 법률」에서 정하는 바에 따른다. <개정 2005.7.1, 2008.9.5, 2010.3.16>

제4절 공 항

제27조(공항) 이 절에서 "공항"이란 다음 각 호의 시설을 말한다.
　　1. 「항공법」 제2조제7호에 따른 공항
　　2. 「항공법」 제2조제8호에 따른 공항시설
　[전문개정 2011.11.1]

제28조(공항의 결정기준 및 구조·설치기준) ① 공항의 결정기준은 다음 각호와 같다.
　　1. 공항의 입지는 국토종합계획·지역계획 등 상위국토계획과의 관계를 광역적인 측면에서 종합적으로 검토하여 결정할 것
　　2. 여객 및 화물의 원활한 수송을 위하여 공항까지 도로·철도 등 교통수단이 원활히 연결되도록 할 것
　　3. 향후 시가지로 발전할 지역이 활주로의 연장선상에 위치하지 아

니하도록 할 것
4. 안개·돌풍 등 비정상적인 기후로 인한 장애가 적은 장소에 결정할 것
5. 장래 항공기의 대형화·고속화와 운항횟수의 증가에 대비한 시설 확충을 고려할 것

② 제1항에 규정된 사항외에 공항의 결정·구조 및 설치에 관하여는 「항공법」이 정하는 바에 의한다. <개정 2005.7.1>

제5절 주차장

제29조(주차장) 이 절에서 "주차장"이라 함은 「주차장법」 제2조제1호 나목의 규정에 의한 노외주차장을 말한다. <개정 2005.7.1>

제30조(주차장의 결정기준 및 구조·설치기준) ① 주차장의 결정기준은 다음 각호와 같다. <개정 2012.10.31, 2013.8.30>
1. 주차장은 원활한 교통의 흐름을 위하여 주간선도로의 교차로에 인접하여 설치되지 아니하도록 할 것
2. 주간선도로에 진·출입구가 설치되지 아니하도록 할 것. 다만, 별도의 진·출입로 또는 완화차선을 설치하는 경우에는 그러하지 아니하다.
3. 대중교통수단과 연계되는 지점에 설치할 것
4. 재해취약지역에서 국가 또는 지방자치단체가 설치하거나 관리하는 면적 3천제곱미터 이상의 주차장에는 지형 및 배수환경 등을 검토하여 적정한 규모의 지하 저류시설을 설치하는 것을 고려할 것. 다만, 하천구역 및 공유수면에 설치하는 경우에는 그러하지 아니하다.
5. 건축물이 아닌 주차장에서 유출되는 빗물을 최소화하도록 빗물이 땅에 잘 스며들 수 있는 구조로 하거나 식생도랑, 저류·침투조 등의 빗물관리시설을 설치하고, 나무나 화초를 심는 경우에는 그 식재면의 높이를 건축물이 아닌 주차장의 바닥 높이보다 낮게 할 것

② 제1항에 규정된 사항외에 주차장의 결정·구조 및 설치에 관하여는 「주차장법」이 정하는 바에 의한다. <개정 2005.7.1>

제6절 자동차정류장

제31조(자동차정류장) 이 절에서 "자동차정류장"이란 다음 각 호의 시설을 말한다. <개정 2005.7.1, 2008.1.14, 2008.9.5, 2008.11.6, 2010.3.16>

1. 여객자동차터미널 : 「여객자동차 운수사업법」 제2조제5호의 규정에 의한 여객자동차터미널로서 여객자동차터미널사업자가 시내버스운송사업·농어촌버스운송사업·시외버스운송사업 또는 전세버스운송사업에 제공하기 위하여 설치하는 터미널
2. 물류터미널: 「물류시설의 개발 및 운영에 관한 법률」 제2조제2호에 따른 물류터미널로서 물류터미널사업자가 「화물자동차운수사업법 시행령」 제3조제1호에 따른 일반화물자동차운송사업 또는 「해운법」 제2조제3호에 따른 해상화물운송사업에 제공하기 위하여 설치하는 터미널
3. 공영차고지
   가. 여객자동차운수사업용 공영차고지 : 「여객자동차 운수사업법 시행규칙」 제72조의 규정에 의한 공영터미널
   나. 화물자동차운수사업용 공영차고지 : 「화물자동차 운수사업법」 제2조제9호에 따른 공영차고지
4. 공동차고지 : 「화물자동차 운수사업법」 제21조제4항제2호에 따른 공동차고지 중 같은 법 제48조 또는 제50조에 따른 협회 또는 연합회가 설치하는 공동차고지
5. 복합환승센터: 「국가통합교통체계효율화법」 제2조제15호에 따른 복합환승센터

제32조(자동차정류장의 결정기준) 자동차정류장의 결정기준은 다음 각 호와 같다. <개정 2008.1.14, 2008.9.5, 2010.3.16>

1. 여객자동차터미널, 여객자동차운수사업용 공영차고지 및 복합환

승센터
  가. 주간선도로 또는 다른 교통수단과의 유기적인 연결이 가능한 지역에 설치할 것
  나. 여객수요가 집중되는 지역으로서 이용자가 접근하기 쉬운 지역에 설치할 것
  다. 고속국도를 주로 이용하는 자동차를 위한 자동차정류장의 경우에는 고속국도와 쉽게 연결되도록 할 것. 다만, 당해 자동차정류장의 전용도로를 설치하는 경우에는 그러하지 아니하다.
  라. 여객자동차터미널 및 여객자동차운수사업용 공영차고지의 소음권에 평온을 요하는 지역이 포함되지 아니하도록 인근의 토지이용현황을 고려할 것
  마. 준주거지역·중심상업지역·일반상업지역·유통상업지역·준공업지역·자연녹지지역 및 계획관리지역에 한정하여 설치할 것. 다만, 시내버스운송사업용 여객자동차터미널 및 시내버스운송사업용 공영차고지는 제2종일반주거지역, 제3종일반주거지역 및 생산녹지지역에도 설치할 수 있으며, 복합환승센터는 제1종전용주거지역, 보전녹지지역, 보전관리지역 및 생산관리지역 외의 지역에 설치할 수 있다.
2. 물류터미널, 화물자동차운수사업용 공영차고지, 공동차고지
  가. 주간선도로 또는 다른 교통수단과의 유기적인 연결이 가능한 지역에 결정할 것
  나. 고속국도를 주로 이용하는 자동차를 위한 자동차정류장의 경우에는 고속국도와 쉽게 연결되도록 할 것. 다만, 당해 자동차정류장의 전용도로를 설치하는 경우에는 그러하지 아니하다.
  다. 지역의 현황 또는 장래에 있어서의 공간구조·산업활동 및 물동량을 고려하여 유통의 원활을 기할 수 있을 것
  라. 용지를 확보하기 쉽고 지역간의 교통이 편리한 장소에 설치할 것
  마. 수송능률을 높이고 모든 교통시설과의 연결이 쉽도록 인근의 토지이용계획을 고려할 것

바. 중심상업지역·일반상업지역·유통상업지역·일반공업지역·준공업지역 및 계획관리지역에 한하여 설치할 것. 다만, 지역의 토지이용계획상 불가피한 경우로서 지역간을 연결하는 주간선도로 또는 고속국도와의 연결이 쉬운 인접지역에 2만제곱미터 이상의 규모로 설치하는 때에는 환경오염방지대책을 수립한 경우에 한하여 자연녹지지역에도 설치할 수 있다.

제33조(자동차정류장의 구조 및 설치기준) ① 자동 차정류장에 설치할 수 있는 시설은 다음 각 호와 같다. <개정 2004.12.3, 2005.7.1, 2006.11.22, 2011.11.1, 2012.6.28, 2012.10.31>

1. 부대시설 : 주유소·자동차용 가스충전소·전기차 충전시설 및 배터리 교환시설·변전실·보일러실·공해방지시설·자동차정비시설·방송실·배차실·안내실·차고·세차장·종업원용 휴게실·종업원용 목욕실·종업원용 기숙사·승무원대기실·물류터미널에 설치하는 종업원 및 운송주선업자용 사무실 겸용 숙소

2. 편익시설 : 「건축법 시행령」 별표 1에 의한 건축물중 다음 각 목의 어느 하나에 해당하지 아니하는 시설

    가. 「건축법 시행령」 별표 1의 제1호, 제2호 및 제5호부터 제28호까지에 해당하는 시설

    나. 「건축법 시행령」 별표 1의 제4호 라목(테니스장 및 골프연습장에 한한다)·마목(종교집회장 및 공연장에 한한다)·바목(부동산중개업소 및 출판사에 한한다)·사목(제조업소에 한한다) 및 자목 내지 타목에 해당하는 시설

3. 제1호 및 제2호의 시설과 유사한 시설로서 도시·군계획시설사업 실시계획 인가권자 소속 도시계획위원회의 심의를 거친 시설. 이 경우 도시계획위원회의 심의는 「국토의 계획 및 이용에 관한 법률」 제90조제1항의 규정에 의한 실시계획 공람을 하기 전에 거쳐야 한다.

② 제1항에서 정한 사항외에 자동차정류장의 구조 및 설치에 관하여는 「여객자동차 운수사업법」·「화물자동차 운수사업법」·「물류

시설의 개발 및 운영에 관한 법률」 또는 「국가통합교통체계효율화법」에서 정하는 바에 따른다. <개정 2005.7.1, 2008.9.5, 2010.3.16>

제7절 궤 도

제34조(궤도) 이 절에서 "궤도"란 「궤도운송법」 제2조제3호에 따른 궤도시설을 말한다.
[전문개정 2010.3.16]

제35조(궤도의 결정기준) 궤도의 결정기준은 다음 각 호와 같다. <개정 2010.3.16>
  1. 다른 교통수단과의 관계를 충분히 고려하여야 하며, 특히 도로계획과 연계하여 설치할 것
  2. 인근 토지이용현황을 고려하여 자연환경·주거환경 등이 저해되지 아니하도록 할 것
  3. 삭도는 주변지역의 경관유지에 지장이 되지 아니하도록 할 것

제36조(궤도의 구조 및 설치기준) 궤도의 구조 및 설치에 관하여는 「궤도운송법」이 정하는 바에 의한다. <개정 2005.7.1, 2010.1.11, 2010.3.16>

제8절 삭제 <2010.3.16>

제37조 삭제 <2010.3.16>

제38조 삭제 <2010.3.16>

제39조 삭제 <2010.3.16>

제9절 운 하

제40조(운하) 이 절에서 "운하"라 함은 주로 지역간의 내륙수운을 위하여 설치하는 시설을 말한다.

제41조(운하의 결정기준) 운하의 결정기준은 다음 각호와 같다.

1. 운하의 규모는 지역간의 물동량 등 화물수송량 및 경제성을 고려하여 결정할 것
2. 항만·도로·철도 등과 운하와의 수륙교통체계가 상호 유기적으로 연결되도록 할 것
3. 기존의 수로가 있는 경우에는 그 수로를 활용할 것
4. 주변의 토지이용현황을 고려하고, 저지대에 설치하여 배수로로 기능할 수 있도록 할 것
5. 기존 하천의 유로를 저수공사·준설 등으로 개량하거나 직강공사 등으로 뱃길로 만들고자 하는 경우에는 이를 하천시설로 설치할 것. 다만, 운하로서의 기능이 저하되지 아니하도록 운하의 결정·구조 및 설치기준을 고려하여야 한다

제42조(운하의 구조 및 설치기준) 운하의 구조 및 설치기준은 다음 각호와 같다.
1. 직선부분의 폭은 운하를 이용하는 최대선박 2척이 그 선박간 및 선박과 안벽간에 각각 최소 10미터 내지 20미터의 여유를 가지고 자유롭게 운항할 수 있도록 할 것
2. 굴곡부분의 곡선 최소반경은 운행대상 최대선박길이의 4배 이상으로 할 것
3. 심도는 운하를 이용하는 최대선박이 최대흘수인 때에 무동력선박의 경우에는 0.3미터 내지 0.6미터 이상, 동력선박의 경우에는 0.6미터 내지 1미터 이상의 여유가 있도록 할 것
4. 운하에 설치하는 교량은 선박운행에 지장을 주지 아니하도록 적절한 높이와 폭 등 필요한 공간을 확보하거나 그 밖에 선박운항에 필요한 장치를 설치할 것
5. 선박이 정박하거나 선회할 수 있는 공간을 충분히 확보할 것
6. 주변의 토지이용현황을 고려하여 필요한 장소에 화물하역시설을 설치하되, 반드시 도로와 접속되도록 할 것
7. 선박의 운항속도는 운하의 관리와 선박의 안전을 고려한 적정한 속도로 유지되도록 할 것

8. 운하의 수질을 양호한 수준으로 유지·관리할 수 있도록 할 것
9. 운하의 건설로 인하여 지역간 단절이 발생하지 아니하도록 할 것

제10절 자동차 및 건설기계검사시설

제43조(자동차 및 건설기계검사시설) 이 절에서 "자동차 및 건설기계검사시설"이라 함은 다음 각호의 시설을 말한다. <개정 2005.7.1>
1. 「자동차관리법 시행규칙」 제73조의 규정에 의한 자동차검사시설
2. 「건설기계관리법 시행규칙」 제32조의 규정에 의한 건설기계검사소

제44조(자동차 및 건설기계검사시설의 결정기준) 자동차 및 건설기계검사시설의 결정기준은 다음 각호와 같다.
1. 검사를 받기 위한 자동차 및 건설기계가 접근하기 쉽고 교통이 편리한 곳일 것
2. 검사를 받기 위한 자동차 및 건설기계의 출입으로 인하여 교통체증이 발생되지 아니할 것
3. 준주거지역·근린상업지역·일반공업지역·준공업지역·자연녹지지역 및 계획관리지역에 한하여 설치할 것

제45조(자동차 및 건설기계검사시설의 구조 및 설치기준) ① 자동차 및 건설기계검사시설에는 다음 각호의 편익시설을 설치할 수 있다.
1. 식당, 매점, 휴게실, 다방
2. 종업원용 기숙사

② 제1항에 규정된 사항외에 자동차 및 건설기계검사시설의 설치에 관하여는 「자동차관리법」 또는 「건설기계관리법」이 정하는 바에 의한다. <개정 2005.7.1>

제11절 자동차 및 건설기계운전학원

제46조(자동차 및 건설기계운전학원) 이 절에서 "자동차 및 건설기계운전학원"이라 함은 「도로교통법」 제2조제32호에 따른 자동차운전

학원 및 「학원의 설립·운영 및 과외교습에 관한 법률」 제2조제1호의 규정에 의한 학원중 건설기계운전학원을 말한다.
<개정 2005.7.1, 2006.5.30, 2012.6.28>
[전문개정 2004.12.3]

제47조(자동차 및 건설기계운전학원의 결정기준) 자동차 및 건설기계운전학원의 결정기준은 다음 각호와 같다.
  1. 차량 및 건설기계의 출입에 지장이 없고 배수가 쉽게 이루어지며, 인근의 주거환경에 위해를 끼칠 우려가 없는 지역에 설치할 것
  2. 소음·대기오염 등 환경오염문제를 고려할 것
  3. 준주거지역·일반상업지역·일반공업지역·준공업지역·자연녹지지역 및 계획관리지역에 한하여 설치할 것

제48조(자동차 및 건설기계운전학원의 구조 및 설치기준) 자동차 및 건설기계운전학원의 구조 및 설치에 관하여는 「도로교통법」 또는 「학원의 설립·운영 및 과외교습에 관한 법률」이 정하는 바에 의한다.
<개정 2004.12.3, 2005.7.1>

제3장 공간시설
제1절 광장

제49조(광장) ① 이 절에서 "광장"이라 함은 「국토의 계획 및 이용에 관한 법률 시행령」 제2조제2항제3호 각목의 교통광장·일반광장·경관광장·지하광장 및 건축물부설광장을 말한다. <개정 2005.7.1>
② 교통광장은 교차점광장·역전광장 및 주요시설광장으로 구분하고, 일반광장은 중심대광장 및 근린광장으로 구분한다.

제50조(광장의 결정기준) 광장은 대중교통, 보행 동선, 인근 주요시설 및 토지이용현황 등을 고려하여 보행자에게 적절한 휴식공간을 제공하고 주변의 가로환경 및 건축계획 등과 연계하여 도시의 경관을 높일 수 있게 결정하여야 하며, 다음 각 호의 결정기준을 따라야 한다.
<개정 2012.10.31>
  1. 교통광장

가. 교차점광장
　　(1) 혼잡한 주요도로의 교차지점에서 각종 차량과 보행자를 원활히 소통시키기 위하여 필요한 곳에 설치할 것
　　(2) 자동차전용도로의 교차지점인 경우에는 입체교차방식으로 할 것
　　(3) 주간선도로의 교차지점인 경우에는 접속도로의 기능에 따라 입체교차방식으로 하거나 교통섬·변속차로 등에 의한 평면교차방식으로 할 것. 다만, 도심부나 지형여건상 광장의 설치가 부적합한 경우에는 그러하지 아니하다.
　나. 역전광장
　　(1) 역전에서의 교통혼잡을 방지하고 이용자의 편의를 도모하기 위하여 철도역 앞에 설치할 것
　　(2) 철도교통과 도로교통의 효율적인 변환을 가능하게 하기 위하여 도로와의 연결이 쉽도록 할 것
　　(3) 대중교통수단 및 주차시설과 원활히 연계되도록 할 것
　다. 주요시설광장
　　(1) 항만·공항 등 일반교통의 혼잡요인이 있는 주요시설에 대한 원활한 교통처리를 위하여 당해 시설과 접하는 부분에 설치할 것
　　(2) 주요시설의 설치계획에 교통광장의 기능을 갖는 시설계획이 포함된 때에는 그 계획에 의할 것
2. 일반광장
　가. 중심대광장
　　(1) 다수인의 집회·행사·사교 등을 위하여 필요한 경우에 설치할 것
　　(2) 전체 주민이 쉽게 이용할 수 있도록 교통중심지에 설치할 것
　　(3) 일시에 다수인이 집산하는 경우의 교통량을 고려할 것
　나. 근린광장
　　(1) 주민의 사교, 오락, 휴식 및 공동체 활성화 등을 위하여 근린주거구역별로 설치할 것

(2) 시장·학교 등 다수인이 집산하는 시설과 연계되도록 인근의 토지이용현황을 고려할 것
(3) 시·군 전반에 걸쳐 계통적으로 균형을 이루도록 할 것
3. 경관광장
 가. 주민의 휴식·오락 및 경관·환경의 보전을 위하여 필요한 경우에 하천, 호수, 사적지, 보존가치가 있는 산림이나 역사적·문화적·향토적 의의가 있는 장소에 설치할 것
 나. 경관물에 대한 경관유지에 지장이 없도록 인근의 토지이용현황을 고려할 것
 다. 주민이 쉽게 접근할 수 있도록 하기 위하여 도로와 연결시킬 것
4. 지하광장
 가. 철도의 지하정거장, 지하도 또는 지하상가와 연결하여 교통처리를 원활히 하고 이용자에게 휴식을 제공하기 위하여 필요한 곳에 설치할 것
 나. 광장의 출입구는 쉽게 출입할 수 있도록 도로와 연결시킬 것
5. 건축물부설광장
 가. 건축물의 이용효과를 높이기 위하여 건축물의 내부 또는 그 주위에 설치할 것
 나. 건축물과 광장 상호간의 기능이 저해되지 아니하도록 할 것
 다. 일반인이 접근하기 용이한 접근로를 확보할 것

제51조(광장의 구조 및 설치기준) 광장의 구조 및 설치기준은 다음 각호와 같다. <개정 2005.7.1, 2012.10.31, 2013.8.30>
 1. 교차점광장은 자동차의 설계속도에 의한 곡선반경 이상이 되도록 하여 교통처리가 원활히 이루어지도록 할 것
 2. 교차점광장에는 횡단보행자의 통행에 지장이 없는 시설을 설치하고, 「도로법」의 규정에 의한 도로부속물을 설치할 수 있도록 할 것
 3. 역전광장 및 주요시설광장에는 이용자를 위한 보도·차도·택시정

류장·버스정류장·휴식시설 등을 설치하고, 재래시장·문화시설 등 지역별 특색에 맞는 시설과 연계하여 설치하는 것을 고려할 것
4. 중심대광장에는 주민의 집회·행사 또는 휴식을 위한 시설과 보행자의 통행에 지장이 없는 시설을 설치할 것
5. 근린광장에는 주민의 사교·오락·휴식 등을 위한 시설을 설치하여야 하며, 광장의 이용에 지장을 주지 아니하도록 광장내 또는 광장 인근에 당해 지역을 통과하는 교통량을 처리하기 위한 도로를 배치하지 아니할 것
6. 경관광장에는 주민의 휴식·오락 또는 경관을 위한 시설과 경관물의 보호를 위하여 필요한 시설 및 표지를 설치할 것
7. 지하광장에는 이용자의 휴식을 위한 시설과 광장의 규모에 적정한 출입구를 설치할 것
8. 지하광장은 통풍 및 환기가 원활하도록 할 것
9. 건축물부설광장에는 이용자의 휴식과 관람을 위한 시설을 설치할 수 있으나, 건축물의 이용에 지장이 없도록 할 것
10. 주민의 휴식·오락·경관 등을 목적으로 하는 광장에 포장을 하는 경우에는 주변의 자연환경과 미관을 고려하고, 빗물이 땅에 잘 스며들 수 있는 구조로 하거나 식생도랑, 저류·침투조 등의 빗물관리시설을 설치할 것
11. 주민의 요구에 맞는 형태와 기능을 갖추도록 적절한 시설물을 설치할 것
12. 재해취약지역에 3천제곱미터 이상의 역전광장, 일반광장 및 경관광장을 설치하는 경우에는 광장의 규모 및 목적을 검토하여 지표에 계단형으로 빗물을 저류할 수 있는 공간을 설치하거나 적정한 규모의 지하 저류지를 설치하는 것을 고려할 것
13. 나무나 화초를 심는 경우 그 식재면의 높이를 광장의 바닥 높이보다 낮게 할 것. 다만, 경관, 보행자 안전 및 나무나 화초의 보호 등을 위하여 필요한 경우는 그러하지 아니하다.

제2절 공원

제52조(공원) 이 절에서 "공원"이라 함은 다음 각 호의 시설을 말한다.
 1. 「도시공원 및 녹지 등에 관한 법률」 제15조제1항 각 호의 공원
 2. 도시지역 외의 지역에 「도시공원 및 녹지 등에 관한 법률」을 준용하여 설치하는 공원
 [전문개정 2006.11.22]

제53조(공원의 결정기준 및 구조·설치기준) ① 도시지역 안에 설치하는 공원의 결정·구조 및 설치에 관하여는 「도시공원 및 녹지 등에 관한 법률」이 정하는 바에 따른다. <개정 2005.7.1, 2006.11.22>
 ② 도시지역 외의 지역에 설치하는 공원의 결정·구조 및 설치에 관하여는 「도시공원 및 녹지 등에 관한 법률」을 준용한다. <개정 2005.7.1, 2006.11.22>

제3절 녹지

제54조(녹지) 이 절에서 "녹지"라 함은 다음 각 호의 시설을 말한다.
 1. 「도시공원 및 녹지 등에 관한 법률」 제35조 각 호의 완충녹지·경관녹지 및 연결녹지
 2. 도시지역 외의 지역에 「도시공원 및 녹지 등에 관한 법률」을 준용하여 설치하는 녹지
 [전문개정 2006.11.22]

제55조(녹지의 결정기준 및 구조·설치기준) ① 도시지역 안에 설치하는 녹지의 결정·구조 및 설치에 관하여는 「도시공원 및 녹지 등에 관한 법률」이 정하는 바에 따른다. <개정 2005.7.1, 2006.11.22>
 ② 도시지역 외의 지역에 설치하는 녹지의 결정·구조 및 설치에 관하여는 「도시공원 및 녹지 등에 관한 법률」을 준용한다. <개정 2005.7.1, 2006.11.22>

제4절 유원지

제56조(유원지) 이 절에서 "유원지"라 함은 주로 주민의 복지향상에 기여

하기 위하여 설치하는 오락과 휴양을 위한 시설을 말한다.

제57조(유원지의 결정기준) 유원지의 결정기준은 다음 각호와 같다.
<개정 2005.7.1, 2008.9.5>
1. 시·군내 공지의 적절한 활용, 여가공간의 확보, 도시환경의 미화, 자연환경의 보전 등의 효과를 높일 수 있도록 할 것
2. 숲·계곡·호수·하천·바다 등 자연환경이 아름답고 변화가 많은 곳에 설치할 것
3. 유원지의 소음권에 주거지·학교 등 평온을 요하는 지역이 포함되지 아니하도록 인근의 토지이용현황을 고려할 것
4. 준주거지역·일반상업지역·자연녹지지역 및 계획관리지역에 한하여 설치할 것. 다만, 유원지 면적의 50퍼센트 이상이 계획관리지역에 해당하면 나머지 면적이 생산관리지역이나 보전관리지역에 해당하는 경우에도 설치할 수 있다.
5. 이용자가 쉽게 접근할 수 있도록 교통시설을 연결할 것
6. 대규모 유원지의 경우에는 각 지역에서 쉽게 오고 갈 수 있도록 교통시설이 고속국도나 지역간 주간선도로에 쉽게 연결되도록 할 것
7. 전력과 용수를 쉽게 공급받을 수 있고 자연재해의 우려가 없는 지역에 설치할 것
8. 시냇가·강변·호반 또는 해변에 설치하는 유원지의 경우에는 다음 각목의 사항을 고려할 것
   가. 시냇가·강변·호반 또는 해변이 차단되지 아니하고 완만하게 경사질 것
   나. 깨끗하고 넓은 모래사장이 있을 것
   다. 수영을 할 수 있는 경우에는 수질이 「환경정책기본법」 등 관계 법령에 규정된 수질기준에 적합할 것
   라. 상수원의 오염을 유발시키지 아니하는 장소일 것
9. 유원지의 규모는 1만제곱미터 이상으로 당해 유원지의 성격과 기능에 따라 적정하게 할 것

제58조(유원지의 구조 및 설치기준) ① 유원지의 구조 및 설치기준은 다음 각 호와 같다. <개정 2004.12.3, 2005.7.1, 2010.3.16, 2012.10.31>
   1. 각 계층의 이용자의 요구에 응할 수 있도록 다양한 시설을 설치할 것
   2. 연령과 성별의 구분없이 이용할 수 있는 시설을 포함할 것
   3. 휴양을 목적으로 하는 유원지를 제외하고는 토지이용의 효율화를 기할 수 있도록 일정지역에 시설을 집중시키고, 세부시설 간 유기적 연관성이 있는 경우에는 둘 이상의 세부시설을 하나의 부지에 함께 설치하는 것을 고려할 것
   4. 유원지에는 보행자 위주로 도로를 설치하고 차로를 설치하는 경우에도 보행자의 안전과 편의를 저해하지 아니하도록 할 것
   5. 특색있고 건전한 휴식공간이 될 수 있도록 세부시설을 설치할 것
   6. 유원지의 목적 및 지역별 특성을 고려하여 세부시설 조성계획에서 휴양시설, 편익시설 및 관리시설의 종류를 정할 것
   7. 하천, 계곡 및 산지에 유원지를 설치하는 경우 재해위험성을 충분히 고려하고, 야영장 및 숙박시설은 반드시 재해로부터 안전한 곳에 설치할 것
   8. 유원지의 주차장 표면을 포장하는 경우에는 잔디블록 등 투수성 재료를 사용하고, 배수로의 표면은 빗물받이 폭 이상의 생태형으로 설치하는 것을 고려할 것
② 유원지에는 다음 각 호의 시설을 설치할 수 있다. 이 경우 제1호의 유희시설은 어린이용 위주의 유희시설과 가족용 위주의 유희시설로 구분하여 설치하여야 한다. <개정 2004.12.3, 2005.7.1, 2008.1.14, 2008.9.5, 2010.3.16, 2012.6.28, 2012.10.31>
   1. 유희시설 : 「관광진흥법」에 따른 유기시설·유기기구, 번지점프, 그네·미끄럼틀·시소 등의 시설, 미니썰매장·미니스케이트장 등 여가활동과 운동을 함께 즐길 수 있는 시설 그 밖에 기계 등으로 조작하는 각종 유희시설

2. 운동시설 : 육상장·정구장·테니스장·골프연습장·야구장(실내야구연습장을 포함한다)·탁구장·궁도장·체육도장·수영장·보트놀이장·부교·잔교·계류장·스키장(실내스키장을 포함한다)·골프장(9홀 이하인 경우에만 해당한다)·승마장·미니축구장 등 각종 운동시설
3. 휴양시설 : 휴게실·놀이동산·낚시터·숙박시설·야영장(자동차야영장을 포함한다)·야유회장·청소년수련시설·자연휴양림·간이취사시설
4. 특수시설 : 동물원·식물원·공연장·예식장·마권장외발매소(이와 유사한 것을 포함한다)·관람장·전시장·진열관·조각·야외음악당·야외극장·온실·수목원·광장
5. 위락시설 : 관광호텔에 부속된 시설로서 「관광진흥법」 제15조에 따른 사업계획승인을 받아 설치하는 위락시설
6. 편익시설 : 전망대·매점·휴게음식점·일반음식점·음악감상실·일반목욕장·단란주점·노래연습장·사진관·약국·의무실·스크린골프장·당구장·청소년게임장·자전거대여소·서바이벌게임장·찜질방·금융업소
7. 관리시설 : 도로(보행자전용도로, 보행자우선도로 및 자전거전용도로를 포함한다)·주차장·궤도·쓰레기처리장·관리사무소·화장실·안내표지·창고
8. 제1호부터 제7호까지의 시설과 유사한 시설로서 유원지별 목적·규모 및 지역별 특성에 적합하여 도시·군계획시설결정권자 소속 도시계획위원회(해당 도시·군계획시설결정권자에게 소속된 위원회를 말한다. 이하 제64조제2항제3호, 제93조제2항·제3항, 제101조제2항 및 제119조제3호의2에서 같다)의 심의를 거친 시설

③ 유원지안에서의 안녕질서의 유지 그 밖에 유원지주변의 상황으로 보아 특히 필요하다고 인정되는 경우에는 파출소·초소 등의 시설을 제2조제2항의 규정에 의한 세부시설에 대한 조성계획에 포함시킬 수 있다.

④ 유원지중 「관광진흥법」 제2조제6호에 따른 관광지 또는 같은 조 제7호에 따른 관광단지로 지정된 지역과 같은 법 제15조에 따라

같은 법 시행령 제2조제3호가목에 따른 전문휴양업이나 같은 호 나목에 따른 종합휴양업으로 사업계획의 승인을 받은 지역에는 제2항에도 불구하고「관광진흥법」에서 정하는 시설을 포함하여 설치할 수 있다. <개정 2005.7.1, 2008.9.5>
⑤ 유원지중 「제주특별자치도 설치 및 국제자유도시 조성을 위한 특별법」에 의한 개발사업으로 조성하는 유원지에 대하여는 제1항제4호·제5호 및 제2항의 규정을 적용하지 아니한다. <개정 2004.12.3, 2005.7.1, 2012.6.28>

제5절 공공공지

제59조(공공공지) 이 절에서 "공공공지"라 함은 시·군내의 주요시설물 또는 환경의 보호, 경관의 유지, 재해대책, 보행자의 통행과 주민의 일시적 휴식공간의 확보를 위하여 설치하는 시설을 말한다.

제60조(공공공지의 결정기준) 공공공지는 공공목적을 위하여 필요한 최소한의 규모로 설치하여야 한다.

제61조(공공공지의 구조 및 설치기준) 공공공지의 구조 및 설치기준은 다음 각호와 같다. <개정 2004.12.3, 2005.7.1, 2012.10.31, 2013.8.30>

 1. 지역의 경관을 높일 수 있도록 할 것
 2. 지역 주민의 요구를 고려하여 긴의자, 등나무·담쟁이 등의 조경물, 조형물, 옥외에 설치하는 생활체육시설(「체육시설의 설치·이용에 관한 법률」 제6조의 규정에 의한 생활체육시설중 건축물의 건축 또는 공작물의 설치를 수반하지 아니하는 것을 말한다) 등 공중이 이용할 수 있는 시설을 설치할 것
 3. 주민의 접근이 쉬운 개방된 구조로 설치하고 일상생활에 있어 쾌적성과 안전성을 확보할 것
 4. 주변지역의 개발사업으로 증가하는 빗물유출량을 줄일 수 있도록 식생도랑, 저류·침투조, 식생대, 빗물정원 등의 빗물관리시설을 설치할 것

5. 바닥은 녹지로 조성하는 것을 원칙으로 하되, 불가피한 경우 투수성 포장을 하거나 블록 및 석재 등의 자재를 사용하여 이용자에게 편안함을 주고 미관을 높일 수 있도록 할 것

제4장 유통 및 공급시설
제1절 유통업무설비

제62조(유통업무설비) 이 절에서 "유통업무설비"란 다음 각 호의 시설을 말한다. <개정 2004.12.3, 2005.7.1, 2008.9.5, 2009.12.14, 2010.3.16, 2012.6.28>

1. 「물류시설의 개발 및 운영에 관한 법률」에 따른 물류단지
2. 다음 각 목의 시설로서 각 목별로 1개 이상의 시설이 동일하거나 인접한 장소에 함께 설치되어 상호 그 효용을 다하는 시설
   가. 다음의 시설중 어느 하나 이상의 시설
      (1) 「유통산업발전법」 제2조제3호·제4호·제7호 및 제15호의 규정에 의한 대규모점포·임시시장·전문상가단지 및 공동집배송센터
      (2) 「농수산물유통 및 가격안정에 관한 법률」 제2조제2호·제5호 및 제12호의 규정에 의한 농수산물도매시장·농수산물공판장 및 농수산물종합유통센터
      (3) 「자동차관리법」 제60조제1항의 규정에 의한 자동차경매장
   나. 다음의 시설중 어느 하나 이상의 시설
      (1) 제31조제2호에 따른 물류터미널 또는 같은 조 제3호나목에 따른 화물자동차운수사업용 공영차고지
      (2) 화물을 취급하는 철도역
      (3) 「물류시설의 개발 및 운영에 관한 법률」 제2조제7호라목에 따른 화물의 운송·하역 및 보관시설
      (4) 「항만법」 제2조제5호나목(2)에 따른 하역시설
   다. 다음의 시설중 어느 하나 이상의 시설
      (1) 창고·야적장 또는 저장소(「위험물안전관리법」 제2조제4호

의 저장소를 제외한다)
(2) 화물적하시설·화물적치용건조물 그 밖에 이와 유사한 시설
(3) 축산물위생관리법」 제2조제11호에 따른 축산물보관장
(4) 생산된 자동차를 인도하는 출고장

제63조(유통업무설비의 결정기준) 유통업무설비의 결정기준은 다음 각 호와 같다. <개정 2004.12.3, 2005.7.1, 2008.1.14, 2008.9.5>
1. 물자수송에 있어서 지역간 교통과 시·군 교통의 변환점으로서의 기능과 물자수급에 있어서 공급자와 수요자의 중계기지로서의 기능이 상호 그 효용을 다할 수 있도록 할 것
2. 도심지의 교통혼잡을 경감시키고 유통기능의 효율화를 위하여 지역간의 교통이 원활한 고속국도·철도역·항만 등이 연결되는 지점 또는 이에 가까운 도시의 외곽에 설치할 것
3. 집산지·공업단지 등 물자공급지와 쉽게 연결되고, 시·군내 각종 시장 및 집배소와의 교통이 편리한 곳에 설치할 것
4. 전국의 유통망체계에 따라 물자의 이동성향을 충분히 고려할 것
5. 장래에 있어서의 물동량의 증가와 수송장비의 대형화에 대비하여 시설의 확충이 가능하도록 할 것
6. 주요시설의 주변이나 인구가 밀집한 지역에 설치하지 아니하도록 인근의 토지이용계획을 고려할 것
7. 준주거지역·중심상업지역·일반상업지역·근린상업지역·유통상업지역·일반공업지역·준공업지역 및 계획관리지역에 한하여 설치할 것. 다만,「유통산업발전법 시행령」 별표 1에 따른 대규모점포 중 대형마트·전문점의 설치를 목적으로 하는 경우에는 자연녹지지역에도 설치할 수 있다.

제64조(유통업무설비의 구조 및 설치기준) ① 유통업무설비의 구조 및 설치기준은 다음 각 호와 같다. <개정 2005.7.1, 2008.9.5, 2012.6.28, 2013.8.30>
1. 모든 시설을 같은 부지안에 집단적으로 설치함으로써 유통업무설비의 효용을 높이도록 하되, 그러하지 아니한 때에는 가까운 곳에

설치하여 상호 그 효용을 다할 수 있도록 할 것
2. 주변환경을 보호하고 각종 교통재해와 대기오염·소음·진동 등의 공해를 방지하기 위하여 외곽경계부분에 녹지·도로 등의 차단공간을 둘 것
3. 유통구조의 발전에 대처할 수 있도록 시설·설비 등을 설치하고, 공해요인이 있는 시설과 없는 시설을 적절히 분리할 것
4. 부대시설 및 편익시설을 적절히 설치하되, 유통업무설비의 특성을 충분히 감안하여 상호 관련있게 설치할 것
5. 물류터미널·창고·하역시설·화물취급소·차고 및 자동차경매장 등 화물운송관련시설의 진·출입구는 교통의 원활한 흐름과 안전에 지장이 없도록 설치할 것
5의2. 연면적 5천제곱미터 이상의 유통업무설비인 경우에는 빗물이용을 위한 시설의 설치를 고려하고, 불투수면에서 유출되는 빗물을 최소화하도록 빗물이 땅에 잘 스며들 수 있는 구조로 하거나 식생도랑, 저류·침투조, 빗물정원 등의 빗물관리시설 설치를 고려할 것
6. 제1호부터 제5호까지 및 제5호의2에서 규정된 사항 외에 유통업무설비의 설치에 관하여는 제24조·제26조·제33조·제84조 또는 「유통산업발전법」·「자동차관리법」·「물류시설의 개발 및 운영에 관한 법률」 및 「축산물위생관리법」에서 정하는 바에 따를 것
7. 유통업무설비중 제62조제1호에 따른 물류단지의 설치기준에 관하여는 「물류시설의 개발 및 운영에 관한 법률」에서 정하는 바에 따를 것

② 유통업무설비에 설치할 수 있는 부대시설 및 편익시설의 종류는 다음 각 호와 같다. <개정 2004.12.3, 2005.7.1, 2008.9.5, 2012.6.28, 2012.10.31, 2013.8.30>
1. 부대시설: 사무소, 점포, 주차장, 종업원용 기숙사, 주유소, 「대기환경 보전법」 제58조제3항제2호에 따른 시설 및 유통업무와 관련된 연구시설·금융시설·교육시설·정보처리시설

2. 편익시설 : 은행·휴게실·식당·약국 및 다방
3. 제1호 및 제2호의 시설과 유사한 시설로서 도시·군계획시설결정권자 소속 도시계획위원회의 심의를 거친 시설

제2절 수도공급설비

제65조(수도공급설비) 이 절에서 "수도공급설비"라 함은 「수도법」 제3조제5호의 규정에 의한 수도(일반수도 및 공업용수도에 한한다)중 다음 각호의 시설을 말한다. <개정 2005.7.1>
1. 취수시설·저수시설·정수시설 및 배수시설
2. 전용관로부지상에 설치하는 도수시설 및 송수시설

제66조(수도공급설비의 결정기준 및 구조·설치기준) 수도공급설비의 결정·구조 및 설치에 관하여는 「수도법」이 정하는 바에 의한다. <개정 2005.7.1>

제3절 전기공급설비

제67조(전기공급설비) 이 절에서 "전기공급설비"란 「전기사업법」 제2조제16호에 따른 전기사업용 전기설비 중 다음 각 호의 시설을 말한다. <개정 2005.7.1, 2006.11.22, 2008.1.14, 2012.6.28>
1. 발전시설
2. 변전시설(옥내에 설치하는 것을 제외한다)
3. 송전선로(15만 4천 볼트 이상인 경우에만 해당한다)
4. 배전사업소(배전설비와 연결된 기계 및 기구가 설치된 것에 한한다)

제68조(전기공급설비의 결정기준) 전기공급설비의 결정기준은 다음 각 호와 같다. <개정 2006.11.22, 2009.5.15, 2012.10.31>
1. 발전시설
  가. 소음, 사고 등에 따른 재해를 방지할 수 있도록 인근의 토지이용계획을 고려하여 설치할 것
  나. 전용공업지역·일반공업지역·준공업지역·자연녹지지역 및 계획관

리지역에만 설치할 것. 다만, 「신에너지 및 재생에너지 개발·이용·보급 촉진법」 제2조제2호에 따른 신·재생에너지설비에 해당하는 발전시설은 전용주거지역 및 일반주거지역 외의 지역에 설치할 수 있다.
다. 화력이나 원자력을 이용한 발전시설은 가목 및 나목 외에 다음의 기준을 고려하여 설치할 것
1) 항만이나 철도수송이 편리하고 연료를 확보하기 쉬운 곳에 설치할 것
2) 임해지역 등 발전용수를 확보하기 쉬운 곳에 설치할 것
3) 조수(潮水)·파도 등에 따른 침수의 우려가 없거나 습한 저지대가 아닌 곳에 설치할 것
2. 변전시설
가. 송전선로와 쉽게 연결되고 중량물의 반입 및 반출이 가능한 곳에 설치할 것
나. 수요지역의 중심부에 가까운 곳에 설치할 것
다. 침수 및 산사태 등 재해발생 가능성이 적은 지역에 설치할 것
3. 송전선로
가. 외곽간선은 도시 외곽의 공지에 설치할 것
나. 내부진입간선은 사고 등으로 인한 재해를 방지할 수 있도록 공지 또는 저밀도지역에 설치하되, 인근의 토지이용현황을 고려할 것
4. 배전사업소
변전소와 쉽게 연결되고, 수요지역의 중심부에 가까운 곳에 설치할 것

제69조(전기공급설비의 구조 및 설치기준) 전기공급설비의 구조 및 설치에 관하여는 「전기사업법」이 정하는 바에 의한다.
<개정 2005.7.1>

제4절 가스공급설비

제70조(가스공급설비) 이 절에서 "가스공급설비"란 다음 각호의 시설을

말한다. <개정 2004.12.3, 2005.7.1, 2010.3.16>
 1. 「고압가스 안전관리법」 제3조제1호에 따른 저장소(저장능력 30톤 이하의 액화가스저장소 및 저장능력 3천세제곱미터 이하인 압축가스저장소를 제외한다) 및 같은 법 시행규칙 별표 5 제3호에 따른 고정식 압축천연가스이동충전차량 충전시설
 2. 「액화석유가스의 안전관리 및 사업법 시행규칙」 별표 3 제1호 및 제3호에 따른 용기충전시설과 자동차에 고정된 탱크충전시설
 3. 「도시가스사업법」 제2조제5호의 규정에 의한 가스공급시설

제71조(가스공급설비의 결정기준) 가스공급설비의 결정기준은 다음 각 호와 같다. <개정 2012.10.31>
 1. 주요시설물 또는 건축물이 밀집된 지역에 설치되지 아니하도록 인근의 토지이용계획을 고려할 것
 2. 전용공업지역·일반공업지역·준공업지역·자연녹지지역 및 계획관리지역에 한하여 설치할 것. 다만, 가스공급시설중 배관 및 정압기와 이에 부수되는 시설은 다른 지역에도 설치할 수 있다.
 3. 인화·폭발 등으로 인한 불의의 사고에 대비하여 교통이 혼잡한 상가·번화가·시장 등 사람이 많이 모이는 곳과 그에 가까운 곳에 설치하지 아니할 것
 4. 침수 및 산사태 등 재해발생 가능성이 적은 지역에 설치할 것

제72조(가스공급설비의 구조 및 설치기준) 가스공급설비의 구조 및 설치에 관하여는 「고압가스안전관리법」·「액화석유가스의 안전관리 및 사업법」 또는 「도시가스사업법」이 정하는 바에 의한다. <개정 2004.12.3, 2005.7.1>

제5절 열공급설비

제73조(열공급설비) 이 절에서 "열공급설비"라 함은 「집단에너지사업법」 제9조의 규정에 의한 집단에너지사업의 허가를 받은 자가 설치하는 다음 각호의 시설을 말한다. <개정 2005.7.1>
 1. 「집단에너지사업법 시행규칙」 제2조제1호의 규정에 의한 열원

시설

2. 「집단에너지사업법 시행규칙」 제2조제2호의 규정에 의한 열수송시설

제74조(열공급설비의 결정기준) 열공급설비의 결정기준은 다음 각호와 같다. <개정 2012.6.28, 2012.10.31>

1. 열원시설은 사고 등에 의한 재해를 방지할 수 있도록 인근의 토지이용계획을 고려하여 설치할 것
2. 열원시설은 제2종전용주거지역·제2종일반주거지역·제3종일반주거지역·준주거지역·전용공업지역·일반공업지역·준공업지역·자연녹지지역 및 계획관리지역에 한하여 설치할 것
3. 쓰레기를 소각하여 열을 발생시키는 열원시설은 대기와 수질의 오염 등 각종 환경오염문제를 고려하여 설치하되, 차량이 쉽게 접근할 수 있는 지역에 설치할 것
4. 열수송시설은 수송효율을 높이기 위하여 공급지와 소비지간의 거리를 최소화할 수 있는 경로로 설치할 것
5. 열수송시설은 공사의 불필요한 중복을 피할 수 있도록 인근 도로망과 지하매설물의 분포를 고려할 것
6. 인화·악취 등으로 인한 인근의 피해를 줄이기 위하여 완충녹지를 둘 것
7. 인구 및 산업단지 등의 분포를 고려하여 입지를 결정할 것
8. 침수 및 산사태 등 재해발생 가능성이 적은 지역에 설치할 것

제75조(열공급설비의 구조 및 설치기준) 열공급설비의 구조 및 설치에 관하여는 「집단에너지사업법」이 정하는 바에 의한다.
<개정 2005.7.1>

제6절 방송·통신시설

제76조(방송·통신시설) 이 절에서 "방송·통신시설"이란 국가 또는 지방자치단체가 설치하는 시설(제1호의 경우에는 방송통신위원회가 지정하는 시설을 포함한다)로서 다음 각 호의 시설을 말한다.

1. 「전기통신사업법」 제2조제4호에 따른 사업용전기통신설비
2. 「전파법」 제2조제5호에 따른 무선설비(「전기통신사업법」 제2조제4호에 따른 사업용전기통신설비는 제외한다)
3. 「방송법」 제79조에 따른 유선방송국설비(종합유선방송국으로 한정한다)
[전문개정 2011.11.1]

제77조(방송·통신시설의 결정기준) 방송·통신시설은 이용자가 접근하기 쉽고 방송시설 종사자의 원활한 활동을 위하여 교통이 편리한 장소에 설치하여야 한다.

제78조(방송·통신시설의 구조 및 설치기준) 방송·통신시설의 구조 및 설치에 관하여는 「전기통신기본법」·「전파법」 또는 「방송법」이 정하는 바에 의한다. <개정 2005.7.1>

제7절 공동구

제79조(공동구) 이 절에서 "공동구"라 함은 「국토의 계획 및 이용에 관한 법률」 제2조제9호의 규정에 의한 공동구를 말한다.
<개정 2005.7.1>

제80조(공동구의 결정기준) 공동구를 설치할 경우 공동구에 수용되는 시설의 설치현황, 장기수요예측 및 경제적 타당성과 주변시설물에 미치는 영향을 충분히 조사·검토하여야 한다.

제81조(공동구의 구조 및 설치기준) 공동구의 구조 및 설치기준은 다음 각호와 같다. <개정 2004.12.3, 2005.7.1>
1. 비가 올 때에 통풍구 등에 침수되는 물을 퍼낼 수 있는 배수펌프를 2대 이상 설치할 것
2. 가스관 또는 하수관으로부터의 가스누설·누수 및 침수에 의한 습도의 증가, 전력케이블·난방배관 등에 의한 온도상승과 세균류의 번식을 예방할 수 있는 환기설비를 설치할 것
3. 공동구안에서의 원활한 작업을 위하여 15룩스 정도의 조명장치

를 하고, 점등스위치는 입구에 수동식으로 장치하며, 공동구안에서 필요할 경우에 대비하여 적당한 간격으로 콘센트를 설치할 것. 이 경우 조명장치·점등스위치 및 콘센트는 방수형·방폭형(가스관을 수용하거나 가스발생이 우려되는 경우에 한한다) 및 내부식성의 기구를 사용하여야 한다.
4. 변전실안의 화재·정전 등 돌발사고에 대비한 비상조명설비를 설치할 것
5. 비상시 공동구의 출구 및 비상구로 유도하기 위한 유도등을 설치하고, 정전시에도 조명이 가능하도록 설비할 것
6. 공동구안의 부대시설을 가동하기 위한 전원은 내부식성 및 내충격의 전선관 및 내화배선을 사용하고, 누전에 의한 감전을 막고 수용시설을 보호하기 위하여 누전차단기를 설치할 것
7. 화재 그 밖의 사고가 발생할 경우 공동구출입자가 공동구안의 상황을 공동구관리사무소에 신속히 연락할 수 있는 통신설비를 설치할 것
8. 내부의 청소 등을 위하여 공동구안에 급수시설을 설치할 것
9. 작업원의 안전을 위하여 내부점검과 작업을 위한 출입구는 원칙적으로 지상에 입체형으로 설치하도록 하고, 재료반입구 및 환기구는 비상시의 출입이 가능하도록 할 것. 이 경우 출입구·재료반입구 및 환기구는 도로교통에 영향을 주지 아니하도록 차도를 피하여 설치하고, 교차로 등에서의 시야확보에 지장이 없도록 하여야 한다.
10. 공동구에 수용되는 시설의 기능을 유지하고 훼손 및 장해를 방지하는 등 공동구에 수용되는 시설의 원활한 유지·관리를 위하여 필요한 경우에는 공동구안에 중간벽을 설치할 것
11. 공동구는 가능한 한 도로의 선형과 일치되도록 설치하고, 도로의 여건에 따라 조정할 것
12. 공동구가 교차되는 부분의 구조물은 입체화할 것
13. 공동구안에서 분기가 되는 곳은 공동구에 수용되는 시설의 유지·관리를 원활하게 할 수 있도록 작업공간과 점검통로를 충분히

확보하여야 하며, 공동구에 수용되는 시설이 서로 교차되지 아니하도록 할 것

14. 공동구의 원활한 유지·관리를 위하여 공동구에의 출입이 편리한 장소에 공동구관리사무소를 설치하고, 공동구시스템의 제어, 각종 설비의 자동운전과 공동구에 관한 자료의 감시·보관 및 분석을 행하는 중앙통제시스템을 구축할 것. 다만, 길이가 1킬로미터 미만인 공동구로서 각종 경보설비의 수신설비를 관계행정기관에 설치한 경우에는 그러하지 아니하다.

15. 공동구안에는 다음 각목의 경보설비를 설치하고, 공동구관리사무소에서 설비의 작동상태를 감시할 수 있도록 할 것
    가. 침수경보설비
    나. 출입자감시설비
    다. 가스감지기(가스관을 수용하는 경우에 한한다)

16. 공동구안에는 「소방시설 설치유지 및 안전관리에 관한 법률」이 정하는 바에 따라 자동화재탐지설비 및 연소방지설비를 설치할 것. 이 경우 자동화재탐지설비의 작동상태가 공동구중앙통제시스템과 관할 소방관서에 동시에 전달될 수 있도록 하여야 한다.

17. 공동구안에는 돌발적인 사고에 대비하여 비상발전설비 또는 예비전원을 설치할 것

18. 제4호 내지 제7호 및 제14호의 시설기준에 대하여는 소방방재청장이 정하여 고시하는 화재안전기준을 적용할 것

19. 제1호 내지 제18호에 규정된 사항외에 공동구에 수용되는 시설의 설치에 관하여는 당해 시설의 설치기준에 의할 것

제8절 시장

제82조(시장) 이 절에서 "시장"이란 다음 각 호의 시설을 말한다. <개정 2004.12.3, 2005.7.1, 2008.9.5>

1. 「유통산업발전법」 제2조제3호 및 제4호의 규정에 의한 대규모점포 및 임시시장

2. 「농수산물유통 및 가격안정에 관한 법률」 제2조제2호·제5호 및 제12호의 규정에 의한 농수산물도매시장·농수산물공판장 및 농수산물종합유통센터
3. 「축산법」 제34조에 따른 가축시장

제83조(시장의 결정기준) 시장의 결정기준은 다음 각호와 같다. <개정 2004.12.3, 2005.7.1, 2008.1.14>
1. 주로 지역간에 수급이 이루어지는 물품을 취급하는 시장은 유통업무설비와 연계하여 설치할 것
2. 도매기능의 시장은 교통수단의 연결이 쉬운 철도역·고속국도 또는 주간선도로에 가까운 도시의 외곽에 설치할 것
3. 소매기능의 시장의 분포는 주민이 쉽게 접근하여 이용할 수 있도록 적절한 배치간격을 유지할 것
4. 다수인의 집산으로 인한 교통체증의 발생 등으로 시장의 기능이 저하되지 아니하도록 원활한 교통소통을 기할 수 있는 교통수단을 연결시킬 것
5. 시장의 원활한 기능을 위하여 주차장·관리사무소 등을 합리적으로 설치할 것
6. 주간선도로의 교차지점이나 인구가 밀집한 지역에 설치되지 아니하도록 인근의 토지이용현황을 고려할 것
7. 시장의 규모와 입지는 생활권, 시장의 세력권 및 장래의 확장가능성 등을 고려하여 결정할 것
8. 주변의 주거지역에 소음·악취 및 교통체증 등을 발생시킬 우려가 없는 지역에 설치할 것
9. 준주거지역·중심상업지역·일반상업지역·근린상업지역·유통상업지역·준공업지역·자연녹지지역 및 계획관리지역에 한하여 설치할 것. 다만, 「유통산업발전법 시행령」 별표 1에 따른 대규모점포(대형마트·전문점을 제외한다)는 자연녹지지역에 설치할 수 없다.
10. 시장의 규모는 「유통산업발전법」 또는 「농수산물유통 및 가격안정에 관한 법률」이 정하는 바에 의할 것

제84조(시장의 구조 및 설치기준) 시장의 구조 및 설치에 관하여는 「유통산업발전법」·「농수산물유통 및 가격안정에 관한 법률」또는 「축산법」이 정하는 바에 의한다. <개정 2005.7.1>

제9절 유류저장 및 송유설비

제85조(유류저장 및 송유설비) 이 절에서 "유류저장 및 송유설비"란 다음 각 호의 시설을 말한다. <개정 2004.12.3, 2005.7.1, 2008.9.5>
 1. 「석유 및 석유대체연료 사업법」 제2조제7호에 따른 석유정제업자나 한국석유공사가 석유를 비축·저장하는 시설과 송유시설
 2. 「송유관안전관리법」 제3조의 규정에 의한 공사계획인가를 받은 자가 설치하는 송유관
 3. 「위험물안전관리법」 제6조의 규정에 의한 제조소 등의 설치허가를 받은 자가 동법시행령 별표 1의 규정에 의한 제1석유류·제2석유류·제3석유류 또는 제4석유류를 저장하기 위하여 설치하는 저장소

제86조(유류저장 및 송유설비의 결정기준) 유류저장 및 송유설비의 결정기준은 다음 각호와 같다. <개정 2012.6.28, 2012.10.31>
 1. 주요시설물 또는 인구가 밀집한 지역에 설치되지 아니하도록 인근의 토지이용현황을 고려할 것
 2. 전용공업지역·일반공업지역·준공업지역·보전녹지지역·자연녹지지역 및 계획관리지역에 한하여 설치할 것. 다만, 「송유관 안전관리법」 제2조제2호에 따른 송유관 중 배관은 다른 지역에도 설치할 수 있다.
 3. 인화·폭발 등으로 인한 불의의 사고에 대비하여 외곽경계부분에 녹지 등 차단공간을 둘 것
 4. 주유소 또는 판매소에 대한 공급이 편리한 장소에 설치할 것
 5. 공사의 불필요한 중복을 피할 수 있도록 인근의 도로망과 지하매설물의 분포를 고려하여 입지를 결정할 것
 6. 침수 및 산사태 등 재해발생 가능성이 적은 지역에 설치할 것

제87조(유류저장 및 송유설비의 구조 및 설치기준) 유류저장 및 송유설비의 구조 및 설치에 관하여는 「석유 및 석유대체연료 사업법」·「송유관안전관리법」 또는 「위험물안전관리법」이 정하는 바에 의한다. <개정 2004.12.3, 2005.7.1, 2008.9.5>

제5장 공공·문화체육시설
제1절 학교

제88조(학교) 이 절에서 "학교"란 다음 각 호의 시설을 말한다. <개정 2004.12.3, 2005.7.1, 2005.12.14, 2008.9.5, 2012.6.28>
1. 「유아교육법」 제2조제2호의 규정에 의한 유치원
2. 「초·중등교육법」 제2조의 규정에 의한 학교
3. 「고등교육법」 제2조제1호부터 제5호까지의 규정에 따른 학교 및 같은 조 제7호의 각종학교 중 국가 또는 지방자치단체가 설치·운영하는 교육기관. 다만, 같은 법 제2조제5호에 따른 원격대학 중 사이버대학 및 같은 법 제30조에 따른 대학원대학은 제외한다.
4. 「경제자유구역 및 제주국제자유도시의 외국교육기관 설립·운영에 관한 특별법」 제5조의 규정에 의하여 설립하는 외국교육기관으로서 제1호 내지 제3호의 규정에 의한 학교에 상응하는 외국교육기관

제89조(학교의 결정기준) ① 학교의 결정기준은 다음 각 호와 같다. <개정 2011.11.1, 2012.6.28, 2012.10.31, 2013.8.30>
1. 통학권의 범위, 주변환경의 정비상태 등을 종합적으로 검토하여 건전한 교육목적 달성과 주민의 문화교육향상에 기여할 수 있는 중심시설이 되도록 할 것
2. 지역 전체의 인구규모 및 취학률을 감안한 학생수를 추정하여 지역별 인구밀도에 따라 적절한 배치간격을 유지할 것
3. 재해취약지역에는 설치를 가급적 억제하고 부득이 설치하는 경우에는 재해발생 가능성을 충분히 고려하여 설치할 것
4. 위생·교육·보안상 지장을 초래하는 공장·쓰레기처리장·유흥업소·

관람장과 소음·진동 등으로 교육활동에 장애가 되는 고속국도·철도 등에 근접한 지역에는 설치하지 아니할 것. 다만, 근로청소년의 교육을 위하여 산업체가 당해 산업체안에 부설학교를 설치하는 경우에는 그러하지 아니하다.
5. 통학에 위험하거나 지장이 되는 요인이 없어야 하며, 교통이 빈번한 도로·철도 등이 관통하지 아니하는 곳에 설치할 것
6. 일조·통풍 및 배수가 잘 되는 지역에 설치할 것
7. 학교주변에는 녹지 등 차단공간을 둘 것
8. 옥외체육장은 「고등학교 이하 각급 학교 설립·운영 규정」 제5조에 따라 설치하되, 원칙적으로 교사부지와 연접된 곳에 설치할 것
9. 도서관·강당 등 일반주민들이 사용할 수 있는 시설을 설치하는 경우에는 관리상 또는 방화상 지장이 없도록 할 것
10. 초등학교는 2개의 근린주거구역단위에 1개의 비율로, 중학교 및 고등학교는 3개 근린주거구역단위에 1개의 비율로 배치할 것. 다만, 초등학교는 관할 교육장이 필요하다고 인정하여 요청하는 경우에는 2개의 근린주거구역단위에 1개의 비율보다 낮은 비율로 설치할 수 있다.
11. 초등학교는 학생들이 안전하고 편리하게 통학할 수 있도록 다른 공공시설의 이용관계를 고려하여야 하며, 통학거리는 1천5백미터 이내로 할 것. 다만, 도시지역외의 지역에 설치하는 초등학교 중 학생수의 확보가 어려운 경우에는 학생수가 학년당 1개 학급 이상을 유지할 수 있는 범위까지 통학거리를 확대할 수 있으나, 통학을 위한 교통수단의 이용가능성을 고려할 것
12. 제10호에 따른 학교배치 및 제11호에 따른 통학거리는 관할 교육장이 해당 지역의 인구밀도, 가구당 인구수, 진학률, 주거형태, 설치하려는 학교의 규모, 도로 및 통학여건 등을 고려하여 적절히 조정할 것
13. 대학은 당해 대학의 기능과 특성에 적합하도록 하여야 하며 대학의 배치에 관하여는 도시·군기본계획을 고려할 것

14. 초등학교·중학교 및 고등학교는 보행자전용도로·자전거전용도로·공원 및 녹지축과 연계하여 설치할 것
15. 재해 발생 시「자연재해대책법」등에 따라 대피소 기능을 하는 경우에는 주민의 일시적 체류를 위한 시설(식량저장시설, 냉난방시설, 위생시설, 환기시설 및 소방시설을 말한다. 이하 "주민일시체류시설"이라 한다)을 설치할 것
16. 빗물이용을 위한 시설의 설치를 고려하고, 불투수면에서 유출되는 빗물을 최소화하도록 빗물이 땅에 잘 스며들 수 있는 구조로 하거나 식생도랑, 저류·침투조, 빗물정원 등의 빗물관리시설 설치를 고려할 것
② 제1항의 규정에 의한 근린주거구역의 범위는 이미 개발된 지역의 경우에는 개발현황에 따라 정하고, 새로이 개발되는 지역(재개발 또는 재건축되는 지역을 포함한다)의 경우에는 2천세대 내지 3천세대를 1개 근린주거구역으로 한다. 다만, 인접한 지역의 개발여건을 고려하여 필요한 경우에는 2천세대 미만인 지역을 근린주거구역으로 할 수 있다.

제90조(학교의 구조 및 설치기준) 학교의 구조 및 설치에 관하여는「유아교육법」·「초·중등교육법」또는「고등교육법」이 정하는 바에 의한다. <개정 2005.7.1, 2005.12.14>

제2절 운동장

제91조(운동장) 이 절에서 "운동장"이라 함은 국민의 건강증진과 여가선용에 기여하기 위하여 설치하는 종합운동장(국제경기종목으로 채택된 경기를 위한 시설중 육상경기장과 1종목 이상의 운동경기장을 함께 갖춘 시설 또는 3종목 이상의 운동경기장을 함께 갖춘 시설에 한한다)을 말한다. 다만, 관람석의 수가 1천석 이하인 소규모 실내운동장을 제외한다.

제92조(운동장의 결정기준) 운동장의 결정기준은 다음 각호와 같다.
1. 주요시설물의 주변이나 인구밀집지역에 설치하지 아니하도록 인

근의 토지이용현황을 고려할 것
2. 제1종전용주거지역·유통상업지역·전용공업지역·일반공업지역·보전녹지지역·생산관리지역·보전관리지역·농림지역 및 자연환경보전지역외의 지역에 설치할 것
3. 이용자의 접근과 분산이 쉬워야 하며, 다수의 이용자가 단시간내에 집산할 수 있도록 다른 교통수단과의 연계를 고려하고, 지역간의 교통연결이 편리한 장소에 설치할 것
4. 평탄한 지형·지대에 설치하고, 기복이 있는 토지의 경사면은 부대시설 등으로 적절히 이용할 수 있도록 할 것
5. 시·군의 공간체계의 일환으로 설치하며, 풍향과 풍속이 비교적 일정하고 기상조건이 급변하지 아니하는 지역에 설치할 것. 다만, 실내운동장의 경우에는 그러하지 아니하다.
6. 여러 시설을 집결시키되, 부득이한 경우에는 대규모경기장의 운영과 관람자의 이용에 지장을 초래하지 아니하는 범위안에서 시설을 분산시킬 것

제93조(운동장의 구조 및 설치기준) ① 운동장의 구조 및 설치기준은 다음 각 호와 같다. <개정 2008.1.14, 2012.10.31, 2013.8.30>
1. 운동장은 국제적으로 통용되는 규격으로 설치하되, 그 규모는 시·군의 여건에 따라 적정하게 정할 것
2. 운동장에는 그 기능에 따라 다음 각목의 시설을 설치할 것
   가. 관중석
   나. 관리시설 : 관리사무소·창고·매표소·안내소·조명시설·급수시설·배수시설·방수시설·각종 표지판·쓰레기장
   다. 편익시설 : 주차장·휴게실·매점·휴게음식점·탈의실·욕실·화장실
3. 재해 발생 시 「자연재해대책법」 등에 따라 대피소 기능을 하는 운동장에는 주민일시체류시설을 설치할 것
4. 빗물이용을 위한 시설의 설치를 고려하고, 불투수면에서 유출되는 빗물을 최소화하도록 빗물이 땅에 잘 스며들 수 있는 구조로

하거나 식생도랑, 저류·침투조, 빗물정원 등의 빗물관리시설 설치를 고려할 것

② 운동장에는 운동장의 이용에 지장이 없는 범위에서 제1항제2호에 따른 시설 외의 시설로서 이용자의 편의를 도모하기 위하여 필요한 시설을 도시계획위원회의 심의를 거쳐 설치할 수 있다. <개정 2004.12.3, 2010.3.16>

③ 다음 각 호의 운동장에는 운동장의 이용에 지장이 없는 범위에서 운동장의 관리에 필요한 재정을 지원하기 위하여 수익시설을 도시·군계획시설결정권자 소속 도시계획위원회의 심의를 거쳐 설치할 수 있다. <개정 2004.12.3, 2005.7.1, 2008.1.14, 2008.9.5, 2010.3.16, 2012.6.28, 2012.10.31>

1. 국가 또는 지방자치단체가 설치하는 운동장
2. 「2002년 월드컵축구대회 지원법」 제2조제1호에 따른 경기장시설
3. 「제14회 아시아경기대회 지원법」 제2조에 따른 경기장시설
4. 「2011대구세계육상선수권대회, 2013충주세계조정선수권대회, 2014인천아시아경기대회, 2014인천장애인아시아경기대회 및 2015광주하계유니버시아드대회 지원법」 제2조에 따른 경기장시설
5. 「2018 평창 동계올림픽대회 및 장애인동계올림픽대회 지원 등에 관한 특별법」 제2조에 따른 경기장시설
6. 주무부장관, 특별시장, 광역시장·특별자치시장, 도지사 또는 특별자치도지사가 수익시설을 설치할 필요가 있다고 인정하여 도시·군관리계획의 입안권자에게 요청한 운동장

④ 삭제 <2010.3.16>

⑤ 제1항부터 제3항까지에 규정된 사항외에 운동장의 구조 및 설치에 관하여는 「체육시설의 설치·이용에 관한 법률」이 정하는 바에 의한다. <신설 2004.12.3, 2005.7.1, 2010.3.16>

[시행일:2012.7.1] 제93조제3항제6호 중 특별자치시 또는 특별자치시장에 관한 규정

제3절 공공청사

제94조(공공청사) 이 절에서 "공공청사"라 함은 다음 각호의 시설을 말한다.
   1. 공공업무를 수행하기 위하여 설치·관리하는 국가 또는 지방자치단체의 청사
   2. 우리나라와 외교관계를 수립한 나라의 외교업무수행을 위하여 정부가 설치하여 주한외교관에게 빌려주는 공관
   3. 교정시설(교도소·구치소·소년원 및 소년분류심사원에 한한다)

제95조(공공청사의 결정기준 및 구조·설치기준) 공공청사의 결정기준 및 구조·설치기준은 다음 각호와 같다. <개정 2012.6.28, 2012.10.31, 2013.8.30>
   1. 각종 교통수단의 연계를 고려할 것
   2. 보행자전용도로 및 자전거전용도로와의 연계를 고려할 것
   3. 교통이 혼잡한 상점가나 번화가에 설치하여서는 아니되며, 공무집행에 적합한 환경을 유지할 수 있도록 인근의 토지이용현황을 고려할 것
   4. 중추적인 시설은 시·군 전체의 공간구조를 고려하여 침수 및 산사태 등 재해발생 가능성이 적은 지역에 단독형으로 설치하고, 국지적인 시설은 이용자의 분포 상황을 고려하여 분산형으로 할 것
   5. 동사무소, 보건소 및 우체국 등 지역 주민이 많이 이용하는 공공청사는 이용자의 편의를 위하여 일정한 지역에 집단화하여 설치하고 어린이집, 노인복지시설 및 운동시설 등 생활편의시설을 함께 설치하여 지역 공동체의 거점으로 조성하는 것을 고려할 것
   6. 주차장·휴게소·공중전화·구내매점 등 이용자를 위한 편익시설과 안내실·업무대기실·화장실 등 부대시설을 충분히 확보할 것
   7. 장래의 업무수요의 증가에 대비하여 시설확충이 가능하도록 할 것
   8. 물류·유통업무를 수행하는 공공청사에는 이용자 및 지역 주민들

의 편의를 위하여 주유소를 설치할 수 있도록 고려할 것
9. 이용자의 다양한 요구를 반영하고 장애인, 노약자 및 외국인 등 모든 사람이 이용하기에 편리한 구조로 설치할 것
10. 주변 환경과 조화를 이루고 지역의 경관을 선도할 수 있도록 할 것
11. 기획단계부터 지역 특성에 맞는 디자인 및 효율적인 예산 집행을 고려하고 「건축기본법」 제23조에 따른 민간전문가의 참여 및 같은 법 제24조에 따른 설계공모를 적극 활용할 것
12. 재해 발생 시 「자연재해대책법」 등에 따라 대피소 기능을 하는 경우에는 주민일시체류시설을 설치할 것
13. 빗물이용을 위한 시설의 설치를 고려하고, 불투수면에서 유출되는 빗물을 최소화하도록 빗물이 땅에 잘 스며들 수 있는 구조로 하거나 식생도랑, 저류·침투조, 빗물정원 등의 빗물관리시설 설치를 고려할 것

제4절 문화시설

제96조(문화시설) 이 절에서 "문화시설"이란 국가 또는 지방자치단체가 설치하거나 문화체육관광부장관(제6호의 경우에는 미래창조과학부장관을 말한다), 특별시장, 광역시장, 특별자치시장, 도지사 또는 특별자치도지사가 도시·군계획시설로 설치할 필요성이 있다고 인정하여 도시·군관리계획의 입안권자에게 요청하여 설치하는 다음 각 호의 시설을 말한다. <개정 2004.12.3, 2005.7.1, 2008.9.5, 2011.11.1, 2012.6.28, 2012.10.31, 2013.3.23>
1. 「공연법」 제2조제4호의 규정에 의한 공연장
2. 「박물관 및 미술관 진흥법」 제2조제1호 및 제2호의 규정에 의한 박물관 및 미술관
3. 「지방문화원진흥법 시행령」 제4조의 규정에 의한 시설
4. 「문화예술진흥법」 제2조제1항제3호의 규정에 의한 문화시설
5. 「문화산업진흥 기본법」 제2조제17호 및 제18호에 따른 문화산

업진흥시설 및 문화산업단지
6. 「과학관육성법」 제2조제1호의 규정에 의한 과학관

제97조(문화시설의 결정기준) 문화시설의 결정기준은 다음 각호와 같다.
1. 이용자가 접근하기 쉽도록 대중교통수단의 이용이 편리한 장소에 설치하고, 주거생활의 평온을 방해하지 아니하는 곳에 설치할 것
2. 지역의 문화발전과 문화증진을 위하여 지역의 특성과 기능을 고려할 것

제98조(문화시설의 구조 및 설치기준) 문화시설의 구조 및 설치기준에 관하여는 「공연법」·「박물관 및 미술관 진흥법」·「지방문화원진흥법」·「문화예술진흥법」·「문화산업진흥 기본법」 또는 「과학관육성법」이 정하는 바에 의한다. <개정 2005.7.1>

제5절 체육시설

제99조(체육시설) 이 절에서 "체육시설"이란 「체육시설의 설치·이용에 관한 법률」에서 정하는 체육시설로서 다음 각 호의 시설을 말한다. 다만, 제1호 및 제2호의 경우에는 같은 법 제5조에 따른 전문체육시설(제91조에 따른 운동장은 제외한다) 및 제6조에 따른 생활체육시설(건축물 안에 설치하는 골프연습장은 제외한다)만 해당한다.
<개정 2012.6.28>

1. 국가 또는 지방자치단체가 설치하거나 소유하는 체육시설
2. 「국민체육진흥법」 제33조에 따른 대한체육회, 제34조에 따른 대한장애인체육회 및 제36조에 따른 서울올림픽기념국민체육진흥공단이 설치·관리하는 체육시설
3. 「2002년월드컵축구대회지원법」 제2조제1호에 따른 경기장시설
4. 「제14회아시아경기대회지원법」 제2조에 따른 경기장시설
5. 「2011대구세계육상선수권대회, 2013충주세계조정선수권대회, 2014인천아시아경기대회, 2014인천장애인아시아경기대회 및 2015광주하계유니버시아드대회 지원법」 제2조에 따른 경기장시설

6. 「2018 평창 동계올림픽대회 및 장애인동계올림픽대회 지원 등에 관한 특별법」 제2조에 따른 경기장시설
[전문개정 2011.11.1]

제100조(체육시설의 결정기준) 체육시설의 결정기준은 다음 각 호와 같다. <개정 2004.12.3, 2008.9.5>
1. 제92조제1호·제3호 내지 제6호의 규정을 준용할 것
2. 제1종전용주거지역·유통상업지역·전용공업지역·일반공업지역·보전녹지지역·생산관리지역·보전관리지역·농림지역 및 자연환경보전지역외의 지역에 설치할 것. 다만, 시장·군수 또는 구청장(자치구의 구청장을 말한다. 이하 같다)이 설치하는 생활체육시설은 제1종전용주거지역에도 설치할 수 있으며, 체육시설 면적의 50퍼센트 이상이 계획관리지역에 해당하면 나머지 면적이 생산관리지역이나 보전관리지역에 해당하는 경우에도 설치할 수 있다.
3. 도시지역외의 지역에 설치하는 체육시설의 규모는 지역적 특성, 입지여건, 경사도·표고 등의 지형여건, 설치하고자 하는 체육시설의 특성을 고려하여 정할 것

제101조(체육시설의 구조 및 설치기준) ① 체육시설의 일반적 구조 및 설치기준은 다음 각 호와 같다. <개정 2008.1.14, 2012.10.31, 2013.8.30>
1. 체육시설은 국제적으로 통용되는 규격으로 설치하되, 그 규모는 시·군의 여건에 따라 적정하게 정할 것. 다만, 시장·군수 또는 구청장이 설치하는 생활체육시설에 대하여는 그러하지 아니하다.
2. 체육시설에는 그 기능에 따라 다음 각목의 시설을 설치할 것
  가. 관중석
  나. 관리시설 : 관리사무소·창고·매표소·안내소·조명시설·급수시설·배수시설·방수시설·각종 표지판·쓰레기장
  다. 편익시설 : 주차장·휴게실·매점·휴게음식점·일반음식점(골프장에 설치하는 경우에만 해당한다)·탈의실·욕실·화장실
3. 야구장, 야구연습장 및 골프연습장 등 공이 체육시설 밖으로 나가

는 것을 막기 위하여 그물 등의 시설을 설치하는 체육시설은 해당 그물 등의 시설에 채도가 낮은 색을 칠하는 등 주위 경관과 조화를 이루도록 할 것

4. 빗물이용을 위한 시설의 설치를 고려하고, 불투수면에서 유출되는 빗물을 최소화하도록 빗물이 땅에 잘 스며들 수 있는 구조로 하거나 식생도랑, 저류·침투조, 빗물정원 등의 빗물관리시설 설치를 고려할 것

② 체육시설에는 체육시설의 이용에 지장이 없는 범위에서 제1항제2호에 따라 설치가능한 시설 외의 시설로서 이용자의 편의를 도모하기 위한 시설 및 체육시설의 관리에 필요한 재정을 지원하기 위한 수익시설을 도시·군계획시설결정권자 소속 도시계획위원회의 심의를 거쳐 설치할 수 있다. <개정 2004.12.3, 2010.3.16, 2011.11.1, 2012.10.31>

③ 삭제 <2011.11.1>

④ 도시지역 외의 지역에 설치하는 체육시설의 추가적인 설치 및 구조기준은 다음 각 호와 같다. <개정 2005.7.1, 2005.12.14, 2006.11.22, 2008.1.14, 2009.5.15>

1. 체육시설을 설치하기 위하여 토지의 형질을 변경하는 경우 원칙적으로 다음 각 목의 기준에 적합할 것. 다만, 스키장에 대하여는 가목 및 나목을 적용하지 아니한다.
   가. 산지인 토지의 형질을 변경하는 경우 평균 경사도가 25도 이하이고 표고가 가장 낮은 지역(이하 "산자락하단"이라 한다)을 기준으로 300미터 이하인 지역으로 할 것. 이 경우 경사도 및 표고는 원지형을 기준으로 산정한다.
   나. 산정 부근에서는 토지의 형질을 변경하지 아니하도록 할 것
   다. 토지의 형질변경에 따라 발생하는 경사면은 높이를 30미터 이하로 하고, 5미터 이하의 소단(폭은 1미터 이상으로 한다)을 조성하여 녹지로 조성하고 원칙적으로 체육시설 밖에서 보이지 아니하도록 할 것

2. 체육시설 부지는 다음 각목의 기준에 적합하게 구획할 것. 다만,

필요한 경우 용도구획을 추가할 수 있다.
  가. 체육시설용지는 원칙적으로 전체부지 면적의 60퍼센트 미만으로 할 것
  나. 체육시설이 아닌 건축시설의 용지는 원칙적으로 전체부지 면적의 5퍼센트 미만으로 할 것
  다. 녹지용지는 원지형보전녹지, 복원녹지, 완충용녹지 등으로 구획하고, 전체부지 면적의 40퍼센트 이상으로 할 것
  라. 기반시설용지에는 도로·주차장·환경오염방지시설 등을 설치하도록 할 것
3. 기반시설의 설치는 다음 각 목의 기준에 의할 것
  가. 전체부지의 경계에서 국도·지방도·시도·군도, 그 밖에 폭 10미터 이상인 도로에 연결되는 진입도로를 다음의 기준에 의하여 계획할 것
    (1) 폭 8미터 이상으로 하되, 보도의 설치가 필요한 경우에는 10미터 이상으로 할 것
    (2) 삭제 <2008.1.14>
    (3) 진입도로의 폭이 8미터(보도의 설치가 필요한 경우에는 10미터를 말한다) 미만인 경우에 다음의 구분에 따른 전체 부지 면적의 10퍼센트 이내에서 확대하는 때에는 (1)에도 불구하고 당해 체육시설의 진입도로의 폭을 유지할 수 있다. 다만, 당해 진입도로의 폭이 8미터 미만인 경우로서 그 도로의 여건상 대형승합자동차의 교행이 어려운 구간에 대하여는 대기차선을 설치하여야 한다.
      (가) 2002년 12월 31일 이전에 설치된 체육시설(법률 제6655호 국토의계획및이용에관한법률에 의하여 폐지되기 전의「국토이용관리법」에 의하여 2003년 1월 1일 이후에 설치되었거나 설치 중인 체육시설을 포함한다)인 경우 그 당시 전체 부지의 면적
      (나) 2003년 1월 1일 이후에 설치 완료된 체육시설(법률 제6655호 국토의계획및이용에관한법률에 의하여 폐지되기

전의 「국토이용관리법」에 의하여 2003년 1월 1일 이후에 설치되었거나 설치 중인 체육시설을 제외한다)인 경우 그 전체 부지의 면적(전체 부지의 면적이 1제곱킬로미터 미만인 경우에 한한다)
　나. 부지내 도로는 폭 4미터 이상으로 할 것
　다. 상수도시설은 체육시설의 최대 수용인원에 대하여 1인 1일 기준으로 150리터 이상을 공급할 수 있도록 계획할 것
　라. 발생하는 하수를 BOD 10ppm 이하로 처리할 수 있는 하수처리시설을 설치할 것. 다만, 환경기준 유지를 위한 사전환경성협의에 따라 환경관서에서 요구하는 기준이 있을 경우 그 기준을 충족하여야 한다.
　마. 폐기물 발생시설이 있는 경우에는 「폐기물관리법」에 의한 처리시설(소각장을 포함한다)을 설치할 것. 다만, 위탁처리가 가능한 경우에는 그러하지 아니하다.
　바. 주차장 등 그 밖에 필요한 기반시설은 관계 법령에 적합하게 설치할 것
⑤ 제1항 내지 제4항에 규정된 사항외에 체육시설의 구조 및 설치에 관하여는 「체육시설의 설치·이용에 관한 법률」이 정하는 바에 의한다. <개정 2005.7.1>

제6절 도서관

제102조(도서관) 이 절에서 "도서관"이란 「도서관법」 제2조제4호에 따른 공공도서관 및 같은 조 제7호에 따른 전문도서관을 말한다.
[전문개정 2008.9.5]

제103조(도서관의 결정기준) 도서관의 결정기준은 다음 각호와 같다.
　1. 지역의 특성과 기능에 따라 도서관의 적절한 계열화를 도모할 것
　2. 규모가 큰 도서관이나 도서관의 본관은 도심지로서 이용자가 접근하기 쉽도록 대중교통수단의 이용이 편리하고, 위치를 확인하기 쉬운 곳에 설치할 것

3. 규모가 적은 도서관이나 도서관의 분관은 대부분의 이용자가 도보로 접근할 수 있도록 근린주거구역 또는 지역단위로 설치하고, 보행자전용도로 및 자전거전용도로와의 연계를 고려할 것
4. 지역별 이용인구에 따라 주민이 골고루 이용할 수 있도록 적정한 배치간격을 유지할 것
5. 도심지에 설치하는 도서관은 이용자를 위한 주차장·조경 등 부대시설을 확보할 것
6. 눈에 잘 뜨이는 장소로서 대지가 평평하고 도로에서 출입이 편리한 장소에 설치할 것
7. 장래의 확장에 필요한 면적과 교통시설의 확대, 이동문고차의 운행 및 조경을 위한 면적을 확보할 수 있는 규모로 할 것
8. 학교 및 문화시설 등 관련시설과 연계되는 지역에 설치할 것

제104조(도서관의 구조 및 설치기준) 도서관의 구조 및 설치에 관하여는 「도서관법」에서 정하는 바에 따른다. <개정 2005.7.1, 2008.9.5>

제7절 연구시설

제105조(연구시설) 이 절에서 "연구시설"이라 함은 과학·기술·학술·문화·예술 및 산업경제 등에 관한 조사·연구·시험 등을 위하여 설치하는 연구시설을 말한다.

제106조(연구시설의 결정기준 및 구조·설치기준) 연구시설의 결정기준 및 구조·설치기준은 다음 각 호와 같다. <개정 2010.3.16>
1. 쾌적한 연구환경의 확보를 위하여 해당 연구시설의 기능과 특성에 적합한 곳에 설치할 것
2. 전기·상하수도 등 기반시설이 갖추어진 곳에 설치할 것
3. 소음·진동 등 연구 및 시험활동에 대한 외적 방해요소가 없도록 인근의 토지이용현황을 고려할 것
4. 연구기능과 관련이 있는 다른 기관의 이용에 편리하고 관련기관과 연락하기 쉬운 곳에 설치할 것

제8절 사회복지시설

제107조(사회복지시설) 이 절에서 "사회복지시설"이란 「사회복지사업법」 제34조에 따라 설치하는 사회복지시설을 말한다. 다만, 해당시설의 주요부분을 분양 또는 임대할 목적으로 설치하는 사회복지시설은 제외한다. <개정 2005.7.1, 2010.3.16>

제108조(사회복지시설의 결정기준) 사회복지시설의 특성에 따라 인근의 토지이용현황을 고려하고, 인구밀집지역에 설치하는 것이 부적합한 시설과 주거환경에 좋지 아니한 영향을 미치는 시설은 도시의 외곽에 설치하여야 한다.

제109조(사회복지시설의 구조 및 설치기준) 사회복지시설의 구조 및 설치에 관하여는 「사회복지사업법」이 정하는 바에 의한다. <개정 2005.7.1>

제9절 공공직업훈련시설

제110조(공공직업훈련시설) 이 절에서 "공공직업훈련시설"이라 함은 「근로자직업능력 개발법」 제2조제3호가목에 따른 공공직업훈련시설을 말한다. <개정 2005.7.1, 2012.6.28>

제111조(공공직업훈련시설의 결정기준 및 구조·설치기준) 공공직업훈련시설의 결정·구조 및 설치에 관하여는 「근로자직업능력 개발법」이 정하는 바에 의한다. <개정 2005.7.1>

제10절 청소년수련시설

제112조(청소년수련시설) 이 절에서 "청소년수련시설"이라 함은 「청소년활동진흥법」 제10조제1호의 규정에 의한 청소년수련시설을 말한다. <개정 2004.12.3, 2005.7.1>

제113조(청소년수련시설의 결정기준) 청소년수련시설의 결정기준은 다음 각호와 같다.
  1. 생활권청소년수련시설은 일상 생활권안에서 청소년이 수시로 이

용하기에 편리한 곳으로서 광장·공원·학교·운동장·체육시설·문화시설 및 도서관 등과의 연계를 고려하여 설치할 것
2. 자연권청소년수련시설은 수려한 자연환경을 갖추어 자연과 더불어 행하는 수련활동 실시에 적합한 곳으로서 청소년이 이용하기에 편리하고 환경훼손이 최소화될 수 있는 입지와 설치방법을 강구할 것
3. 도시지역외의 지역에 설치하는 자연권청소년수련시설의 규모는 원칙적으로 1제곱킬로미터를 초과하지 아니하도록 하고, 전체면적의 30퍼센트 이상을 원지형대로 보전할 것
4. 유흥업소 그 밖에 청소년 유해시설과 가까운 곳이 아닐 것
5. 지역별 인구밀도를 감안하여 청소년이 쉽게 접근할 수 있도록 적정한 배치간격을 유지할 것
6. 주변의 토지이용계획 및 건축물과 조화를 이룰 것
7. 제1종전용주거지역·제2종전용주거지역·전용공업지역·보전녹지지역·생산녹지지역·생산관리지역 및 보전관리지역외의 지역에 설치할 것

제114조(청소년수련시설의 구조 및 설치기준) ① 도시지역 외의 지역에 설치하는 청소년수련시설의 구조 및 설치기준은 다음 각 호와 같다. <개정 2005.12.14, 2008.1.14, 2009.5.15, 2012.10.31>
1. 산지에 건축물을 배치하는 경우 평균 경사도가 25도 이하이고 표고가 산자락하단을 기준으로 250미터 이하인 지역으로 할 것
2. 기존 지형을 고려하여 건축물을 배치하고, 양호한 조망을 확보할 수 있도록 할 것
3. 건축물의 길이는 경사도가 15도 이상인 산지에서는 100미터 이내로 하고, 그 밖의 지역에서는 150미터 이내로 할 것
4. 경사도가 15도 이상인 산지에 건축물 등을 2 이상 설치하는 경우에는 경관·조망권 등의 확보를 위하여 길이가 긴 것을 기준으로 그 길이의 5분의 1 이상을 이격하도록 할 것
5. 제1호·제3호 및 제4호의 기준을 적용함에 있어 경사도 및 표고는

원지형을 기준으로 산정할 것
6. 청소년야영장·체육시설 등으로 사용하기 위하여 토지의 형질을 변경하는 경우 원칙적으로 다음 각 목의 기준에 적합할 것
   가. 산지인 토지의 형질을 변경하는 경우 평균 경사도가 25도 이하이고 표고가 산자락하단을 기준으로 300미터 이하인 지역으로 할 것
   나. 청소년야영장은 기존 지형을 최대한 이용하여 토지의 형질변경을 최소화할 것
   다. 체육시설은 기존 지형의 경사도를 50퍼센트 이상 변경하지 아니하도록 하여 과도한 성토·절토 등이 이루어지지 아니하도록 할 것. 다만, 기본적인 지형을 유지하면서 1,000제곱미터 미만의 토지에 대하여 경사도를 변경하는 경우에는 그러하지 아니하다.
7. 청소년수련시설 부지는 다음 각목의 기준에 적합하게 구획할 것. 다만, 필요한 경우 용도구획을 추가할 수 있다.
   가. 수련시설용지 및 체육시설용지는 원칙적으로 전체부지 면적의 60퍼센트 미만으로 할 것
   나. 녹지용지는 원지형보전녹지·완충용녹지 등으로 구획하고, 전체부지 면적의 40퍼센트 이상으로 할 것
   다. 기반시설용지에는 도로·주차장·환경오염방지시설 등을 설치하도록 할 것
8. 기반시설은 다음 각 목의 기준에 적합하게 설치할 것
   가. 전체부지의 경계에서 국도·지방도·시도·군도, 그 밖에 폭 10미터 이상인 도로에 연결되는 진입도로를 다음 기준에 의하여 설치할 것
      (1) 폭 8미터 이상으로 하되, 보도의 설치가 필요한 경우에는 10미터 이상으로 할 것
      (2) 삭제 <2008.1.14>
      (3) 제101조제4항제3호 가목(3)의 규정은 청소년수련시설의 진입도로 설치에 관하여 이를 준용한다. 이 경우 "체육시설"은

"청소년수련시설"로 본다.
　　　　나. 부지내 도로는 폭 4미터 이상으로 할 것
　　　　다. 상수도시설은 청소년수련시설의 최대 수용인원에 대하여 1인 1일 기준으로 300리터 이상을 공급하고, 유스호스텔 등 숙박시설이 있는 경우에는 당해 숙박시설에 한하여 1실(4인 기준)에 1천200리터를 기준으로 하여 필요한 급수량을 공급할 수 있도록 할 것
　　　　라. 제101조제4항제3호 라목 내지 바목의 기준에 적합할 것
　　9. 청소년야영장에는 야영시설에서 100미터 이내에 임시대피소를 설치할 것
　② 제1항에 규정된 사항외에 청소년수련시설의 구조 및 설치에 관하여는 「청소년활동진흥법」이 정하는 바에 의한다.
　<개정 2004.12.3, 2005.7.1>

　　제6장 방재시설
　　제1절 하천

제115조(하천) 이 절에서 "하천"이라 함은 다음 각호의 시설을 말한다. <개정 2005.7.1, 2008.4.16>
　　1. 「하천법」 제7조에 따른 국가하천·지방하천
　　2. 「소하천정비법」 제2조제1호의 규정에 의한 소하천

제116조(하천의 결정기준) 하천의 결정기준은 다음 각호와 같다. <개정 2005.7.1, 2012.6.28>
　　1. 「하천법」에 의한 하천기본계획이나 「소하천정비법」에 의한 소하천정비종합계획에 의할 것
　　2. 빗물에 의한 제내지(堤內地)의 내수를 하천으로 내보내기 위하여 설치하는 배수시설은 방수설비로 결정할 것
　　3. 하천은 원칙적으로 복개하지 아니할 것. 다만, 「하천법」에 의한 하천기본계획이나 「소하천정비법」에 의한 소하천정비종합계획에 복개하도록 정하여져 있는 경우에는 하천을 복개하여 환경개

4. 제3호 단서의 규정에 의하여 복개된 하천은 건축물의 건축을 수반하지 아니하는 도로·광장·주차장·체육시설·자동차운전연습장 및 녹지의 용도로만 사용할 것. 다만, 복개된 하천에 1992년 12월 16일 이전에 적법한 절차에 의하여 설치된 건축물이 있는 경우에는 그 복개된 하천은 건축물의 부지로 사용할 수 있다.

제117조(하천의 구조 및 설치기준) 하천의 구조 및 설치에 관하여는 「하천법」 또는 「소하천정비법」이 정하는 바에 의한다.
　<개정 2005.7.1>

　　　제2절 유수지

제118조(유수지) 이 절에서 "유수지"라 함은 다음 각호의 시설을 말한다.
　　1. 유수시설 : 집중강우로 인하여 급증하는 제내지 및 저지대의 배수량을 조절하고 이를 하천에 방류하기 위하여 일시적으로 저장하는 시설
　　2. 저류시설 : 빗물을 일시적으로 모아 두었다가 바깥수위가 낮아진 후에 방류하기 위한 시설

제119조(유수시설의 결정기준 및 구조·설치기준) 유수시설의 결정기준 및 구조·설치기준은 다음 각 호와 같다.　　<개정 2004.12.3, 2010.3.16, 2012.6.28, 2012.10.31, 2013.8.30>
　　1. 집중강우로 인하여 급증하는 제내지 및 저지대의 물을 하천으로 내보내기 쉬운 하천변이나 주거환경을 저해하지 아니하는 저지대에 설치할 것
　　2. 유수시설은 원칙적으로 복개하지 아니할 것. 다만, 다음 각 목의 어느 하나에 해당하는 경우에는 유수시설을 복개할 수 있다.
　　　가. 유수시설에 건축물의 건축을 수반하지 아니하는 경우로서 특별시장·광역시장·특별자치시장·시장 또는 군수(광역시의 관할구역에 있는 군수는 제외한다. 이하 같다)가 유수지관리기본계획을 수립하여 이를 관리하고, 홍수 등 재해발생상 영향이 없다

고 판단되는 경우
　나. 유수시설에 건축물을 건축하려는 경우로서 다음의 요건을 모두 충족하는 경우
　　1) 유수시설의 재해방지 기능을 유지하기 위하여 건축물 건축 이전의 유수용량 이상을 유지할 수 있도록 하고, 재해발생 가능성을 고려하여 재해예방시설을 충분히 설치할 것
　　2) 악취, 안전사고, 건축물 침수 등이 발생하지 아니하도록 할 것
　　3) 집중강우에 대비하여 건축물 사용자 및 인접 지역 주민의 안전확보 대책을 수립할 것
　　4) 해당 도시·군계획시설결정권자 소속 도시계획위원회의 심의를 받을 것. 다만, 임대를 목적으로 하는 보금자리주택(「보금자리주택건설 등에 관한 특별법」 제2조제1호가목에 따른 주택을 말한다. 이하 이 조에서 같다)을 건축하려는 경우로서 「보금자리주택건설 등에 관한 특별법」 제6조제3항에 따른 중앙도시계획위원회의 심의에서 1)부터 3)까지의 요건을 함께 심의한 경우에는 도시·군계획시설결정권자 소속 도시계획위원회의 심의를 받은 것으로 본다.
3. 제2호가목에 따라 복개된 유수시설은 도로·광장·주차장·체육시설·자동차운전연습장 및 녹지의 용도로만 사용할 것
3의2. 제2호나목에 따라 유수시설을 복개하는 경우 해당 유수시설에 건축하는 건축물은 다음의 용도로만 사용할 것
　가. 배수펌프장 등 배수를 위한 시설
　나. 국가 또는 지방자치단체가 설치하는 대학생용 공공기숙사, 문화시설, 체육시설, 도서관, 평생학습관(「평생교육법」 제21조에 따른 평생학습관을 말한다) 또는 임대를 목적으로 하는 보금자리주택(「한국토지주택공사법」에 따른 한국토지주택공사 또는 「지방공기업법」 제49조에 따라 주택사업을 목적으로 설립된 지방공사가 건설하는 보금자리주택을 포함한다)
4. 퇴적물의 처분이 가능하고, 하수도시설과 연계운영이 가능한 구

조로 할 것
5. 오염물질이 포함된 빗물이 유입될 경우 유수시설의 기능에 지장을 주지 아니하는 범위에서 강우(降雨) 초기에 유입되는 빗물을 저류하거나 정화하는 시설을 설치하는 것을 고려할 것

제120조(저류시설의 결정기준 및 구조·설치기준) 저류시설의 결정기준 및 구조·설치기준은 다음 각호와 같다. <개정 2004.12.3>
1. 비가 올 때에 빗물의 이동을 최소화하여 빗물을 모아 둘 수 있는 공공시설·공동주택단지 등의 장소에 설치할 것
2. 집수 및 배수가 원활하게 이루어지도록 하고, 방류지점이 되는 하천·하수도·수로 등과의 연결이 원활하도록 할 것
3. 공원·운동장 등 본래의 이용목적이 있는 토지에 저류시설을 설치하는 경우에는 본래의 토지이용목적이 훼손되지 아니하도록 배수가 신속하게 이루어지게 하고, 그 사용횟수가 과다하지 아니하도록 할 것
4. 저류시설 본래의 기능이 손상되지 아니하고, 빗물을 안전하게 모아 둘 수 있도록 다음의 구조로 할 것
    가. 원활한 배수를 위하여 원칙적으로 배수구를 설치할 것
    나. 방류구는 저류시설의 바닥면 이하에 설치하여 수량 전체를 방류할 수 있도록 할 것
    다. 저류시설의 수심은 주변지역의 안전성 등을 감안하여 적정한 깊이로 할 것
    라. 저류시설안에는 침수에 의하여 장해를 받을 수 있는 시설을 설치하지 아니할 것
5. 개발행위 등으로 인하여 저류시설에 토사가 유입되어 강우량이 계획강우량에 미달하는 상태에서 빗물이 저류시설에서 흘러 넘치지 아니하도록 할 것
6. 퇴적물의 처분이 가능하고, 하수도시설과 연계운영이 가능한 구조로 할 것

제3절 저수지

제121조(저수지) 이 절에서 "저수지"라 함은 발전용수·생활용수·공업용수·농업용수 또는 하천유지용수의 공급이나 홍수조절을 위한 댐·제방 그 밖에 당해 댐 또는 제방과 일체가 되어 그 효용을 높이는 시설 또는 공작물과 공유수면을 말한다.

제122조(저수지의 결정기준 및 구조·설치기준) 저수지에 대한 결정·구조 및 설치에 관하여는 「하천법」·「댐건설 및 주변지역지원 등에 관한 법률」 등 관계 법령이 정하는 바에 의한다. <개정 2005.7.1>

제4절 방화설비

제123조(방화설비) 이 절에서 "방화설비"라 함은 「소방시설 설치유지 및 안전관리에 관한 법률」 제2조제1호의 소방시설중 소화용수설비를 말한다. <개정 2004.12.3, 2005.7.1>

제124조(방화설비의 결정기준 및 구조·설치기준) 방화설비에 대한 결정·구조 및 설치에 관하여는 소방방재청장이 정하여 고시하는 화재안전기준이 정하는 바에 의한다. <개정 2004.12.3>

제5절 방풍설비

제125조(방풍설비) 이 절에서 "방풍설비"라 함은 바람으로 인하여 발생하는 피해를 방지하고, 토사 및 먼지의 이동과 대기오염 등 공해를 방지하기 위하여 외부에서 불어오는 바람을 차단하는 다음 각호의 시설을 말한다.
  1. 방풍림시설 : 수림대 또는 수림단지를 조성하여 방풍효과를 얻는 시설
  2. 방풍담장시설 : 인공적인 구조물 또는 담장을 설치하여 방풍효과를 얻는 시설
  3. 방풍망시설 : 염화비닐망 등을 설치하여 방풍효과를 얻는 시설

제126조(방풍설비의 결정기준) 방풍설비의 결정기준은 다음 각호와 같

다. <개정 2012.10.31>
  1. 태풍피해가 많은 지역이나 광활한 모래지대에 대하여는 공해의 방지와 쾌적한 환경의 조성을 위하여 설치할 것
  2. 대상지역의 지형, 계절별 풍향 및 풍속, 대기오염원의 분포상황 등을 충분히 조사하고 인근의 토지이용현황을 고려할 것
  3. 주로 대규모 구역을 대상으로 하는 방풍설비는 방풍림시설로 할 것
  4. 해안에 접한 지역에 설치하는 방풍설비는 방풍림시설 또는 방풍망시설로 하되, 낮과 밤의 풍향이 바뀌는 해륙풍의 발달상황을 충분히 고려할 것
  5. 소규모 구역 또는 독립된 단위시설을 대상으로 설치하는 방풍설비는 방풍담장시설로 할 것
  6. 연안침식이 심각하거나 우려되는 지역 및 방재지구에는 방풍림을 설치하여 완충녹지 기능을 하도록 할 것

제127조(방풍설비의 구조 및 설치기준) 방풍설비의 구조 및 설치기준은 다음 각호와 같다.
  1. 방풍림시설을 위한 수종은 뿌리가 깊고 줄기와 가지가 건장하며 잎이 많은 상록수를 선정하여 방풍목적과 함께 쾌적한 환경조성에도 기여할 수 있도록 할 것
  2. 방풍 및 방조를 목적으로 하는 때에는 방풍림·염화비닐망 등을 주된 풍향과 직각으로 설치할 것
  3. 해수가 직접 닿는 곳에는 수림대의 설치를 피하고 울타리를 설치할 것
  4. 해안에 접하는 지역의 수림대에는 키가 낮은 나무를 심고, 내륙쪽으로 갈수록 차츰 높은 나무를 심을 것

제6절 방수설비

제128조(방수설비) 이 절에서 "방수설비"라 함은 저지대나 지반이 약한 지역에 대한 내수범람 및 침수피해를 방지하기 위하여 설치하는 배수

및 방수시설을 말한다.

제129조(방수설비의 결정기준 및 구조·설치기준) 방수설비의 결정·구조 및 설치에 관하여는 제116조·제117조 및 제155조의 규정을 준용한다.

제7절 사방설비

제130조(사방설비) 이 절에서 "사방설비"라 함은 「사방사업법」 제2조제3호의 규정에 의한 사방시설을 말한다. <개정 2005.7.1>

제131조(사방설비의 결정기준) 사방설비는 사방목적외에 경관적 측면을 고려하여 쾌적한 환경의 조성에 기여할 수 있도록 설치하여야 한다.

제132조(사방설비의 구조 및 설치기준) 사방설비의 구조 및 설치에 관하여는 「사방사업법」이 정하는 바에 의한다. <개정 2005.7.1>

제8절 방조설비

제133조(방조설비) 이 절에서 "방조설비"란 다음 각 호의 시설을 말한다. <개정 2005.7.1, 2008.9.5, 2009.12.14>
  1. 「항만법」제2조제5호의 규정에 의한 항만시설중 방조제
  2. 「어촌·어항법」제2조제5호에 따른 어항시설중 방조제
  3. 「방조제관리법」제2조제1항의 규정에 의한 방조제

제134조(방조설비의 결정기준) 방조설비는 해안에 접한 지역에 있어서 해일·조수·파도 그 밖의 바닷물에 의한 침식을 방지하거나 침식이 심각하거나 우려되는 시설물을 보호하기 위하여 필요한 경우에 설치하여야 한다. <개정 2012.10.31>

제135조(방조설비의 구조 및 설치기준) 방조설비의 구조 및 설치에 관하여는 「항만법」·「어촌·어항법」또는「방조제관리법」에서 정하는 바에 따른다. <개정 2005.7.1, 2008.9.5>

제7장 보건위생시설

제1절 화장시설 <개정 2008.9.5>

제136조(화장시설) 이 절에서 "화장시설"이란 다음 각 호의 시설을 말한다.
1. 「장사 등에 관한 법률」 제13조제1항에 따른 공설화장시설
2. 「장사 등에 관한 법률」 제15조제1항에 따른 사설화장시설 중 일반의 사용에 제공하는 화장시설

[전문개정 2008.9.5]

제137조(화장장의 결정기준) 화장장의 결정기준은 다음 각호와 같다.
1. 토지의 취득과 화장장의 관리·운영이 쉽고 장래에 확장이 가능한 지역에 설치할 것
2. 지형상 배수가 잘되는 장소에 설치할 것
3. 화장장과 그 주변지역에는 녹화 또는 조경을 하고 필요한 편익시설을 설치할 것
4. 이용자가 불편하지 아니하도록 교통이 편리한 곳에 설치하고 진입도로 및 주차장을 충분한 규모로 확보할 것

제138조(화장장의 구조 및 설치기준) ① 화장장에는 일반의 사용에 제공하는 납골시설 및 장례식장을 설치할 수 있다.
② 제1항에 규정된 사항외에 화장장의 설치에 관하여는 「장사 등에 관한 법률」이 정하는 바에 의한다. <개정 2005.7.1>

제2절 공동묘지

제139조(공동묘지) 이 절에서 "공동묘지"란 다음 각 호의 시설을 말한다. <개정 2004.12.3, 2005.7.1, 2008.9.5>
1. 국가가 설치·운영하는 공동묘지(법인 등에 위탁하여 설치·운영하는 경우를 포함하며, 이하 "국립묘지"라 한다)
2. 「장사 등에 관한 법률」 제13조제1항에 따른 공설묘지
3. 「장사 등에 관한 법률」 제14조제1항에 따른 사설묘지중 일반의 사용에 제공되는 묘지

제140조(공동묘지의 결정기준) 공동묘지의 결정기준은 다음 각호와 같다. <개정 2004.12.3>
  1. 토지의 취득과 공동묘지의 관리·운영이 쉽고 장래에 확장이 가능한 지역에 설치할 것
  2. 지형상 배수가 잘되는 장소에 설치할 것
  3. 묘역과 그 주변지역에는 녹화 또는 조경을 하고 필요한 편익시설을 설치할 것
  4. 성묘절 등 다수인이 일시에 이용하는 때에 대비하여 진입도로 및 주차장을 충분한 규모로 확보할 것
  5. 도시지역외의 지역에 설치하는 공동묘지의 규모는 원칙적으로 1제곱킬로미터를 초과하지 아니하도록 하고, 전체면적의 30퍼센트 이상을 훼손없이 원지형대로 보전할 것. 다만, 국립묘지 및 공설묘지에 대하여는 시설의 규모제한을 적용하지 아니한다.

제141조(공동묘지의 구조 및 설치기준) ① 공동묘지에는 장례식장과 일반의 사용에 제공하는 납골시설 및 화장장을 설치할 수 있다.
  ② 도시지역 외의 지역에 공동묘지를 설치하기 위하여 토지의 형질을 변경하는 경우에는 원칙적으로 다음 각 호의 기준에 적합하여야 한다. <개정 2005.12.14, 2009.5.15>
  1. 산지인 토지의 형질을 변경하는 경우 평균 경사도가 25도 이하이고 표고가 산자락하단을 기준으로 300미터 이하인 지역으로 할 것
  2. 기존 지형을 최대한 이용하여 토지의 형질변경을 최소화하고 기존 지형의 경사도를 50퍼센트 이상 변경하지 아니하도록 하여 과도한 성토·절토 등이 이루어지지 아니하도록 할 것
  3. 공동묘지 부지는 다음 각목의 기준에 적합하게 구획할 것. 다만, 필요한 경우 용도구획을 추가할 수 있다.
    가. 묘지시설용지는 원칙적으로 전체부지 면적의 50퍼센트 미만으로 하고, 3만제곱미터 미만의 가구단위로 구획할 것
    나. 납골시설용지는 원칙적으로 묘지시설용지면적의 10퍼센트 이

상으로 할 것
　다. 녹지용지는 원지형보전녹지 및 그 밖의 녹지 등으로 전체부지 면적의 40퍼센트 이상으로 할 것
　라. 기반시설용지에는 도로·환경오염방지시설·관리사무소·주차장 등을 설치하도록 할 것
4. 기반시설의 설치는 다음 각 목의 기준에 의할 것
　가. 전체부지의 경계에서 국도·지방도 그 밖에 폭 10미터 이상인 도로에 연결되는 진입도로를 다음 기준에 따라 설치할 것
　　(1) 전체부지 면적이 30만제곱미터 미만인 경우에는 폭 8미터 이상
　　(2) 전체부지 면적이 30만제곱미터 이상 60만제곱미터 미만인 경우에는 폭 10미터 이상
　　(3) 전체부지 면적이 60만제곱미터 이상인 경우에는 폭 12미터 이상
　　(4) 진입도로의 폭이 12미터 미만인 경우에 다음의 구분에 따른 전체 부지 면적의 10퍼센트 이내에서 확대하는 때에는 (1) 내지 (3)의 규정에 불구하고 당해 공동묘지의 진입도로의 폭을 유지할 수 있다. 다만, 당해 진입도로의 폭이 8미터 미만인 경우로서 그 도로의 여건상 대형승합자동차의 교행이 어려운 구간에 대하여는 대기차선을 설치하여야 한다.
　　　(가) 2002년 12월 31일 이전에 설치된 공동묘지(법률 제6655호 국토의계획및이용에관한법률에 의하여 폐지되기 전의 「국토이용관리법」에 의하여 2003년 1월 1일 이후에 설치되었거나 설치 중인 공동묘지를 포함한다)인 경우 그 당시 전체 부지의 면적
　　　(나) 2003년 1월 1일 이후에 설치 완료된 공동묘지(법률 제6655호 국토의계획및이용에관한법률에 의하여 폐지되기 전의 「국토이용관리법」에 의하여 2003년 1월 1일 이후에 설치되었거나 설치 중인 공동묘지를 제외한다)인 경우로서 진입도로의 폭이 10미터 미만이고 전체 부지의 면적

이 30만제곱미터 미만인 경우 그 전체 부지의 면적
  (다) 2003년 1월 1일 이후에 설치 완료된 공동묘지(법률 제 6655호 국토의계획및이용에관한법률에 의하여 폐지되기 전의 「국토이용관리법」에 의하여 2003년 1월 1일 이후에 설치되었거나 설치 중인 공동묘지를 제외한다)인 경우로서 진입도로의 폭이 10미터 이상 12미터 미만이고 전체 부지의 면적이 60만제곱미터 미만인 경우 그 전체 부지의 면적
 나. 부지내 가구사이에 폭 4미터 이상의 도로를 구획할 것
 다. 발생하는 하수를 BOD 10ppm 이하로 처리할 수 있는 하수처리시설을 설치할 것. 다만, 환경기준 유지를 위한 사전환경성 협의에 따라 환경관서에서 요구하는 기준이 있을 경우 그 기준을 충족하여야 한다.
 5. 건축물의 층수는 4층 이하로 하고, 시설물 또는 공작물의 높이는 20미터 이하로 할 것
③ 제1항 및 제2항에 규정된 사항 외에 공동묘지의 설치에 관하여는 「장사 등에 관한 법률」이 정하는 바에 의한다. <개정 2005.7.1, 2005.12.14>
④ 제1항 내지 제3항의 규정에 불구하고 국립묘지의 구조 및 설치에 관하여는 관계 법령이 정하는 바에 의한다. <신설 2004.12.3>

제3절 납골시설

제142조(봉안시설) 이 절에서 "봉안시설"이란 다음 각 호의 시설을 말한다. <개정 2008.9.5>
 1. 국가가 설치·운영하는 봉안시설(법인 등에 위탁하여 설치·운영하는 경우를 포함한다)
 2. 「장사 등에 관한 법률」 제13조제1항에 따른 공설봉안시설
 3. 「장사 등에 관한 법률」 제15조제1항에 따른 사설봉안시설 중 일반의 사용에 제공하는 봉안시설
[제목개정 2008.9.5]

제143조(봉안시설의 결정기준) 봉안시설의 결정기준은 다음 각 호와 같다. <개정 2008.9.5, 2012.10.31>
    1. 토지의 취득과 납골시설의 관리·운영이 쉽고 장래에 확장이 가능한 지역에 설치할 것
    2. 지형상 배수가 잘되고 붕괴나 침수의 우려가 없는 장소에 설치할 것
    3. 봉안시설과 그 주변지역에는 녹화 또는 조경을 하고 필요한 편익시설을 설치할 것
    4. 이용자가 불편하지 아니하도록 교통이 편리한 곳에 설치하고 성묘절 등 다수인이 일시에 이용하는 때에 대비하여 진입도로 및 주차장을 충분한 규모로 확보할 것
    [제목개정 2008.9.5]

제144조(봉안시설의 구조 및 설치기준) 봉안시설의 구조 및 설치에 관하여는 「장사 등에 관한 법률」에서 정하는 바에 따른다. 다만, 제142조제1호에 따른 봉안시설의 구조 및 설치기준에 관하여는 관계 법령에서 정하는 바에 따른다. <개정 2008.9.5>
    [제목개정 2008.9.5]

제3절의2 자연장지 <신설 2008.9.5>

제144조의2(자연장지) 이 절에서 "자연장지"란 다음 각 호의 시설을 말한다.
    1. 「장사 등에 관한 법률」 제13조제1항에 따른 공설자연장지
    2. 「장사 등에 관한 법률」 제16조제1항제3호에 따른 법인등자연장지 중 일반의 사용에 제공하는 자연장지
    [본조신설 2008.9.5]

제144조의3(자연장지 결정기준) 자연장지의 결정기준은 다음 각호와 같다.
    1. 지형상 배수가 잘되고 붕괴나 침수의 우려가 없는 장소에 설치할 것

2. 자연장지와 그 주변지역에는 녹화 또는 조경을 하고 필요한 편익시설을 설치할 것
3. 이용자가 불편하지 아니하도록 교통이 편리한 곳에 설치하고 성묘 등 여러 사람이 한꺼번에 이용할 때를 대비하여 진입도로 및 주차장을 충분한 규모로 확보할 것

[본조신설 2008.9.5]

제144조의4(자연장지의 구조 및 설치기준) 자연장지의 구조 및 설치에 관하여는「장사 등에 관한 법률」에서 정하는 바에 따른다.

[본조신설 2008.9.5]

제4절 장례식장

제145조(장례식장) 이 절에서 "장례식장"이란「장사 등에 관한 법률」제29조제1항에 따른 장례식장을 말한다. <개정 2005.7.1, 2008.9.5>

제146조(장례식장의 결정기준) 장례식장의 결정기준은 다음 각호와 같다.
1. 인근의 토지이용계획을 고려하여 설치하되, 인구밀집지역이나 학교·연구소·청소년시설 또는 도서관 등과 가까운 곳에는 설치하지 아니할 것
2. 주위의 다른 건축물 등과 차단되도록 외곽에 녹지대 또는 조경시설을 둘 것
3. 대중교통수단과의 연결이 쉬운 곳에 설치할 것
4. 준주거지역·일반상업지역·근린상업지역·일반공업지역·준공업지역·보전녹지지역·자연녹지지역 및 계획관리지역에 한하여 설치할 것

제147조(장례식장의 구조 및 설치기준) 장례식장의 구조 및 설치기준은「장사 등에 관한 법률」이 정하는 바에 의한다.

<개정 2005.7.1>

제5절 도축장

제148조(도축장) 이 절에서 "도축장"이라 함은 「축산물위생관리법」 제2조제11호에 따른 도축장을 말한다. <개정 2005.7.1, 2012.6.28>

제149조(도축장의 결정기준) 도축장의 결정기준은 다음 각호와 같다. <개정 2004.12.3, 2005.7.1, 2012.6.28>
 1. 인구밀집지역이나 학교·연구시설·의료시설·종교시설 등 평온을 요하는 시설에 근접하여 설치하지 아니하도록 인근의 토지이용계획을 고려할 것
 2. 도축장의 효율성을 높이기 위하여 필요한 경우에는 「축산물위생관리법」 제2조제11호에 따른 집유장·축산물가공장 또는 축산물보관장을 함께 설치할 수 있다.
 3. 일반공업지역·준공업지역·생산녹지지역·자연녹지지역·생산관리지역·계획관리지역 및 농림지역에 한하여 설치할 것
 4. 도축장으로 인하여 주민의 보건위생과 생활환경이 저해되지 아니하도록 필요한 위생시설과 환경보호시설을 설치할 것
 5. 공급대상자의 소비인구·소비량 등을 충분히 조사하여 적정한 규모를 정하여야 하며, 가축의 반입과 수육의 반출이 쉽고 교통이 편리한 곳에 설치할 것
 6. 용수와 동력을 쉽게 확보할 수 있고 배수와 오물처리를 원활하게 할 수 있는 곳에 설치할 것

제150조(도축장의 구조 및 설치기준) 도축장의 구조 및 설치에 관하여는 「축산물가공처리법」이 정하는 바에 의한다.
 <개정 2005.7.1>

제6절 종합의료시설

제151조(종합의료시설) 이 절에서 "종합의료시설"이라 함은 「의료법」 제3조제2항제3호마목에 따른 종합병원을 말한다. <개정 2005.7.1, 2012.6.28>

제152조(종합의료시설의 결정기준) 종합의료시설의 결정기준은 다음 각호와 같다. <개정 2013.8.30>
1. 인근의 토지이용계획을 고려하여 의료행위에 지장을 주는 매연·소음·진동 등의 저해요소가 없고 일조·통풍 및 배수가 잘 되는 장소에 설치할 것
2. 제2종일반주거지역·제3종일반주거지역·준주거지역·중심상업지역·일반상업지역·근린상업지역·전용공업지역·일반공업지역·준공업지역·자연녹지지역 및 계획관리지역에 한하여 설치할 것
3. 이용자 특히, 구급환자가 쉽게 접근할 수 있도록 도심부에 설치하고, 각종 교통기관과 연결되도록 할 것
4. 시각적으로 불쾌감을 주는 사물에 대하여는 은폐시설을 하여야 하며, 주변에 충분한 녹지시설을 하여 평온한 환경을 유지할 수 있도록 할 것
5. 기존 의료시설의 배치상황을 고려하여 기존 의료시설과 기능·시설 등이 중복되지 아니하도록 할 것
6. 주차장·휴게소·구내매점·식당·세면장·화장실 등 이용자를 위한 편익시설을 설치할 것
7. 빗물이용을 위한 시설의 설치를 고려하고, 불투수면에서 유출되는 빗물을 최소화하도록 빗물이 땅에 잘 스며들 수 있는 구조로 하거나 식생도랑, 저류·침투조, 빗물정원 등의 빗물관리시설 설치를 고려할 것
8. 재해취약지역에는 종합의료시설 설치를 가급적 억제하고 부득이 설치하는 경우에는 재해발생 가능성을 충분히 고려하여 설치할 것

제153조(종합의료시설의 구조 및 설치기준) 종합의료시설의 구조 및 설치에 관하여는 「의료법」이 정하는 바에 의한다.
<개정 2005.7.1>

제8장 환경기초시설

제1절 하수도

제154조(하수도) 이 절에서 "하수도"란 다음 각 호의 시설을 말한다. <개정 2005.7.1, 2008.9.5>

1. 「하수도법」 제2조제4호에 따른 공공하수도중 간선기능을 갖는 하수관(주변여건상 필요한 경우에는 지선기능을 가지는 하수관을 포함한다)
2. 「하수도법」 제2조제9호에 따른 공공하수처리시설. 다만, 하루 처리 용량이 500세제곱미터 미만인 시설은 제외한다.

제155조(하수도의 결정기준 및 구조·설치기준) 하수도의 결정·구조 및 설치에 관하여는 「하수도법」이 정하는 바에 의한다. <개정 2005.7.1>

제2절 폐기물처리시설

제156조(폐기물처리시설) 이 절에서 "폐기물처리시설"이란 다음 각 호의 시설을 말한다. 다만, 「폐기물관리법 시행규칙」 제38조 각 호의 시설은 제외한다. <개정 2004.12.3, 2005.7.1, 2008.9.5, 2010.3.16, 2011.11.1>

1. 「폐기물관리법」 제2조제8호에 따른 폐기물처리시설중 다음 각 목의 어느 하나에 해당하는 자가 설치하는 시설

   가. 국가 또는 지방자치단체

   나. 「폐기물관리법」 제25조제3항에 따른 폐기물처리업의 허가를 받은 자. 다만, 폐기물의 재활용을 목적으로 시설을 설치하는 경우를 제외한다.

   다. 「폐기물관리법」 제25조제3항에 따른 폐기물처리업의 허가를 받고자 하는 자로서 같은 법 제25조제2항에 따라 사업계획의 적합통보를 받은 자. 다만, 폐기물의 재활용을 목적으로 시설을 설치하는 경우를 제외한다.

2. 「폐기물관리법」 제5조의 규정에 의한 광역폐기물처리시설
3. 「자원의 절약과 재활용 촉진에 관한 법률」 제2조제10호에 따른

재활용시설중 다음 각 목의 어느 하나에 해당하는 자가 설치하는 시설

　가. 국가 또는 지방자치단체

　나. 「자원의 절약과 재활용 촉진에 관한 법률」 제23조의 규정에 의한 재활용지정사업자

　다. 「자원의 절약과 재활용 촉진에 관한 법률」 제34조의 규정에 의한 재활용단지를 조성하는 자

　라. 폐기물의 재활용을 목적으로 「폐기물관리법」 제25조제3항에 따른 폐기물처리업의 허가를 받은 자 또는 폐기물처리업의 허가를 받고자 하는 자로서 같은 법 제25조제2항에 따라 사업계획의 적합통보를 받은 자

4. 「건설폐기물의 재활용 촉진에 관한 법률」 제21조제4항의 규정에 의한 건설폐기물처리업의 허가를 받은 자 또는 건설폐기물처리업의 허가를 받고자 하는 자로서 동법 제21조제3항의 규정에 의하여 사업계획의 적합통보를 받은 자가 설치하는 시설

제157조(폐기물처리시설의 결정기준) 폐기물처리시설의 결정기준은 다음 각 호와 같다. <개정 2004.12.3, 2005.7.1, 2008.9.5>

1. 인구밀집지역이나 공공기관·학교·연구시설·의료시설·종교시설 등과 가깝지 아니하고 주거환경에 나쁜 영향을 주지 아니하도록 인근의 토지이용계획을 고려할 것. 다만, 「대기환경보전법」에 의한 배출허용기준에 적합한 시설을 갖춘 경우에는 그러하지 아니하다.

2. 풍향과 배수를 고려하여 주민의 보건위생에 위해를 끼칠 우려가 없는 지역에 설치할 것

3. 대기 및 수질오염 등 각종 환경오염문제를 고려하여야 하며, 주위에 담장·수림대 등의 차단공간을 둘 것

4. 용수와 동력을 확보하기 쉽고 자동차가 접근하기 편리하며, 폐기물 운송차량이 시가지를 관통하지 아니하는 지역에 설치할 것

5. 매립의 방법으로 처리하는 시설은 지형상 저지대·저습지·협곡·계

곡·공유수면매립예정지 등에 설치하여야 하며, 매립후의 토지이용계획을 미리 고려할 것
6. 당해 시·군의 폐기물처리계획 및 대책 등을 고려하고, 필요한 경우 폐기물소각시설을 설치할 것
7. 폐기물처리시설은 공업지역·녹지지역·관리지역·농림지역(농업진흥지역을 제외한다)·자연환경보전지역에 설치할 것. 다만, 다음 각 목의 시설은 제2종일반주거지역·제3종일반주거지역·준주거지역·일반상업지역에도 설치할 수 있다.
    가. 「폐기물관리법 시행령」 별표 3 제1호가목의 소각시설로서 1일처리능력이 2천톤 이하인 시설
    나. 「폐기물관리법 시행령」 별표 3 제1호나목의 기계적 처리시설(압축시설 및 파쇄·분쇄시설에 한한다)로서 1일처리능력이 1천톤 이하이고 「대기환경보전법」에 의한 배출허용기준에 적합한 시설
8. 삭제 <2004.12.3>
9. 재활용시설(제156조제3호 및 제4호의 폐기물처리시설을 말한다)은 주거지역(제2종일반주거지역·제3종일반주거지역 및 준주거지역에 한한다)·일반상업지역·공업지역·녹지지역·관리지역·농림지역(농업진흥지역을 제외한다)·자연환경보전지역에 설치할 것

제158조(폐기물처리시설의 구조 및 설치기준) ① 폐기물처리시설의 구조 및 설치기준은 다음 각호와 같다. <개정 2005.7.1>
  1. 소각시설의 경우에는 「대기환경보전법」에 의한 배출허용기준에 적합한 시설을 갖출 것
  2. 소각장의 폐열을 사용하는 주민편익시설 등을 설치할 수 있도록 할 것
② 제1항에 규정된 사항외에 폐기물처리시설의 구조 및 설치에 관하여는 「폐기물관리법」 또는 「자원의 절약과 재활용 촉진에 관한 법률」이 정하는 바에 의한다. <개정 2005.7.1>

제3절 수질오염방지시설

제159조(수질오염방지시설) 이 절에서 "수질오염방지시설"이란 다음 각 호의 시설을 말한다. <개정 2005.7.1, 2006.6.28, 2008.9.5>

　　1. 「수질 및 수생태계 보전에 관한 법률」 제48조에 따라 설치하는 폐수종말처리시설
　　2. 「수질 및 수생태계 보전에 관한 법률 시행령」 제79조제1호에 따른 폐수수탁처리업시설
　　3. 시장·군수·구청장 또는 대행업자가 설치하는 「가축분뇨의 관리 및 이용에 관한 법률」 제2조제8호에 따른 처리시설, 같은 조 제9호에 따른 공공처리시설 및 「하수도법」 제2조제10호에 따른 분뇨처리시설
　　4. 「광산피해의 방지 및 복구에 관한 법률」 제31조에 따른 한국광해관리공단이 동법 제11조에 따른 광해방지사업의 일환으로 폐광의 폐수를 처리하기 위하여 설치하는 시설

제160조(수질오염방지시설의 결정기준) 수질오염방지시설의 결정기준은 다음 각호와 같다.

　　1. 제157조제1호 내지 제4호의 규정에 의한 기준에 적합한 지역에 설치할 것
　　2. 전용공업지역·일반공업지역·준공업지역·생산녹지지역·자연녹지지역·생산관리지역·계획관리지역 및 농림지역에 한하여 설치할 것

제161조(수질오염방지시설의 구조 및 설치기준) 수질오염방지시설의 구조 및 설치에 관하여는 「수질 및 수생태계 보전에 관한 법률」, 「가축분뇨의 관리 및 이용에 관한 법률」, 「하수도법」 또는 「석탄산업법」에서 정하는 바에 따른다. <개정 2005.7.1, 2008.9.5>

제4절 폐차장

제162조(폐차장) 이 절에서 "폐차장"이라 함은 「자동차관리법」 제2조제6호의 규정에 의한 자동차관리사업중 동법 제53조의 규정에 의한 자동차폐차업의 등록을 한 자가 설치하는 사업장을 말한다. <개정 2005.7.1>

제163조(폐차장의 결정기준) 폐차장의 결정기준은 다음 각호와 같다.

1. 인구밀집지역이나 공공기관·학교·연구시설·의료시설·종교시설 등과 인접한 곳에는 설치하지 아니하며, 주거환경에 나쁜 영향을 주지 아니하도록 인근의 토지이용현황을 고려할 것
2. 대형차량의 출입에 지장이 없고 배수가 쉬우며, 주민의 보건위생에 위해를 끼칠 우려가 없는 지역에 설치할 것
3. 대기·수질오염 등 각종 환경오염문제를 고려하여 설치할 것
4. 유통상업지역·전용공업지역·일반공업지역·준공업지역·자연녹지지역 및 계획관리지역에 한하여 설치할 것

제164조(폐차장의 구조 및 설치기준) 폐차장의 구조 및 설치에 관하여는 「자동차관리법」이 정하는 바에 의한다.
<개정 2005.7.1>

부　칙 <건설교통부령 제343호, 2002.12.30>

제1조 (시행일) 이 규칙은 2003년 1월 1일부터 시행한다.
제2조 (다른 법령의 폐지) 도시계획시설기준에관한규칙은 이를 폐지한다.
제3조 (일반적 적용례) 이 규칙은 이 규칙 시행일 이후 최초로 도시계획시설결정을 하는 분부터 적용한다.
제4조 (폐수종말처리시설 등에 관한 특례) 제142조 내지 제144조, 제159조 내지 제161조 규정은 이 규칙 시행 당시 이미 설치되었거나 사업시행의 인가·허가 등을 받아 설치중인 납골시설(특별시장·광

역시장·시장·군수 또는 구청장이 설치하는 경우에 한한다)·폐수종말처리시설·폐수수탁처리업시설·축산폐수공공처리시설 및 폐광의 폐수를 처리하기 위한 시설에 대하여는 2006년 1월 1일부터 적용한다.

제5조 (관리지역 세분전의 설치제한에 관한 경과조치) ①이 규칙 시행일 이후 국토의계획및이용에관한법률 부칙 제9조 각호의 1에서 규정한 기간까지 관리지역이 세분되지 아니하는 경우 당해 기간까지는 보전관리지역·생산관리지역 또는 계획관리지역에서 설치가 허용되는 도시계획시설은 관리지역에서 설치가 허용되는 것으로 본다.

②이 규칙 시행일 이후 제1항의 규정에 의한 기간까지 관리지역이 세분되지 아니하는 경우 당해 기간 이후에는 보전관리지역에서 설치가 허용되는 도시계획시설에 한하여 관리지역에서 설치할 수 있다.

제6조 (지하도로에 관한 경과조치) 이 규칙 시행전에 지하도로시설기준에관한규칙에 의하여 결정되거나 설치된 것은 이 규칙에 의하여 결정되거나 설치된 것으로 본다.

제7조 (화력발전소 등에 대한 경과조치) 종전의 도시계획시설기준에관한규칙의 규정에 의하여 생산녹지지역에 결정된 화력발전소·가스공급설비·열공급설비·장례식장 및 종합의료시설에 대하여는 제68조제1호 마목·제71조제2호·제74조제2호·제146조제4호 및 제152조제2호의 규정에도 불구하고 종전의 건설교통부령 제222호 도시계획시설기준에관한규칙의 규정을 적용한다.

제8조 (다른 법령의 개정) ①주택건설촉진법시행규칙중 다음과 같이 개정한다

제3조 제1호중 "도시계획시설기준에관한규칙 제8조제4항"을 "도시계획시설의결정·구조 및설치기준에관한규칙 제9조제3호"로 한다.

②개발이익환수에관한법률시행규칙중 다음과 같이 개정한다.

별표 1 제1호중 "도시계획시설기준에관한규칙 제60조제2항"을 "도시계획시설의결정·구조 및설치기준에관한규칙 제58조제2항"으로 한다.

제9조 (다른 법령과의 관계) 이 규칙 시행 당시 다른 법령에서 종전의 도

시계획시설기준에관한규칙 및 그 규정을 인용하고 있는 경우 이 규칙 중 그에 해당하는 규정이 있는 때에는 종전의 규정에 갈음하여 이 규칙 또는 이 규칙의 해당 규정을 인용한 것으로 본다.

부　칙 <건설교통부령 제363호, 2003.7.1>
(도시 및주거환경정비법시행규칙)

제1조 (시행일) 이 규칙은 2003년 7월 1일부터 시행한다.
제2조 생략
제3조 (다른 법령의 개정) ①생략
　②도시계획시설의결정·구조 및설치기준에관한규칙중 다음과 같이 개정한다.
　　제16조제2호중 "재개발기본계획"을 "도시·주거환경정비기본계획"으로 한다.
　③생략
제4조 생략

부　칙 <건설교통부령 제414호, 2004.12.3>

① (시행일) 이 규칙은 공포한 날부터 시행한다. 다만, 제156조제4호 및 제157조제9호(제156조제4호 관련 부분에 한한다)의 개정규정은 2005년 1월 1일부터 시행하고, 제112조 및 제114조제2항의 개정규정은 2005년 2월 10일부터 시행한다.
② (횡단보도 등에 관한 경과조치) 이 규칙 시행당시 도로에 결정된 횡단보도, 유원지시설로 결정된 건축물 및 공공공지에 결정된 생활체육시설에 대하여는 제15조제3항 라목, 제58조제1항제5호 및 제61조제2호의 개정규정에 불구하고 종전의 규정을 적용한다.

부　칙 <건설교통부령 제448호, 2005.7.1>
(철도건설법 시행규칙)

① (시행일) 이 규칙은 공포한 날부터 시행한다.
② 생략

③ (다른 법령의 개정) 도시계획시설의결정·구조 및설치기준에관한규칙 일부를 다음과 같이 개정한다.

    제22조 제1호중 "철도법 제2조제1항"을 "「철도건설법」 제2조제1호"로 하고, 동조제3호를 삭제하며, 동조제4호중 "국유철도의운영에관한특례법 제2조제1호의 규정에 의한 국유철도사업"을 "「한국철도시설공단법」 제7조 및 「한국철도공사법」 제9조제1항의 규정에 의한 사업"으로 한다.

    제24조 제2호중 "철도법·도시철도법·공공철도건설촉진법 또는 고속철도건설촉진법"을 "「철도건설법」 또는 「도시철도법」"으로 한다.

    부　칙 <건설교통부령 제450호, 2005.7.1>

① (시행일) 이 규칙은 공포한 날부터 시행한다.
② (자동차정류장의 편익시설 설치에 관한 적용례) 제33조제1항제2호의 개정규정은 이 규칙 시행 후 최초로 도시계획시설결정을 하는 분부터 적용한다.

    부　칙 <건설교통부령 제474호, 2005.10.7>
    (지하공공보도시설의 결정·구조 및 설치기준에 관한 규칙)

제1조 (시행일) 이 규칙은 공포한 날부터 시행한다.
제2조 생략
제3조 (다른 법령의 개정) 도시계획시설의 결정·구조 및 설치기준에 관한 규칙 일부를 다음과 같이 개정한다.

    제9조제1호 바목을 다음과 같이 한다.

    바. 지하도로 : 시·군내 주요지역을 연결하거나 시·군 상호간을 연결하는 도로로서 지상교통의 원활한 소통을 위하여 지하에 설치하는 도로(도로·광장 등의 지하에 설치된 지하공공보도시설을 포함한다). 다만, 입체교차를 목적으로 지하에 도로를 설치하는 경우를 제외한다.

제16조 본문 및 각 호를 제1항으로 하고, 동조에 제2항을 다음과 같이 신설한다.

② 제1항의 규정에 불구하고 지하공공보도시설에 대한 결정기준에 관하여는 따로 건설교통부령으로 정한다.

제17조 본문 및 각 호를 제1항으로 하고, 동조에 제2항을 다음과 같이 신설한다.

② 제1항의 규정에 불구하고 지하공공보도시설에 대한 구조 및 설치기준에 관하여는 따로 건설교통부령으로 정한다.

부　　칙 <건설교통부령 제480호, 2005.12.14>

이 규칙은 공포한 날부터 시행한다.

부　　칙 <행정자치부령 제329호, 2006.5.30>
(도로교통법 시행규칙)

제1조 (시행일) 이 규칙은 2006년 6월 1일부터 시행한다.

제2조 내지 제7조 생략

제8조 (다른 법령의 개정) ① 내지 ⑤생략

⑥ 도시계획시설의 결정·구조 및 설치기준에 관한 규칙 일부를 다음과 같이 개정한다.

제46조중 "제2조제24호"를 "제2조제30호"로 한다.

⑦ 내지 <16>생략

부　　칙 <건설교통부령 제345호, 2006.6.28>
(광산피해의 방지 및 복구에 관한 법률 시행규칙)

제1조 (시행일) 이 규칙은 공포한 날부터 시행한다.

제2조 (다른 법령의 개정) ① 및 ②생략

③ 도시계획시설의 결정·구조 및 설치기준에 관한 규칙 일부를 다음과 같이 개정한다.

제159조제4호중 "「석탄산업법」 제31조의 규정에 의한 석탄산업합리화사업단이 동법 제29조제1호의 규정에 의한 석탄광산의 폐

광대책사업의 일환으로"를 "「광산피해의 방지 및 복구에 관한 법률」 제31조에 따른 광해방지사업단이 동법 제11조에 따른 광해방지사업의 일환으로"로 한다.
　④ 및 ⑤생략

　　　　　　　부　칙 <건설교통부령 제542호, 2006.11.22>
이 규칙은 공포한 날부터 시행한다.

　　　　　　　부　칙 <건설교통부령 제601호, 2008.1.14>
제1조 (시행일) 이 규칙은 공포한 날부터 시행한다.
제2조 (체육시설 등의 진입도로에 대한 경과조치) 이 규칙 시행 당시 이미 도시관리계획으로 결정된 전체부지의 면적이 1제곱킬로미터 미만인 체육시설 및 청소년수련시설의 진입도로에 대하여는 제101조제4항제3호가목(1) 및 제114조제1항제8호가목(1)의 개정규정에도 불구하고 종전의 규정에 따른다.

　　　　　　　부　칙 <건설교통부령 제4호, 2008.3.14>
　　　　　(정부조직법의 개정에 따른 감정평가에
　　　　　　　관한 규칙 등 일부 개정령)
이 규칙은 공포한 날부터 시행한다.

　　　　　　　부　칙 <국토해양부령 제6호, 2008.4.16>
　　　　　　　　　(하천법 시행규칙)
제1조 (시행일) 이 규칙은 공포한 날부터 시행한다.
제2조 (다른 법령의 개정) ① 생략
　② 도시계획시설의 결정·구조 및 설치기준에 관한 규칙 일부를 다음과 같이 개정한다.
　　제115조제1호를 다음과 같이 한다.
　　　1. 「하천법」 제7조에 따른 국가하천·지방하천
제3조 생략

　　　　부　　칙 <국토해양부령 제46호, 2008.9.5>
이 규칙은 공포한 날부터 시행한다.

　　　　부　　칙 <국토해양부령 제66호, 2008.11.6>
　　　　　　(여객자동차 운수사업법 시행규칙)
제1조(시행일) 이 규칙은 공포한 날부터 시행한다.
제2조부터 제4조까지 생략
제5조(다른 법령의 개정) ① 도시계획시설의 결정·구조 및 설치기준에 관한 규칙 일부를 다음과 같이 개정한다.
　　제31조제3호가목 중 "「여객자동차운수사업법 시행규칙」 제65조제1호"를 "「여객자동차 운수사업법 시행규칙」 제72조"로 한다.
　② 및 ③ 생략
제6조 생략

　　　　부　　칙 <국토해양부령 제129호, 2009.5.15>
제1조(시행일) 이 규칙은 공포한 날부터 시행한다.
제2조(체육시설 등에 관한 경과조치) 이 규칙 시행 당시 도시계획시설결정을 위하여 도시관리계획의 입안을 제안하였거나 도시관리계획을 입안 중이거나 도시관리계획의 결정을 신청한 체육시설, 청소년수련시설 또는 공동묘지에 대하여는 제101조제4항제1호가목, 제114조제1항제1호·제6호가목 및 제141조제2항제1호의 개정규정에도 불구하고 종전의 규정에 따른다. 다만, 개정규정이 종전보다 완화된 경우에는 개정규정에 따른다.

　　　　부　　칙 <국토해양부령 제187호, 2009.12.14>
　　　　　　(항만법 시행규칙)
제1조(시행일) 이 규칙은 공포한 날부터 시행한다.
제2조부터 제4조까지 생략
제5조(다른 법령의 개정) ①부터 ③까지 생략
　④ 도시계획시설의 결정·구조 및 설치기준에 관한 규칙을 다음과 같

이 개정한다.

제25조제1호, 제62조제2호나목(4), 제133조제1호 중 "「항만법」 제2조제6호"를 각각 "「항만법」 제2조제5호"로 한다.

⑤ 부터 ⑧ 까지 생략

제6조 생략

부　　칙 <국토해양부령 제208호, 2010.1.11>
(궤도운송법 시행규칙)

제1조(시행일) 이 규칙은 공포한 날부터 시행한다.

제2조 생략

제3조(다른 법령의 개정) ① 및 ② 생략

③ 도시계획시설의 결정·구조 및 설치기준에 관한 규칙 일부를 다음과 같이 개정한다.

제34조 중 "「삭도·궤도법」 제3조제2항"을 "「궤도운송법」 제2조제7항"으로 한다.

제36조 중 "「삭도·궤도법」"을 "「궤도운송법」"으로 한다.

제37조 중 "「삭도·궤도법」 제3조제1항"을 "「궤도운송법」 제2조제7항"으로 한다.

제39조 중 "「삭도·궤도법」"을 "「궤도운송법」"으로 한다.

④ 생략

제4조 생략

부　　칙 <국토해양부령 제230호, 2010.3.16>

제1조(시행일) 이 규칙은 공포한 날부터 시행한다. 다만, 제107조의 개정규정은 공포 후 6개월이 경과한 날부터 시행한다.

제2조(사회복지시설에 관한 경과조치) 부칙 제1조 단서에 따른 제107조의 개정규정 시행 당시 도시계획시설결정을 위하여 도시관리계획의 입안을 제안하였거나 도시관리계획을 입안 중이거나 도시관리계획의 결정을 신청한 사회복지시설에 대하여는 제107조의 개정규정에 불구하고 종전의 규정에 따른다.

부　　칙 <국토해양부령 제294호, 2010.10.14>
(자전거 이용시설의 구조·시설 기준에 관한 규칙)

제1조(시행일) 이 규칙은 공포한 날부터 시행한다.
제2조 생략
제3조(다른 법령의 개정) ① 생략
　② 도시계획시설의 결정·구조 및 설치기준에 관한 규칙 일부를 다음과 같이 개정한다.
　　제9조제1호라목 중 "폭 1.1미터(길이가 100미터 미만인 터널 및 교량의 경우에는 0.9미터)"를 "하나의 차로를 기준으로 폭 1.5미터(지역 상황 등에 따라 부득이하다고 인정되는 경우에는 1.2미터)"로 한다.
제4조 및 제5조 생략

부　　칙 <국토해양부령 제394호, 2011.11.1>

제1조(시행일) 이 규칙은 공포한 날부터 시행한다. 다만, 제99조의 개정규정은 공포 후 1개월이 경과한 날부터 시행한다.
제2조(체육시설에 관한 경과조치) 부칙 제1조 단서에 따른 제99조의 개정규정 시행 당시 도시계획시설결정을 위하여 입안을 제안하였거나 도시관리계획을 입안 중이거나 도시관리계획의 결정을 신청한 체육시설에 대하여는 제99조의 개정규정에도 불구하고 종전의 규정에 따른다.

부　　칙 <국토해양부령 제490호, 2012.6.28>

이 규칙은 공포한 날부터 시행한다. 다만, 제2조제1항, 제9조제1호나목, 제93조제3항제6호 및 제119조제2호의 개정규정 중 특별자치시 또는 특별자치시장에 관한 규정은 2012년 7월 1일부터 시행한다.

부　　칙 <국토해양부령 제525호, 2012.10.31>

이 규칙은 공포한 날부터 시행한다. 다만, 제6조제2항의 개정규정은 2013년 2월 23일부터 시행한다.

부   칙 <국토교통부령 제1호, 2013.3.23>
(국토교통부와 그 소속기관 직제 시행규칙)

제1조(시행일) 이 규칙은 공포한 날부터 시행한다. <단서 생략>
제2조부터 제5조까지 생략
제6조(다른 법령의 개정) ①부터 <45>까지 생략

<46> 도시·군계획시설의 결정·구조 및 설치기준에 관한 규칙 일부를 다음과 같이 개정한다.

제16조제2항 및 제17조제2항 중 "국토해양부령"을 각각 "국토교통부령"으로 한다.

제96조 각 호 외의 부분 중 "교육과학기술부장관"을 "미래창조과학부장관"으로 한다.

<47>부터 <126>까지 생략

부   칙 <국토교통부령 제22호, 2013.8.30>

제1조(시행일) 이 규칙은 공포한 날부터 시행한다.
제2조(빗물관리시설 등의 설치 등에 관한 경과조치) 이 규칙 시행 당시 도시·군관리계획의 입안을 제안하였거나 도시·군관리계획을 입안 중이거나 도시·군관리계획의 결정을 신청한 경우에 대해서는 제12조제1항, 제14조의3제1항, 제19조, 제19조의3, 제21조제1항, 제30조제1항, 제51조, 제61조, 제64조제1항, 제89조제1항, 제93조제1항, 제95조, 제101조제1항, 제152조의 개정규정에도 불구하고 종전의 규정에 따른다.
제3조(유수시설에 건축물을 건축하는 경우에 관한 경과조치) 이 규칙 시행 전에 유수시설에 건축물을 건축하기 위한 절차가 진행 중인 경우에 대해서는 제119조의 개정규정에도 불구하고 종전의 규정에 따른다.

[별표]

도로모퉁이의 길이(제14조제1항관련)

(단위 : 미터)

교차 각도	도로의 너비	40 이상	35 이상 40 미만	30 이상 35 미만	25 이상 30 미만	20 이상 25 미만	15 이상 20 미만	12 이상 15 미만	10 이상 12 미만	8 이상 10 미만	6 이상 8 미만
90°전후	40이상	12	10	10	10	10	8	6	–	–	–
	35이상 40미만	10	10	10	10	10	8	6	–	–	–
	30이상 35미만	10	10	10	10	10	8	6	–	–	–
	25이상 30미만	10	10	10	10	10	8	6	–	–	–
	20이상 25미만	8	8	8	8	8	8	6	5	5	5
	15이상 20미만	6	6	6	6	6	5	5	5	5	5
	12이상 15미만	–	–	–	–	5	5	5	5	5	5
	10이상 12미만	–	–	–	–	5	5	5	5	5	5
	8이상 10미만	–	–	–	–	–	5	5	5	5	5
	6이상 8미만	–	–	–	–	–	5	5	5	5	5
60°전후	40이상	15	12	12	12	12	10	8	6	–	–
	35이상 40미만	12	12	12	12	12	10	8	6	–	–
	30이상 35미만	12	12	12	12	12	10	8	6	–	–
	25이상 30미만	12	12	12	12	12	10	8	6	–	–
	20이상 25미만	10	10	10	10	10	10	8	6	–	–
	15이상 20미만	8	8	8	8	8	8	6	6	6	6
	12이상 15미만	6	6	6	6	6	6	6	6	6	6
	10이상 12미만	–	–	–	–	–	6	6	6	6	6
	8이상 10미만	–	–	–	–	–	6	6	6	6	6
	6이상 8미만	–	–	–	–	–	6	6	6	6	6
120°전후	40이상	8	8	8	8	8	6	5	–	–	–
	35이상 40미만	8	8	8	8	8	6	5	–	–	–
	30이상 35미만	8	8	8	8	8	6	5	–	–	–
	25이상 30미만	8	8	8	8	8	6	5	–	–	–
	20이상 25미만	8	8	8	8	6	6	5	4	4	4
	15이상 20미만	5	5	5	5	5	5	5	4	4	4
	12이상 15미만	–	–	–	–	4	4	4	4	4	4
	10이상 12미만	–	–	–	–	4	4	4	4	4	4
	8이상 10미만	–	–	–	–	–	4	4	4	4	4
	6이상 8미만	–	–	–	–	–	4	4	4	4	4

※ 도로모퉁이의 길이

지하공공보도시설의 결정·구조 및 설치기준에 관한 규칙

국토해양부령 제456호, 2012.4.13., 타법개정
국토교통부(도시정책과), 044-201-3710

제1조(목적) 이 규칙은 「도시계획시설의 결정·구조 및 설치기준에 관한 규칙」 제16조제2항 및 제17조제2항의 규정에 의하여 지하공공보도시설의 결정·구조 및 설치의 기준에 관하여 필요한 사항을 규정함을 목적으로 한다.

제2조(정의) 이 규칙에서 사용하는 용어의 정의는 다음과 같다.
1. "지하공공보도시설"이라 함은 도로·광장 등(이하 "도로등"이라 한다)의 지하에 설치된 지하보행로·지하광장·지하도상가와 그에 따른 지하도출입시설(출입구를 포함한다. 이하 같다)·지하층연결로 및 부대시설을 말한다.
2. "지하보행로"라 함은 도로등의 지하에 보행인의 통행을 위하여 설치된 시설로서 지하도출입시설 및 지하층연결로를 제외한 부분을 말한다. 이 경우 지상의 평면횡단보도에 대체하여 단순히 보행인의 통행에 제공할 목적으로 설치하는 지하횡단보도는 제외한다.
3. "지하광장"이라 함은 도로등의 지하에 보행인의 휴식 등을 위하여 지하보행로와 접하여 설치된 개방공간을 말한다.
4. "지하도상가"라 함은 도로등의 지하에 지하보행로와 접하여 설치된 점포가 늘어선 구역을 말한다.
5. "지하도출입시설"이라 함은 지상의 도로등에서 지하공공보도시설로 들어가거나 지하공공보도시설에서 지상의 도로등으로 나오기 위하여 설치된 시설로서 출입구와 출입구부터 출입계단 또는 출입경사로가 끝나는 부분까지의 시설을 말한다.

6. "출입구"라 함은 지하도출입시설 중 지상의 도로등에 접하는 부분을 말한다.
7. "지하층연결로"라 함은 지하보행로와 인근 건축물(지하철역 등 지하건축물을 포함한다)의 지하층 사이를 통행할 수 있도록 설치된 계단 또는 통로를 말한다.

제3조(지하공공보도시설의 설치지역) ① 지하공공보도시설은 다른 법령에서 규정하는 경우를 제외하고는 다음 각 호의 어느 하나에 해당하는 지역에 이를 설치한다.
 1. 지상교통의 원활한 소통을 위하여 보행인의 통행을 지하에서 처리할 필요가 있는 도심 및 부도심지역과 철도역·지하철역 또는 여객자동차정류장이 있는 지역
 2. 주변 토지이용계획상 인구집중예상지역으로서 보행인의 통행을 원활하게 처리하기 위하여 지하에 지하공공보도시설을 설치하는 것이 필요한 지역
 3. 운동장·공연장·시장 등 다수의 주민이 이용하는 시설이 있는 지역으로서 보행인의 통행을 원활하게 처리하기 위하여 입체적으로 지하공공보도시설을 설치하는 것이 필요한 지역
② 제1항 각 호의 어느 하나에 해당하는 지역이 유수지의 집수구역 안에 있는 침수가능지역인 경우에는 지하공공보도시설을 설치하여서는 아니된다.

제4조(지하공공보도시설의 결정·구조 및 설치기준) ① 지하공공보도시설은 장래의 확장가능성 등을 고려하여 도시·군관리계획으로 결정한 후 이에 따라 설치하여야 한다. <개정 2012.4.13>
② 도로등의 지하에 수도공급설비·하수도·공동구 등의 도시·군계획시설의 설치가 계획되어 있거나 설치가 필요한 구간인 경우에는 지표면으로부터 4미터 이내의 지하에 지하공공보도시설을 설치할 수 없다. 다만, 기존 지하공공보도시설을 확장하는 경우에는 그러하지 아니하다. <개정 2012.4.13>
③ 지하공공보도시설은 도로등과 조화시켜 유기적인 기능을 발휘하

도록 설치하여야 한다.
④ 지하공공보도시설의 규모는 그 설치지역의 장기적인 개발 및 정비를 예상하여 적정하게 하여야 한다.
⑤ 지하공공보도시설은 인근 건축물의 지하층에 위치한 상가 등 다중이용시설과의 연계성을 고려하여 설치하여야 한다.
⑥ 지하공공보도시설은 그 설치에 따른 주변 건물의 안전을 충분히 고려하여 설치하여야 한다.

제5조(지하보행로의 설치기준) ① 지하보행로는 이용이 편리하고 긴급한 상황이 발생한 경우 피난이 쉬운 형태이어야 하며, 장애인·노인·임산부 등의 이용에 지장이 없도록 설치하여야 한다.
② 지하보행로의 너비는 다음의 산식에 의하여 산정하되 최소 6미터 이상이 되어야 한다. 지하보행로가 지하도상가 등에 의하여 2 이상으로 분리되는 경우에 각각의 지하보행로의 너비에 대하여도 또한 같다.

지하보행로의 너비(미터) = {시간당 지하보행로 이용 최대 보행자수(인)/1,600}+여유치(지하도상가가 있는 경우에는 2미터, 지하도상가가 없는 경우에는 1미터)

③ 지하보행로의 바닥에는 계단을 두어서는 아니되며, 바닥의 기울기는 「장애인·노인·임산부 등의 편의증진보장에 관한 법률 시행규칙」 별표 1 제1호나목에 따른 기준에 적합하여야 한다. 다만, 경사로의 설치가 곤란한 경우로서 이용자의 피난·안전에 관한 세부기준을 조례로 정하는 경우에는 지하보행로의 바닥에 계단을 둘 수 있다. <개정 2011.11.1>
④ 지하보행로의 천장 높이는 바닥에서 3미터 이상이어야 한다.
⑤ 지하보행로는 단층구조이어야 하고 막다른 길을 만들어서는 아니된다. 다만, 채광·환기 및 이용자의 피난·안전에 관한 세부기준을 조례로 정하는 경우에는 지하보행로를 복층구조로 할 수 있다. <개정 2011.11.1>

제6조(지하광장의 구조 및 설치기준) ① 지하광장의 면적은 지하도상가 면적의 100분의 10 이상이어야 한다.

② 지하광장의 천장 높이는 지하보행로의 천장 높이보다 30센티미터 이상 높아야 한다.

③ 지하광장은 지하보행로에 접하여 1개 이상을 설치하여야 한다.

제7조(지하도상가의 구조 및 설치기준 등) ① 지하도상가는 다음 각 호의 기준에 적합하게 설치하여야 한다.

1. 지하도상가에 설치하는 점포의 총면적이 지하보행로의 면적과 지하광장의 면적을 합한 면적 이하일 것
2. 지하도출입시설의 출입계단 또는 출입경사로가 끝나는 부분에서 지하공공보도시설(지하도출입시설 및 지하층연결로를 제외한다)로 들어가는 입구, 또는 인근 건축물(지하철역 등 지하건축물을 포함한다)에서 지하층연결로를 이용하여 지하공공보도시설(지하도출입시설 및 지하층연결로를 제외한다)로 들어가는 입구부터 3미터 이내에는 지하도상가의 점포를 설치하지 아니할 것
3. 지하도상가에 설치하는 점포의 한쪽 면은 지하보행로에 3미터 이상 접할 것
4. 지하도상가의 모퉁이에 위치하는 점포는 점포 모서리의 교차점으로부터 모서리를 따라 각각 2미터를 후퇴한 2점을 연결한 선 밖에는 설치하지 아니할 것
5. 지하도상가에 설치하는 점포의 출입문은 미닫이 또는 안여닫이 구조로 할 것

② 지하도상가에는 다음 각 호의 어느 하나에 해당하는 업종의 점포를 설치하여서는 아니된다.

1. 「고압가스 안전관리법」·「도시가스사업법」 및 「액화석유가스의 안전관리 및 사업법」에 의한 가스취급업
2. 「위험물안전관리법」에 의한 위험물 등 취급업
3. 「주세법」에 의한 주류판매업. 다만, 「식품위생법」에 의한 일반음식점은 제외한다.

4. 「총포·도검·화약류 등 단속법」에 의한 화약류 등 취급업
   5. 소음·진동·먼지 또는 악취를 일으키는 업종
   6. 일시에 불특정 다수인이 운집하거나 밀폐된 공간에서 영업하는 공연장, 극장 등의 업종
   7. 그 밖에 위생·안전 및 통행에 위해가 있어 특별시·광역시·도의 조례로 해당 지역의 지하도상가에 점포의 설치를 금지하는 업종
③ 지하도상가에는 「주차장법」 제19조의 규정에 의하여 그 지하도상가에 속하는 건축물부설주차장(이하 "지하도상가부설주차장"이라 한다)을 설치하여야 한다. 이 경우 인접 건물의 지하층과 연결하여 주차장출입구를 공동으로 사용할 수 있다.
④ 가스를 사용하는 지하도상가의 점포 등의 시설·설비는 「고압가스 안전관리법」·「도시가스사업법」·「액화석유가스의 안전관리 및 사업법」 및 「소방시설 설치유지 및 안전관리에 관한 법률」 그 밖의 관계 법령이 정하는 기준 외에 다음 각 호의 기준에 적합하게 설치하여야 한다.
   1. 연소기를 사용하는 경우에는 순간안전기를 부착할 것
   2. 가스누출경지기를 부착하되, 가스누출의 경우 그 장소가 방재실에 자동적으로 전달될 수 있는 장치를 할 것
   3. 가스누출의 경우 당해 가스가 다른 장소로 확산되지 아니하도록 방재실에서 즉시 차단할 수 있는 장치를 할 것

제8조(지하도출입시설의 구조 및 설치기준) ① 하나의 지하도출입시설에는 1개 이상의 출입구를 설치하여야 하며, 각 출입구의 너비는 2미터 이상이 되도록 하여야 한다. 다만, 1개의 출입구를 두는 경우에는 지하보행로의 너비 이상으로 하여야 한다.
② 지하광장으로 직접 통하는 지하도출입시설에는 하나 이상의 상하행 에스컬레이터를 설치하여야 한다. 다만, 건축물 및 옮겨 설치하기가 곤란한 공작물 등으로 공간확보가 어려운 경우에는 다른 지하도출입시설에 설치할 수 있다.
③ 출입구(지하도상가부설주차장의 출입구를 포함한다)를 지상보도

에 설치하는 경우에는 당해 출입구를 제외한 지상보도의 너비가 3미터 이상이 되도록 하여야 한다. 다만, 지상보도의 보행자수가 적어 보행에 지장이 없다고 인정되는 경우에는 2미터 이상이 되도록 할 수 있다.

④ 출입계단은 「건축물의 피난·방화구조 등의 기준에 관한 규칙」 제15조의 규정에 적합하게 설치하여야 한다.

⑤ 지상에 접하는 출입구 끝부분의 바닥은 지표수가 지하공공보도시설 내부로 유입되지 아니하는 구조로 하여야 한다.

⑥ 지하도출입시설(기능상 출입이 용이하고 일반인에게 24시간 개방하는 건축물에 있는 지하층연결로를 포함한다) 사이의 내측간격은 100미터 이내로 하여야 한다. 다만, 지상 또는 지하의 여건에 의하여 불가피한 경우에는 20미터 범위 안에서 연장할 수 있다. <개정 2011.11.1>

⑦ 출입구에는 빗물 등이 직접 지하공공보도시설 내부에 떨어지지 아니하도록 안전한 구조의 지붕 또는 덮개시설을 설치하여야 한다. 다만, 지역여건이나 도시미관상설치가 곤란한 경우에는 당해 도시·군계획시설사업의 실시계획 인가권자에게 소속된 도시계획위원회의 심의를 거쳐 설치하지 아니할 수 있으나 빗물 등이 지하공공보도 시설 내부로 유입되지 아니하는 구조로 하여야 한다. <개정 2012.4.13>

제9조(지하층연결로의 구조 및 설치기준) ① 지하층연결로는 전체적으로 이용자의 편리성·피난성 등 공공성이 높아지는 경우에 설치할 수 있다.

② 지하층연결로의 너비는 지하보행로의 너비와 동일하게 하여야 한다. 다만, 지하층연결로를 지하보행로와 다른 방향으로 설치하는 경우에는 그러하지 아니하다.

③ 지하보행로와 인근 지상건축물의 지하층을 연결하는 지하층연결로에는 제8조제4항의 규정에 적합한 출입계단을 지상과 연결되게 설치하되, 너비는 2미터 이상으로 하여야 한다.

제10조(천창 등의 설치기준) 지하공공보도시설에는 채광·환기 및 연기의 배출 등에 필요한 천창을 지하도상가 면적의 100분의 2 이상 설치하여야 한다. 다만, 천창의 설치가 곤란한 경우에는 다른 방법에 의한 채광창 등을 설치할 수 있다.

제11조(광고물의 설치기준) 지하공공보도시설에 광고물을 설치하는 경우에는 안정성과 미관 등을 고려하여 다음 각 호의 기준에 적합하게 설치하여야 한다.
 1. 광고물은 벽면으로부터 5센티미터 이상 돌출되지 아니하도록 설치하고 광고물의 모서리는 직각이 되지 아니하도록 할 것
 2. 광고물은 유도등, 출입구표시등, 방향표지판 등 안내표지의 식별에 방해되지 아니하도록 설치할 것
 3. 지하보행로의 천장에는 제2호의 규정에 의한 안내표지 외에 광고물 그 밖의 부착물을 설치하지 아니할 것

제12조(부대시설의 종류 및 설치기준) 지하공공보도시설에 설치하여야 하는 부대시설의 종류 및 설치기준은 다음과 같다.
 1. 소방시설은 「소방시설 설치유지 및 안전관리에 관한 법률」 제9조의 규정에 따라 설치할 것
 2. 중앙방재실은 다음 각 목의 기준에 적합하게 설치할 것
  가. 지하공공보도시설의 전체 상황을 파악하기 쉽고 지상과의 출입이 쉬운 위치에 설치할 것
  나. 다른 부분과 방화·방연구획을 할 것
  다. 민방위기관·소방기관·경찰기관·가스사업자 및 지하역 방재기관(지하역과 접속되는 경우에 한한다) 등 관계 기관과 유무선 교신이 가능한 설비와 자체 감시카메라(CCTV) 설비를 갖출 것
 3. 방화구획시설은 「건축법」 제39조의 규정에 따라 설치할 것
 4. 공기정화설비 및 환기설비는 「다중이용시설 등의 실내공기질관리법」 제8조의 규정에 따라 설치할 것
 5. 배수시설은 처리능력이 자연유입수를 포함한 우수 및 오수 총량의 2배 이상 되도록 설치할 것

6. 냉난방시설은 중앙집중식 또는 개별공조방식(통합제어가 가능한 방식에 한한다)으로 설치할 것
7. 장애인용 승강설비는 「장애인·노인·임산부 등의 편의증진보장에 관한 법률 시행규칙」 제2조의 규정에 따라 설치할 것. 다만, 승강기는 지하도상가 면적이 3,000제곱미터까지는 8인승 기준 1대를 설치하고, 3,000제곱미터를 초과하는 경우에는 그 초과하는 매 2,000제곱미터마다 1대의 비율로 가산한 대수(16인승은 2대로 간주한다)를 설치하여야 한다.
8. 공중화장실은 「공중화장실 등에 관한 법률」 제7조의 규정에 따라 설치할 것
9. 공중전화는 보행인의 통행에 지장을 주지 아니하도록 설치할 것
10. 관리사무소는 지하공공보도시설의 원활한 유지·관리에 적합하도록 출입이 편리한 장소에 설치할 것

제13조(불연재료 등의 사용) ① 지하공공보도시설의 진열대·안내표지·광고물은 「건축물의 피난·방화구조 등의 기준에 관한 규칙」 제6조의 불연재료(이하 "불연재료"라 한다) 또는 동규칙 제7조의 준불연재료를 사용하여야 한다.
② 지하공공보도시설의 내부마감재 및 배관 등 설비의 보온재는 불연재료를 사용하여야 한다.
③ 지하공공보도시설에 설치하는 방염대상물품은 「소방시설 설치유지 및 안전관리에 관한 법률」 제12조의 규정에 따라 설치하여야 한다.

제14조(다른 법령과의 관계) ① 이 규칙에서 정하는 사항 외에는 「건축법」·「소방시설 설치유지 및 안전관리에 관한 법률」·「자연재해대책법」·「도로법」 및 「공중위생관리법」 그 밖의 관계 법령이 정하는 바에 의한다.
② 지하공공보도시설의 구조 및 설치 등에 관하여 이 규칙에 정한 것 외에 필요한 사항은 특별시·광역시·도의 조례로 정할 수 있다.

제15조(지하공공보도시설의 관리) 「국토의 계획 및 이용에 관한 법률」 제43조제3항의 규정에 의하여 지하공공보도시설의 관리에 관한 사항

을 조례로 정하는 경우에는 다음 각 호의 사항을 포함하여야 한다.
1. 관계자의 안전교육 및 훈련, 소방계획 등 방재 및 보안, 긴급시의 피난조치 등에 관한 사항
2. 상품진열대의 외부 설치 및 무질서한 광고물의 설치 등 보행자의 불편을 초래하는 행위의 제한 등에 관한 사항
3. 그 밖에 지하공공보도시설의 유지·보수 및 관리에 관한 사항

부　　칙 〈건설교통부령 제00474호, 2005.10.7〉

제1조 (시행일) 이 규칙은 공포한 날부터 시행한다.
제2조 (기존 지하공공보도시설에 관한 경과조치) ①이 규칙 시행 당시 이미 설치되었거나 「국토의 계획 및 이용에 관한 법률」 제86조 또는 제88조의 규정에 따라 시행자의 지정 또는 실시계획의 작성 및 인가를 받아 설치중인 지하공공보도시설은 이 규칙에 따라 설치되었거나 설치하고 있는 것으로 본다.
② 제1항의 규정에 불구하고 이미 설치된 지하공공보도시설의 보완 및 개선을 할 때에는 이 규칙에 적합하게 하여야 한다. 다만, 이미 설치된 구조물의 구조가 이 규칙을 적용할 수 없는 경우에는 그러하지 아니하다.
제3조 (다른 법령의 개정) 도시계획시설의 결정·구조 및 설치기준에 관한 규칙 일부를 다음과 같이 개정한다.
제9조제1호 바목을 다음과 같이 한다.
바. 지하도로 : 시·군내 주요지역을 연결하거나 시·군 상호간을 연결하는 도로로서 지상교통의 원활한 소통을 위하여 지하에 설치하는 도로(도로·광장 등의 지하에 설치된 지하 공공보도시설을 포함한다). 다만, 입체교차를 목적으로 지하에 도로를 설치하는 경우를 제외한다.
제16조 본문 및 각 호를 제1항으로 하고, 동조에 제2항을 다음과 같이 신설한다.

② 제1항의 규정에 불구하고 지하공공보도시설에 대한 결정기준에 관하여는 따로 건설교통부령으로 정한다.

제17조 본문 및 각 호를 제1항으로 하고, 동조에 제2항을 다음과 같이 신설한다.

② 제1항의 규정에 불구하고 지하공공보도시설에 대한 구조 및 설치기준에 관하여는 따로 건설교통부령으로 정한다.

부　　칙 <국토해양부령 제395호, 2011.11.1>

이 규칙은 공포한 날부터 시행한다.

부　　칙 <국토해양부령 제456호, 2012.4.13>
(국토의 계획 및 이용에 관한 법률 시행규칙)

제1조(시행일) 이 규칙은 2012년 4월 15일부터 시행한다. <단서 생략>

제2조 생략

제3조(다른 법령의 개정) ①부터 <19>까지 생략

<20> 지하공공보도시설의 결정·구조 및 설치기준에 관한 규칙 일부를 다음과 같이 개정한다.

제4조제1항 중 "도시관리계획"을 "도시·군관리계획"으로 하고, 같은 조 제2항 본문 중 "도시계획시설"을 "도시·군계획시설"로 한다.

제8조제7항 단서 중 "도시계획시설사업"을 "도시·군계획시설사업"으로 한다.

<21>부터 <23>까지 생략

국도의 노선계획·설계지침

2013년 10월 20일 발행
2023년 4월 10일 제판발행

자 료 국토교통부
엮 음 편집부
발행인 김대원
발행처 원기술
주 소 경기도 안양시 동안구 경수대로 507번길18
전 화 031-451-8730
팩 스 031-429-6781
등 록 제2-1063호

2013.10. by DoserChulpan WONGISUL Publishing Co.

ISBN 978-89-7401-333-2

정가 66,000원